深度学习实战

——基于TensorFlow 2.0的人工智能开发应用

·辛大奇　编著·

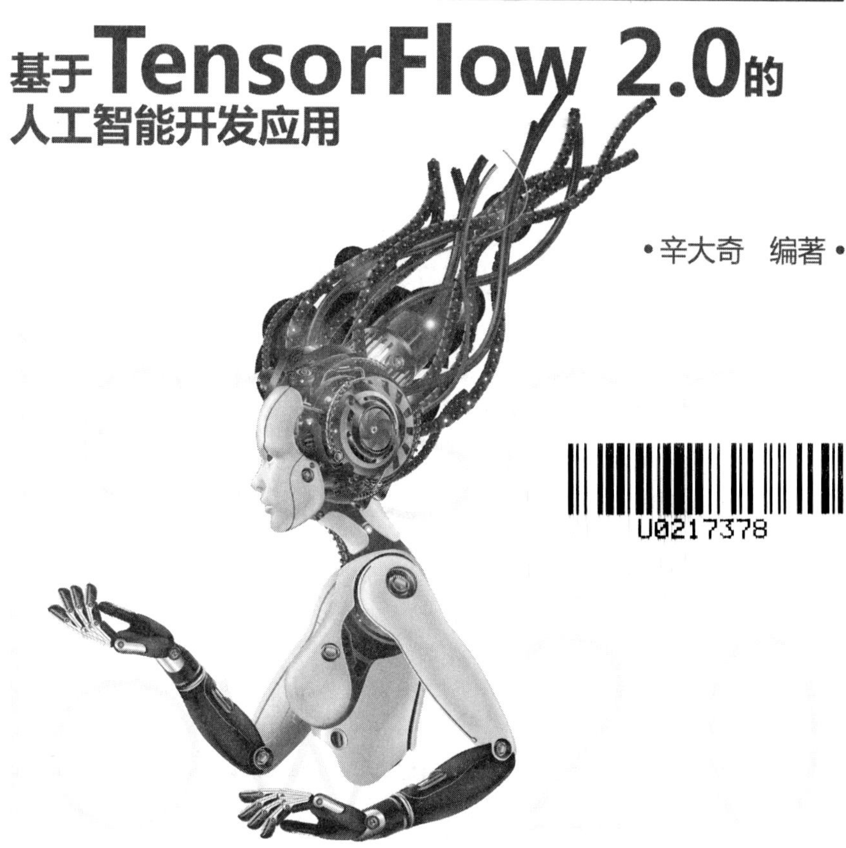

中国水利水电出版社
www.waterpub.com.cn
·北京·

内 容 提 要

《深度学习实战——基于 TensorFlow 2.0 的人工智能开发应用》以 TensorFlow 2.0 人工智能平台的基础架构为切入点，逐步过渡到 TensorFlow 2.0 项目开发实战和项目部署上线中，并重点介绍了使用 TensorFlow 2.0 的高级封装 Keras 搭建神经网络、训练神经网络和进行神经网络模型预测，让读者在项目实战中系统学习人工智能任务的工作流程及使用 TensorFlow 2.0 框架开发任务的完整过程，帮助读者深入系统地学习人工智能的开发应用。

全书 3 篇共 14 章，第 1 篇为入门篇，介绍了人工智能的基础知识，包括人工智能的发展、人工智能开发环境的部署与使用、TensorFlow 2.0 框架与模型、神经网络、图像处理和 TensorBoard 可视化组件等；第 2 篇为实战篇，通过实例讲解如何使用 TensorFlow 2.0 进行实际项目开发、模型评估与优化，包含了神经网络曲线拟合、MNIST 手写字体识别、图像风格迁移、车牌识别、智能中文对话机器人等实例应用；第 3 篇为部署上线篇，主要讲解 TensorFlow Serving 部署模型上线和 Flask 部署模型上线，从而实现完全生命周期的人工智能开发过程。

全书内容通俗易懂，知识全面，内容丰富，实用性和可操作性强，特别适合深度学习框架 TensorFlow 2.0 的入门读者和进阶读者阅读，同样适合 TensorFlow 1.x 版本的人工智能开发人员转型到 TensorFlow 2.0、Python 程序员、Python Web 开发者等其他编程爱好者阅读。另外，本书也适合作为高等院校或相关培训机构的教材使用。

图书在版编目（CIP）数据

深度学习实战：基于 TensorFlow 2.0 的人工智能开发应用 / 辛大奇编著. --北京：中国水利水电出版社，2020.10（2022.3重印）

ISBN 978-7-5170-8878-3

Ⅰ.①深… Ⅱ.①辛… Ⅲ.①人工智能—算法 Ⅳ.①TP18

中国版本图书馆 CIP 数据核字（2020）第 176869 号

书　　名	深度学习实战——基于 TensorFlow 2.0 的人工智能开发应用 SHENDU XUEXI SHIZHAN—JIYU TensorFlow 2.0 DE RENGONG ZHINENG KAIFA YINGYONG
作　　者	辛大奇 编著
出版发行	中国水利水电出版社 （北京市海淀区玉渊潭南路 1 号 D 座　100038） 网址：www.waterpub.com.cn E-mail：zhiboshangshu@163.com 电话：（010）62572966-2205/2266/2201(营销中心)
经　　售	北京科水图书销售中心(零售) 电话：（010）88383994、63202643、68545874 全国各地新华书店和相关出版物销售网点
排　　版	北京智博尚书文化传媒有限公司
印　　刷	三河市龙大印装有限公司
规　　格	190mm×235mm　16 开本　27.25 印张　657 千字
版　　次	2020 年 10 月第 1 版　2022 年 3 月第 2 次印刷
印　　数	5001—8000 册
定　　价	99.80 元

前　　言

TensorFlow 是随着人工智能的迅猛发展而催生的开发工具。工欲善其事，必先利其器，因为好的工具将直接影响工作效率，TensorFlow 正是人工智能开发的利器，有人工智能的地方就应该有TensorFlow。目前 TensorFlow 已经发布了 2.0 版本，相对于 1.x 版本而言，2.0 版本的 TensorFlow 功能更加强大、运行速度更快，更易于上手学习，对于初学者而言，更应该拥抱 TensorFlow 2.0，而 1.x 版本的 TensorFlow 开发者也要逐步过渡到 2.0 平台的开发。人工智能目前仍处于快速发展阶段，并逐步趋于成熟，人工智能将深入到人们生活的方方面面，如 AI 教育、AI 医疗、AI 安防、AI 零售等，今后 AI 将如同呼吸般存在。TensorFlow 出身名门、抢占先机、资源丰富、开发者社区健康，随着人工智能的发展，TensorFlow 将会成为技术人员必备的工具，也会如同空气一样，不可或缺。

使用体会

TensorFlow 是 Google 开源的人工智能任务开发平台，目前发布了两个大版本：1.x 和 2.0。笔者从 1.x 入门 TensorFlow，现在正积极使用 TensorFlow 2.0 开发项目，在实际开发过程中使用 TensorFlow 2.0 的体会如下。

(1) 工具种类齐全。TensorFlow 2.0 提供了基本的神经网络计算函数(接口)，如卷积计算、池化计算、损失计算，同时提供了丰富的工具函数(接口)。TensorFlow 具备 Python 的多个工具库功能，如图像处理中实现了 OpenCV、Pillow、Matplotlib 的功能，能完成图像读取、图像编码和解码、图像剪裁、图像亮度调节等任务；文件读写中实现了 Open 函数的功能；数据处理与计算实现 Numpy 的部分功能，完成数据封装 TFRecord、矩阵计算等。

(2) 简单易用。TensorFlow 2.0 在 TensorFlow 1.x 的基础上，删除了冗余的接口，并提供了高度封装的接口，将具体的计算过程都封装成函数，供开发者调用，大大降低了学习成本与使用难度。TensorFlow 2.0 内置了 Keras，Keras 工具就是高度封装的计算框架，它提供了完整的神经网络开发工具，简单易用。

(3) 兼容性好、体验效果佳。TensorFlow 2.0 框架的兼容性体现在开发者人群，它为底层开发者提供了底层接口，为高层开发者提供了高层接口。其中，底层开发者可以依据任务需求，使用 TensorFlow 2.0 设计满足任务需求的神经网络结构和更加复杂的损失函数，实现复杂的功能；针对高层开发者，可以使用 Keras 作为 TensorFlow 2.0 的高阶应用程序接口，使用 Keras 可以更加快捷地搭建神经网络，实现特定性能或功能；TensorFlow 2.0 框架的亮点且强大的功能就是可视化，提高了开发者的体验效果。TensorFlow 2.0 为开发者提供了可视化工具 TensorBoard，使用该工具不仅可以将训练输入数据、训练过程量化和神经网络可视化，还可以更加直观地了解神经网络模型，并通过训练过程中损失函数变化曲线，判断神经网络是否收敛以及预测模型的准确度。

(4) 全生命周期。TensorFlow 为人工智能任务提供了全生命周期服务，从神经网络搭建、训练、模型持久化、模型恢复到模型上线，它都提供了完整的工具。其中，模型的搭建到模型预测使用 TensorFlow 内部接口完成；模型上线则使用 TensorFlow Serving 工具，该工具可以将 TensorFlow 模型部署到服务器，通过互联网访问人工智能应用。TensorFlow 实现了人工智能任务的搭建到上线的全部工作。

(5) 易于维护。TensorFlow Serving 为 TensorFlow 模型部署提供了灵活、高性能的环境，并且可在 TensorFlow Serving 上支持多模型部署、模型版本控制和回滚、并发和模型更新，开发者只需在线下训练模型，将新版本模型更新到线上即可，易于维护。

本书特色

本书围绕 TensorFlow 2.0 框架讲解人工智能的项目开发，主要特色如下。

(1) 宏观、微观并举。本书由人工智能的发展引入，分析了人工智能的研究领域及算法分类，让读者宏观地把握人工智能的发展与应用，以具体的项目实战将人工智能的开发落实到 TensorFlow 2.0 框架应用上，在微观上体会人工智能的实现方式。

(2) 针对性地拓宽知识面。在讲解开发环境部署过程中，引入操作系统的发展、应用以及 Python 语言的发展，同时添加了一些计算机硬件知识；在讲解图像处理时，介绍了 TensorFlow 2.0 图像的处理方法，同时介绍了第三方图像处理工具，如 OpenCV、Pillow 和 Matplotlib。

(3) 理论与实践相结合。本书在入门篇中讲解了神经网络的发展历程、人工神经网络假设和结构、二分类神经网络中的回归分析理论推导过程，以及卷积神经网络的结构和数学计算过程。在实战篇中讲解了 TensorFlow 2.0 搭建神经网络及训练，帮助读者在理论和实践中理解神经网络和 TensorFlow 2.0 的使用。

(4) 完整性。本书较全面地讲解了 TensorFlow 2.0 在神经网络应用中的工具，如卷积计算、池化计算、优化计算等工具，以及神经网络可视化工具 TensorBoard。还讲解了人工智能任务工作的完整流程，从 TensorFlow 2.0 搭建人工智能项目、训练神经网络，到持久化网络模型、载入网络模型、预测结果，这是基本流程；完整流程包括模型部署上线，即把网络模型部署到服务器，形成 Web 服务。

(5) 实时性。TensorFlow 2.0 的发布，标志着一个新时代的到来，标志着抛弃复杂、拥抱简洁，抛弃低效、拥抱高效。本书完全基于 TensorFlow 2.0，书中所有项目完全使用 TensorFlow 2.0 的内置 Keras，紧跟时代步伐，既可以帮助初学者掌握 TensorFlow 2.0，又能帮助 TensorFlow 1.x 的开发者顺利过渡到 TensorFlow 2.0，降低学习成本。

本书内容

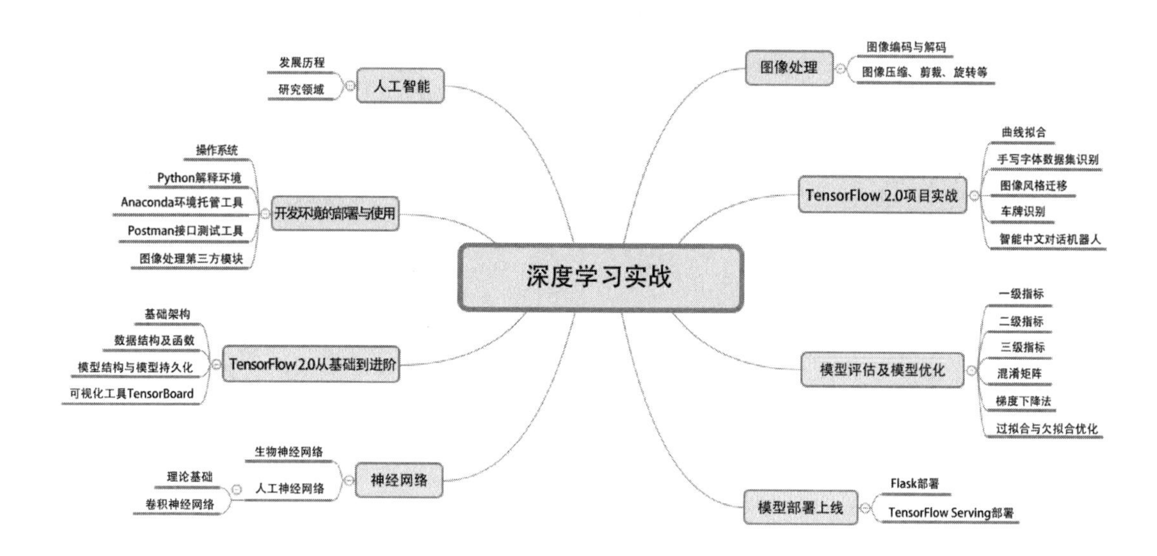

本书读者对象

- TensorFlow 初学者
- TensorFlow 1.x 向 TensorFlow 2.0 转型的人工智能开发人员
- 转型人工智能方向的 Python 开发人员
- 各类人工智能培训班学员
- 各大中专院校实习学生
- 其他对人工智能感兴趣的各类编程爱好者

本书资源获取及交流方式

(1) 本书赠送实例的源文件，读者可以扫描下面的二维码或在微信公众号中搜索“人人都是程序猿”，关注后输入“TF088783”发送到公众号后台，获取本书资源的下载链接，然后将此链接复制到计算机浏览器的地址栏中，根据提示在计算机端下载。

(2) 读者可加入本书 QQ 学习群 652843975，进行在线交流学习。

致谢

本书能够顺利出版，是作者、编辑和所有审校人员共同努力的结果，在此表示深深的感谢。同时，祝福所有读者在职场一帆风顺。

编　者

目　录

入　门　篇

部署上线篇

入 门 篇

本篇讲解人工智能的基础知识，从 6 个方向展开:

① 人工智能的发展历程及发展方向;

② 人工智能的开发环境部署;

③ TensorFlow 2.0 框架知识，包括 TensorFlow 2.0 的架构、常用函数、模型及 Keras 组件等;

④ 神经网络，包括生物神经网络和人工神经网络的结构和计算过程;

⑤ 图像处理，介绍 TensorFlow 2.0 图像编码、解码，以及图像剪裁、旋转等;

⑥ TensorBoard 可视化组件知识。

第 1 章 人 工 智 能

本章讲解人工智能(Artificial Intelligence，AI)的发展与应用。人工智能诞生于 20 世纪 50 年代，发展至今，经历了 4 个阶段：逻辑推理阶段、知识归纳总结阶段、机器学习阶段和深度学习阶段。人工智能的研究及应用领域包括人工神经网络、模式识别、机器人学、机器视觉、智能控制、智能检索、智能调度与指挥及系统与语言工具等。其中，模式识别是目前研究较热门、较多的领域，如机器视觉就是从模式识别独立出来的学科，像语音识别、智能翻译都是模式识别的研究范畴。在可移动的人工智能中，智能导航机器人是代表，该类机器人融合了语音识别、路线导航、智能搜索和对话等功能，是集人工智能功能于一身的机器，智能程度较其他单一人工智能机器高。人工智能的算法按照数据集类型可分为 5 类：监督学习、无监督学习、半监督学习、强化学习和集成学习等。人工智能的快速发展离不开前辈的研究与计算机技术的发展，计算机算力的提升为人工智能处理大量数据成为可能，推动了人工智能的发展，使人工智能走出实验室，为人类生产和生活贡献一份力量。

1.1 发 展 历 程

人工智能是研究、开发用于模拟、延伸和扩展人的智能的理论、方法、技术以及应用系统的一门新的技术科学。人工智能发展的四个阶段如表 1.1 所示。

表 1.1 人工智能发展阶段

序 号	历史时期	发展阶段
1	20 世纪 50 年代	逻辑推理阶段
2	20 世纪 70 年代	知识归纳总结阶段
3	20 世纪 90 年代	机器学习阶段
4	21 世纪	深度学习阶段

1. 逻辑推理阶段

人工智能学科诞生于 20 世纪 50 年代，也是人工智能发展的第一阶段——逻辑推理阶段。50 年代中期，由于计算机的产生与发展，人们开始了具有真正意义的人工智能研究，计算机的产生为 AI 提供了必要的技术基础。Norbert Wiener 是最早研究反馈理论的美国人之一。Wiener 研究应用广泛的控制系统——自动调温器的工作原理，将收集到的房间温度与设定温度比较，将房间温度调整为设定温度，发现所有的智能活动都是反馈机制的结果，而反馈机制是机器可以模拟的，这对早期 AI 的发展有着重要影响。

1956 年夏，美国达特莫斯大学助教麦卡锡、哈佛大学明斯基、贝尔实验室申龙、IBM 公司信息研究中心罗彻斯特、卡内基•梅隆大学纽厄尔和赫伯特•西蒙、麻省理工学院赛弗里奇和索罗门夫，以及 IBM 公司塞缪尔和莫尔在美国达特莫斯大学举行了为期两个月的学术讨论会，从不同学科的角度探讨人类各种学习和其他职能特征的基础，并研究如何在原理上进行精确的描述，探讨用机器模拟人类智能等问题，并首次提出了人工智能的术语。从此，人工智能这门新兴学科诞生了。这些研究员的专业包括数学、心理学、神经生理学、信息论和电脑科学等，分别从不同的角度共同探讨了人工智能的可能性。这些研究员的作品大家耳熟能详，如信息论的创始人香农，第一个电脑跳棋程序编写者塞缪尔，麦卡锡、明斯基、纽厄尔和西蒙都是“图灵奖”获得者。这次会议之后，在美国很快形成了 3 个从事人工智能的研究中心，即以西蒙和纽厄尔为首的卡内基•梅隆大学研究组，以麦卡锡、明斯基为首的麻省理工学院研究组，以塞缪尔为首的 IBM 公司研究组。随后，这 3 个研究组相继在思维模型、数理逻辑和启发式程序方面取得了一系列成果。

(1) 1956 年，纽厄尔和西蒙研制了一个“逻辑理论家”(Logic Theorist，LT)程序，它将每个问题都表示成一个树形模型，然后选择最可能得到正确结论的那一枝来求解问题，证明了怀特赫德与罗素的数学名著《数学原理》的第 2 章中 52 个定理中的 38 个定理，并于 1963 年对程序进行了修改，证明了全部定理。这一工作得到了人们的高度评价，被认为是计算机模拟人的高级思维活动的一个重大成果，是人工智能的真正开端。

(2) 1956 年，塞缪尔利用对策论和启发式搜索技术编制出西洋跳棋程序 Checkers，该程序具有自学习和自适应能力，能在下棋过程中不断积累所获得的经验，并根据对方的走步，从众多的步数中选择一个较好的走法，这是模拟人类学习过程第一次卓有成效的探索。这台机器不仅在 1959 年击败了塞缪尔本人，还在 1962 年击败了美国一个州的跳棋冠军，在世界上引起了大轰动，这是人工智能的一个重大突破。

(3) 1958 年，麦卡锡研制出表处理程序设计语言 LISP，它不仅可以处理数据，还可以方便地处理各种符号，成为人工智能程序语言的重要里程碑。目前，LISP 语言仍是研究人工智能和开发智能系统的重要工具。

(4) 1960 年，纽厄尔、肖和西蒙等人通过心理学实验，发现人在解题时的思维过程大致分为 3 个阶段：第一阶段，想出大致的解题计划；第二阶段，根据记忆中的公式、定理和解题规划实施解题过程；第三阶段，在实施解题过程中，不断进行方法和目标分析，修改计划。这是一个具有普遍意义的思维活动过程，其中主要是方法和目的的分析(也就是人们求解数学问题使用试凑法进行的试凑，不是一定列出所有的可能性，而是用逻辑推理来迅速缩小搜索范围的办法进行的)。基于这一发现，他们研制了“通用问题求解程序”(General Problem Solver，GPS)，用它来解决不定积分、三角函数、代数方程等 11 种不同类型的问题，并首次提出启发式搜索概念，从而使启发式程序具有比较普遍的意义。

(5) 1961 年，明斯基发表了一篇名为《迈向人工智能的步骤》的论文，对当时人工智能的研究起到了推动作用。

正是由于人工智能在 20 世纪 50~60 年代的迅速发展以及取得的一系列的研究成果，使科学家们欢欣鼓舞，并对这一领域给予了很高的期望，纽厄尔和西蒙在 1958 年曾做出如表 1.2 所示的预言。

表 1.2　人工智能发展预言

序　号	描　述
1	不出 10 年，计算机将成为世界象棋冠军，除非规定不让它参加比赛
2	不出 10 年，计算机将发现并证明那时还没有被证明的数学定理
3	不出 10 年，计算机将谱写出具有较高美学价值并得到评论家认可的乐曲
4	不出 10 年，大多数心理学家的理论将采用计算机程序来形成

然而，人工智能的发展并没有完全实现上述预言，人工智能的研究状况比纽厄尔和西蒙等科学家的设想要复杂和艰难得多。

2. 知识归纳总结阶段

20 世纪 70 年代是人工智能发展的第二阶段——知识归纳总结阶段，即基于符号知识表示，通过获取和利用领域知识，建立专家系统。人工智能在经历了一段比较快速的发展时期后，很快遇到了很多问题，这些问题的主要表现如表 1.3 所示。

表 1.3　知识归纳总结存在的问题

序　号	描　述
1	1965 年，鲁滨逊发明了归结(消解)原理，曾被认为是一个重大突破，可是这种归结法能力有限，证明两个连续函数之和还是连续函数，推证了 10 万步还没有得证
2	塞缪尔的下棋程序，赢得了周冠军之后，没有赢得全国冠军
3	机器翻译出了荒谬的结果。如英语翻译成俄语，再由俄语翻译为英语的过程，结果却闹出了笑话： The spirit is willing but the flesh is weak.(心有余而力不足) 最后翻译为： The wine is good but the meat is spoiled.(酒是好的，肉变质了)
4	大脑约有 10^{15} 的记忆容量，此容量相当于存几亿本书的容量，现有技术条件下，在机器的结构上模拟人脑是不大可能的
5	来自心理学、神经生理学、应用数学、哲学等各界的科学家们对人工智能的本质、基本原理、方法及机理等方面产生了质疑和批评

由于人工智能研究遇到了困难，使得人工智能在 20 世纪 70 年代初走向低谷，但是人工智能的科学家们没有被一时的困难吓倒，他们在认真总结经验教训的基础上，努力探索使人工智能走出实验室，走向实用化的新方法，并取得了令人振奋的进展。特别是专家系统的出现，实现了人工智能从理论研究走向实际应用，从一般思维规律探索走向专门知识应用，是人工智能发展史上的重大转折，将人工智能的研究推向了新高潮。代表性的专家系统如表 1.4 所示。

表 1.4　专家系统简介

序　号	描　述
1	1968 年，斯坦福大学费根鲍姆教授和几位遗传学家及物理学家合作研制了一个化学质谱分析系统(DENDRAL System)，该系统可根据质谱仪的数据、核磁共振的数据以及有关化学知识推断有机化合物的分子结构，起到帮助化学家推断分子结构的作用。这是第一个专家系统，标志着人工智能从实验室走了出来，开始进入实际应用时代
2	继 DENDRAL 系统之后，费根鲍姆教授领导的研究小组又研制了诊断和治疗细菌感染性血液病的专家咨询系统(MYCIN System)，经过专家小组对医学专家、实习医师及 MYCIN 的行为进行正式测试评价，认为 MYCIN 的行为超过了其他所有人，尤其在诊断和治疗菌血症和脑膜炎方面，显示了该系统作为临床医生实际助手的用途，从技术角度看，该系统的特点是：①使用经验性知识，用可信度表示，进行不精确推理；②对于推理结果具有解释功能；③第一次使用了知识库的概念，正是由于 MYCIN 基本解决了知识表示、知识获取、搜索策略、不精确推理及专家系统的基本结构等重大问题，对以后的专家系统产生了重要影响
3	1976 年，斯坦福大学国际人工智能中心的杜达等人开始研制矿藏勘探专家系统(PROSPECTOR System)，该系统帮助地质学家解释地质矿藏数据，提供硬岩石矿物勘探方面的咨询，包括勘探咨询、区域资源估值、钻井位置选择等。该系统用语义网络表示地质知识，拥有 15 种矿藏知识，采用贝叶斯概率推理处理不确定的数据知识，并于 1981 年开始投入实际使用，取得了巨大经济效益，如 1982 年，美国利用该系统在华盛顿发现一处矿藏，据说实用价值可能超过 1 亿美元
4	美国卡内基·梅隆大学于 20 世纪 70 年代先后研制了语音理解系统 HEARSAY-Ⅰ，它完成将输入的声音信号转换成字，组成单词，合成句子，形成数据库查询语句，最后到情报数据库中查询资料。该系统的特点是采用“黑板结构”这种新结构形式，能组合协调专家的知识，进行不同抽象级的问题求解

这一时期，人工智能在新方法、程序设计语言、知识表示、推理方法等方面也取得了重大进展。70 年代许多新方法被用于 AI 开发，著名的如 Minsky 的构造理论；David Marr 提出的机器视觉方面的新理论，如通过一幅图像的阴影、形状、颜色、边界和纹理等基本信息辨别图像，并通过分析这些信息，可以推断出图像可能是什么；法国马赛大学的科尔麦伦和他领导的研究小组于 1972 年研制成功了第一个 PROLOG 系统，成为继 LISP 语言之后的另一种重要的人工智能程序语言；明斯基于 1974 年提出的框架理论；绍特里夫于 1975 年提出并在 MYCIN 中应用的不精确推理；杜达于 1976 年提出并在 PROSPECTOR 中应用的贝叶斯方法等。

人工智能的科学家们从各种不同类型的专家系统和知识处理中抽取共性，总结出一般原理与技术，使人工智能又从实际应用逐渐回到一般研究。围绕知识这一核心问题，人们重新对人工智能的原理和方法进行了探索，并在知识获取、知识表示以及知识在推理过程中的利用等方面开始出现一组新的原理、工具和技术。1977 年，第五届国际人工智能联合会的会议上，费根鲍姆教授在一篇题为“人工智能的艺术：知识工程课题及实例研究”的特约文章中，系统地阐述了专家系统的思想，并提出了知识工程(Knowledge Engineering)的概念。费根鲍姆认为，知识工程是研究知识信息处理的学科，它应用人工智能的原理和方法，为需要专家知识才能解决的应用难题提供了求解的途径，恰当地运用专家知识的获取、表示、推理过程的构成与解释，是设计基于知识的专家系统的重要技术问题。至此，围绕着开发专家系统而展开的相关理论、方法、技术的研究形成了知识工程学科，知识工程的研究使人工智能的研究从理论转向应用，从基于推理的模型转向基于知识的模型。

20 世纪 80 年代，为了适应人工智能和知识工程发展的需要，在政府的大力支持下，日本于 1982 年开始了为期 10 年的“第五代计算机的研制计划”，即“知识信息处理计算机系统 KIPS”，共投资 4.5 亿美元，它的目的是使逻辑推理达到与数值运算同样快。日本的这一计划形成了一股热潮，推动了世界各国的追赶浪潮，美国、英国、俄罗斯等先后制订了相应的发展计划。随着第五代计算机的研究开发和应用，人工智能进入一个兴盛时期，人工智能界一派乐观情绪。然而，随着专家系统应用的不断深入，专家系统自身存在的知识获取难、知识领域窄、推理能力弱、智能水平低、没有分布式功能、实用性差等问题逐步暴露出来，日本、美国、英国和欧洲所制订的针对大型人工智能项目计划进行到 20 世纪 80 年代中期就开始面临重重困难，已经达不到预想的目标，进一步分析便发现，这些困难不只是个别项目的制定问题，而是涉及人工智能研究的根本性问题，总的来说是两个方面：①交互问题，即传统方法只能模拟人类深思熟虑的行为，而不包括与环境的交互行为；②问题扩展，即所谓的大规模问题，传统人工智能方法仅仅适用于建造领域狭窄的专家系统，不能把这种方法简单地扩展到规模更大、领域更宽的复杂系统中，这些计划的失败，对人工智能的发展是一个挫折。尽管经历了这些挫折，但是 AI 仍在慢慢恢复发展，新的技术在日本被开发出来，在美国首创的模糊逻辑，它可以从不确定的条件下做出决策，还有神经网络，被视为实现人工智能可能的途径。1982 年后，人工神经网络如雨后春笋般迅速发展，给人们带来了新的希望。人工神经网络的主要特点是信息分布存储和信息处理的并行化，并具有自组织、自学习能力，使人们利用机器加工处理信息有了新的途径和方法，解决了一些符号方法难以解决的问题，促使学术界兴起了神经网络的研究热潮。1987 年，美国召开了第一次神经网络国际会议，宣布新学科的诞生。1988 年以后，日本和欧洲各国在神经网络方面的投资逐步增加，促进了该领域的研究。但是，随着应用的深入，人们又发现人工神经网络模型和算法也存在问题。

20 世纪 80 年代末，以美国麻省理工学院布鲁克斯教授为代表的行为主义学派提出了“无须表示和推理”的智能，认为智能只在与环境的交互中表现出来，并认为研制可适应环境的“机器虫”比空想智能机器人要好。以后，人工智能学术界充分认识到已有的人工智能方法仅限于在模拟人类智能活动中使用成功的经验知识处理简单的问题，开始在符号机理与神经网络机理的结合及引入 Agent 系统等方面进一步开展研究工作。

3. 机器学习阶段

20 世纪 90 年代，是人工智能发展的第三阶段——机器学习阶段，即机器可以自动“学习”，从数据中自动分析获得规律，并利用规律对未知数据进行预测。神经网络在解决实际难题中获得重大进展，统计学习登场并占据主流，支持向量机、核方法等为代表的技术应用。所谓的符号主义、连接主义和行动主义三种方法并存，对此，中国学者认为这三种方法各有优缺点，他们提出了综合集成的方法，即不同的问题用不同的方法来解决，或用联合的方法来解决，再加上人工智能系统引入交互机制，系统的智能水平大为提高。

4. 深度学习阶段

21 世纪，是人工智能发展的第四阶段——深度学习阶段，即应用包含复杂结构或由多重非线性变换构成的多个处理层提取数据特征信息。深度学习中应用最广泛的要数多层卷积神经网络，通过该网络提取图像不同层次的特征信息，完成不同的预测任务，如人脸识别、图像内容种类识别、车牌识别等。

1.2　人工智能研究领域及算法分类

人工智能企图了解智能的本质，并生产出一种新的与人类智能相似、对不同命令做出合理反应的智能机器，其应用领域包括机器人、语言识别、图像识别、自然语言处理、专家系统等。针对不同应用领域，其研究方法和算法各不相同。人工智能有三种类型，即弱人工智能、通用人工智能和强人工智能。其中，弱人工智能包括基础的、特定场景下角色型的任务，如 Siri 聊天机器人、AlphaGo 围棋机器人；通用人工智能包含人类水平的服务，涉及机器的持续学习；强人工智能是比人类更聪明的机器。

1.2.1　研究领域

人工智能的研究领域广泛，如人工神经网络、模式识别、机器人学等，涵盖了人类生活与生产的方方面面。

1. 人工神经网络

由于冯•诺依曼结构处理器的局限性，即指令和数据共享同一总线，使信息流的传输成为限制计算机性能的瓶颈，直接影响数据处理速度。人们一直在寻找新的信息处理机制，神经网络计算就是其中之一，研究结果证明，用神经网络处理视觉和形象思维信息效果优于传统处理方法。神经生理学家、心理学家和计算机科学家的共同研究结论是：人脑是一个功能特别强大、结构异常复杂的信息处理系统，其基础是神经元及其相互关联。因此，对人脑神经元和人工神经网络的研究，可能创造出新一代人工智能机，即神经计算机，目前已有 AI 芯片问世，专门进行神经网络计算，如苹果的 Bionic 芯片。

2. 模式识别

半导体行业的快速发展使计算机应用领域不断扩展，人们需要计算机能够有效感知如声音、文字、图像、温度等信息，这促使模式识别的快速发展。人工智能的模式识别是用计算机辅助人类感知环境信息，并做出合理判断，利用计算机模拟人类对外界环境的感知与预测。人工智能中模式识别的成功案例有手写字体识别、车牌识别、指纹识别和语音识别等。

3. 机器人学

集人工智能成果之大成的终极产品非机器人莫属，机器人和机器人学的研究促进了人工智能的发展，该类人工智能机器人具备人类的脑、眼、耳、鼻、口、四肢等功能，即实现人体的思考、视觉、触觉、力觉、听觉等能力，协助或替代人在特定环境下工作，对机器人的研究日益受到重视。机器人学当前成熟的产品有机械臂、导航机器人等，广泛应用于工业、农业、商业、旅游业、航空航天等领域。

4. 机器视觉

机器视觉是从模式识别的一个研究领域发展而来的学科，视觉是感知范畴。人工智能研究的视觉主要是图像处理，如图像实时并行处理、主动式定性视觉、动态和时变视觉、三维景物的建模与识别、实时图像压缩传输和复原、多光谱和色彩图像的处理与解释等。机器视觉在机器人装配、智能监控、卫星图像处理等领域广泛应用。

5. 智能控制

智能控制是一类无须(或需要尽可能少的)人工干预即可独立完成控制任务的控制系统，是自动控制发展的新阶段。人工智能的发展促进了自动控制向智能控制方向转型，使人工智能与自动控制联合建立复杂的控制系统成为可能。智能控制的研究领域有很多，如智能机器人规划与控制、智能过程规划、智能过程控制、专家控制系统、语音控制及智能仪器等。

6. 智能检索

大数据时代的到来，伴随着“知识爆炸”，对于错综复杂和内容丰富的信息，人类的搜索能力和传统检索系统显得捉襟见肘，研究智能检索系统已成为提高信息利用效率和科技持续快速发展的重要保证。智能检索系统的设计依赖于数据库系统的设计，将传统数据库与人工智能中的推理技术相结合，可高效检索、精确定位搜索结果。

7. 智能调度与指挥

工业革命的发展为现代社会带来了汽车、飞机、动车等交通工具，人们生活水平的提高，出行方式多种多样，私家车及公共交通工具日益增加，随之而来的是交通的指挥与调度问题。智能组合调度与指挥方法，可有效地缓解高峰期车辆的拥堵状况，提高通行率及道路利用率。智能调度与指挥被广泛应用于汽车运输调度、列车编组与指挥、空中交通管制等系统中。

8. 系统与语言工具

人工智能的发展扩展了计算机应用领域并提高了计算机解决实际问题的能力，同时计算机的基础理论如分时系统、编目处理系统和交互调试系统等，在人工智能的研究中得到发展。工欲善其事，必先利其器，20 世纪 70 年代，开发出将编码知识和推理方法作为数据结构和过程计算机的语言。80 年代以来，计算机系统、分布式系统、并行处理系统、多机协作系统等都健康向前发展。在人工智能程序设计语言方面，除了继续开发和改进通用及专用的编程语言新版本、新语种外，还研究出了一些面向目标的编程语言和专用开发工具，这些编程语言和开发工具的发展，有效促进了人工智能的发展。因此，针对人工智能开发新的编程语言和工具非常重要。

1.2.2　算法分类

机器学习依据其对数据的处理方式可分为 5 类，即有监督学习、无监督学习、半监督学习、强化学习和集成学习。

1．有监督学习

有监督学习是通过已有的训练样本(已知输入和输出)训练模型，依据理论的输出更新模型参数，得到最优模型，利用最优模型将所有输入映射为相应的输出，并对输出结果进行判断，实现未知数据的处理，如分类、识别等。如手写字体识别，提供手写字体图像和手写字体图像对应的数字标签数据。

2．无监督学习

无监督学习是无任何训练样本，即不提供理论输出结果，直接对输入数据进行建模、分类，寻找输入数据内在的关联和模式，如对不同风格的图像进行分类。

3．半监督学习

半监督学习是输入数据中有部分数据被标识，作为输出数据，其余数据未被标识。半监督学习系统的一个功能就是将未标识的数据依据一定规则(聚类假设和流形假设)与标识的数据进行归类，达到“有监督学习”的效果。其中，聚类假设，即数据存在簇结构，同一簇的样本属于同一类别；流形假设，即数据分布在一个流形结构上，邻近样本具有相似的输出值。

4．强化学习

强化学习是学习者(模型)不被告知采取哪个动作，而是通过尝试来发现获得最大奖赏的动作，即在没有外部指导(标签数据)的情况下，在交互中，从自身经验中学习。Agent 必须尝试各种动作，并且渐渐趋近于那些表现好的动作，以达到目标。

5．集成学习

集成学习是通过合并多个模型来提升学习性能，可分为串行集成和并行集成，其中，串行集成利用模型间的依赖，通过给错分样本一个较大的权重来提升性能，如 AdaBoost；并行集成利用模型的独立性，通过平均降低误差，如随机森林(Random Forest)。

机器学习算法分类对比如表 1.5 所示。

表 1.5　机器学习算法分类对比

算法分类	原始数据条件	典型算法
有监督学习	输入数据(原始数据) 输出数据(原始数据的全部标签数据)	逻辑回归、决策树、神经网络
无监督学习	输入数据(原始数据)	聚类、降维
半监督学习	输入数据(原始数据) 输出数据(原始数据的部分标签数据)	自学习方法、生成式算法、半监督聚类

续表

算法分类	原始数据条件	典型算法
强化学习	输入数据(原始数据)	蒙特卡洛法、Q-学习算法、马尔科夫决策过程
集成学习	可包含上述 4 种数据形式	AdaBoost、随机森林法

1.3 人工智能迅速发展的基础

人工智能的迅速发展依赖于科学家对人工智能理论的探索和计算机技术的发展。计算机的最基本任务就是计算，在人工智能领域也不例外，使用计算机进行数据计算，实现相应的功能。计算机的计算单元 CPU 是计算的核心，随着大规模集成电路和超大规模集成电路技术的日趋成熟，单个 CPU 晶体管数量已达 10 亿以上，运算速度每秒可达几百万次甚至上亿次，这为人工智能的计算能力提供了保障。但是，使用 CPU 进行人工智能领域的计算比较昂贵，因为针对图像和视频处理方向的人工智能任务需要上千台甚至上万台 CPU 机器连接起来组成一个 CPU 集群，才能保证计算的正常进行，虽然促进了人工智能的发展，但是由于当时人工智能的研究还比较小众，只有拥有 CPU 集群的公司如谷歌、微软、Facebook 等才有实力研究，这也限制了人工智能的发展。随着 GPU 在人工智能领域的应用，为人工智能带来了“曙光”，一方面，GPU 提高了图像处理和视频处理的速度；另一方面，GPU 降低了人工智能的研究成本，减少了设备的投入数量，6 台 GPU 设备相当于 1 000 个 CPU 设备，使人工智能算力平民化，即使个人使用 1~2 块 GPU 也可完成图像内容分类任务。

GPU 针对图像及视频处理任务的高效性，主要得益于其并行处理能力。图像计算是将图像数据转换为矩阵，对矩阵进行计算，完成图像处理任务。每张彩色图像包含 3 个通道，即包含三个矩阵，GPU 的并行处理(处理多个矩阵)能力可保证每次至少完成一张完整图像的计算，提高了图像的处理效率。这也是并行计算能力高的 GPU 在进行图像渲染时，画质流畅，很少出现卡顿的原因。CPU+GPU 为人工智能的发展提供了计算基础。

1.4 人工智能是把双刃剑

人工智能正如火如荼地发展，现在的人工智能已实现了传统计算机不可完成的任务，如人脸识别、无人驾驶、自动翻译等，这些技术逐步融入人们的生活中，并改变了人们的生活方式。如火车站实行刷脸认证进站，自动翻译能实现不同语种的自动切换翻译，只需掏出手机对准需要翻译的文字，即可实现翻译功能。

人工智能的迅速发展，为人们生产和生活提供便利的同时，也随之带来了新的问题。如人工智能替代部分工人，造成工人下岗；个人隐私及数据安全等问题。尤其人工智能界的经典案例——AlphaGo 击败世界围棋冠军李世石，成为新的围棋世界冠军，很多人开始担心人工智能将会超过人类，并预测不久的将来，人工智能将代替人类统治世界，人们因此陷入了恐慌。一些激进的哲学家、非 AI 领域的科学家、科技类企业家，如埃隆·马斯克、史蒂芬·霍金、比尔·盖茨等，强调人工智能所带来的各种不确定性和对人类的威胁。然而人工智能专家则有不同的声音，如通用人工智能学会主席本·戈策尔认为超级人工智能是“向善”的。纵观人类制作的工具，威胁人类安全及社会稳定的因素一直存在，如用刀或枪行凶伤人、交通事故等，刀、枪或汽车都有可能成为伤害人类的凶器，人工智能也是人类的工具，也可能会出现危害人类的一些行为，我们应正视人工智能的威胁，合理利用人工智能，造福人类。

“刀”是无罪的，刀被生产之后，它不能左右自身的功能，它可以成为厨师制作丰盛晚餐的工具，也可能成为犯罪分子行凶的工具，决定“刀”命运的是使用者，人工智能能否“向善”，取决于使用者，只要人类合理使用人工智能而不滥用，既能推动人工智能的健康发展，又能为人类发展做出巨大贡献。

1.5　小　　结

本章讲述了人工智能的发展历史、人工智能的应用领域及相关的算法，介绍了人工智能发展的理论和实验基础，同时对人工智能带来的一些问题做了简要阐述。

第 2 章　开发环境的部署与使用

本章讲解人工智能的“地基”——开发环境的搭建以及图像处理第三方库的使用。工欲善其事，必先利其器，进行人工智能开发之前，需要部署程序运行的基础环境，如 Ubuntu Desktop、桌面版 Linux 操作系统、Python 解释器、TensorFlow 人工智能框架、Anaconda 环境托管器等。其中，操作系统选择 Linux 桌面版 Ubuntu，一方面是因为该操作系统带有可视化操作界面，具备与 MacOS 和 Windows 操作系统相当的操作环境，易于使用；另一方面，Ubuntu 操作系统是真实的 Linux 服务器操作系统，为项目的部署与测试提供服务器级别的系统环境，提高了程序调试效率，保证了程序在 Linux 系统上的可移植性。Python 解释器是运行 Python 程序必备的环境，同时需要根据开发需求，安装不同的版本，如 Python 2 和 Python 3，在 Ubuntu 系统中可轻松实现环境切换。TensorFlow 是 Google 公司开发的人工智能开发框架，提供了丰富的 Python 接口，是人工智能全生命周期的开发工具，同时，TensorFlow 提供了 CPU 和 GPU 版本，满足不同开发者的需要，本章介绍了 TensorFlow 的数据格式及简单应用。Anaconda 是 Python 虚拟环境托管工具，有了它可以方便地新建不同版本的 Python 环境，切换方便，能提高测试效率及程序兼容性。

TensorFlow 框架具备图像处理接口，但是在图像任务开发过程中，却需要根据处理需求，调用第三方库来处理不同的任务，如 Matplotlib、OpenCV、Pillow 等，其中 Matplotlib 是图像绘制的工具，可绘制线性图、散点图、柱形图以及三维图，是数据可视化的利器，既可作为数据统计分析的可视化工具，又可作为人工智能预测结果的可视化工具，如手写字体识别结果可视化。OpenCV 是轻量且高效的图像处理库，可实现图像读取、存储、剪裁等基本功能。Pillow 相对于 OpenCV 而言，更加简洁易用，且功能强大，同样具备图像读取、存储、尺寸变换等功能。开发者可根据图像处理需求及使用熟练程度使用不同的库。

2.1　部署操作系统

计算机最基本也最重要的功能就是计算，它是通过一个资源统一调度的平台来实现计算的，这个平台就是操作系统，开发者的开发任务均是在操作系统中进行的。因此，在人工智能计算机应用程序开发之前，需要部署一个操作系统。在不同的操作系统中开发，会有不同的学习成本和后续的程序上线成本，上线即是将开发的程序部署到互联网可以访问的服务器上。目前服务器操作系统两大阵营分别为 Windows Server 操作系统和 Linux 操作系统。本书讲解人工智能任务上线部署于 Linux 操作系统，因此操作系统选择 Linux 的发行版 Ubuntu。

2.1.1　操作系统简介

操作系统(Operating System，OS)是管理计算机硬件与软件资源的计算机程序，是计算机硬件与软件的“消息中间件”，即计算机软件需要的硬件资源均通过操作系统分配，操作系统根据软件需求的资源向硬件发出请求，硬件分配出相应资源供软件使用。在这个过程中，操作系统承担了“信使”的作用，计算机硬件、操作系统、计算机软件结构如图 2.1 所示。操作系统也是计算机软件，但是相对于其他计算机软件而言，操作系统是基础软件，所有计算机软件都是在操作系统中运行的，因此将计算机软件与操作系统分开描述。

图 2.1 所示的计算机金字塔模型，展示了计算机三层资源结构。第一层，计算机硬件(CPU、内存、GPU 和硬盘等)是计算机最基本也是最重要的资源，是计算机正常运行的根基。其中 CPU 是中央处理单元(Central Processing Unit)的简称，承担数据计算和信息传递的任务。CPU 有三大总线：地址总线(Address Bus)，表示 CPU 可访问的地址数量，每个地址总线可以访问两个单元；数据总线(Data Bus)用于数据传输和数据交换；控制总线(Control Bus)是对 CPU 外部的元器件发送控制指令的通道。GPU 是图形处理器 Graphics Processing Unit 的简称，GPU 的主要任务是图像处理，包括集合转换、光照处理、立方环境材质贴图、纹理压缩、双重纹理四像素 256 位渲染等功能，它能提高图像处理速度，是人工智能图像处理任务的利器。第二层，操作系统(MacOS、Windows 和 Linux 系列等)是在计算机硬件上运行的软件。该软件的特殊点是它是软件的管理软件，同时担负计算机硬件资源的调度。在操作系统中运行的软件即第三层，所有计算机软件都在操作系统中运行，由操作系统协调计算机软件所需的硬件资源，保证计算机软件正常运行。

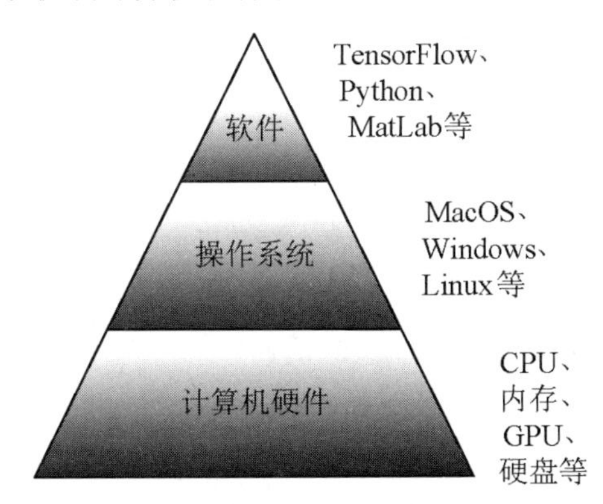

图 2.1　计算机软件、操作系统与硬件结构

操作系统按照基本功能可分为批处理系统、分时操作系统、实时操作系统和网络操作系统等。其中，批处理系统可提高资源利用率和系统吞吐量；分时操作系统可实现用户的人机交互，多用户共同使用同一台主机；实时操作系统可快速对外部命令进行响应，提高系统的吞吐量；网络操作系统是向网络计算机提供服务的特殊操作系统。随着大规模集成电路的发展。计算机处理核心 CPU 的计算性能日益强大，催生了集批量处理、实时和分时等功能于一身的操作系统，操作系统发展史如表 2.1 所示。个人计算机操作系统的两大巨头分别为微软的 Windows 和苹果的

MacOS，对于高级语言的开发人员而言，开发工具多为集成环境的开发软件，包括编译、链接和执行等功能，无须使用操作指令即可完成软件的开发及发布，所以，大部分开发人员选择 Windows 操作系统。当需要将编译完成的软件部署到服务器运行时，就将其交由运维人员完成。因为目前大部分服务器操作系统是基于 Linux 内核的，无操作界面，只能通过命令行操作，使用起来有一定门槛，因此需要运维人员。

表 2.1　操作系统发展史

操作系统	发布时间
UNIX	1970 年
MacOS	1984 年
Windows	1985 年
Linux	1991 年
iOS	2007 年
Android	2008 年
Windows Phone	2011 年

本书使用的 Ubuntu 18.04 桌面版操作系统是基于 Linux 内核的，可同时进行交互式界面操作和命令行操作，满足易用性和专业性。Ubuntu 常用的基本指令如表 2.2 所示，若不能满足开发需求，可在网络上查找相关功能的指令。

表 2.2　Ubuntu 基本指令

功　能		指　令
打开终端		Ctrl+Alt+T
安装软件		sudo apt-get install software-name
进入指定路径		cd /python/
运行 Python 程序		cd /python python test.py
查看文件路径		pwd
文件夹操作	新建	mkdir folder-name
	删除	rm -r folder-name
	复制	cp -r folder-name /object-path
文件操作	新建	touch file-name.py
	删除	rm -f file-name.py
	复制	cp file-name.py /object-path

续表

功　能		指　令
编辑文件	打开	vim test.py
	编辑	i
	保存	:w
列举文件夹中文件		ls
建立软链接(快捷方式) software-path 为可执行文件路径，shortcut-name 为快捷方式的名称		ln -s /software-path shortcut-name

2.1.2　下载操作系统

针对使用原始安装 Ubuntu 操作系统的开发人员，按以下方式进行安装。若开发人员想同时使用 Windows 操作系统，可在 Windows 操作系统中安装虚拟机，使用虚拟机 VMware 安装 Ubuntu 操作系统，同样需要使用 Ubuntu 操作系统的 ISO 文件，具体安装说明，可参照 VMware 官方文档操作或在网络上查找相关方法，这里不做详细介绍。

Ubuntu 18.04 桌面版下载地址为 https://ubuntu.com/download/desktop，下载界面如图 2.2 所示。该版本为长期支持(Long Term Support，LTS)版，官方会定期更新安全补丁，用户可在支持的时间段内免费获取。

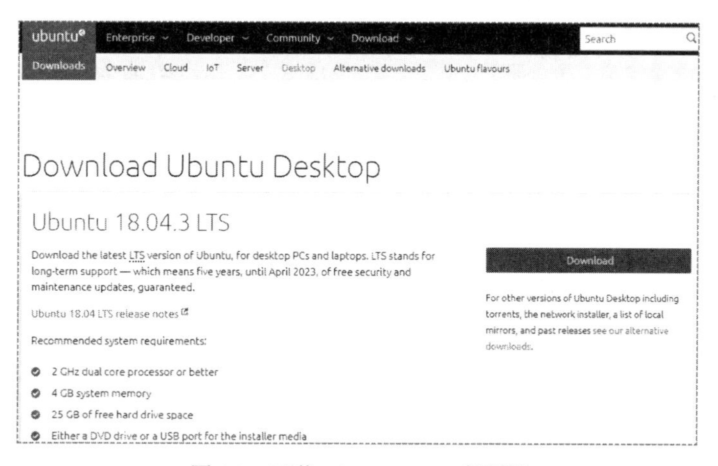

图 2.2　下载 Ubuntu 18.04 桌面版

2.1.3　制作 Ubuntu 启动盘

安装 Ubuntu 需要使用 U 盘制作一个启动盘，启动盘就是操作系统的启动文件，当安装 Ubuntu 系统时，进入 BIOS，选择 U 盘启动即可。下面详细介绍 Ubuntu 启动盘的制作过程。

1. 下载 UltraISO 软件并安装

下载 UltraISO 安装软件，单击图 2.3 所示界面中的“继续试用”按钮，选择 UltraISO 试用版来制作 U 盘系统启动盘。

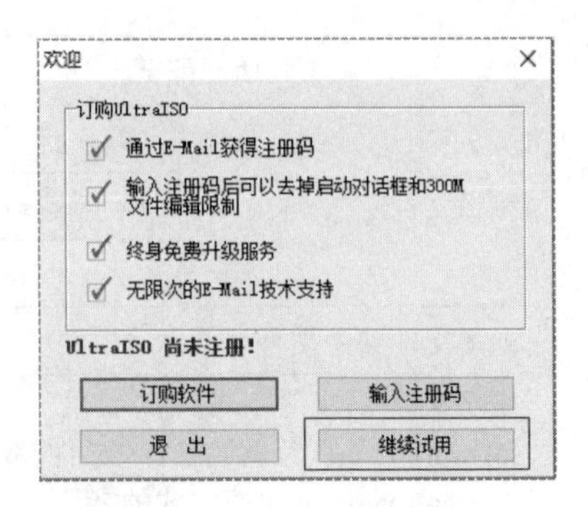

图 2.3 试用版 UltraISO

2. 打开 UbuntuISO 文件

找到下载的 Ubuntu 18.04 ISO 文件，载入 Ubuntu 系统文件，如图 2.4 所示。UltraISO 可读取 ISO 文件目录。

3. 将 Ubuntu 18.04 ISO 文件写入 U 盘

在计算机中插入 U 盘，执行“启动”→“写入硬盘映像”菜单命令，如图 2.5 所示。

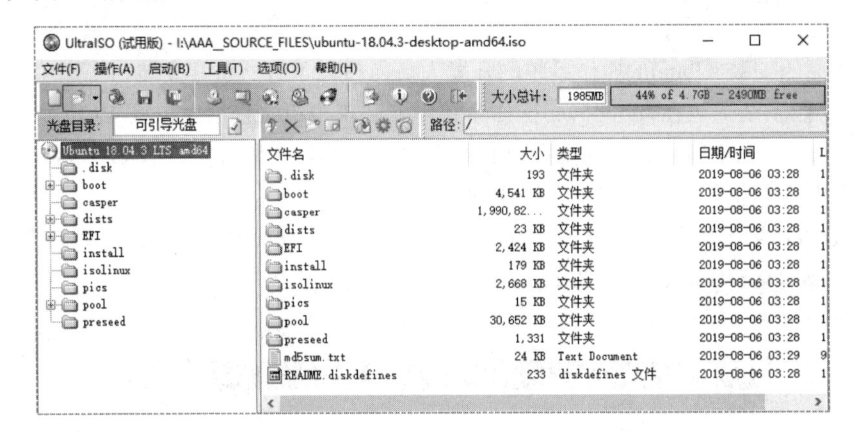

图 2.4 打开 ISO 文件

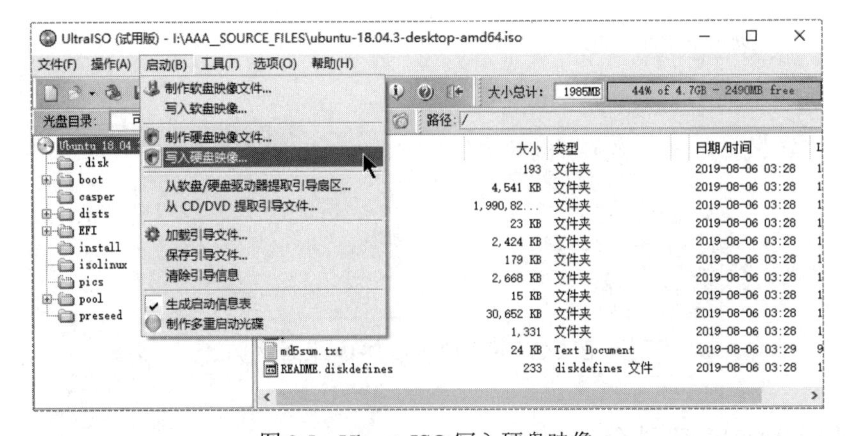

图 2.5 UbuntuISO 写入硬盘映像

4. U 盘制作 Ubuntu 系统启动盘

弹出“写入硬盘映像”对话框，如图 2.6 所示，将“硬盘驱动器”设为 U 盘，“映像文件”设为 Ubuntu 18.04 的 ISO 文件，“写入方式”选择 USB-HDD 或 USB-HDD+，配置结束，单击“写入”按钮，等待写入完成。当写入完成后，使用该 U 盘即可给裸机安装 Ubuntu 18.04 系统。裸机需要通过 BIOS 配置使用 USB 启动。

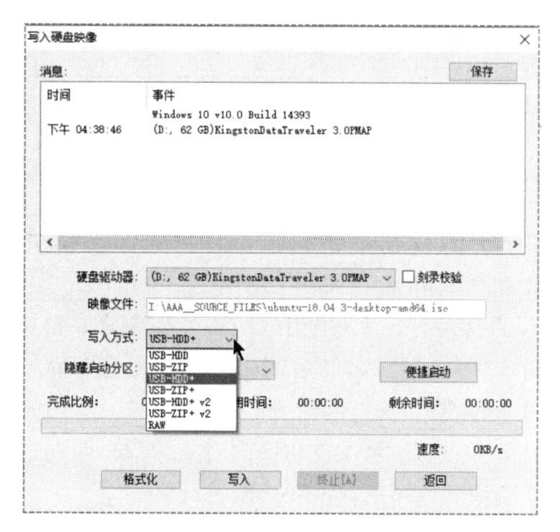

图 2.6　U 盘制作 Ubuntu 系统启动盘

2.2　部署 Python 开发环境

本书使用的开发语言是 Python，因此在使用 Python 进行开发前，需要部署 Python 解释器环境。虽然 Ubuntu 操作系统内置了 Python 2.7 的解释器环境，但是，随着 Python 3.x 时代的到来，以及 Python 2.x 即将停止维护，因此开发者需要拥抱 Python 3.x，开发更具兼容性的程序。在 Ubuntu 中部署 Python 环境及切换 Python 环境的操作简单且易学，下面将详细讲解 Python 解释器环境的部署与管理。

2.2.1　Python 简介

Python 是 Gudio van Rossun 在 1989 年发明的，1991 年对外发布第一个版本。Python 是一种跨平台的计算机程序语言，其脚本可在多种操作系统平台和硬件平台上运行。同时，Python 还是一种面向对象的、动态的(无须强制定义变量数据类型)解释型语言，其主要特点如表 2.3 所示。Python 语言的主要应用领域包括科学计算和统计、人工智能(AI)、教育、桌面界面开发、Web 端开发和网络爬虫等。

Python 版本迭代历史如表 2.4 所示。由表 2.4 可知，到目前为止，Python 共有两个主版本，即 Python 2.x 和 Python 3.x，两个主版本间有共同点也有不同点，其主要差异如表 2.5 所示。从官方发布消息可知，Python 2.x 将会逐渐退出历史舞台，主流版本将为 Python 3.x。

表 2.3　Python 特点

特　点	描　述
简单易学	Python 的设计哲学是简单、优雅、明确，入门门槛相对其他高级语言(如 C、C++、Java)低，说明文档详细，学习进度快
速度快	Python 底层是 C 语言开发，许多标准库和第三方库也是由 C 语言编写，运行速度较快
免费、开源	Python 是 FLOSS(自由/开放源码软件)之一，使用者可自由发布软件的备份、阅读源码、将其源码的部分应用于新的自由软件中
可移植	Python 可运行于多种软件平台上，如 Linux、Windows、FreeBSD、Macintosh、Solaris、OS/2 以及 Android 平台
解释性	Python 脚本可直接运行，无须经历如 C、C++编译、链接的过程，在计算机中，Python 解释器将脚本转换为字节码的中间形式，将其翻译成计算机的机器语言运行，因此 Python 更加易于移植
面向对象	Python 既支持面向过程编程又支持面向对象编程，面向过程编程的程序由过程或函数构建，面向对象编程的程序由数据和功能的对象组建
可扩展性	如果不希望公开某段代码或算法，可使用 C 或 C++编写，再在 Python 中使用
丰富的库	Python 标准库丰富且强大。正是由于 Python 具备丰富的标准库，才使得 Python 广泛应用于不同领域，如网络编程、科学计算、界面编程、人工智能、图像处理、游戏编程等。标准库如正则表达式、文档生成、单元测试、线程、数据库、网页浏览器、CGI、FTP、XML、电子邮件、GUI 等，可实现不同应用场景的功能开发

表 2.4　Python 版本迭代历史

发布时间	版　本
1994 年 1 月	Python 1.0
2000 年 10 月 16 日	Python 2.0
2004 年 11 月 30 日	Python 2.4
2006 年 9 月 19 日	Python 2.5
2008 年 10 月 1 日	Python 2.6
2008 年 12 月 3 日	Python 3.0
2009 年 6 月 27 日	Python 3.1
2010 年 7 月 3 日	Python 2.7
2011 年 2 月 20 日	Python 3.2
2012 年 9 月 29 日	Python 3.3
2014 年 3 月 16 日	Python 3.4

续表

发布时间	版　本
2015 年 9 月 13 日	Python 3.5
2016 年 12 月 23 日	Python 3.6
2018 年 6 月 27 日	Python 3.7
2019 年 10 月 15 日	Python 3.8

表 2.5　Python 2 和 Python 3 的主要差异

差异点	Python 2	Python 3
print 输出	print 作为语句，直接输出数据，如： print "hello world!"	print 作为函数，使用括号形式，如： print("hello world!")

编码形式	支持 ASCII 字符和 Unicode 字符，两者功能独立，脚本初始使用 utf-8 标注，即：
	#-*-coding:utf-8-*-
	测试如下：
	>>> str="你好"
	>>> str
	'\xe4\xbd\xa0\xe5\xa5\xbd, '
	>>> str=u"你好"
	>>> str
	u'\u4f60\u597d'
		支持 Unicode 字符以及字节类 byte，默认使用 utf-8 编码，无须标注指定编码格式，测试代码如下：
		>>> str="你好,世界"
		>>> str
		'你好,世界'

异常形式	异常形式： try: 　250/0 except Exception, e: 　raise ValueError, e	异常形式使用 as： try: 　250/0 except Exception as e: 　raise ValueError(e)
遍历函数	xrange 函数： for i in xrange(250): 　print "data:", i	range 函数： for i in range(250): 　print("data:{}".format(i))

继承	使用 super()继承，形式如下：
	class People(Object):
	　def __init__(self, name, age):
	　　self.name = name
	　　self.age = age
	class Male(People):
	　def __init__(self, name, age):
	　　super(Male,
	self).__init__(name, age)
		省略 super()中的参数继承，形式如下：
		class People(Object):
		　def __init__(self, name, age):
		　　self.name = name
		　　self.age = age
		class Male(People):
		　def __init__(self, name, age):
		　　super().__init__(name, age)

续表

差异点	Python 2	Python 3

模块名称	模块：
	`_winreg`
	`ConfigParser`
	`copy_reg`
	`Queue`
	`SocketServer`
	`repr`
		模块：
		`winreg`
		`configparser`
		`copyreg`
		`queue`
		`socketserver`
		`reprlib`

zip 函数	直接返回列表数据：
	`>>> name=["xiaohua","xiaohong"]`
	`>>> age=[20, 25]`
	`>>> print(zip(name, age))`
	`[('xiaohua', 20), ('xiaohong', 25)]`
		返回迭代器，若获取数据，需要 list 转换：
		`>>> name=["xiaohua", "xiaohong"]`
		`>>> age=[20, 25]`
		`>>> print(zip(name, age))`
		`<zip object at 0x7fe006a7fa08>`
		`>>> print(list(zip(name,age)))`
		`[('xiaohua', 20), ('xiaohong', 25)]`

2.2.2 Python 环境

由于 Python 有两个版本：Python 2 和 Python 3，因此 Python 开发环境也分为 Python 2 和 Python 3 两种，安装及使用方式也略有差别，本次安装使用了 Python 2.7 和 Python 3.6。由于 Python 官方仓库不会存放同一软件或库的多个版本，而是选择当前最新稳定版，所以 Python 3 选择了 3.6 版本。Python 安装如表 2.6 所示。为了安装多版本 Python 环境，后面会介绍 Anaconda 托管多版本 Python 环境，方便多版本 Python 环境切换，保证项目正常运行。Python 同时为开发者提供了包管理器 pip，用于安装 PyPI 上的软件包，安装 pip 环境如表 2.6 所示。

表 2.6　Python 2 和 Python 3 安装

安装模块	Python 2.x环境	Python 3.x环境
Python 环境	安装： sudo apt-get install python2.7 卸载： sudo apt-get remove python2.7 清除配置文件和数据文件： sudo apt-get purge python2.7	安装： sudo apt-get install python3.6 卸载： sudo apt-get remove python3.6 清除配置文件和数据文件： sudo apt-get purge python3.6
pip 包管理器	sudo apt-get install python-pip	sudo apt-get install python3-pip

Python 解释器环境部署之后，打开命令行终端，输入对应的 Python 版本，即可启动相应版本的 Python 解释器，开启 Python 编程之路。Python 2.7 解释器如图 2.7 所示，Python 3.6 解释器如图 2.8 所示，在符号“>>>”之后即可输入 Python 命令，执行相应功能。

Python 版本间切换是可配置的，即配置一个默认的 Python 环境，同样使用命令行进行，其操作指令如表 2.7 所示。

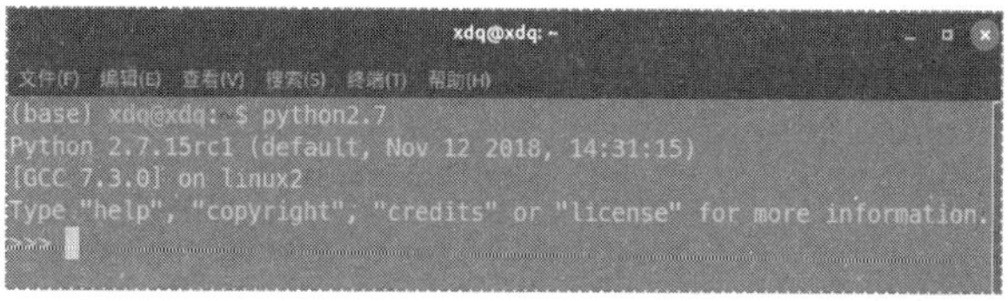

```
(base) xdq@xdq:~$ python2.7
Python 2.7.15rc1 (default, Nov 12 2018, 14:31:15)
[GCC 7.3.0] on linux2
Type "help", "copyright", "credits" or "license" for more information.
>>>
```

图 2.7　Python 2.7 解释器

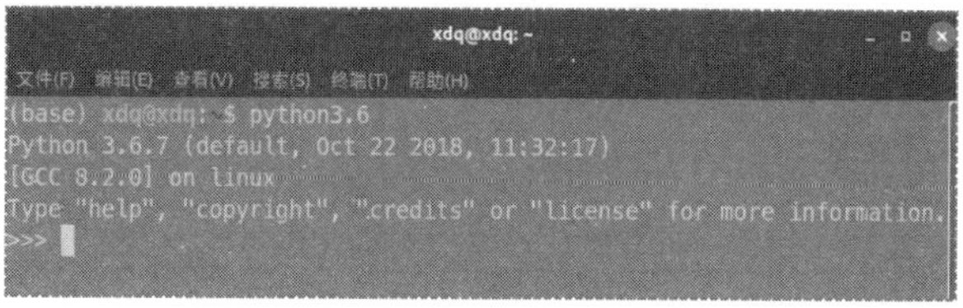

```
(base) xdq@xdq:~$ python3.6
Python 3.6.7 (default, Oct 22 2018, 11:32:17)
[GCC 8.2.0] on linux
Type "help", "copyright", "credits" or "license" for more information.
>>>
```

图 2.8　Python 3.6 解释器

表 2.7　配置 Python 环境软链接(快捷方式)

描　述	指　令
配置 Python 2.7	sudo update-alternatives --install /usr/bin/python2.7 python /usr/bin/python2.7 100
配置 Python 3.6	sudo update-alternatives --install /usr/bin/python3.6 python /usr/bin/python3.6 150

表 2.7 中列出了配置 Python 环境的快捷方式，其中，python 即为软链接的快捷方式，100 和 150 分别表示优先级，数字越大，优先级越高。配置结束后，在命令行终端输入“python”后，会调用 Python 3.6 解释器环境，因为 Python 3.6 的优先级高于 Python 2.7。若要切换默认版本或者移除配置的软链接，使用表 2.8 所列的指令。

表 2.8　切换及移除 Python 环境软链接(快捷方式)

描　述	指　令
切换软链接	sudo update-alternatives --config python
移除 Python 2.7 软链接	sudo update-alternatives --remove python /usr/bin/python2.7
移除 Python 3.6 软链接	sudo update-alternatives --remove python /usr/bin/python3.6

为了更好地发挥 Python 的效用，需要使用不同的第三方库，帮助开发者完成不同的任务。然而，由于 Python 默认环境的第三方库有限，因此，需要开发者自行安装工具库，这时，就需要开发者熟悉 Python 包管理器 pip 的使用方法，详细说明如表 2.9 所示。

表 2.9　pip 命令行说明

功　能	指　令
查看 pip 版本	pip2 -V
	pip3 -V

续表

功 能	指 令
安装第三方包	pip2 install package-name
	pip3 install package-name
卸载第三方包	pip2 uninstall package-name
	pip3 uninstall package-name
列举所有的第三方包	pip2 list
	pip3 list
查看某个包信息	pip2 show package-name
	pip3 show package-name

2.2.3 Anaconda 托管 Python 环境

Python 解释器环境的多样性既为开发者的开发带来了便利，又为开发者维护带来了困扰。而 Anaconda 的存在，为开发者管理 Python 多版本解释器提供了方便。使用 Anaconda 可以方便管理 Python 环境，特别是使用不同硬件资源的开发环境，如在一台既有 CPU 又有 GPU 的机器上，需要分别安装两个版本的 TensorFlow，而 Anaconda 可以很好地解决这个问题，建立两个虚拟环境，执行只使用 CPU 的程序和只使用 GPU 的程序。

1. Anaconda 简介

Anaconda 是 Python 包管理及环境管理软件，类似于 Python 环境的虚拟机，可在新建的虚拟机中安装不同的 Python 环境及相关包。Anaconda 包含 conda 工具、Python 不同版本环境、第三方工具包 numpy 和 pandas 等，使用 conda 相关命令即可安装虚拟机，虚拟机与虚拟机之间是相互隔离、互不干扰的，实现了多版本 Python 环境的兼容，即同时具备了虚拟环境(virtualenv)和包管理(pip)的双重功能，方便开发者进行不同环境的开发，提高了开发效率。

2. 部署 Anaconda

为方便展示安装过程，Anaconda 安装步骤列于表 2.10。

表 2.10 安装 Anaconda 的过程

序 号	安装过程
1	下载 Linux 版 Anaconda： https://www.anaconda.com/distribution/#linux
2	生成 Anaconda 认证： md5sum /path/Anaconda3-2018.12-Linux-x86_64.sh
3	安装 Anaconda，使用 bash 命令： bash /path/Anaconda3-2018.12-Linux-x86_64.sh 其中，path 为 Anaconda 文件的下载路径

续表

序　号	安装过程
4	默认 Anaconda 路径：/home/{user-name}/anaconda3 PREFIX=/home/xdq/anaconda3 installing: python-3.7.1-h0371630_7 ... Python 3.7.1 installing: blas-1.0-mkl ... . Do you wish the installer to initialize Anaconda3 in your /home/xdq/.bashrc ? [yes|no]
5	初始化 Anaconda 3： [no]>>>yes
6	安装微软公司的编辑器 VSCode： Do you wish to proceed with the installation of Microsoft VSCode? [yes|no] >>> yes

这样即完成了 Anaconda 的安装。使用 Anaconda 新建虚拟环境时，可以指定 Python 版本。Anaconda 的默认安装路径为：/home/{user-name}/anaconda3，其中{user-name}为 Ubuntu 的用户名。表 2.10 中的 path 为 Anaconda 的下载路径，在未建立程序软链接即快捷指令前，必须在软件安装路径下执行软件命令，否则将抛出找不到指令的异常。

3．Anaconda 的使用

下面介绍 Anaconda 中 conda 工具的使用。该工具可完成 Python 环境的搭建以及第三方开发包的安装，相关命令如表 2.11 所示。

表 2.11　conda 相关命令说明

功　能	指　令	描　述
查看虚拟环境	conda info --envs	查看 Anaconda 环境中包含的所有 Python 虚拟环境
新建虚拟环境	conda create --name env-name	env-name 为虚拟环境的名称，如 py37 虚拟环境，Anaconda 默认的环境为 Python 3.7
新建虚拟环境，指定 Python 环境	conda create --name env-name python2.7 或 conda create --name env-name python3.6	其中，Python 2.7 及 Python 3.6 即为指定的 Python 环境
激活虚拟环境	conda activate env-name	启动指定虚拟环境，其中 env-name 为虚拟环境名称
关闭虚拟环境	conda deactivate	关闭虚拟环境
查看安装第三方包	conda list	查看虚拟环境中的安装包

续表

功　能	指　令	描　述
安装第三方包	conda install -n env-name package-name	在指定虚拟环境中安装指定包，其中 env-name 为指定的虚拟环境，package-name 为第三方包的包名
移除虚拟环境	conda remove --name env-name --all	移除指定虚拟环境
克隆已存在的虚拟环境	conda create --name env-new-name --clone env-exists-name	将已存在的虚拟环境 env-exists-name 克隆到新的虚拟环境 env-new-name 中

2.2.4 编程环境

编程环境在本书中是指代码的开发环境，即代码编辑器或编译器。需要编译的语言开发环境称为编译器，解释型语言的开发环境称为编辑器。计算机编程语言多种多样，编程语言的编辑器更是百花齐放，有专门为某种语言开发的代码编辑器，如单片机编程的 Keil 编译器、工程科学计算的 MatLab 编译器等，也有为大部分编程语言通用的代码编辑器或编译器，如微软公司的 Visual Studio 编译器、Notepad++代码编辑器等。而 Python 语言的编程环境有两种，一种是 Python 专用的 Jupyter Notebook 解释环境，该环境通过浏览器打开，可实时执行 Python 任务，并将结果直接展示在代码下面；另一种是通用编程环境 Visual Studio Code，Visual Studio Code 既可以利用 Ubuntu 系统的终端执行 Python 任务，也可以利用 Visual Studio Code 的终端工具执行 Python 任务。

1. Jupyter Notebook

Notebook 将基于控制台的程序执行方式转换为交互式的程序执行方式，提供基于 Web 的应用，适用于全过程开发，包括开发、书写文档、执行代码以及执行结果等。Jupyter Notebook 包括两部分：Web 应用和笔记本文档。其中，Web 应用基于浏览器的交互创作工具，包含解释文本、数学、计算和富文本输出；笔记本文档在 Web 应用中将所有内容可视化。Jupyter Notebook 是运行结果即时可得的文本编辑器，当执行某些无须迭代输出的脚本时，非常方便实用。但是当训练模型需要实时输出训练结果时，可选用另外的编辑器。Jupyter Notebook 的安装及配置如表 2.12 所示。

表 2.12　Jupyter Notebook 安装说明

功　能	指　令
安装 Jupyter Notebook	pip2 install jupyter
	pip3 install jupyter
启动 Jupyter Notebook	启动 conda 环境： conda activate env-name 进入虚拟环境： cd envs cd env-name 启动 Notebook，浏览器会自动跳转： ./bin/jupyter notebook

续表

功　能	指　令
查看 Jupyter Notebook 配置文件路径	jupyter notebook --generate-config 默认路径： Writing default config to: /home/xdq/.jupyter/jupyter_notebook_config.py
修改启动路径	sudo vim path 添加启动路径： c.NotebookApp.notebook_dir = '/home/xdq/jupyter'

Jupyter Notebook 启动后，会打开系统默认的浏览器 Firefox，首页如图 2.9 所示，可看到指定运行目录下的文件夹及文件。可通过新建或上传 Jupyter Notebook 文件，文件格式为*.ipynb。

图 2.9　Jupyter Notebook 首页

使用 Jupyter Notebook 编辑及运行脚本，如图 2.10 所示。通过“运行”按钮执行脚本，同时可在脚本框下面直接看到输出结果。需要注意的是，当 Python 脚本输出结果不多，如 100 行的情况下，使用 Jupyter Notebook 执行较为方便，当输出结果较多时，选择终端执行较为方便。在图像展示方面，Jupyter Notebook 对展示 OpenCV 图像的支持不是很友好。Jupyter Notebook 可运行能获得即时结果的程序，对于运行 Flask 后台服务是有限制的，建议使用 Ubuntu 终端执行部署 Flask 服务，详见 Flask 部署模型。

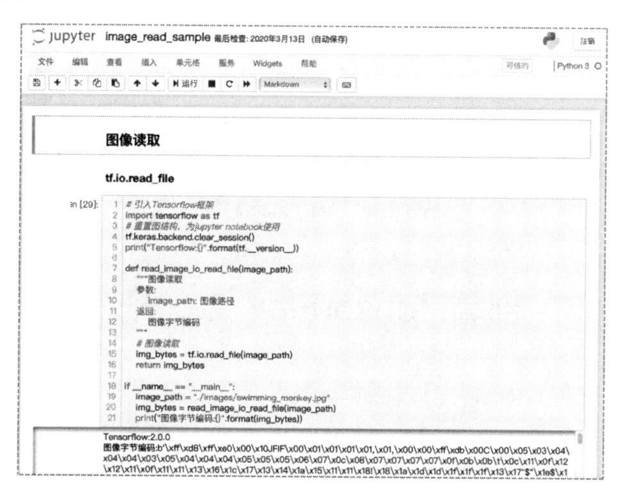

图 2.10　Jupyter Notebook 运行代码

2．Visual Studio Code

Visual Studio Code(VS Code)是微软公司于 2015 年正式对外发布的运行于 MaxOS X、Windows 和 Linux 操作系统中的编辑器。VS Code 是轻量但功能强大的桌面级源码编辑器，内置支持的语言包括 JavaScript、TypeScript 和 Node.js，以及丰富的语言包插件，如 C++、C#、Java、Python、PHP 和 GO，以及运行时，如.NET 和 Unity。

当训练模型需要及时观测模型训练的结果时，Jupyter Notebook 的即时可视结果略显功能不足，因此需要使用 VS Code 来编辑代码，并在终端(Terminal)运行，也可在 VS Code 内置的终端运行。在 Ubuntu 中，VS Code 的安装类似于 Windows 的安装过程，下载相应的*.deb 包，双击运行即可。启动软件，打开人工智能项目，如图 2.11 所示，右边一列为工具栏，从上到下分别为文件浏览、搜索、源码控制、调试、插件安装、测试、Docker、数据库等，其中插件安装工具可以搜索安装需要的插件，如 MySQL 插件、代码高亮插件等。根据个人编程习惯，可将工具栏放置在左侧或右侧。左侧带有标号的为代码编辑区域，本区域用于代码的编辑，代码区域下方为代码执行终端，类似于 Ubuntu 的终端。在 Terminal 中打开为 VS Code 内置的终端窗口，该终端窗口可连接 Anaconda 环境。图 2.11 中的命令行终端激活了在 Anaconda 中为开发 Python 程序而配置的环境，可使用命令行运行 Python 程序。

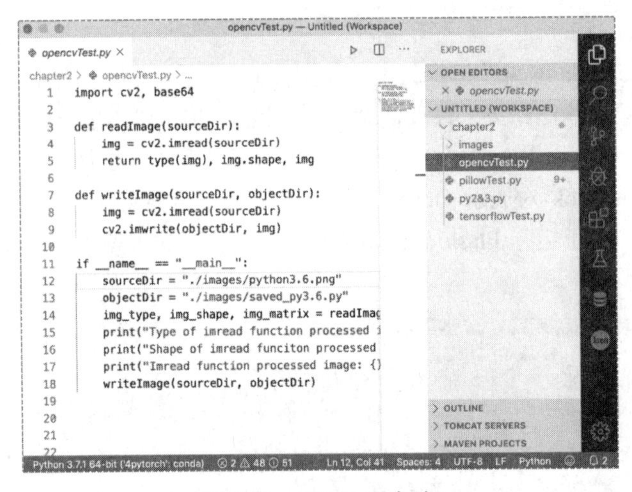

图 2.11　VS Code 启动

2.3　部署 TensorFlow 2.0 开发环境

人工智能任务的开发和其他软件开发类似，需要不同的工具包完成相应的功能，开发者也可自行原生开发，同样可以实现相应的功能。但是，使用工具包可以提高开发效率，人工智能的开发使用的工具包为 TensorFlow，该工具包提供了较完善的人工智能函数，如神经网络卷积计算函数、最大池化计算函数、损失函数、优化函数等，下面详细介绍 TensorFlow 的安装与部署。

2.3.1 TensorFlow 简介

TensorFlow 是 Google 公司推出的一个端到端平台，目前已有两个大版本，即 TensorFlow 1.x 和 TensorFlow 2.x。该平台可完成人工智能的全生命周期功能，包括数据集预处理、模型构建、模型训练及调试和模型部署等过程。同时该平台还提供了大量的学习教程以及部分通用数据集，如 MNIST 手写字体数据集，可满足各层次开发者的需求，构建了人工智能完整的生态系统。使用 TensorFlow 可轻松、快速搭建训练模型，还可根据开发需求选择合适的级别，如底层 TensorFlow API 开发或高层 Keras API 封装开发。TensorFlow 提供直接的生产方式，可在服务器、边缘设备或网络端进行训练和学习。其中，Tensorflow.js 可在 JavaScript 环境中训练和部署模型，模型执行效率高，并可通过 Tensorflow Lite 将模型部署在 Android 移动设备上，实现边缘端计算。TensorFlow 为开发者提供了两种硬件环境下的开发版本：纯 CPU 版本和 CPU+GPU 版本。其中，纯 CPU 版在只有 x86 架构的 CPU 机器上运行，而 CPU+GPU 则是在机器中安装了 GPU 显卡的设备上运行。

2.3.2 CPU 版 TensorFlow 2.0 环境部署

Ubuntu 中使用命令行安装 CPU 版 TensorFlow，具体命令如表 2.13 所示。若系统已存在 TensorFlow，要先移除。因为 pip 包管理器不会覆盖已存在的同一软件，而是并存，所以为了正常使用 TensorFlow，需保证 Python 运行环境中有唯一版本的 TensorFlow。安装 CPU 版本 TensorFlow 后，即可直接使用 TensorFlow。

表 2.13 CPU 版 TensorFlow 的安装指令

指　令	说　明
sudo pip install tensorflow	默认安装 TensorFlow，自动安装最新版
sudo pip3 install tensorflow	
sudo pip install tensorflow==2.0	安装指定版本的 TensorFlow
sudo pip3 install tensorflow==2.0	

2.3.3 GPU 版 TensorFlow 2.0 环境部署

TensorFlow 不仅提供了 CPU 版资源调度工具包，而且提供了 GPU 版资源调度工具包。该工具包在计算中，同时利用 CPU 和 GPU 进行数据计算，当处理图像任务时，优势较仅使用 CPU 处理十分明显，处理速度比单纯使用 CPU 提高 10 倍甚至百倍到千倍，极大地提高了开发效率。

1. 安装 GPU 版 TensorFlow

安装 GPU 版 TensorFlow 的命令如表 2.14 所示。GPU 版 TensorFlow 安装之后，还不能立即使用，因为需要调用 GPU 资源，所以需要安装 GPU 驱动。本书使用的 GPU 为英伟达(nVIDIA)的 P4

系列显卡，需要安装 nVIDIA 驱动 CUDA 和神经网络加速计算单元 cuDNN。

表 2.14　安装 GPU 版 TensorFlow 命令

<table>
<tr><th>指　令</th><th>说　明</th></tr>
<tr><td>sudo pip install tensorflow-gpu</td><td rowspan="2">默认安装 TensorFlow，自动安装最新版</td></tr>
<tr><td>sudo pip3 install tensorflow-gpu</td></tr>
<tr><td>sudo pip install tensorflow-gpu==2.0</td><td rowspan="2">安装指定版本的 TensorFlow</td></tr>
<tr><td>sudo pip3 install tensorflow-gpu==2.0</td></tr>
</table>

TensorFlow 与 CUDA、cuDNN 对应版本如表 2.15 所示，安装时要使用对应版本，否则 GPU 调用将失败。

表 2.15　TensorFlow 与 CUDA、cuDNN、Python 对应版本

<table>
<tr><th>TensorFlow-GPU版本</th><th>CUDA版本</th><th>cuDNN版本</th><th>Python版本</th></tr>
<tr><td>2.0</td><td>10</td><td>7.4</td><td rowspan="5">2.7
3.3~3.6</td></tr>
<tr><td>1.13</td><td>10</td><td>7.4</td></tr>
<tr><td>1.12~1.5.0</td><td>9</td><td>7</td></tr>
<tr><td>1.4.0~1.3.0</td><td>8</td><td>6</td></tr>
<tr><td>1.2.0~1.0.0</td><td>8</td><td>5.1</td></tr>
</table>

2．安装 CUDA

安装 CUDA 的过程如表 2.16 所示，为与真实环境匹配，本次选择 TensorFlow GPU 版本为 2.0，CUDA 版本为 10，cuDNN 版本为 7.4。

表 2.16　CUDA 安装过程

<table>
<tr><th colspan="2">描　述</th><th>指　令</th></tr>
<tr><td colspan="2">下载 nVIDIA 驱动程序、配置与 GPU 对应版本的 CUDA 驱动</td><td>https://www.nvidia.cn/Download/index.aspx?lang=cn
CUDA 启动：nVIDIA-Linux-x86_64-384.183.run</td></tr>
<tr><td rowspan="5">环境预处理</td><td>修改文件权限</td><td>sudo chmod +x nVIDIA-Linux-x86_64-384.183.run</td></tr>
<tr><td>退出 GUI 界面</td><td>sudo systemctl disable lightdm.service</td></tr>
<tr><td>重新安装 lightdm</td><td>sudo apt-get install --reinstall lightdm</td></tr>
<tr><td>卸载原有 nVIDIA 驱动，为新驱动安装做准备</td><td>sudo apt-get remove -purge nvidia*</td></tr>
<tr><td>关闭 nouveau</td><td>sudo vim /etc/modprobe.d/blacklist.conf
blacklist nouveau
options nouveau modeset=0</td></tr>
</table>

续表

描　述		指　令
环境预处理	安装 initramfs-tools	sudo apt-get install initramfs-tools
	生效关闭 nouveau	sudo update-initramfs -u
	重启系统，只针对桌面版 Ubuntu 系统，若是服务器，则无须重启	sudo reboot
	关闭图像界面	sudo vim /etc/default/grub GRUB_CMDLINE_LINUX_DEFAULT="text" GRUB_TERMINAL=console
	生效关闭图像界面	sudo update-grub
安装 CUDA		sudo ./NVIDIA-Linux-x86_64-384.183.run --no-opengl-files
查看 CUDA 信息		cat /usr/local/cuda/version.txt

以上完成了 nVIDIA 的 CUDA 驱动的安装，下面安装神经网络加速模块 cuDNN，安装过程如表 2.17 所示。

表 2.17　cuDNN 的安装过程

说　明	指　令
下载与 CUDA10 对应的 cuDNN7，下载前注册 nVIDIA 账号，使用该账号下载 cuDNN	https://developer.nvidia.com/rdp/cudnn-archive 对应文件：cudnn-10.0-linux-x64-v7.4.2.24.tar
文件加压至/usr/local	sudo tar -zxvf cudnn-10.0-linux-x64-v7.4.2.24.tar -C /usr/local
配置环境变量	sudo vim ~/.bashrc export CUDA_HOME=/usr/local/cuda export PATH=$CUDA_HOME/bin:$PATH exoprt LD_LIBRARY_PATH=$CUDA_HOME/lib64 export LD_LIBRARY_PATH="$LD_LIBRARY_PATH:/usr/local/cuda/lib64"
查看 cuDNN 信息	cat /usr/local/cuda/include/cudnn.h | grep CUDNN_MAJOR -A 2

完成 CUDA 和 cuDNN 的安装之后，即可使用 TensorFlow GPU 版，调用 GPU 训练模型，使用 GPU 可加快图像数据的处理速度。

2.4　部署接口测试环境

人工智能任务模型部署到服务器，生成 REST 规则的接口，这些接口就是访问人工智能功能的接入点。而在开发阶段需要测试接口功能，测试接口主要有两种方式，一种是使用测试工具，另一种是使用代码测试。其中，常用接口测试工具有 Postman 和 Jmeter，Postman 更多应用于接口测试和接口文档自动化生成，Jmeter 多用于接口的压力测试，同时生成压力测试报表。关于代码测试，比如 Java、Python 和 C#，都有各自的工具包或网络服务框架。由于通过代码实现接口测试需要一定的基础，本书使用的是测试工具 Postman，以提高测试效率，降低使用难度。

2.4.1 部署 Postman

Postman 是 Web 服务的接口测试工具，支持常用的请求方法有 GET 方法、POST 方法、PUT 方法和 DELETE 方法等。Postman 有两种使用方式，一种是在浏览器中下载插件使用，另一种是下载客户端程序使用。本书使用的 Postman 客户端工具的下载地址为：https://www.postman.com/downloads/。Postman 提供了三个版本客户端：Windows 操作系统客户端、Linux 操作系统发行版客户端、Mac 操作系统客户端。使用 Ubuntu 操作系统的开发者，可选择 Linux 64 位下载安装，其他开发者可针对不同的系统选择对应版本。Postman 初始化界面如图 2.12 所示。

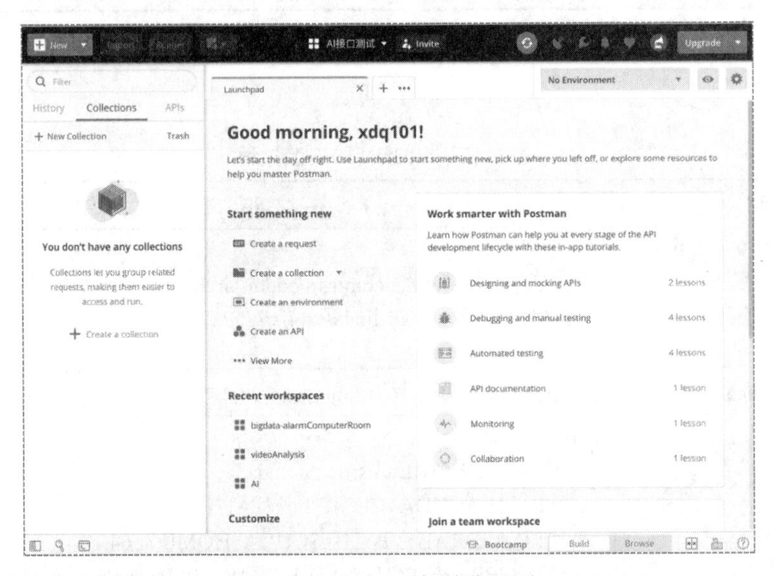

图 2.12　Postman 初始化界面

图 2.12 中，标题栏为 AI 接口测试，是新建的工作区，Postman 可以为不同的任务建立相应的工作区，在工作区中可以新建不同的测试模块，如图 2.12 左侧的 Collections 标签，通过 New Collection 新建测试模块，在测试模块中新建接口测试。

2.4.2 测试接口

测试接口就是测试服务接口的功能，通过返回的结果判断接口是否正常工作或者功能是否满足设计。本书使用的开发语言为 Python，因此，测试的接口使用 Python 语言开发。通过接口开发，既可熟悉 Web 服务接口开发，又可熟悉测试接口工具 Postman 的使用方法。Python 为 Web 服务提供了一个轻量级的开发框架 Flask，后续章节会详细介绍该框架的使用方法。本节新建一个

Web 服务接口，代码如下，详细解析见注释部分，代码可参见文件【chapter2\api_test.py】。

```
'''引入 Flask，request 和 jsonify
Flask:flask 框架的应用类
request:flask 框架中获取参数的对象
jsonify:flask 框架数据转 JSON 格式的对象
'''
from flask import Flask, request, jsonify

# Flask 类实例化
app = Flask(__name__)
# 路由：即 RESTful 中的 URI，用于定位服务器资源
# /post/data URI 可接受 GET 和 POST 请求，本次测试使用 POST 方法
@app.route("/data/test", methods=["POST", "GET"])
def getDataFromJson():
    try:
        # 若当前请求方法为 POST，获取 POST 请求体中携带的 JSON 参数，否则抛出错误提示
        if request.method == "POST":
            # 获取请求体的 JSON 参数 name
            name  = request.json["name"]
            # 获取请求体的 JSON 参数 address
            address = request.json["address"]
            return jsonify({"code":200,"infos":{"name":name, "address":address}})
        else:
            return jsonify({"code":400, "infos":"调用方法错误，请使用 POST 方法"})
    except BaseException:
        # 若请求体中的参数错误，抛出错误提示
        return jsonify({"code":400, "infos":"参数错误，请检查"})
    else:
        return jsonify({"code":400, "infos":"参数错误，请检查"})

if __name__ == "__main__":
    '''运行 Flask Web 服务
    host:服务端 host 配置，设置为 0.0.0.0，表示允许所有客户端连接
    port:设置服务端的开放端口
    debug:设置程序热更新，即更新代码后，服务即时更新
    '''
    app.run(host="0.0.0.0", port=8090, debug=True)
```

在终端运行上述 Web 服务代码，启动信息如下。

```
(tf2) xdq-2:chapter2 xindaqi$ python api_test.py
 * Serving Flask app "api_test" (lazy loading)
 * Environment: production
   WARNING: This is a development server. Do not use it in a production
     deployment.
```

```
  Use a production WSGI server instead.
 * Debug mode: on
 * Running on http://0.0.0.0:8090/ (Press CTRL+C to quit)
 * Restarting with stat
 * Debugger is active!
 * Debugger PIN: 246-014-409
```

由启动提示信息可知，Flask Web 服务正常运行，可通过网络链接(REST API) http://localhost:8090/data/test 使用 Post 方法，JSON 参数测试接口功能并返回传递的参数，即测试者传递什么参数，接口就返回什么参数。

Flask Web 服务运行后，使用 Postman 新建测试模块来测试接口，Postman 操作结果如图 2.13 所示。由图 2.13 可知，通过 Collections 新建了“参数传递测试”模块，在这个模块中新建了 Post 方法的参数传递接口测试，测试请求中，请求方法使用 Post，请求地址为 http://localhost:8090/data/test，请求参数在请求体(Body)中填写，数据格式选择 raw 的 JSON 数据，即键值对数据，通过 Send 按钮发送测试请求。在图 2.13 中请求体返回结果中可看到返回的结果，这样就完成了接口的测试。

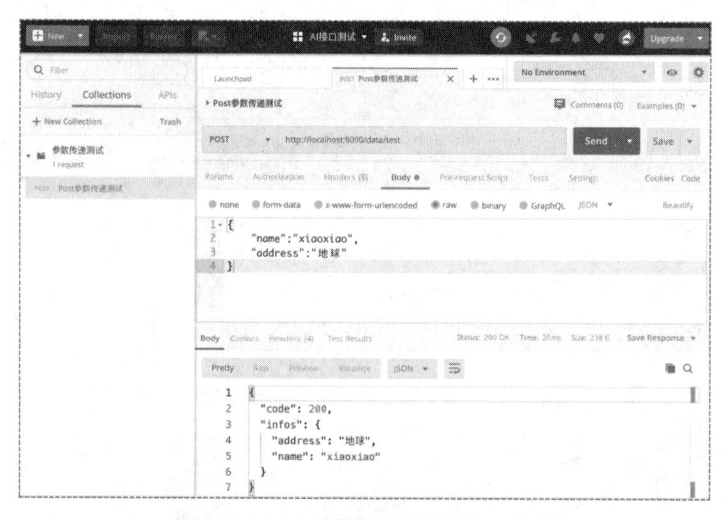

图 2.13　Postman 配置及测试接口结果

2.5　数据处理模块

2.5.1　Matplotlib 绘图模块

Matplotlib 是 Python 内置的 2D 绘图库，以各种硬拷贝格式和跨平台的交互环境生成出版质量级别的图形，即用 Matplotlib 生成的图像质量是可以配置的，后续会讲到配置输出图像质量。Matplotlib 可绘制线性图、散点图、条形图、柱状图、3D 图像甚至动画图像，其绘图功能强大，且简单易用。

1. 绘制线性图

绘制线性图代码如下。详细解析见代码注释，若出现异常，需要预配置字体路径，如系统缺少字体，可下载至指定路径，亦可不使用中文字体(将使用 font 的语句注释即可正常运行)，代码可参见文件【chapter2\matplotlib_test.py】。

```
# 引入数据计算模块 numpy
import numpy as np
# 引入绘图模块 matplotlib
import matplotlib.pyplot as plt
# 引入字体属性模块 font_manager
from matplotlib.font_manager import FontProperties
# 字体配置:路径
font = FontProperties(fname='/usr/share/fonts/truetype/arphic/ukai.ttc')
x = np.linspace(-2, 2, 100)
y = x**2
z = np.sqrt(4-x**2)
# 打开绘图窗口，figsize 配置图像窗口大小为 4×4
plt.figure(figsize=(4,4))
"""绘制图像
参数:
    x,y: 输入数据
    label: 图例名称
    color: 线颜色
    linewidth: 线宽度
"""
plt.plot(x,y,label="$y=x^2$",color="red",linewidth=2)
plt.plot(x,z,"b--",label="$x^2+y^2=4$")
plt.plot(x, -z, "y--", label="$x^2+y^2=4$")
"""绘制坐标
参数:
    x 轴: 横坐标名称
    y 轴: 纵坐标名称
    fontproperties: 数据编码字体，用于显示中文
"""
plt.xlabel("x 轴", fontproperties=font)
plt.ylabel("y 轴", fontproperties=font)
plt.title("线性图", fontproperties=font)
"""设置坐标范围
参数:
    -5: 横/纵坐标左边界
    5: 横/纵坐标右边界
"""
plt.xlim(-5, 5)
plt.ylim(-5, 5)
# 绘制图例
```

```
plt.legend()
# 绘制图像网格
plt.grid()
"""保存图像
参数：
    ch_plot.png：保存图像的名称
    format：保存图像的格式
    dpi：图像分辨率，每英寸长度上像素点数
"""
plt.savefig("ch_plot.png", format="png", dpi=500)
# 显示图像
plt.show()
```

线性图绘制结果如图 2.14 所示。该例展示了 plot 绘制线性函数的使用，同时，介绍了图像标题、线型颜色以及图例的使用，其中保存图像时，dpi 即为调节输出图像质量的参数。

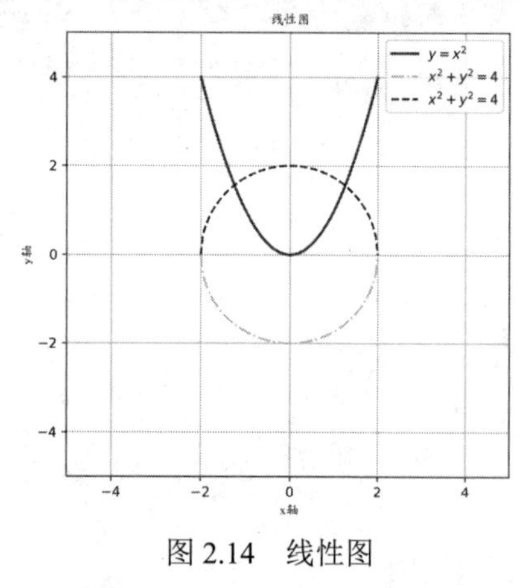

图 2.14　线性图

2．绘制坐标轴箭头图像

Matplotlib 绘制坐标轴一般没有箭头，只有坐标度，为了满足部分带箭头坐标轴的需要，可用如下代码，详细解析见注释，代码可参见文件【chapter2\matplotlib_ arrow.py】。

```
# 引入绘图模块 matplotlib
import matplotlib.pyplot as plt
# 引入坐标处理模块 axisartist
import mpl_toolkits.axisartist as axisartist
# 引入数据处理模块 numpy
import numpy as np
# 新建绘图区
fig = plt.figure(figsize=(6, 6))
# 坐标配置
ax = axisartist.Subplot(fig, 111)
# 添加坐标
fig.add_axes(ax)
# 隐藏坐标轴
ax.axis[:].set_visible(False)
# 添加坐标轴
ax.axis['x'] = ax.new_floating_axis(0, 0)
ax.axis['y'] = ax.new_floating_axis(1, 0)
# x、y 轴添加箭头
ax.axis['x'].set_axisline_style('-|>', size=1.0)
ax.axis['y'].set_axisline_style('-|>', size=1.0)
```

```
# 设置坐标轴刻度显示方向
ax.axis['x'].set_axis_direction('top')
ax.axis['y'].set_axis_direction('right')
# 设置坐标尺寸
plt.xlim(-10, 10)
plt.ylim(-0.1, 1.2)
# 生成 x 轴(横轴)数据
x = np.arange(-10, 10, 0.1)
y = 1/(1+np.exp(-x))
plt.plot(x, y, label=r"$sigmoid=\frac{1}{1+e^{-x}}$", c='r')
# 开启图例并绘制
plt.legend()
# 保存图像
plt.savefig("./chapter2/sigmoid.png", format="png", dpi=500)
```

上述代码运行后生成的结果如图 2.15 所示。

图 2.15 中展示了坐标轴带箭头的图像，通过添加新坐标轴，隐藏 Matplotlib 默认坐标轴，并设置新坐标轴的箭头形状，即可绘制出带箭头的坐标轴。

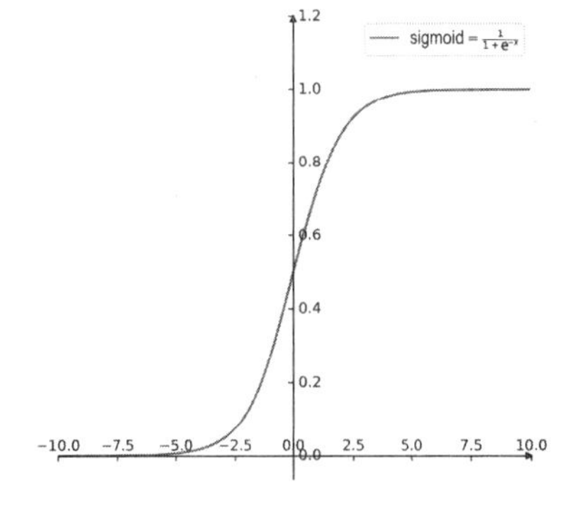

图 2.15　坐标轴带箭头图像

2.5.2　OpenCV 图像处理模块

OpenCV 是基于 BSD 许可发行的跨平台计算机视觉库，由 Intel 于 1999 年建立，可运行在 MacOS、Linux 发行版、Windows 和 Android 系统中，主要用于图像处理。OpenCV 由 C 及 C++编写，具有轻量且高效的优点，同时提供 Python、Java、MatLab 等语言的接口，使用方便，应用广泛，主要应用在运动分析、图像分割、机器视觉、结构分析等领域。下面介绍 OpenCV 的 Python 接口使用。

由于 OpenCV 是第三方库，使用之前需要进行安装，为了方便使用，利用包管理器安装，命令如下：

```
# Python 2 安装 OpenCV
pip2 install opencv-python
# Python 3 安装 OpenCV
pip3 install opencv-python
```

1．读取图像

读取图像即把*.png 或*.jpg 格式的图像转化为矩阵，对图像的处理就是对矩阵进行运算。矩阵的维度是图像的尺寸及通道数，OpenCV 读取图像生成的矩阵为 BGR 形式的，若需要将其显示为正常 RGB 图像，需要使用图层转换函数 cv2.cvtColor(imageMatirx, cv2.COLOR_BGR2RGB)或者利用图像矩阵切片，即[...,::-1]。读取图像代码如下，详细解析见注释，代码可参见文件【chapter2\opencv_test.py】。

```
# 导入 openCV 包，Python 版 OpenCV
import cv2

def read_image(image_path):
    """读取图像
     参数:
         image_path：图像所在路径
     返回:
         矩阵数据格式，维度，矩阵数据
     """
    img = cv2.imread(image_path)
    return type(img), img.shape, img

if __name__ == "__main__":
    # 图像路径
    image_path = "./images/python3.6.png"
    # 读取图像，生成图像矩阵数据
    img_type, img_shape, img_matrix = read_image(image_path)
    # 输出图像矩阵数据格式
    print("Type of imread function processed image: {}".format(img_type))
    # 输出图像尺寸
    print("Shape of imread function processed image: {}".format(img_shape))
    # 输出图像矩阵数据
    print("Imread function processed image: {}".format(img_matrix))
```

输出结果如下。

```
Type of imread function processed image: <type 'numpy.ndarray'>
Shape of imread function processed image: (227, 250, 3)
Imread function processed image: [[[  0   0   0]
  [  0   0   0]
  [  0   0   0]
  ...
  [165 143 132]
  [177 155 144]
  [184 162 151]]]
```

由结果可知，OpenCV 处理图像的矩阵为 numpy 数组格式，图像维度为：高度×宽度×通道数(H×W×C)，图像矩阵数据值为 0~255，矩阵维度为(h,w,c)，为方便显示，将部分数据省略了。

2. 保存图像

保存图像就是把生成的图像保存到指定路径，保存的数据为图像的矩阵信息，使用函数 cv2.imwrite，实现代码如下，详细介绍见注释部分，代码可参见文件【chapter2\opencv_test.py】。

```
# 引入图像处理模块 OpenCV
import cv2
def writeImage(sourceDir, objectDir):
```

```
    """保存图像
    参数:
        sourceDir: 原始图像路径
        objectDir: 目标保存路径
    返回:
        无
    """
    # 读取图像
    img = cv2.imread(sourceDir)
    # 保存图像
    cv2.imwrite(objectDir, img)
if __name__ == "__main__":
    # 原始图像路径
    sourceDir = "./images/reading/Aaron_Eckhart_0001.jpg"
    # 保存图像路径
    objectDir = "./images/saved/processed_1.jpg"
    # 保存图像
    writeImage(sourceDir, objectDir)
```

2.5.3　Pillow 图像处理模块

Pillow 是 Python 的图像处理库，是 PIL(Python Imaging Library)的兼容版。因为 PIL 仅支持到 Python 2.7，后续有志愿者在 PIL 基础上创建了兼容版本，即 Pillow，该库是功能强大且易用的图像处理库，具体使用方法如下。

Pillow 是第三方包，需要进行安装，安装命令如下：

```
# Python 2
pip2 install opencv-python
# Python 3
pip3 install opencv-python
```

1. 图像读取

Pillow 包兼容 PIL，读取图像使用 open 方法，代码如下，详细解析见注释部分，代码可参见文件【chapter2\pillow_test.py】。

```
# 导入 Pillow 包
from PIL import Image
import numpy as np

def read_image(image_path):
    """读取图像
    参数:
        image_path: 图像路径
    返回:
        图像数据类型，图像尺寸，图像矩阵数据，图像维度
    """
```

```
    # 图像读取
    img = Image.open(image_path)
    img_type = type(img)
    # 获取图像尺寸
    img_size = img.size
    # 图像数据转为矩阵数据
    img_matrix = np.array(img)
    # 获取图像尺寸
    img_shape = img_matrix.shape
    # 返回数据
    return img_type, img_size, img_shape, img_matrix

if __name__ == '__main__':
    # 图像路径
    img_dir = "./images/python3.6.png"
    # 读取图像数据，获取返回结果
    img_type, img_size, img_shape, img_matrix = read_image(img_dir)
    # 输出数据返回结果
    print("Image type:{}".format(img_type))
    print("Image size:{}".format(img_size))
    print("Image shape:{}".format(img_matrix.shape))
    print("Image value:{}".format(img_matrix))
```

运行结果如下。

```
Image type:<class 'PIL.PngImagePlugin.PngImageFile'>
Image size:(777, 227)
Image shape:(227, 777, 4)
Image value:[[[ 87  80  76 255]
  [ 86  79  75 255]
  [ 86  79  74 255]
  ...
  [115 117 115 255]
  [115 117 115 255]
  [115 117 115 255]]]
```

由结果可知，open 函数直接打开 PIL 指定格式的图像；图像尺寸通过 size 获取，为宽×高(W×H)；图像转为矩阵形式使用 numpy，尺寸为高×宽×通道数，使用 Pillow 读取的图像通道数为 4，即 RGBA，其中 A 为图像的透明度参数。

2. 保存图像

保存图像使用 save 方法，代码如下，详细解释见注释部分。代码可参见文件【chapter2\Pillow_test.py】。

```
# 引入图像处理模块 Pillow
from PIL import Image
# 引入数据处理模块 numpy
import numpy as np
```

```
def save_image(sourceDir, objectDir):
    """保存图像
    参数：
        sourceDir：原始图像路径
        objectDir：目标保存路径
    返回：
        无
    """
    # 读取图像数据
    img = Image.open(sourceDir)
    # 保存图像到指定路径
    img.save(objectDir, 'png')

if __name__ == '__main__':
    # 原始图像路径
    img_dir = "./images/python3.6.png"
    # 保存图像路径
    obj_dir = "./images/save_python3.6.png"
    # 保存图像
    save_image(img_dir, obj_dir)
```

上述代码通过 Pillow 图像处理工具包完成了图像的保存，与 OpenCV 和 Matplotlib 图像处理对比，Pillow 保存图像较为简洁、方便，只需读取图像数据和保存图像数据两个步骤即可完成。在开发过程中，可通过不同工具的交叉使用来提高开发效率。

2.5.4　Excel 文件读写模块

Excel 读写操作是数据处理的基础，无论是算法处理数据还是数据可视化，均需要读取数据，而 Excel 是常见的数据存储形式，因此从 Excel 中读取数据对数据分析及数据可视化至关重要。当需要筛选数据时，将数据保存为 Excel 表格同样重要。下面讲解 Excel 数据的读取方法。

读取 Excel 表格数据需要安装第三方包，即 xlrd 和 xlwt，命令如下：

```
# Python 2
pip2 install xlrd
pip2 install xlwt
# Python 3
pip3 install xlrd
pip3 install xlwt
```

1. 数据读取

原始数据如图 2.16 所示。该表格数据共有两个 Sheet：“人员信息”和“项目信息”，读取时需要指定读取的 Sheet，每个 Sheet 存储

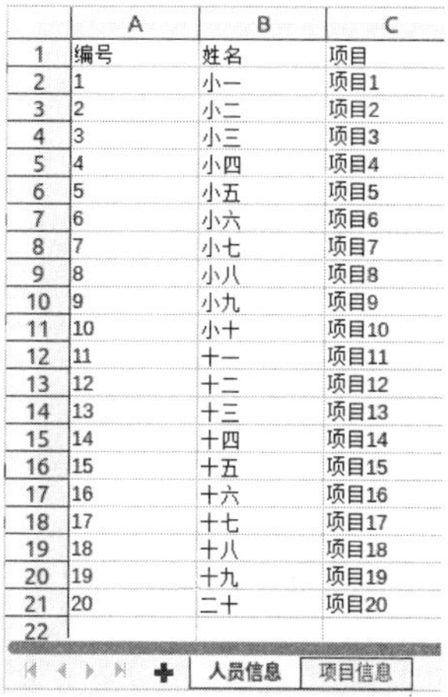

	A	B	C
1	编号	姓名	项目
2	1	小一	项目1
3	2	小二	项目2
4	3	小三	项目3
5	4	小四	项目4
6	5	小五	项目5
7	6	小六	项目6
8	7	小七	项目7
9	8	小八	项目8
10	9	小九	项目9
11	10	小十	项目10
12	11	十一	项目11
13	12	十二	项目12
14	13	十三	项目13
15	14	十四	项目14
16	15	十五	项目15
17	16	十六	项目16
18	17	十七	项目17
19	18	十八	项目18
20	19	十九	项目19
21	20	二十	项目20
22			

人员信息　项目信息

图 2.16　原始数据

的数据的行与列都是从 0 开始计数，读取时可根据有效数据位置，确定其行列坐标。数据读取代码如下，详细解析见注释部分，代码可参见文件【chapter2\ excel_test.py】。

```
# 引入外部参数读取模块 argparse
from argparse import ArgumentParser
# 引入 Excel 表格读入模块 xlrd 和写入模块 xlwt
import xlrd, xlwt

def get_data_path():
    """获取表格所在路径
    参数:
        无
    返回:
        path: 表格路径
    """
    # 默认表格路径
path_default = "/home/xdq/xinPrj/datasets/rw_test.xlsx"
# 读取外部参数类
parser = ArgumentParser()
# 添加路径
parser.add_argument("--path", default=path_default)
# 存储路径参数函数
args = parser.parse_args()
# 获取路径
path = args.path
# 返回表格路径
    return path

def read_excel_data():
    """读取 Excel 表格数据
    参数:
        无
    返回:
        无
    """
    # 获取默认表格路径
    path = get_data_path()
    print("默认文件路径: {}".format(path))
    print("使用其路径可使用:python rw_excel.py --path 绝对路径")
    # 打开文档
    workbook = xlrd.open_workbook(path)
    # 表格名称，排序为文档表格自左向右
    sheet_names = workbook.sheet_names()
    # 表格名称: ['人员信息', '项目信息']
```

```
print("表格名称: {}".format(sheet_names))
# 表格对象，类型为 list，遍历取对应表格的数据
sheets = workbook.sheets()
# 读取表格:人员信息 sheets[0]
user_info = sheets[0]
# 表格名称
user_info_name = user_info.name
print("user information table name: {}".format(user_info_name))
# 人员信息表格:行数
user_info_row_nums = user_info.nrows
# 人员信息表格:列数
user_info_col_nums = user_info.ncols
print("user information table row number: {}, column number: {}".format(user_
    info_row_nums, user_info_col_nums))
# 表格整行内容
row_num = 0
user_info_rows = user_info.row_values(row_num)
# first row contents: ['编号', '姓名', '项目']
print("first row contents: {}".format(user_info_rows))
# 表格整列内容
col_num = 0
user_info_cols = user_info.col_values(col_num)
# first column contents: ['编号', '1', '2', '3', '4', '5', '6', '7', '8', '9', '10',
# '11', '12', '13', '14', '15', '16', '17', '18', '19', '20']
print("first column contents: {}".format(user_info_cols))
# 获取单元格内容 A1
cell_A1 = user_info.cell(row_num,col_num).value
print("A1 cell data: {}".format(cell_A1))
# 获取整行内容
one_row = user_info.row(row_num)
# one row data: [text:'编号', text:'姓名', text:'项目']
print("one row data: {}".format(one_row))
# 获取整行内容的某一列值
one_row_value = user_info.row(row_num)[col_num].value
# one row value in  certain column: 编号
print("one row value in  certain column: {}".format(one_row_value))
# 获取整列内容
one_col = user_info.col(col_num)
# one column data: [text:'编号', text:'1', text:'2', text:'3', text:'4',
# text:'5', text:'6', text:'7', text:'8',
# text:'9', text:'10', text:'11', text:'12', text:'13', text:'14',
# text:'15', text:'16', text:'17', text:'18', text:'19', text:'20']
print("one column data: {}".format(one_col))
# 获取整列内容的某一行数据
one_col_value = user_info.col(col_num)[row_num].value
```

```
    # one column value in certain row: 编号
    print("one column value in certain row: {}".format(one_col_value))
    # 数据类型
    data_type = user_info.row_types(row_num)
    # data type: array('B', [1, 1, 1])
    print("data type: {}".format(data_type))
if __name__ == "__main__":
    # 读取表格内容
    read_excel_data()
```

2. 数据保存

数据保存就是将获取或生成的数据保存到 Excel 表格中。保存数据时需要新建 Sheet，在 Sheet 中指定数据存储的单元格位置。单元格保存的数据有两种方式，一种是只写入一次，当该单元格保存数据后，不可进行更改，若更改，会提示异常：另一种是可重复写入，即某个单元格可重复写入数据。数据保存代码如下，详细解析见注释部分，代码可参见文件【chapter2\excel_test.py】。

```
# 引入表格数据写入模块
import xlwt
def write_data_to_excel_write_once():
workbook = xlwt.Workbook()
# 添加 Sheet，单元格只写入一次
sheet = workbook.add_sheet("写入数据测试", cell_overwrite_ok=False)
# 指定写入的行与列
    row_num = 0
    col_num = 0
try:
        # 写入相应数据
        sheet.write(row_num, col_num, 25)
        sheet.write(row_num, col_num, 250)
        # 保存数据
        workbook.save("rw_test.xlsx")
        print("process status: saved successfully!")
    except Exception:
        print("Permission Denied for rewrite data")
if __name__ == "__main__":
    # 向 Excel 写入数据
    write_data_to_excel_write_once()
```

上述代码完成了 Excel 写入功能。在数据处理过程中，如果需要保存运行数据或运行数据日志，可以使用上述方法将数据保存到 Excel 表格中，方便数据的可视化及查阅。Excel 数据格式通用且易于展示数据关系，对运行数据的分析具有较大的帮助。

2.6　第一个 TensorFlow 2.0 测试样例

2.6.1　矩阵计算

矩阵是人工智能图像处理最基本的计算单元，人工智能处理图像的过程是先将如*.png 和*.jpg 格式的图像转换为矩阵，再对矩阵进行内积、转置等计算。TensorFlow 人工智能处理框架天生具备矩阵计算功能，为方便解析 TensorFlow 矩阵计算过程，式(2-1)使用数学语言对其进行了展示：

$$\begin{bmatrix} 1 & 2 & 4 \\ 3 & 4 & 5 \end{bmatrix}_{2\times3} \begin{bmatrix} 2 & 3 \\ 3 & 6 \\ 8 & 9 \end{bmatrix}_{3\times2} = \begin{bmatrix} 40 & 51 \\ 58 & 78 \end{bmatrix}_{2\times2} \tag{2-1}$$

式(2-1)展示了矩阵内积运算，下面使用 TensorFlow 实现该矩阵计算。由于 TensorFlow 2.0 在 1.x 的基础上新增了 Eager execution 环境，因此，矩阵计算有两种实现方式，即图结构计算和 Eager execution 计算。

1. 图结构矩阵计算

运用图结构进行矩阵计算需要先建立图结构，再在图结构中实现相关计算，代码如下，详细解析见注释部分，代码可参见文件【chapter2\matrix_sample.py】。

```
# 引入 TensorFlow 框架
import tensorflow as tf

def matrix_cal_in_graph():
    """图中矩阵计算
    参数:
        无
    返回:
        c1: 常量张量
        c2: 常量张量
        res: 矩阵计算结果
    """
    g = tf.Graph()
    with g.as_default():
        # 定义张量
        c1 = tf.constant([[1,2,4],[3,4,5]], name="c1")
        c2 = tf.constant([[2,3],[3,6],[8,9]], name="c2")
        # 矩阵计算
        mat_res = tf.matmul(c1, c2, name="mat_res")
        sess = tf.compat.v1.Session()
        res = sess.run(mat_res)
        return c1, c2, res
```

```
if __name__ == "__main__":
    c1, c2, res = matrix_cal_in_graph()
    print("图张量 c1:{}".format(c1))
    print("图张量 c1 类型:{}".format(type(c1)))
    print("图张量 c1 维度:{}".format(c1.shape))
    print("图矩阵计算结果:{}".format(res))
    print("图计算结果维度:{}".format(res.shape))
```

运行结果如下：

```
图张量 c1:Tensor("c1:0", shape=(2, 3), dtype=int32)
图张量 c1 类型:<class 'tensorflow.python.framework.ops.Tensor'>
图张量 c1 维度:(2, 3)
图矩阵计算结果:[[40 51]
 [58 78]]
图计算结果维度:(2, 2)
```

由运行结果可知，经过矩阵计算方法 matmul 计算的矩阵结果维度为(2, 2)，结果值为 [[40 51] [58 78]]。matmul 计算的结果为 TensorFlow 的格式，若要将其转换为通用数组矩阵格式，需要建立 tf.compat.v1.Session，使用 run 方法，将结果格式转换为 numpy 数组 ndarray，这样就可以对数组进行进一步输出、计算等其他操作。

2. Eager execution 矩阵计算

Eager execution 是 TensorFlow 2.0 新增的张量解释环境，可以在 Eager execution 中直接运行 TensorFlow 数据计算，并直接获取结果。在 Eager execution 中进行矩阵计算的代码如下，详细解析见注释部分，代码可参见文件【chapter2\matrix_sample.py】。

```
# 引入 TensorFlow 框架
import tensorflow as tf

def matrix_cal_in_eager():
    """Eager 矩阵计算
    参数:
        无
    返回:
        v1: 变量张量
        v2: 变量张量
        res: 矩阵计算结果
    """
    # 定义张量
    v1 = tf.Variable([[1,2,4],[3,4,5]], name="v1")
    v2 = tf.Variable([[2,3],[3,6],[8,9]], name="v2")
    # 矩阵计算
    mat_res = tf.matmul(v1, v2, name="mat_res")
```

```
    return v1, v2, res

if __name__ == "__main__":
    v1, v2, res = matrix_cal_in_eager()
    print("Eager 张量 v1:{}".format(v1))
    print("Eager 张量 v1 类型:{}".format(type(v1)))
    print("Eager 张量 v1 维度:{}".format(v1.shape))
    print("Eager 矩阵计算结果:{}".format(res))
    print("Eager 计算结果维度:{}".format(res.shape))
```

运行结果如下：

```
Eager 张量 v1:<tf.Variable 'v1:0' shape=(2, 3) dtype=int32, numpy=
    array([[1, 2, 4],[3, 4, 5]], dtype=int32)>
Eager 张量 v1 类型:<class 'tensorflow.python.ops.resource_variable_ops.ResourceVariable'>
Eager 张量 v1 维度:(2, 3)
Eager 矩阵计算结果:[[40 51][58 78]]
Eager 计算结果维度:(2, 2)
```

由运行结果可知，在 Eager execution 环境中运行 TensorFlow 程序，可以直接获取计算结果。若张量为变量，输出为张量形式，但是数据内容已经在 numpy 中给出，可以使用 numpy()方法获取数据。

2.6.2　数据格式

TensorFlow 框架的特有数据格式为 Tensor，这种格式的数据在 TensorFlow 1.x 中对外是不可见的，即开发者不可以直接使用 Python 语言操作这些数据，需要借助 TensorFlow 1.x 框架中的方法进行解析，TensorFlow 提供了会话方式来解析 Tensor 格式的数据。而在 TensorFlow 2.0 中，这些数据对外是可见的，可以通过 Python 直接操作，这也是 TensorFlow 2.0 更加兼容 Python 的一种表现。操作 Tensor 格式数据的方法见如下代码，详细解析见注释部分，代码可参见文件【chapter2\matrix_sample.py】。

```
# 引入 TensorFlow 框架
import tensorflow as tf

def data_format():
    """数据格式解析
    参数:
        无
    返回:
        v1: 变量张量
        v2: 变量张量
        res: 矩阵计算结果
        c1: 常量张量
    """
```

```
    v1 = tf.Variable([[1,2,4],[3,4,5]], name="v1")
    v2 = tf.Variable([[2,3],[3,6],[8,9]], name="v2")
    # 矩阵计算
    mat_res = tf.matmul(v1, v2, name="mat_res")
    c1 = tf.constant(120, name="c1")
    return v1, res, c1

if __name__ == "__main__":
    v1, res, c1 = data_format()
    print("变量张量v1:{}".format(v1))
    print("变量张量v1:{}".format(v1.numpy()))
    print("矩阵计算结果:{}".format(res))
    print("矩阵结果类型:{}".format(type(res)))
    print("常量张量:{}".format(c1))
    print(c1)
```

运行结果如下：

```
变量张量v1:<tf.Variable 'v1:0' shape=(2, 3) dtype=int32, numpy=
      array([[1, 2, 4], [3, 4, 5]], dtype=int32)>
变量张量v1:[[1 2 4][3 4 5]]
矩阵计算结果:[[40 51][58 78]]
矩阵结果类型:<class 'numpy.ndarray'>
常量张量:120
tf.Tensor(120, shape=(), dtype=int32)
```

通过上述结果可知，TensorFlow 2.0 定义的数据，常量张量数值可以直接读出，如 120 与普通矩阵数据并无区别，张量数据可以直接与普通数据进行计算。变量张量虽然无法直接获取普通矩阵值，但是输出的张量中给出了数值显示，为 numpy 格式数据，通过 numpy()方法可以直接获取。

以上讲解了在 TensorFlow 2.0 中建立的数据模型，这些数据可以直接进行数值计算，并且兼容了其他科学计算库如 numpy；TensorFlow 2.0 的张量 Tensor 数据也是 numpy 格式数据，可以结合 numpy 进行数据计算。

2.7 小　　结

本章讲解了 Ubuntu 桌面版操作系统、Python 解释器、TensorFlow 框架不同版本 CPU 与 GPU 以及 Anaconda 环境托管器的安装与使用。开发环境的安装，有界面操作和命令行操作两种方式，可使读者在安装过程中熟练通过命令行使用操作系统。同时介绍了 GPU 环境驱动的安装，因为 TensorFlow 为不同的开发环境(CPU、GPU)提供了不同的开发版本。开发环境搭建完成后，进一步讲解了第三方图像数据处理模块的使用，包括 Matplotlib 图像绘制、OpenCV 与 Pillow 图像的读取与存储，以及 Excel 表格数据的读取与存储，一方面验证开发环境安装的正确性，另一方面让读者熟悉图像处理工具及数据处理工具，为后续程序开发奠定基础，提高开发效率。

第 3 章　TensorFlow 2.0 从基础到进阶

TensorFlow 是机器学习开发平台，为开发者提供了完整的“生态”系统，可帮助新手和专家轻松构建模型，随时随地进行机器学习。TensorFlow 目前有两个大版本：1.x 和 2.x，本书完全基于 TensorFlow 2.0 版本进行讲解，若无特殊说明，后文中的 TensorFlow 均指 2.0。

TensorFlow 中最基本的结构是图(Graph)，一切计算都是基于图结构进行的。图结构包括张量(Tensor)和操作(Operation)，TensorFlow 为大型项目设计了张量管理功能，即 name_scope，针对层深更多的神经网络，张量管理功能可有效对各层张量定义的权重进行管理，提高开发效率。在数据集数量较大的训练任务中，TensorFlow 提供了高效的数据存取方式 TFRecord，该方式使用“线程+队列”的形式，将数据存储到队列中，通过队列读取数据，既保证数据高效读取，又保证数据的传输速度，提高了总体的模型训练速度，比直接将全部数据加载到内存中读取的效率高。在数据处理过程中，依据硬件设备的计算性能，TensorFlow 可对数据进行分组处理，调配每次计算处理的数据量，充分利用硬件资源，提高训练速度，同时 TensorFlow 提供了细粒度的资源调度功能。TensorFlow 的亮点是具有原生的可视化调试功能组件 TensorBoard、可视化训练结果、神经网络结构等功能，后面章节将详细介绍。在任务的训练过程中，神经网络的权重和偏置参数是动态更新的，若每次使用神经网络时都重新训练一次，既浪费资源也耽误生产，TensorFlow 提供了模型持久化即神经网络权重和偏置参数的持久化功能，保证了神经网络参数的可复用性。

3.1　TensorFlow 2.0 新的开端

TensorFlow 2.0 为 TensorFlow 平台的人工智能开发带来了诸多变化，与 TensorFlow 1.x 相比，主要变化如下。

(1) TensorFlow 2.0 移除了冗余的 API。移除了如 tf.app、tf.flags、tf.logging 接口，将使用频率较少的函数移动到子库中，如 tf.math 库；部分接口被替换，如 tf.summary 和 tf.keras.optimizers。

(2) TensorFlow 2.0 更加高效。TensorFlow 2.0 的 Eager execution(即刻执行)与 Python 运行时集成度更高；TensorFlow 2.0 进行计算时可以直接获取运行结果，无须调用 session.run()，这种功能类似 Python 的解释机制，即时运行，获取结果。

(3) TensorFlow 2.0 不再有全局变量。TensorFlow 1.x 极度依赖全局命名空间，并在调用 tf.Variable()时，将张量放入默认图中，当没有 Python 变量指向该张量时，不会清除图中的张量，若知道张量名称则可以重用该张量。但是对于陌生的项目，无法控制张量的创建，也就是张量的控制是非常困难的。因此，TensorFlow 1.x 为张量的追踪提供了变量空间和全局收集器，辅助方法为 tf.get_global_step()、tf.global_variable_initializer()，而 TensorFlow 2.0 清除了这些机制，当张量不被追踪时，即被回收(垃圾回收)。

(4) TensorFlow 2.0 的 API 更加一致，如统一的 RNN 和优化器(Optimizer)；一切即函数，不再是会话(Session)，函数可即刻执行，无须放在会话中执行。

(5) tf.metrics 收集数据，tf.summary 记录数据。通过 metrics 收集数据，Metrics 是状态量，用来记录数据，当调用.result 时返回累计值；日志收集使用 tf.summary，并通过上下文管理器重定向到写入工具，而 TensorFlow 1.x 直接使用写入工具。

(6) TensorFlow 2.0 即刻执行(Eager execution)支持代码逐行调试，使用 tf.config.experimental_run_functions_eagerly(True)进行调试。

(7) TensorFlow 2.0 中的输入数据不使用 placeholder 占位符，而是以函数参数的形式获取输入数，抛弃了 placeholder。

(8) TensorFlow 2.0 的 TensorBoard 使用 tf.summary.create_file_writer()保存运行日志文件时，不会自动默认保存图结构(Graphs)，需要手动追踪图结构进行保存；1.x 在保存 TensorBoard 日志文件时，会自动默认保存图结构。

(9) TensorFlow 2.0 添加了新的装饰器功能，使用@tf.function 可将普通的 Python 对象转换为图结构，可以跟踪定义的张量。

3.2 TensorFlow 2.0 架构

TensorFlow 是一个通过计算图的形式表述计算的编程系统。TensorFlow 2.0 仍是基于图结构的架构平台，计算图包括张量(Tensor)和计算(Operation)，其中，张量是 TensorFlow 的数据结构，计算是 TensorFlow 的计算规则，如矩阵计算(matmul)、数据切片(slice)、数据组合(stack)等计算过程，因此在 TensorFlow 中将定义的常量或变量统称为张量。TensorFlow 每次计算，都是在图结构中进行的，即 TensorFlow 每次启动运行，都会维护一个图结构，类似于 Docker 中的容器，为每次执行 TensorFlow 任务开辟一个运行环境，与外界隔离。TensorBoard 可视化应用过程中，将 TensorFlow 图结构细分为节点(node)和边(edge)，节点对应计算过程，边对应数据结构，两种图结构的对应关系如图 3.1 所示。

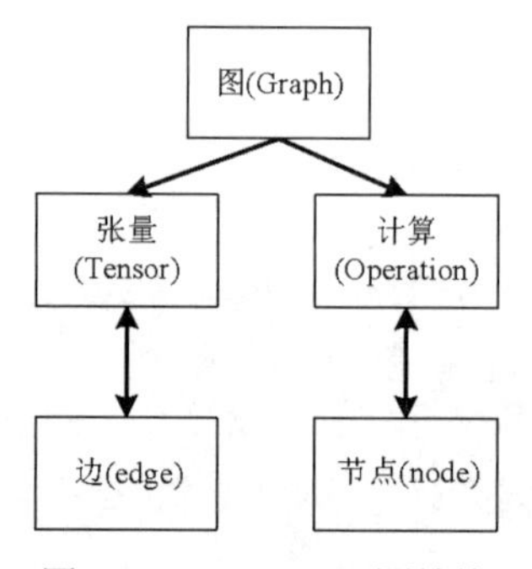

图 3.1　TensorFlow 图结构

由于 TensorFlow 2.0 更加兼容 Python，并且性能更高，因此，在使用 TensorFlow 2.0 开发项目时，提倡使用 Eager Execution，从而逐步取代直接使用图结构，但是为了解 TensorFlow 的底层架构，本章仍会介绍关于 TensorFlow 底层的知识，对于高阶开发人员，可以自定义模型结构，以更加贴近项目需求。

3.2.1　图

图是 TensorFlow 的基础单元，TensorFlow 每次计算都会自动维护一个默认的图，图中包括数据以及计算规则，如果开发者需要使用不同的数据结构及计算规则，TensorFlow 提供了新建图的功能，tf.Graph 用于生成新的计算图，图与图之间的数据和计算规则相互隔离，独立计算。下面分别讲解默认图和新建图的使用方法。

1. 默认图

使用默认图即不指定特定图结构，代码如下，详细解析见注释部分，可参见代码文件【chapter3\tensorflow_sample.py】。

```
# 引入 TensorFlow 框架
import tensorflow as tf

def create_graph_1():
    """新建图 g1
    参数:
        无
    返回:
        无
    """
    g1 = tf.Graph()
    with g1.as_default():
        c1 = tf.constant(10, name="c1")
        c2 = tf.constant(20)
        print("张量 c1:{}".format(c1))
        print("张量 c2:{}".format(c2))
        print("张量 c1 所在图:{}".format(c1.graph))
        print("张量 c2 所在图:{}".format(c2.graph))
        print("g1 图:{}".format(g1))

if __name__ == "__main__":
    # TensorFlow 版本
    print("tensorflow:{}".format(tf.__version__))
    create_graph_1()
```

运行结果如下。

```
tensorflow:2.0.0
张量 c1:Tensor("c1:0", shape=(), dtype=int32)
张量 c2:Tensor("Const:0", shape=(), dtype=int32)
张量 c1 所在图:<tensorflow.python.framework.ops.Graph object at 0x1038a0978>
张量 c2 所在图:<tensorflow.python.framework.ops.Graph object at 0x1038a0978>
g1 图:<tensorflow.python.framework.ops.Graph object at 0x1038a0978>
```

运行结果解析如表 3.1 所示。

表 3.1　默认图运行结果解析

<table>
<tr><th>结　果</th><th colspan="2">描　述</th></tr>
<tr><td rowspan="4">张量 c1:Tensor("c1:0", shape=(), dtype=int32)
张量 c2:Tensor("Const:0", shape=(), dtype=int32)</td><td colspan="2">TensorFlow 中定义的常量或变量是以张量形式存储的，后续统称张量，直接使用输出 print 并不能解析该类数据。Tensor 结构解析如下：</td></tr>
<tr><td>c1:0</td><td>自定义或系统分配的张量标签，c1 为变量名称，0 为获取张量值时的标志，如张量 c1 自定义名称为 c1，张量 c2 未定义张量名称，TensorFlow 自动分配名称 Const</td></tr>
<tr><td>shape=()</td><td>张量的尺寸</td></tr>
<tr><td>dtype=int32</td><td>张量的类型，int32 表示 32 位整型</td></tr>
<tr><td>张量 c1 所在图:<tensorflow.python. framework.ops.Graph object at 0x1038a0978>
张量 c2 所在图:<tensorflow.python. framework.ops.Graph object at 0x1038a0978>
g1 图:<tensorflow.python. framework.ops. Graph object at 0x1038a0978></td><td colspan="2">TensorFlow 默认维护的图，会将定义的张量使用图管理，张量 c1 和 c2 所在图的内存地址为 0x1038a0978，而使用 g1 获取图，图的内存地址仍为 0x1038a0978，说明所有张量是在默认图中，共享图建立的内存区域</td></tr>
</table>

2. 新建图

当开发过程中需要指定图结构时，可以使用 tf.Graph()新建图，多个图共存时无须切换不同的图，直接新建图结构即可，代码如下，详细解析见注释部分，可参见代码文件【chapter3\graph_sample.py】。

```
# 引入 TensorFlow 框架
import tensorflow as tf

def create_graph_1():
    """新建图 g1
    参数:
        无
    返回:
        无
    """
    g1 = tf.Graph()
    with g1.as_default():
        c1 = tf.constant(10, name="c1")
        c2 = tf.constant(20)
        print("张量 c1:{}".format(c1))
        print("张量 c2:{}".format(c2))
        print("张量 c1 所在图:{}".format(c1.graph))
        print("张量 c2 所在图:{}".format(c2.graph))
        print("g1 图:{}".format(g1))
```

```
def create_graph_2():
    """新建图 g2
    参数:
        无
    返回:
        无
    """
    g2 = tf.Graph()
    with g2.as_default():
        c1 = tf.constant(10, name="c1")
        c2 = tf.constant(20, name="c2")
        print("张量 c1:{}".format(c1))
        print("张量 c2:{}".format(c2))
        print("张量 c1 所在图:{}".format(c1.graph))
        print("张量 c2 所在图:{}".format(c2.graph))
        print("g2 图:{}".format(g2))
if __name__ == "__main__":
    # TensorFlow 版本
    print("tensorflow:{}".format(tf.__version__))
    create_graph_1()
    create_graph_2()
```

运行结果如下。

```
tensorflow:2.0.0
张量 c1:Tensor("c1:0", shape=(), dtype=int32)
张量 c2:Tensor("Const:0", shape=(), dtype=int32)
张量 c1 所在图:<tensorflow.python.framework.ops.Graph object at 0x108de69e8>
张量 c2 所在图:<tensorflow.python.framework.ops.Graph object at 0x108de69e8>
g1 图:<tensorflow.python.framework.ops.Graph object at 0x108de69e8>
张量 c1:Tensor("c1:0", shape=(), dtype=int32)
张量 c2:Tensor("c2:0", shape=(), dtype=int32)
张量 c1 所在图:<tensorflow.python.framework.ops.Graph object at 0x7f45697ee8d0>
张量 c2 所在图:<tensorflow.python.framework.ops.Graph object at 0x7f45697ee8d0>
g2 图:<tensorflow.python.framework.ops.Graph object at 0x7f45697ee8d0>
```

由运行结果可知，使用 tf.Graph()新建图，在使用时需要指定在该图中进行，图 g1 和图 g2 维护不同的运行环境，由张量 c1 所在图的内存空间可知，两个张量在不同的图中。

3.2.2　即刻执行

即刻执行是 TensorFlow 2.0 重要的编程环境，如同 Python 解释器一样，直接获取张量计算结果，无须开发者手动建立图结构和会话，极大地提高了程序的开发效率，降低了数据复杂度，更加兼容 Python。TensorFlow 2.0 的数据以及接口，如同 Python 函数，可以直接传参、调用和获取计算结果，并且 TensorFlow 2.0 默认为 Eager execution 执行环境，更加符合 Python 习惯，直接进行数据计算，省去了搭建 TensorFlow 图架构等烦琐过程。Eager execution 的特点如表 3.2 所示。

表 3.2 Eager execution 特点

序号	特 点
1	TensorFlow 2.0 默认为 Eager execution 编程模式
2	运行 TensorFlow 计算，直接获取普通数据结果，无须使用工具转换数据格式，直接使用 print 输出时，返回 Numpy 格式数据，通过 numpy()方法可以提取数据
3	可动态控制流，可逐行控制代码的运行
4	即时训练，动态调试模型，使用 tf.GradientTape 实时训练模型，更新训练变量参数，并可定制梯度函数
5	方便的模型保存，使用 tf.keras.Model 的方法可方便地保存模型，使用 tf.train.Checkpoint 可以控制保存过程
6	面向对象的衡量指标
7	一切皆函数，通过函数使用 TensorFlow 2.0 功能，无须重新搭建 TensorFlow 数据结构，真正实现了即开即用

3.2.3 张量

张量是 TensorFlow 的数据结构，在 TensorFlow 中张量即数据流，连接 TensorFlow 的操作，进而 TensorFlow 可对包含多操作步骤的图进行计算。张量基本可分为常量张量和变量张量，新建过程如下代码所示，解析见注释部分，常量张量和变量张量函数解析如表 3.3 所示。

```
# 引入 TensorFlow 框架
import tensorflow as tf
# 定义常量张量
c1 = tf.constant([1,2], name="c1")
# 定义变量张量
v1 = tf.Variable([1,3], name="v1")
```

表 3.3 张量函数解析

函 数	参 数	返回
tf.constant(value, dtype=None, shape=None, name="Const")	value：常量数据 dtype：张量内容类型 shape：可选，张量维度 name：可选，张量名称	张量

续表

函　数	参　数	返回
tf.Variable(initial_value=None, trainable=None, validate_shape=True, caching_device=None, name=None, variable_def=None, dtype=None, import_scope=None, constraint=None, synchronization= tf.VariableSynchronization.AUTO, aggregation= tf.compat.v1.VariableAggregati- on.NONE, shape=None)	initial_value：张量值 trainable：训练变量标志位，若为 True，GradientTape 自动观测变量的使用，否则不进行观测，观测即实时获取数据更新值。默认为 True validate_shape：若为 False，张量初始化可以不指定维度；若为 True，张量初始化必须指明维度。默认为 True caching_device：指定硬件资源，字符串形式 name：张量名称，默认为 Variable variable_def：VariableDef 协议缓存 dtype：张量数据类型 import_scope：可选字符串，只在从协议缓冲区初始化时使用 constraint：可选映射函数，变量使用优化器更新后，映射到函数 synchronization：提示收集到离散变量 aggregation：指明如何收集离散变量 shape：张量维度	张量

TensorFlow 2.0 提供了 Eager execution，此时张量可同时在图中和 Eager execution 中使用。

1. 在图中使用张量

在图中使用张量，无法直接提取张量数值，需要结合 tf.compat.v1.Session()方法。张量的数值还可以通过 TensorFlow 的方法 tf.get_tensor_by_name 获取，也可直接使用定义的张量。操作代码如下，详细解析见注释部分，可参见代码文件【chapter3\tensor_sample.py】。

```
# 引入 TensorFlow 框架
import tensorflow as tf

def tensor_extract_in_graph():
    """张量提取
    参数:
        无
    返回:
        g1: 图
        c1: 常量张量
        v1: 变量张量
        mat_res_c: 常量张量矩阵计算结果
        mat_res_v: 变量张量矩阵计算结果
        res: 矩阵计算数据
    """
    g1 = tf.Graph()
```

```
    # 获取图结构
    with g1.as_default():
        # 定义张量
        c1 = tf.constant([[1],[2]], name="c1")
        c2 = tf.constant([[1,2]], name="c2")
        v1 = tf.Variable([[1],[2]], name="v1")
        v2 = tf.Variable([[1, 2]], name="v2")
        # 矩阵计算
        mat_res_c = tf.matmul(c1, c2, name="mat_res_c")
        mat_res_v = tf.matmul(v1, v2, name="mat_res_v")
        sess = tf.compat.v1.Session()
        res = sess.run(mat_res_c)
        # 返回数据
        return g1, c1, v1, mat_res_c,  mat_res_v, res

if __name__ == "__main__":
    # TensorFlow 版本
    print("tensorflow:{}".format(tf.__version__))
    g1, c1, v1, mat_res_c, mat_res_v, res = tensor_extract_in_graph()
    # 直接获取张量
    print("图张量 c1:{}".format(c1))
    print("图张量 v1:{}".format(v1))
    print("图常量张量矩阵计算结果:{}".format(mat_res_c))
    print("图变量张量矩阵计算结果:{}".format(mat_res_v))
    print("Session 计算张量:{}".format(res))
    # 通过 get_tensor_by_name 获取张量
    print("图获取张量 c1:{}".format(g1.get_tensor_by_name("c1:0")))
    print("图获取张量 v1:{}".format(g1.get_tensor_by_name("v1:0")))
    print("图获取常量张量:{}".format(g1.get_tensor_by_name("mat_res_c:0")))
    print("图获取变量张量:{}".format(g1.get_tensor_by_name("mat_res_v:0")))
```

运行结果如下。

```
tensorflow:2.0.0
图张量 c1:Tensor("c1:0", shape=(2, 1), dtype=int32)
图张量 v1:<tf.Variable 'v1:0' shape=(2, 1) dtype=int32>
图常量张量矩阵计算结果:Tensor("mat_res_c:0", shape=(2, 2), dtype=int32)
图变量张量矩阵计算结果:Tensor("mat_res_v:0", shape=(2, 2), dtype=int32)
Session 计算张量:[[1 2][2 4]]
图获取张量 c1:Tensor("c1:0", shape=(2, 1), dtype=int32)
图获取张量 v1:Tensor("v1:0", shape=(), dtype=resource)
图获取常量张量:Tensor("mat_res_c:0", shape=(2, 2), dtype=int32)
图获取变量张量:Tensor("mat_res_v:0", shape=(2, 2), dtype=int32)
```

运行结果解析如表 3.4 所示。

表 3.4　张量提取解析

结　果	描　述
图张量 c1:Tensor("c1:0", shape=(2, 1), dtype=int32) 图张量 v1:<tf.Variable 'v1:0' shape=(2, 1) dtype=int32> 图常量张量矩阵计算结果:Tensor("mat_res_c:0", shape=(2, 2), dtype=int32) 图变量张量矩阵计算结果:Tensor("mat_res_v:0", shape=(2, 2), dtype=int32) Session 计算张量:[[1 2] [2 4]]	①直接输出定义的张量，由结果可知，使用常量定义的张量为 Tensor，而使用变量定义的张量为 Variable，因为该张量使用 tf.Variable 定义，由此直接输出张量的方法可判断定义张量的方法。 ②c1:0 及 v1:0 为张量名称。 ③shape 为张量尺寸，如 v1 尺寸为 2×1。 ④图中张量值的提取需要借助 Session，而 TensorFlow 2.0 中以使用 Eager execution 代替了 Session
图获取张量 c1:Tensor("c1:0", shape=(2, 1), dtype=int32) 图获取张量 v1:Tensor("v1:0", shape=(), dtype=resource) 图获取常量张量:Tensor("mat_res_c:0", shape=(2, 2), dtype=int32) 图获取变量张量:Tensor("mat_res_v:0", shape=(2, 2), dtype=int32)	①使用 get_tensor_by_name 获取的张量的数据类型均为标准的 Tensor，同时使用的参数为：张量名+标号，如 v1:0、mat_res_ c:0。与直接操作张量不同的是，使用该方法获取张量需要指定图结构，在多个图结构中使用较方便。 ②TensorFlow 2.0 中 Variable 在图中的类型为 resource，无法使用 Session 解析

2. 在 Eager execution 中使用张量

Eager execution 是 TensorFlow 2.0 的高效执行架构，可以直接获取张量计算结果，无须新建图，在图中使用 Session 极大地提高了执行效率。代码如下，详细介绍见注释部分，代码可参见文件【chapter3\tensor_sample.py】。

```
# 引入TensorFlow框架
import tensorflow as tf

def tensor_extract_eager_execution():
    """张量提取
    参数:
        无
    返回:
        c1: 常量张量
        v1: 变量张量
        mat_res: 矩阵计算张量
        mat_res_c: 常量张量矩阵计算结果
        mat_res_v: 变量张量矩阵计算结果
    """
    c1 = tf.constant([[1],[2]], name="c1")
    c2 = tf.constant([[1,2]], name="c2")
    v1 = tf.Variable([[1],[2]], name="v1")
    v2 = tf.Variable([[1, 2]], name="v2")
    # 矩阵计算
```

```
    mat_res_c = tf.matmul(c1, c2, name="mat_res_c")
    mat_res_v = tf.matmul(v1, v2, name="mat_res_v")
    return c1, v1, mat_res_c, mat_res_v

if __name__ == "__main__":
    # TensorFlow 版本
    print("tensorflow:{}".format(tf.__version__))
    c1, v1, mat_res_c, mat_res_v = tensor_extract_eager_execution()
    # 直接获取张量
    print("Eager 张量 c1:{}".format(c1))
    print("Eager 张量 v1:{}".format(v1))
    print("Eager 张量 v1:{}".format(v1.numpy()))
    print("Eager 常量张量矩阵计算结果:{}".format(mat_res_c))
    print("Eager 变量张量矩阵计算结果:{}".format(mat_res_v))
```

运行结果如下。

```
tensorflow:2.0.0
Eager 张量 c1:[[1][2]]
Eager 张量 v1:<tf.Variable 'v1:0' shape=(2, 1) dtype=int32, numpy=
    array([[1], [2]], dtype=int32)>
Eager 张量 v1:[[1][2]]
Eager 常量张量矩阵计算结果:[[1 2][2 4]]
Eager 变量张量矩阵计算结果:[[1 2][2 4]]
```

由运行结果可知，张量的定义及运算无须开发者新建图结构，可以和 Python 原生脚本一样，一边解释一边获取执行结果，详细解析如表 3.5 所示。

表 3.5 Eager execution 张量解析

结　果	描　述
Eager 张量 c1:[[1] [2]] Eager 张量 v1:<tf.Variable 'v1:0' shape=(2, 1) dtype=int32, numpy=array([[1], [2]], dtype=int32)> Eager 张量 v1:[[1] [2]]	①常量张量的值可以直接输出，如 c1 常量张量。 ②变量张量的值直接输出为张量形式，同时数据存储于 numpy 变量名中，变量张量的值可以使用 numpy()方法获取
Eager 常量张量矩阵计算结果:[[1 2] [2 4]] Eager 变量张量矩阵计算结果:[[1 2] [2 4]]	常量张量和变量张量的计算结果均可以直接获取结果

3.2.4　操作

操作(Operation)即 TensorFlow 中的数据处理规则，TensorFlow 2.0 中同样有两种方式使用操作，即图中和 Eager execution 中。

1．图中使用 Operation

图结构中保存了计算规则和张量，TensorFlow 运行规则通过 get_operation_by_name 获取，该功能用于解析计算规则，代码如下，详细解析见注释部分，可参见代码文件【chapter3\operation_sample.py】。

```
# 引入 TensorFlow 框架
import tensorflow as tf

def operation_in_graph():
    """张量提取
    参数:
        无
    返回:
        g1: 图
        v1: 张量
        v2: 张量
        mat_res: 矩阵计算张量
    """
    g1 = tf.Graph()
    # 获取图结构
    with g1.as_default():
        # 定义张量
        v1 = tf.Variable([[1],[2]], name="v1")
        v2 = tf.Variable([[1,2]], name="v2")
        # 矩阵计算
        mat_res = tf.matmul(v1, v2, name="mat_res")
        return g1, v1, v2, mat_res

if __name__ == "__main__":
    # TensorFlow 版本
    print("tensorflow:{}".format(tf.__version__))
    g1, v1, v2, mat_res = operation_in_graph()
    # 通过 get_operation_by_name 获取操作
    print("图操作 v1:{}".format(g1.get_operation_by_name("v1")))
    print("图操作 mat_res:{}".format(g1.get_operation_by_name("mat_res")))
    print("图操作结果:{}".format(mat_res))
    print("图操作结果:{}".format(g1.get_operation_by_name("mat_res").outputs[0]))
```

运行结果如下。

```
tensorflow:2.0.0
图操作 v1:name: "v1"
op: "VarHandleOp"
attr {
  key: "_class"
  value {
```

```
    list {
      s: "loc:@v1"
    }
  }
}
attr {
  key: "container"
  value {
    s: ""
  }
}
attr {
  key: "dtype"
  value {
    type: DT_INT32
  }
}
attr {
  key: "shape"
  value {
    shape {
      dim {
        size: 2
      }
      dim {
        size: 1
      }
    }
  }
}
attr {
  key: "shared_name"
  value {
    s: "v1"
  }
}

图操作 mat_res:name: "mat_res"
op: "MatMul"
input: "mat_res/ReadVariableOp"
input: "mat_res/ReadVariableOp_1"
attr {
  key: "T"
  value {
    type: DT_INT32
  }
}
```

```
attr {
  key: "transpose_a"
  value {
    b: false
  }
}
attr {
  key: "transpose_b"
  value {
    b: false
  }
}

图操作结果:Tensor("mat_res:0", shape=(2, 2), dtype=int32)
图操作结果:Tensor("mat_res:0", shape=(2, 2), dtype=int32)
```

运行结果分析如表 3.6 所示。

表 3.6　计算规则内容解析

<table>
<tr><th>结　果</th><th colspan="3">描　述</th></tr>
<tr><td rowspan="7">图操作 mat_res:name: "mat_res"
op: "MatMul"
input: "mat_res/ReadVariableOp"
input: "mat_res/ReadVariableOp_1"
attr {
  key: "T"
  value {
    type: DT_INT32
  }
}
attr {
  key: "transpose_a"
  value {
    b: false
  }
}
attr {
  key: "transpose_b"
  value {
    b: false
  }
}</td><td colspan="3">图中计算规则获取有以下两种方式：
get_operation_by_name("mat_res")
get_operation_by_name("mat_res").outputs[0]
与上面获取张量参数不同的是，这次只使用张量名称 mat_res，其中，规则结构解析如下：</td></tr>
<tr><td>name</td><td colspan="2">张量名称</td></tr>
<tr><td>op</td><td colspan="2">计算规则，MatMul 表示矩阵计算，计算规则有加、减、乘、除等，不同规则对应不同的 op</td></tr>
<tr><td>input</td><td colspan="2">输入数据，如 mat-res 表示输入张量名称，ReadVariableOp 表示只读，不可重新分配值</td></tr>
<tr><td rowspan="3">attr</td><td colspan="2">表示数据属性，key 和 value 解析如下：</td></tr>
<tr><td>key</td><td>数据类型键</td></tr>
<tr><td>value</td><td>相应取值，不同张量的操作规则千差万别，需依据实际情况分析</td></tr>
<tr><td>图操作结果:Tensor("mat_res:0", shape=(2, 2), dtype=int32)</td><td colspan="3">获取张量，通过操作的 outputs 属性获取张量列表</td></tr>
</table>

2. Eager execution 中使用 Operation

TensorFlow 默认是 Eager execution 状态，无须新建图结构，可以直接进行张量计算并获取结果，代码如下，详细解析见注释部分，可参见代码文件【chapter3\operation_sample.py】。

```
# 引入 TensorFlow 框架
import tensorflow as tf

def operation_in_eager():
    """Eager 进行张量计算
    参数:
        无
    返回:
        无
    """
    # 定义张量
    v1 = tf.Variable([[1],[2]], name="v1")
    v2 = tf.Variable([[1,2]], name="v2")
    # 矩阵计算
    mat_res = tf.matmul(v1, v2, name="mat_res")
    return v1, v2, mat_res

if __name__ == "__main__":
    # TensorFlow 版本
    print("tensorflow:{}".format(tf.__version__))
    v1, v2, mat_res_v = operation_in_eager()
    print("Eager 变量张量矩阵计算结果:{}".format(mat_res_v))
```

运行结果如下。

```
tensorflow:2.0.0
Eager 变量张量矩阵计算结果:[[1 2][2 4]]
```

由运行结果可知，在 Eager execution 环境中进行的张量计算可以直接获取普通数据结果。

3.2.5 自动图

TensorFlow 2.0 新增的一个强大功能自动图(AutoGraph)，可以将普通 Python 脚本转换为 TensorFlow 图。TensorFlow 2.0 中，底层接口 tf.function 也具有这个功能，当使用装饰器@tf.function 时，可将普通脚本自动转换为图结构，此时的函数参数即可处理 TensorFlow 张量，具体使用方法如下。

1. 矩阵计算

矩阵计算可以直接使用 Eager execution 进行，在 TensorFlow 2.0 中也可以通过 tf.function 装饰器使用普通的 Python 脚本进行，此时使用的变量为 TensorFlow 的张量数据，代码如下，详细解析见注释部分，可参见代码文件【chapter3\autograph_sample.py】。

```
# 引入 TensorFlow 框架
import tensorflow as tf

@tf.function
def matrix(c1, c2):
    """矩阵计算
    参数:
        c1: 常量张量
        c2: 常量张量
    返回:
        res: 计算结果张量
    """
    res = tf.matmul(c1, c2)
    return res

if __name__ == "__main__":
    c1 = tf.constant([[1,2,4],[3,4,5]], name="c1")
    c2 = tf.constant([[2,3],[3,6],[8,9]], name="c2")
    res = matrix(c1, c2)
    print("矩阵结果:{}".format(res))
```

运行结果：

```
矩阵结果:[[40 51]
 [58 78]]
```

由运行结果可知，使用 tf.function 可以将普通的 Python 脚本转换为 TensorFlow 图，然后可以处理张量数据，如上面代码进行的矩阵计算，使用张量作为参数，实现 TensorFlow 的矩阵计算。

2. 控制流

普通 Python 程序可以控制执行流程，而 TensorFlow 图结构同样需要流程控制。在原生 TensorFlow 图结构中实现流程控制，需要借助 Python 脚本实现，而进行张量的流程控制时，需要先将张量转换为 Python 对象，比较麻烦。在 TensorFlow 2.0 中优化了这个问题，体现了 TensorFlow 与 Python 的融合，使用装饰器@tf.function，即可将普通 Python 脚本转换成 TensorFlow 图结构，可以直接控制张量流程，代码如下，详细解析见注释部分，可参见代码文件【chapter3\autograph_sample.py】。

```
# 引入 TensorFlow 框架
import tensorflow as tf

@tf.function
def control_flow(x):
    """控制流
    参数:
```

```
        x: 输入张量
    返回:
        x: 计算结果张量
    """
    if x > 2:
        x = x + 10
    else:
        x = 0
    return x

if __name__ == "__main__":
    x = tf.constant(10)
    res = control_flow(x)
    print("控制流返回:{}".format(res))
```

运行结果如下。

```
控制流返回:20
```

由运行结果可知，普通的 Python 脚本转换为 TensorFlow 图结构之后，仍可以进行流程控制，不同的是，此时的控制参数为张量，即通过 Python 脚本直接控制张量执行流程。

3. 程序调试

在 Python 中，装饰器的作用之一就是程序调试，在不清楚程序内部结构时，可以借助装饰器进行调试，而 TensorFlow 2.0 的装饰器@tf.function 可以调试 TensorFlow 程序，代码如下，详细解析见注释部分，可参见代码文件【chapter3\autograph_sample.py】。

```
# 引入 TensorFlow 框架
import tensorflow as tf

@tf.function
def trace():
    """程序调试
    参数:
        无
    返回:
        无
    """
    print("普通执行")
    tf.print("TF 执行 1")
    tf.print("TF 执行 2")

if __name__ == "__main__":
    print("第一次执行")
    trace()
    print("第二次执行")
    trace()
```

运行结果如下。

```
第一次执行
普通执行
TF 执行 1
TF 执行 2
第二次执行
TF 执行 1
TF 执行 2
```

由运行结果可知，程序第一次运行时，会执行所有的操作(Python 原生对象和 TensorFlow 对象)，之后仅执行 TensorFlow 对象。

3.2.6　命名空间

命名空间(Namespace)是对张量名称管理的空间，TensorFlow 2.0 保留了张量命名管理的功能，使用 name_scope 管理，但是 Eager execution 环境中不使用命名空间，TensorFlow 2.0 的命名空间只在原生搭建图结构中使用，使用详情介绍如下。

name_scope 命名空间管理是计算规则的上下文管理器，即只管理 Operation，详细使用方法见如下代码，解析见注释部分，可参见代码文件【chapter3\scop_sample.py】。

```
# 引入 TensorFlow 框架
import tensorflow as tf

def name_scope_in_graph():
    """图结构中使用命名空间
    参数:
        无
    返回:
        g1: 图
        c1: 张量
    """
    g1 = tf.Graph()
    with g1.as_default():
        with tf.name_scope("layer1"):
            c1 = tf.constant(250, name="c1")
    return g1, c1

if __name__ == "__main__":
    g1, c1 = name_scope_in_graph()
    print("常量张量 c1:{}".format(c1))
    print("常量张量 c1 名称:{}".format(c1.name))
```

运行结果如下。

```
常量张量 c1:Tensor("layer1/c1:0", shape=(), dtype=int32)
常量张量 c1 名称:layer1/c1:0
```

由结果可知，通过 tf.constant 新建的张量使用 name_scope 管理起来，而这种情况只在原生创建的图结构中有效，在 TensorFlow 2.0 的 Eager execution 中不建议使用 name_scope。

3.3 TFRecord 数据

TensorFlow 为提高数据读写效率设计了一种二进制数据存储结构，即 TFRecord 格式数据。读取 TFRecord 格式数据时，首先将 TFRecord 文件作为参数，创建一个输入队列，在一部分数据出队列时，TFRecord 的其他数据会进入队列，数据读取的过程和图计算是独立进行的。因此，训练神经网络时，队列中会有充足的数据，同时可使用多线程加速数据的读取。

3.3.1 TFRecord 格式数据

TFRecord 数据存储形式为*.tfrecords，TFRecord 文件中的数据是通过 tf.train.Example Protocol Buffer 的格式存储的，tf.Example 是键值对{"string":tf.train.Feature}形式。tf.train.Feature 的数据格式如表 3.7 所示。

表 3.7 tf.train.Feature 数据格式

数据格式	数据类型
tf.train.BytesList	string：字符串数据 byte：字节数据
tf.train.FloatList	float(float32)：单精度浮点数据 double(float64)：双精度浮点数据
tf.train.Int64List	bool：布尔数据 enum：枚举数据 int32：32 位整型数据 uint32：32 位无符号整型数据 int64：64 位整型数据 uint64：64 位无符号整型数据

tf.train.Feature 的信息原型数据结构如下：

```
message BytesList {
  repeated bytes value = 1;
}
message FloatList {
  repeated float value = 1 [packed = true];
}
message Int64List {
  repeated int64 value = 1 [packed = true];
}

// Containers for non-sequential data.
```

```
message Feature {
  // Each feature can be exactly one kind.
  oneof kind {
    BytesList bytes_list = 1;
    FloatList float_list = 2;
    Int64List int64_list = 3;
  }
}
```

由上面结构可知，TFRecord 的数据结构为键值对形式(Java 中为 Map)，键名为字符串，值可为字节列表(BytesList)、浮点数列表(FloatList)或整型列表(Int64List)等。

3.3.2 获取图像数据集

CIFAR-10 图像数据集可以作为数据转换的原始数据。CIFAR-10 图像数据集共有 60 000 张 32×32×3 的图像，共分为 10 类，每个分类有 6 000 张图像。其中，训练数据集共 5 000 张图像，测试数据集共 1 000 张图像。本次实验选择用 100 张 CIFAR-10 图像数据，每个分类取 10 张图像，如图 3.2 所示。

图 3.2 CIFAR-10 部分数据

图 3.2 中展示了 100 张 CIFAR-10 数据，该部分数据在 CIFAR 数据官网上是独立的图像，因

此使用 Python 从官网爬取了这 100 张图像，代码如下，详细解析见注释部分。代码可参见文件【chapter3\download_images.py】。

```
# 引入网络服务模块
# requests 用于请求网络链接
# json 用于数据转换，将返回数据转换为 json 格式
# urllib 用于请求网络链接
import requests, json, urllib
# 引入 os 模块，用于操作系统中目录的相关操作
import os

def get_data():
    '''获取图像分类链接
    参数：
        无
    返回：
        图像链接列表
    '''
    i = 0
    # 图像分类类别，共 10 类
    classify = ['airplane', 'automobile', 'bird', 'cat', 'deer', 'dog', 'frog',
      'horse', 'ship', 'truck']
    urls = []
    # 10 类图像，下载 10 次网络链接
    for i in range(10):
        for j in range(10):
            # 网络链接依据图像种类不同，动态修改链接地址
            url = "http://www.cs.toronto.edu/~kriz/cifar-10-sample/{}{}.png".format
                (classify[i], j+1)
            # 将不同种类图像的网络链接添加到列表中
            urls.append(url)
    return urls

def download_images(urls):
    '''下载链接数据，保存到 images 文件夹下
    参数：
        urls：图像链接列表
    返回：
        无
    '''
    # 循环下载 10 类图像
    for i, url in enumerate(urls):
        image_name = url.split('/')[-1]
        print("No.{} images is downloading".format(i))
        urllib.request.urlretrieve(url, "images/"+image_name)

if __name__ == "__main__":
    # 下载图像
    download_images(get_data())
```

上述代码完成了网络图像的下载。该类数据的下载需要指定资源链接，分析资源返回的数据结构，从数据结构中解析出有效的数据。本例使用的工具比较简单，如 urllib，如需要复杂数据的获取，可借助 scrapy 工具进行。

3.3.3　生成 TFRecord 格式数据

将图像数据(如*.png 或*.jpeg 数据)转换为 TFRecord 格式的数据，流程如图 3.3 所示。该过程经历了两次数据格式转换，第一次由 uint8 转换为 float32，因为图像在调整尺寸的过程中会损失部分信息，若直接使用 uint8 类型的图像数据与 float32 的图像数据相比，会损失更多的信息。因此，调整图像尺寸之前，将图像转换为 float32 格式的数据，以降低图像在尺寸转换过程中信息的损失。当图像尺寸调整完成后，再将图像数据恢复为 uint8 格式，以提高计算效率。TensorFlow 在转换 TFRecord 格式数据时，按照 TFRecord 数据结构，进行了相应处理，是将图像分别转换为字节数据，然后设置图像数量、图像尺寸(宽和高)，最后进行保存。

生成 TFRecord 格式数据代码如下，详细解析见注释部分。代码可参见文件【chapter3\TFRecord.ipynb】。

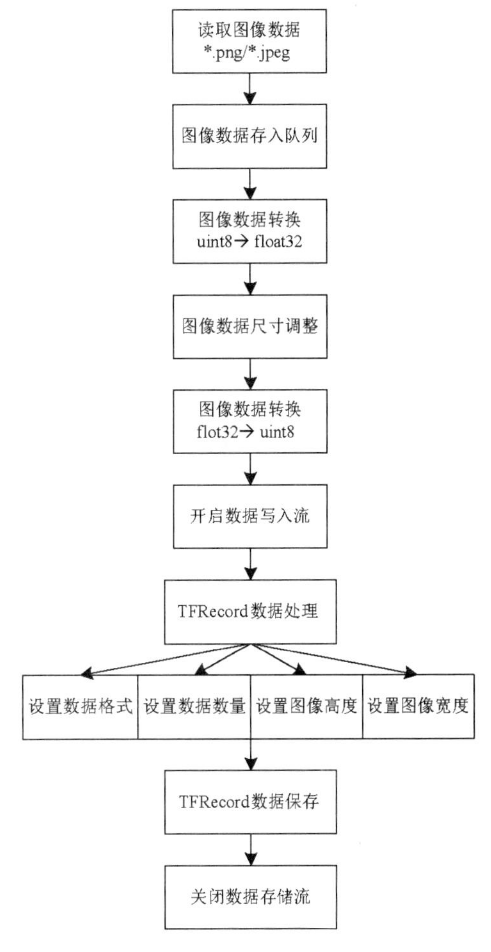

图 3.3　将图像数据转换为 TFRecord 格式的数据流程

```
# 引入 TensorFlow 框架
import tensorflow as tf
# 引入 os 模块，处理文件夹路径及路径文件读取
import os
# 引入路径拼接模块，用于路径拼接
from os.path import join
# 引入图形处理模块 matplotlib
import matplotlib.pyplot as plt
from matplotlib.font_manager import FontProperties
font = FontProperties(fname="/Library/Fonts/Songti.ttc",size=8)

def parse_function(filename):
    '''图像解析
    参数:
```

```
        filename: 图像名称
    返回:
        图像 Tensor
    '''
    # 读取图像数据
    image_bytes = tf.io.read_file(filename)
    # 图像数据解码
    image_value = tf.io.decode_png(image_bytes, channels=3)
    # 图像数据值
    image_value = tf.cast(image_value, tf.uint8)
    # 返回图像数据
    return image_value
    #TFRecord 数据格式转换:bytes 格式和 int64 格式.
    def _bytes_feature(value):
        return tf.train.Feature(bytes_list=tf.train.BytesList(value=[value]))
    def _int64_feature(value):
        return tf.train.Feature(int64_list=tf.train.Int64List(value=[value]))

def image_info(images):
    '''获取图像信息
    参数:
        images:图像矩阵数据
    返回:
        图像高度,图像宽度,图像通道数
    '''
    # 获取图像宽、高和通道数
    width, height, channels = images[0].shape
    return width, height, channels

def process_image(image_value):
    '''图像处理
    参数:
        image_value:图像矩阵数据
    返回:
        图像矩阵数据列表
    '''
    if image_value.dtype != tf.float32:
       # 图像数据转换为 float32 格式，取值范围为[0,1]
       image_value = tf.image.convert_image_dtype(image_value, dtype=tf.float32)
       image_value = tf.image.resize(image_value, [28, 28], method="nearest")
    if image_value.dtype == tf.float32:
        # 图像数据转换为无符号整型，取值范围为[0, 255]
        image_value = tf.image.convert_image_dtype(image_value, dtype=tf.uint8)
    return image_value
def save_tfrecord(images, image_num):
    '''保存 TFRecord 格式数据
    参数:
        images:图像矩阵列表
```

```
        image_num:图像数量
    返回:
        无
    '''
    # 新建输出目录
    if not os.path.exists("outputs/"):
        os.makedirs("outputs/")
    # 保存的 TFRecord 数据名称
    file_name = "./outputs/cifar10.tfrecords"
    # 打开图像保存
    writer = tf.io.TFRecordWriter(file_name)
    # 遍历图像数据并写入文件
    for i in range(image_num):
        image_raw = images[i].numpy().tostring()
        # print("image raw type:",image_raw)
        '''设定保存数据的格式
        参数:
            image_raw:数据格式为 bytes
            image_num:数据数量
            height:图像高度
            width:图像宽度
        '''
        example = tf.train.Example(features=tf.train.Features(feature={
            'image_raw':_bytes_feature(image_raw),
            'image_num':_int64_feature(image_num),
            'height':_int64_feature(28),
            'width':_int64_feature(28)
        }))
        # 写入文件
        writer.write(example.SerializeToString())
    # 关闭图像保存流
    writer.close()
    print("Saved.")
def save_datas(image_path):
    '''保存数据
    参数:
        image_path: 图像路径
    返回:
        无
    '''

    # 获取图像名称列表
    image_names = os.listdir(image_path)
    # 图像路径
    file_names = [join(image_path, f) for f in image_names]
    # 新建文件队列
    filename_queue = tf.data.Dataset.from_tensor_slices(file_names)
    # 图像数据存入队列
```

```
    image_map = filename_queue.map(parse_function)
    # 遍历图像数据
    image_values = image_map
    images = []
    for image_value in image_values:
        # 图像矩阵列表
        image = process_image(image_value)
        images.append(image)
    print("image value:{}".format(image_value))
    # 图像数量
    image_num = len(file_names)
    # 保存 TFRecord 格式数据
    save_tfrecord(images, image_num)

if __name__ == "__main__":
    # 保存 TFRecord
    # 图像路径
    image_path = "./CIFAR_images"
    save_datas(image_path)
```

上述代码实现了普通数据转换为 TFRecord 格式数据的功能。TensorFlow 的数据格式利用了队列的性质，因此在生成 TFRecord 格式数据的过程中，需要指定数据的存储形式，如数据使用 map 形式存储到队列中，需要指定固定的数据类型，如 bytes、int64，同时指定图像的高度和宽度，为数据的准确读取提供保证。

3.3.4 解析 TFRecord 格式数据

TFRecord 数据解析过程即是将数据复原的过程，读取过程较简单，代码如下，详细解析见注释部分，代码可参见文件【chapter3\TFRecord.ipynb】。

```
# 引入 TensorFlow 框架
import tensorflow as tf
# 引入 os 模块，处理文件夹路径及路径文件读取
import os
# 引入路径拼接模块，用于路径拼接
from os.path import join
# 引入图形处理模块 matplotlib
import matplotlib.pyplot as plt
from matplotlib.font_manager import FontProperties
font = FontProperties(fname="/Library/Fonts/Songti.ttc",size=8)

def parse(record):
    '''解析 TFRecord 数据.
    参数:
        record: 标量张量
    返回:
        image_raw: 图像数据.
```

```
        image_num: 图像数量.
        height: 图像高度.
        width: 图像宽度.
    '''
    features = tf.io.parse_single_example(
        record,
        features={"image_raw":tf.io.FixedLenFeature([], tf.string),
                  "image_num":tf.io.FixedLenFeature([], tf.int64),
                  "height":tf.io.FixedLenFeature([], tf.int64),
                  "width":tf.io.FixedLenFeature([], tf.int64),
                 }
    )
    image_raw = features["image_raw"]
    image_num = features["image_num"]
    height = features["height"]
    width = features["width"]
    return image_raw, image_num, height, width

def iterator_data_subplot(dataset):
    '''可视化读取的图像数据
    参数:
        dataset: TFRecord 数据对象
    返回:
        无
    '''
    plt.figure(figsize=(6, 6))

    i = 0
    for image_raw, image_num, height, width in dataset:
        i += 1
        # 图像字节数据解码，转换为无符号整型数据
        image = tf.io.decode_raw(image_raw, tf.uint8)
        # 图像高度与宽度转换为张量
        height = tf.cast(height, tf.int32)
        width = tf.cast(width, tf.int32)
        # 图像整型数据恢复为矩阵数据[H,W,C]
        image = tf.reshape(image, [height, width, 3])
        '''Image matrix.
        [[[165 170 176]
          [161 167 173]
          ...
          [139 148 155]]]
        '''
        # 绘制图像
        plt.subplot(10,10,i)
        plt.subplots_adjust(wspace=0.2, hspace=0.2)
        plt.axis("off")
        plt.imshow(image)
    plt.suptitle("读取 TFRecord 数据",y=0.92,fontproperties=font)
    plt.savefig("./images/readTRRecord.png", format="png", dpi=500)
```

```
    plt.show()

if __name__ == "__main__":
    # 解析 TFRecord
    # TFRecord 文件路径
    input_files = ["./outputs/cifar10.tfrecords"]
    # 读取 TFRecord 文件
    dataset = tf.data.TFRecordDataset(input_files)
    # 数据映射解析
    dataset = dataset.map(parse)
    iterator_data_subplot(dataset)
```

上述代码完成了 TFRecord 格式数据的读取。由前文可知，TFRecord 使用了队列数据结构，因此在数据的读取过程中，通过遍历的形式从队列中读取信息；对于 map 数据，使用读取键名的形式，获取指定的图像数据。为了展示读取结果，使用 matplotlib 绘制出读取的图像，如图 3.4 所示。从图 3.4 中可知，图像顺序是打乱的，保证了读取数据的随机性，这样有利于提高训练模型识别的准确性。

图 3.4　读取 TFRecord 数据结果

3.4　Keras

Keras 是 TensorFlow 2.0 的高层封装接口，用于创建和训练 TensorFlow 特定功能的模型，如 Eager execution、tf.Data 管道和 Estimators。Keras 在保证灵活性和性能的基础上使 TensorFlow 的应用更加容易，对于初学者而言降低了一定的学习难度。使用 Keras 可以快速搭建模型，TensorFlow 2.0 中，搭建神经网络的方法有很多，大致分为三类：第一类，直接使用 Keras 搭建；第二类，借助 Keras 自定义搭建，这种方法既可以快速搭建神经网络，又可以自定义损失函数和优化训练过程，实现更加复杂的数据处理任务；第三类，完全自定义神经网络(仅继承 Keras 类)。完全自定义神经网络结构是最底层的方法，比较烦琐，需要开发人员对网络结构完全掌握，容易出错，这也是 TensorFlow 2.0 主推高层接口的原因之一。

3.4.1　工作流程

Keras 可以搭建完整周期的模型，即新建模型、训练模型、持久化模型和模型预测等。Keras 搭建神经网络实现预测的流程如图 3.5 所示。由图 3.5 可知，完整的人工智能开发任务总共有 6 个步骤，每个步骤 Keras 都有对应的工具接口，左边为人工智能任务的步骤，右边为 Keras 对应的接口。TensorFlow 2.0 将 Keras 内置到 TensorFlow 框架中，开发者可以直接在 TensorFlow 框架中调用 Keras，简单、高效。下面介绍 Keras 搭建神经网络的方法。

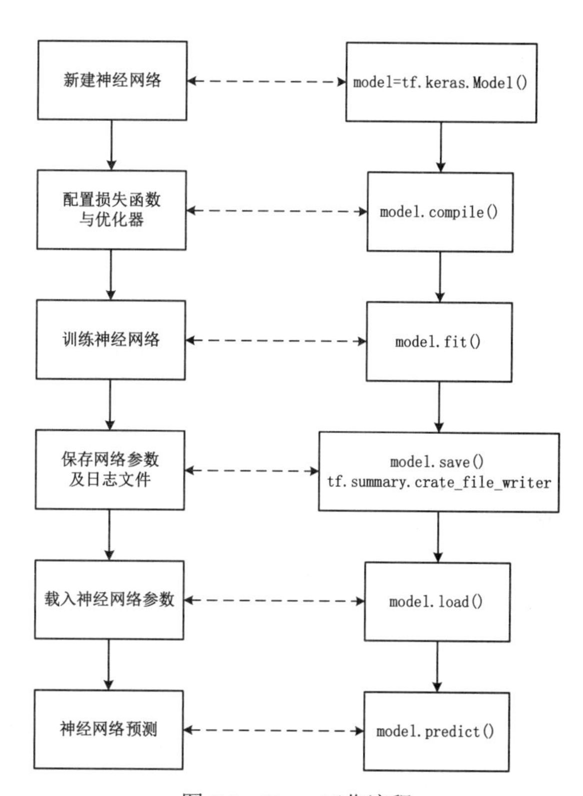

图 3.5　Keras 工作流程

3.4.2　搭建神经网络

Keras 提供了高度封装的接口，搭建神经网络快捷、方便，可满足简单任务神经网络的搭建。下面分别介绍普通神经网络和卷积神经网络的搭建过程。

1. 普通神经网络的搭建

使用 Keras 搭建普通神经网络有 4 种方式：①使用 Model 类逐层建立网络结构；②使用继承 Model 类建立神经网络；③使用 Sequential 内置序列化搭建网络结构；④使用 Sequential 外置序列化搭建网络结构。

1) Model 类搭建网络

Model 类搭建网络实现代码如下，详细解析见注释部分，可参见代码文件【chapter3\keras_sample.py】。

```
# 引入TensorFlow框架
import tensorflow as tf
# 引入Keras
from tensorflow import keras
# 引入Keras层结构
from tensorflow.keras import layers
# 重置图结构，为jupyter notebook使用
# tf.keras.backend.clear_session()

def line_fit_model():
    """Model搭建网络结构
    参数:
        无
    返回:
        model: 网络类实例
    """
    # 输入层
    inputs = tf.keras.Input(shape=(1,), name="inputs")
    # 隐藏层-1
    layer1 = layers.Dense(10, activation="relu", name="layer1")(inputs)
    # 隐藏层-2
    layer2 = layers.Dense(15, activation="relu", name="layer2")(layer1)
    # 输出层
    outputs = layers.Dense(5, activation="softmax", name="outputs")(layer2)
    # 实例化
    model = tf.keras.Model(inputs=inputs, outputs=outputs)
    # 展示网络结构
    model.summary()
    # 绘制网络流程图
    keras.utils.plot_model(model, "./images/line-fit-model.png", show_shapes=True)
    return model

if __name__ == "__main__":
    line_fit_model()
```

运行结果如下。

```
Model: "model"
_________________________________________________________________
Layer (type)                 Output Shape              Param #
=================================================================
inputs (InputLayer)          [(None, 1)]               0
_________________________________________________________________
layer1 (Dense)               (None, 10)                20
```

```
_________________________________________________________________
layer2 (Dense)               (None, 15)                165
_________________________________________________________________
outputs (Dense)              (None, 5)                 80
=================================================================
Total params: 265
Trainable params: 265
Non-trainable params: 0
_________________________________________________________________
```

运行结果分析如表 3.8 所示。

表 3.8　普通神经网络参数解析

参　数	描　述
Layer(type)	神经网络层次，使用 Model 搭建的神经网络，输入数据与神经网络层是独立的，因此可以看到 InputLayer，即输入层，其他依次为隐藏层-1，隐藏层-2 和输出层
Output Shape	输出层的数据维度，表示输出的数据维度，其中，None 为 batch，未指定则表示不固定，依据真实的数据而改变，1 为输出数据维度
Param	参数数量，表示训练过程中的权重与偏置数量，若为 0，则表示此神经层没有权重和偏置，如输入层
Total params	神经网络中所有的参数数量
Trainable params	神经网络训练的参数数量
Non-trainable params	神经网络中不用于训练的参数数量

使用 Model 搭建神经网络可以通过 plot_model 工具绘制神经网络的工作流程图，如图 3.6 所示。流程图中展示了神经网络各层间的数据关系，以及每层的输入与输出数据维度，神经网络数据流由输入层(inputs)依次流向隐藏层和输出层。

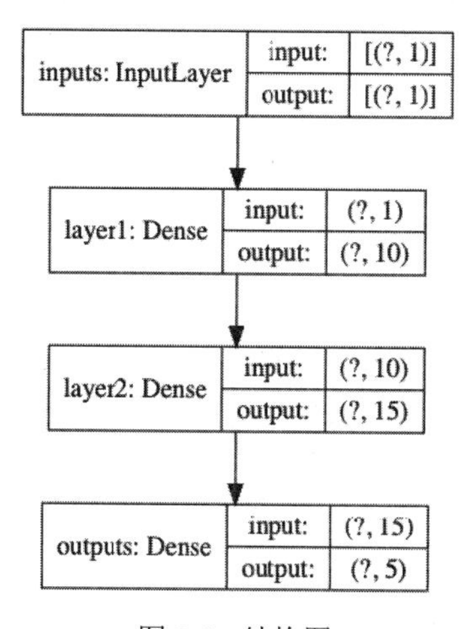

图 3.6　结构图

2) 继承 Model 类搭建神经网络

Model 是 Keras 的神经网络基础类，可以使用类继承的方式自定义神经网络。实现代码如下，详细解析见注释部分，可参见代码文件【chapter3\keras_sample.py】。

```
# 引入 TensorFlow 框架
import tensorflow as tf
# 引入 Keras
from tensorflow import keras
# 引入 Keras 层结构
from tensorflow.keras import layers
# 重置图结构，为 jupyter notebook 使用
# tf.keras.backend.clear_session()
```

```
class Linefit(tf.keras.Model):
    """类继承方式搭建神经网络
    参数:
        tf.keras.Model: Model 父类
    返回:
        无
    """
    def __init__(self):
        # 继承
        super(Linefit, self).__init__()
        # 隐藏层-1
        self.layer1 = layers.Dense(10, activation=tf.nn.relu, name="layer1")
        # 隐藏层-2
        self.layer2 = layers.Dense(15, activation=tf.nn.relu, name="layer2")
        # 输出层
        self.outputs = layers.Dense(5, activation=tf.nn.softmax, name="outputs")
    def call(self, inputs):
        """实例回调接口，类似重载()
        参数:
            self: 对象
            inputs: 输入数据
        返回:
            输出层张量
        """
        layer1 = self.layer1(inputs)
        layer2 = self.layer2(layer1)
        return self.outputs(layer2)

if __name__ == "__main__":
    inputs = tf.constant([[1]])
    model = Linefit()
    model(inputs)
    model.summary()
```

运行结果如下。

```
Model: "linefit"
_________________________________________________________________
Layer (type)                 Output Shape              Param #
=================================================================
layer1 (Dense)               multiple                  20
_________________________________________________________________
layer2 (Dense)               multiple                  165
_________________________________________________________________
outputs (Dense)              multiple                  80
=================================================================
Total params: 265
```

```
Trainable params: 265
Non-trainable params: 0
```

由运行结果可知，使用继承 Model 类的方式搭建神经网络与直接使用 Model 类搭建神经网络不同的是，输入数据的位置不同。直接使用 Model 类搭建神经网络时，输入数据独立于神经网络的层次，而继承 Model 类时，输入数据则内嵌到神经网络层中。下面只显示了隐藏层和输出层，输出数据的维度使用 mutiple 显示，不是直接以数据的形式给出，参数数量与直接使用 Model 类相同。

3) Sequential 内置序列搭建神经网络

Keras 提供了序列化搭建神经网络的类 Sequential，通过 Sequential 可以搭建具有单一输出的神经网络。实现代码如下，详细解析见注释部分，可参见代码文件【chapter3\keras_sample.py】。

```
# 引入 TensorFlow 框架
import tensorflow as tf
# 引入 Keras
from tensorflow import keras
# 引入 Keras 层结构
from tensorflow.keras import layers
# 重置图结构，为 jupyter notebook 使用
# tf.keras.backend.clear_session()

def line_fit_sequential():
    """Sequential 内置序列化搭建网络结构
    参数:
        无
    返回:
        model: 网络类实例
    """
    model = tf.keras.Sequential([
        # 隐藏层-1
        layers.Dense(10, activation="relu", input_shape=(1,), name="layer1"),
        # 隐藏层-2
        layers.Dense(15, activation="relu", name="layer2"),
        # 输出层
        layers.Dense(5, activation="softmax", name="outputs")
    ])
    # 展示网络结构
    model.summary()
    # 绘制网络流程图
    keras.utils.plot_model(model, "./images/line-fit-seq.png", show_shapes=True)
return model

if __name__ == "__main__":
    line_fit_sequential()
```

运行结果如下。

```
Model: "sequential"
_________________________________________________________________
Layer (type)                 Output Shape              Param #
=================================================================
layer1 (Dense)               (None, 10)                20
_________________________________________________________________
layer2 (Dense)               (None, 15)                165
_________________________________________________________________
outputs (Dense)              (None, 5)                 80
=================================================================
Total params: 265
Trainable params: 265
Non-trainable params: 0
_________________________________________________________________
```

由运行结果可知，Sequential 类搭建的神经网络结果与使用继承 Model 类搭建的神经网络结果是一致的。Sequential 本身就继承 Model 类实现神经网络的搭建，与自定义继承 Model 类不同的是，Sequential 搭建的神经网络输出数据维度直接以数字形式给出，而不是借助 multiple，其他与直接继承 Model 类是相同的。神经网络的工作流程如图 3.7 所示。

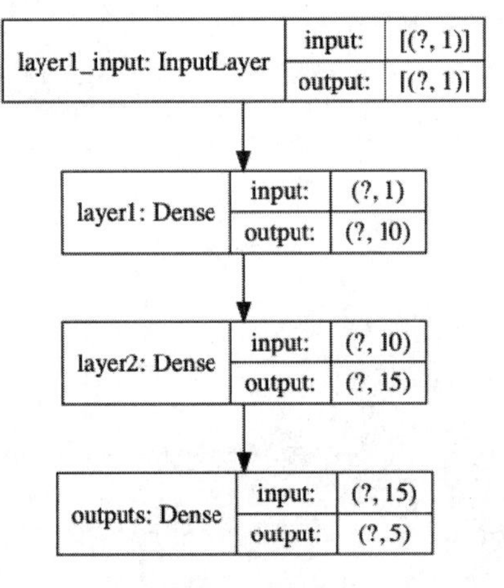

图 3.7　结构图

4) Sequential 外置搭建神经网络

下面介绍使用 Sequential 类的 add 方法按照神经网络层次独立搭建神经网络的方法，实现代码如下，详细解析见注释部分，可参见代码文件【chapter3\keras_sample.py】。

```
# 引入 TensorFlow 框架
import tensorflow as tf
# 引入 Keras
from tensorflow import keras
# 引入 Keras 层结构
```

```
from tensorflow.keras import layers
# 重置图结构，为 jupyter notebook 使用
# tf.keras.backend.clear_session()

def line_fit_sequential_add():
    """Sequential 外置序列化搭建网络结构
    参数:
        无
    返回:
        model: 类实例
    """
    # Sequential 实例化
    model = tf.keras.Sequential()
    # 添加隐藏层-1
    model.add(layers.Dense(10, activation=tf.nn.relu, input_shape=(1,), name="layer1"))
    # 添加隐藏层-2
    model.add(layers.Dense(15, activation=tf.nn.relu, name="layer2"))
    # 添加输出层
    model.add(layers.Dense(5, activation=tf.nn.softmax, name="outputs"))
    # 展示网络结构
    model.summary()
    # 绘制网络流程图
    keras.utils.plot_model(model, "./images/line-fit-seq-add.png", show_shapes=True)
    return model

if __name__ == "__main__":
    line_fit_squential_add()
```

运行结果如下。

```
Model: "sequential"
_________________________________________________________________
Layer (type)                 Output Shape              Param #
=================================================================
layer1 (Dense)               (None, 10)                20
_________________________________________________________________
layer2 (Dense)               (None, 15)                165
_________________________________________________________________
outputs (Dense)              (None, 5)                 80
=================================================================
Total params: 265
Trainable params: 265
Non-trainable params: 0
_________________________________________________________________
```

由运行结果可知，使用 Sequential 的 add 方法搭建神经网络的结构与内建方法相同，参见前面介绍，神经网络的工作流程如图 3.8 所示。

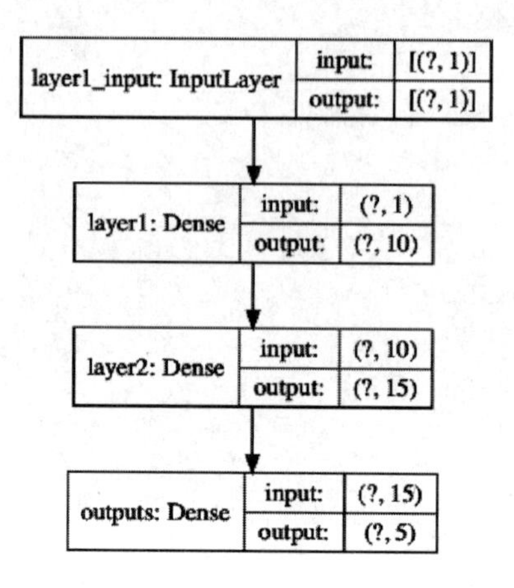

图 3.8　网络结构

2. 卷积神经网络的搭建

搭建卷积神经网络使用 Sequential 类，分别采用序列内置和外置两种方法。

1) Sequential 序列内置

Sequential 序列内置法搭建卷积神经网络实现代码如下，详细解析见注释部分，可参见代码文件【chapter3\keras_sample.py】。

```
# 引入 TensorFlow 框架
import tensorflow as tf
# 引入 Keras
from tensorflow import keras
# 引入 Keras 层结构
from tensorflow.keras import layers
# 重置图结构，为 jupyter notebook 使用
# tf.keras.backend.clear_session()

def cnn_sequential():
    """Sequential 序列内置搭建卷积神经网络
    参数:
        无
    返回:
        model: 类实例
    """
    model = tf.keras.Sequential([
        # 卷积层-1
        layers.Conv2D(32, (3, 3), activation="relu", input_shape=(28, 28, 3),
```

```
        name= "conv-1"),
        # 最大池化层-1
        layers.MaxPooling2D((2,2), name="max-pooling-1"),
        # 卷积层-2
        layers.Conv2D(64, (3, 3), activation="relu", name="conv-2"),
        # 最大池化层-2
        layers.MaxPooling2D((2, 2), name="max-pooling-2"),
        # 卷积层-3
        layers.Conv2D(64, (3, 3), activation="relu", name="conv-3"),
        layers.Flatten(),
        # 全连接层-1
        layers.Dense(64, activation="relu", name="fullc-1"),
        # softmax 层
        layers.Dense(10, activation="softmax", name="softmax")
    ])
    # 展示网络结构
    model.summary()
    # 绘制网络流程图
    keras.utils.plot_model(model, "./images/cnn-sequential.png", show_shapes=True)
    return model

if __name__ == "__main__":
    cnn_sequential()
```

运行结果如下。

```
Model: "sequential"
_________________________________________________________________
Layer (type)                 Output Shape              Param #
=================================================================
conv-1 (Conv2D)              (None, 26, 26, 32)        896
_________________________________________________________________
max-pooling-1 (MaxPooling2D) (None, 13, 13, 32)        0
_________________________________________________________________
conv-2 (Conv2D)              (None, 11, 11, 64)        18496
_________________________________________________________________
max-pooling-2 (MaxPooling2D) (None, 5, 5, 64)          0
_________________________________________________________________
conv-3 (Conv2D)              (None, 3, 3, 64)          36928
_________________________________________________________________
flatten (Flatten)            (None, 576)               0
_________________________________________________________________
fullc-1 (Dense)              (None, 64)                36928
_________________________________________________________________
```

```
softmax (Dense)              (None, 10)              650
=================================================================
Total params: 93,898
Trainable params: 93,898
Non-trainable params: 0
```

由运行结果可知，通过 summary 方法获取了卷积神经网络的结构与参数，卷积层(conv-1~conv-3)、全连接层(fullc-1)和最终分类层(softmax)具有权重和偏置参数，最大池化层没有权重和偏置参数，卷积层的输出数据维度分别表示为 batch、height、width 和 channels，训练参数数量与全部参数数量相同。

卷积神经网络的工作流程如图 3.9 所示，完整的卷积神经网络由输入层 conv-1_input 开始，该层名称是 Keras 卷积神经网络自动生成的，与 TensorBoard 的 Graphs 相同。其余各层数据流依照箭头方向逐步传递，卷积神经网络的每一层输入数据与输出数据的维度均在图中展示，方便查询及修改。

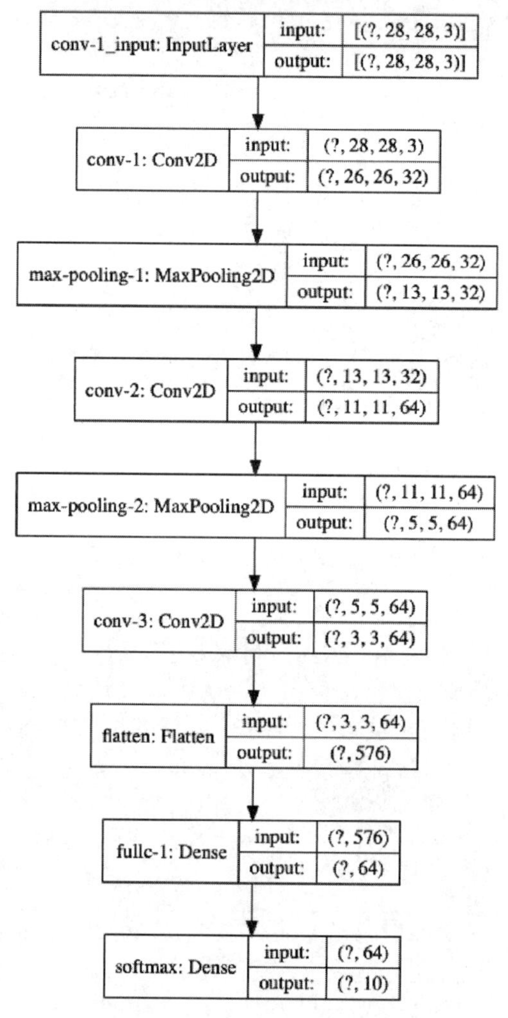

图 3.9 卷积神经网络工作流程

2) Sequential 序列外置

Sequential 外置法搭建卷积神经网络的实现代码如下，详细解析见注释部分，可参见代码文件【chapter3\keras_sample.py】。

```
# 引入 TensorFlow 框架
import tensorflow as tf
# 引入 Keras
from tensorflow import keras
# 引入 Keras 层结构
from tensorflow.keras import layers
# 重置图结构，为 jupyter notebook 使用
# tf.keras.backend.clear_session()

def cnn_sequential_add():
    """Sequential 序列外置搭建卷积神经网络
    参数:
        无
    返回:
        model: 类实例
    """
    # 实例化
    model = tf.keras.Sequential()
    # 卷积层-1
```

```
    model.add(layers.Conv2D(32, (3, 3),
    activation=tf.nn.relu, input_shape=(28,
    28, 3), name="conv-1"))
    # 最大池化层-1
    model.add(layers.MaxPooling2D((2, 2), name="max-pooling-1"))
    # 卷积层-2
    model.add(layers.Conv2D(64, (3, 3), activation=tf.nn.relu, name="conv-2"))
    # 最大池化层-2
    model.add(layers.MaxPooling2D((2, 2), name="max-pooling-2"))
    # 卷积层-3
    model.add(layers.Conv2D(64, (3, 3), activation=tf.nn.relu, name="conv-3"))
    model.add(layers.Flatten())
    # 全连接层-1
    model.add(layers.Dense(64, activation=tf.nn.relu, name="fullc-1"))
    # softmax 层
    model.add(layers.Dense(10, activation=tf.nn.softmax, name="softmax"))
    # 展示网络结构
    model.summary()
    # 绘制网络流程图
    keras.utils.plot_model(model, "./images/cnn-sequential-add.png", show_shapes=True)
    return model

if __name__ == "__main__":
    cnn_sequential_add()
```

运行结果如下。

```
Model: "sequential"
_________________________________________________________________
Layer (type)                 Output Shape              Param #
=================================================================
conv-1 (Conv2D)              (None, 26, 26, 32)        896
_________________________________________________________________
max-pooling-1 (MaxPooling2D) (None, 13, 13, 32)        0
_________________________________________________________________
conv-2 (Conv2D)              (None, 11, 11, 64)        18496
_________________________________________________________________
max-pooling-2 (MaxPooling2D) (None, 5, 5, 64)          0
_________________________________________________________________
conv-3 (Conv2D)              (None, 3, 3, 64)          36928
_________________________________________________________________
flatten (Flatten)            (None, 576)               0
_________________________________________________________________
fullc-1 (Dense)              (None, 64)                36928
_________________________________________________________________
softmax (Dense)              (None, 10)                650
=================================================================
Total params: 93,898
```

```
Trainable params: 93,898
Non-trainable params: 0
```

Sequential 序列外置搭建卷积神经网络与序列内置法的结果相同，结果解析参见序列内置法的描述。

3.4.3 常用类及方法

Keras 搭建神经网络常用的高级接口类有两个：Model 类和 Sequential 类。这两个类可以实现模型的搭建、训练、持久化、预测、调优等完整生命周期的运行与维护。下面详细介绍这两个类及其携带的方法。

1. tf.keras.Model 类

Model 类用于训练和推理神经网络，将神经网络的输入和输出作为 Model 参数，完成神经网络的训练、模型保存和实现预测。Model 类搭建神经网络有两种方式，一种是直接使用 Model 类，另一种是继承 Model 类搭建神经网络。Model 类的输入与输出作为参数，因此搭建神经网络是比较灵活的，可以根据需要搭建符合要求的多重神经网络，如多个输出的神经网络。使用 Model 类可以将输出调整为一个列表，完成输出。下面详细介绍 Model 类常用的方法。

1) compile 方法

compile 方法用于配置训练神经网络的损失函数、优化器及衡量指标等，在第 7 章、第 8 章等均有使用。函数原型如下，参数解析如表 3.9 所示。

```
compile(
    optimizer='rmsprop',
    loss=None,
    metrics=None,
    loss_weights=None,
    sample_weight_mode=None,
    weighted_metrics=None,
    target_tensors=None,
    distribute=None,
    **kwargs
)
```

表 3.9 compile 函数参数解析

参　数	描　述
optimizer	优化器字符串或优化器实例，用于设置优化器，如 Adam 优化器。有以下两种使用方式： ①实例：tf.keras.optimizers.Adam(learning_rate=0.02)； ②字符串："adam"

续表

参　数	描　述
loss	损失函数字符串或损失函数实例或损失计算的函数，用于指定损失函数，有以下三种方式： ①字符串："adam"； ②实例：tf.keras.losses.MeanSquareError； ③计算函数：tf.math.reduce_mean(tf.math.reduce_sum(tf.math.square (error)))
metrics	训练和测试过程中评估的指标列表，通常使用 metrics=['accuracy']，也可以使用字典组合方式，针对神经网络有多个输出的情况：metrics= {'output_a': 'accuracy', 'output_b': ['accuracy', 'mse']}
loss_weights	可选的列表或字典数据，指定标量系数衡量不同模型输出的损失贡献度
sample_weight_mode	如果需要按时间步长进行采样加权，将该参数设置为 temporal，默认为 None，按照样本进行加权
weighted_metrics	训练或测试过程中，样本加权或类加权评估的指标列表
target_tensors	默认情况下，Keras 会为标签数据新建占位符，存储标签值用于训练过程中的损失值计算优化
distribute	TF2.0 不支持，应在分布式环境下创建并编译模型
**kwargs	额外参数

2) fit 方法

Keras 训练模型时通过 fit 函数可以指定训练次数，保存训练参数等，函数原型如下，参数解析如表 3.10 所示。

```
fit(
    x=None,
    y=None,
    batch_size=None,
    epochs=1,
    verbose=1,
    callbacks=None,
    validation_split=0.0,
    validation_data=None,
    shuffle=True,
    class_weight=None,
    sample_weight=None,
    initial_epoch=0,
    steps_per_epoch=None,
    validation_steps=None,
    validation_freq=1,
    max_queue_size=10,
    workers=1,
```

```
    use_multiprocessing=False,
    **kwargs
)
```

表 3.10　fit 函数参数解析

参　数	描　述
x	输入数据，数据格式有以下 5 种： ①Numpy 数组或数组列表； ②张量或张量列表； ③字典； ④tf.data 格式的数据集； ⑤生成器或 keras.utils.Sequence
y	标签数据，数据格式与输入数据类似，可以为 Numpy 数组或张量
batch_size	整型，批量数据尺寸，即每次更新的数据集数量，默认值为 32
epochs	整型，设置模型训练次数
verbose	整型，训练模型的输出日志格式，共有 3 个模式，即 0、1、2，其中， 0：只显示保存模型，不展示训练过程； 1：以进度条的形式展示训练过程； 2：每次训练为一行
callbacks	回调函数，用于训练过程中执行其他的功能，如保存模型、保存 TensorBoard 文件
validation_split	0 和 1 间的浮点数，指定训练数据的部分数据作为验证数据，若输入数据为数据集、生成器或 keras.utils.Sequence 时不可使用
validation_data	验证数据集，为元组格式的 Numpy 数组或张量
shuffle	布尔值，设置打乱数据顺序的标志位，若 steps_per_epoch 为 None 时不起作用
class_weight	可选的字典，在训练过程中衡量损失函数
sample_weight	可选的权重 Numpy 数组，用于评估训练过程中损失函数
initial_epoch	整型，用于指定训练的初始训练次数，在恢复模型训练过程中，用于继续之前的训练过程
steps_per_epoch	整型或 None，设定每个训练过程的训练次数，若输入数据为数组，则不支持该参数
validation_steps	指定验证步数，当有验证数据时有效
validation_freq	指定验证频率，当有验证数据时有效
max_queue_size	整型，只对 keras.utils.Sequence 或生成器类型的输入数据有效，生成数据队列，默认为 10
workers	整型，只对 keras.utils.Sequence 或生成器类型的输入数据有效，处理数据时使用的线程数量，默认为 1，若为 0，则使用主线程
use_multiprocessing	布尔值，只对 keras.utils.Sequence 或生成器类型的输入数据有效，默认为 False，依赖多进程
**kwargs	向后兼容参数

3) predict 方法

predict 用于载入模型数据，对输入的数据进行预测，获取神经网络的预测值，函数原型如下，参数解析如表 3.11 所示。

```
predict(
    x,
    batch_size=None,
    verbose=0,
    steps=None,
    callbacks=None,
    max_queue_size=10,
    workers=1,
    use_multiprocessing=False
)
```

表 3.11　predict 函数参数解析

参　数	描　述
x	输入数据，数据格式有以下 4 种： ①Numpy 数组或数组列表； ②张量或张量列表； ③tf.data 格式的数据集； ④生成器或 keras.utils.Sequence
batch_size	整型，批量数据尺寸，即每次更新的数据集数量，默认值为 32
verbose	整型，模型的输出日志格式，共有两个模式，即 0 和 1，其中， 0：只显示保存模型，不展示训练过程； 1：以进度条的形式展示预测过程
steps	预测数据量，若输入数据为 tf.data 数据集并且 steps 为 None，则预测所有数据
callbacks	回调函数，预测过程中执行的函数功能
max_queue_size	整型，只对 keras.utils.Sequence 或生成器类型的输入数据有效，生成最大队列数量，默认为 10
workers	整型，只对 keras.utils.Sequence 或生成器类型的输入数据有效，设定最大线程数量，默认为 1，若为 0，则使用主线程
use_multiprocessing	布尔值，只对 keras.utils.Sequence 或生成器类型的输入数据有效，若为 True，则使用多进程

2. tf.keras.Sequential 类

Sequential 继承 Model 类，因此 Model 类具备的方法 Sequential 类均可使用。Sequential 是针对具有单一输出的神经网络而生，通过 add 方法叠加建立神经网络层，方便、快捷。对于一般性的神经网络，使用序列化方式即可完成神经网络的新建、训练、保存和预测全生命周期。Sequential 类在第 7 章将详细讲解。

3．tf.keras.layers.Dense 类

Dense 类用于神经网络层二维矩阵的计算。例如，使用 Dense 搭建手写字体识别神经网络 MNIST，由于 MNIST 手写字体数据集的图像是单通道数据，因此可以使用二维数据计算，通过 Dense 搭建神经网络即可完成识别任务。Dense 还应用于卷积神经网络的全连接层二维矩阵数据的计算(除了 batch)，Dense 初始化参数如下，参数解析如表 3.12 所示。

```
__init__(
    units,
    activation=None,
    use_bias=True,
    kernel_initializer='glorot_uniform',
    bias_initializer='zeros',
    kernel_regularizer=None,
    bias_regularizer=None,
    activity_regularizer=None,
    kernel_constraint=None,
    bias_constraint=None,
    **kwargs
)
```

表 3.12　Dense 类参数解析

参　数	描　述
units	正整数，输出层的维度，如第 7 章隐藏层输出维度为 10，则 Dense(10)
activation	激活函数，可以使用字符串形式和实例形式。 ①字符串形式："relu"; ②实例形式：tf.nn.relu
use_bias	布尔值，设置神经网络层是否使用偏置向量
kernel_initializer	卷积核权重向量初始化
bias_initializer	偏置向量初始化
kernel_regularizer	卷积核权重矩阵正则化
bias_regularizer	偏置向量正则化
activity_regularizer	激活函数正则化
kernel_constraint	卷积核权重矩阵约束函数
bias_constraint	偏置向量约束函数
**kwargs	额外参数

4．tf.keras.layers.Conv2D 类

Conv2D 用于搭建卷积神经网络，并进行卷积计算，Keras 高度封装类 Conv2D，通过初始化参数即可实现卷积计算。从第 8 章开始，包含用卷积神经网络的项目均使用了 Conv2D，初始化参数如下，参数解析如表 3.13 所示。

```
__init__(
    filters,
    kernel_size,
    strides=(1, 1),
    padding='valid',
    data_format=None,
    dilation_rate=(1, 1),
    activation=None,
    use_bias=True,
    kernel_initializer='glorot_uniform',
    bias_initializer='zeros',
    kernel_regularizer=None,
    bias_regularizer=None,
    activity_regularizer=None,
    kernel_constraint=None,
    bias_constraint=None,
    **kwargs
)
```

表 3.13 Conv2D 类参数解析

参 数	描 述
filters	整数，输出数据维度，在卷积神经网络中，此参数为图像的深度
kernel_size	整数或两个整数的元组或列表，设定卷积核尺寸
strides	整数或两个整数的元组或列表，设定卷积核移动的步长
padding	图像填充标志，有两种方式，其中， valid：不填充，改变数据尺寸； same：填充，保持数据尺寸
data_format	字符串，输入数据的格式，图像数据有两种形式，分别为： (batch, height, width, channels)； (batch, channels, height, width)
dilation_rate	整数或两个整数的元组或列表，设定卷积的膨胀率
activation	激活函数，可以使用字符串形式和实例形式。 ①字符串形式："relu"； ②实例形式：tf.nn.relu
use_bias	布尔值，设置神经网络层是否使用偏置向量
kernel_initializer	卷积核权重向量初始化
bias_initializer	偏置向量初始化
kernel_regularizer	卷积核权重矩阵正则化
bias_regularizer	偏置向量正则化

续表

参　数	描　述
activity_regularizer	激活函数正则化
kernel_constraint	卷积核权重矩阵约束函数
bias_constraint	偏置向量约束函数
**kwargs	额外参数

5．tf.keras.layers.MaxPooling2D 类

最大池化层是卷积神经网络中常用的数据提取方法，Keras 的最大池化类之一为 MaxPooling2D，通用功能的另一个类为 MaxPool2D，都可以实现数据的特征提取。初始化参数如下，参数解析如表 3.14 所示。

```
__init__(
    pool_size=(2, 2),
    strides=None,
    padding='valid',
    data_format=None,
    **kwargs
)
```

表 3.14　MaxPool2D 类参数解析

参　数	描　述
pool_size	整数或两个整数的元组或列表，池化核尺寸，分别表示水平方向和数值方向的尺寸
strides	整数或两个整数的元组或列表，若未设置，则取 pool_size 值，作为池化核的移动步长
padding	图像填充标志，有两种方式，其中， valid：不填充，改变数据尺寸； same：填充，保持数据尺寸
data_format	字符串，输入数据的格式，图像数据有两种形式，分别为： (batch, height, width, channels)； (batch, channels, height, width)
**kwargs	额外数据

6．tf.keras.layers.Flatten 类

Flatten 是连接卷积层与全连接层的过渡层，Flatten 类的作用是将上一层神经网络数据“拉伸”为列向量，保持参数不变，只改变数据维度，作为全连接层的输入。Flatten 类的初始化参数如下，参数解析如表 3.15 所示。

```
__init__(
    data_format=None,
    **kwargs
)
```

表 3.15　Flatten 类参数解析

参　数	描　述
data_format	字符串数据格式，图像数据有两种格式，分别为： (batch, height, width, channels) (batch, channels, height, width)
**kwargs	额外参数

3.5　TensorFlow 2.0 常用函数

TensorFlow 2.0 功能较 1.x 版本更加强大，得益于其丰富的数据处理结构，并优化了功能结构，去除了冗余的接口，重新整合了数据的数学计算接口。TensorFlow 2.0 提供了从数学计算、数据批量处理到硬件资源调度的全链条接口服务。下面主要讲解 TensorFlow 2.0 常用的部分接口，更多的资源可参考 TensorFlow 的 API 文档。1.x 和 2.0 两个版本的 API 接口文档资源链接如表 3.16 所示。

表 3.16　TensorFlow API 接口文档链接

TensorFlow版本	链　接
1.x	https://tensorflow.google.cn/versions/r1.15/api_docs/python/tf
2.0	https://tensorflow.google.cn/api_docs/python/tf

3.5.1　数学计算

TensorFlow 为数据计算提供了丰富的函数，相较于其他语言，如 C、Java、C++等，在数据处理方面，Python 提供的数据处理库最为丰富。其中，TensorFlow 2.0 将大部分数学计算接口放到了 tf.math 模块中， tf.math 模块提供的常用函数类型如表 3.17 所示。

表 3.17　tf.math 模块数学计算种类

计算种类	功能函数
基本数学计算和三角函数计算	tf.math.add、tf.math.abs、tf.math.sin、tf.math.asin
特殊数学计算	tf.math.igamma、tf.math.zeta
复数计算	tf.math.imag、tf.math.angle
数据缩减和扫描计算	tf.math.reduce_sum、tf.math.cumsum
数据分割计算	tf.math.segment_sum

1．取最大值 argmax

argmax 提取不同维度数据的最大值索引，函数原型如下，参数解析如表 3.18 所示。

```
tf.math.argmax(
    input,
    axis=None,
    output_type=tf.dtypes.int64,
    name=None
)
```

表 3.18　argmax 参数解析

参　数	描　述
input	输入数据
axis	数据维度，取值为输入数据秩(r)的左右极限区间(-r,r)，0 表示列最大标号，1 表示行最大标号
output_type	输出数据类型
name	数据名称

输入数据如表 3.19 所示，测试代码如下，详细解析见注释部分，代码可参见文件【chapter3\mathematic_calculation_sample.py】。

表 3.19　输入数据

行标号 / 列标号	0	1	2
0	10	20	30
1	5	30	20

```
# 引入 TensorFlow 框架
import tensorflow as tf

def argmax(inputs, axis):
    """获取数据最大值索引
    参数:
        inputs: 输入张量
    返回:
        默认列索引
        列索引列表
        行索引列表
    """
    return tf.math.argmax(inputs,axis=axis)

if __name__ == "__main__":
    # 最大值
    c1 = tf.constant([[10, 20, 30], [5, 30, 20]])
    argmax_default = argmax(c1, None)
    argmax_col = argmax(c1, 0)
```

```
    argmax_row = argmax(c1, 1)
    print("默认列索引:{}".format(argmax_default))
    print("列最大值索引:{}".format(argmax_col))
    print("行最大值索引:{}".format(argmax_row))
```

输出结果如下。

```
默认列索引:[0 1 0]
列最大值索引:[0 1 0]
行最大值索引:[2 1]
```

由运行结果可知，不指定比较数据维度时，默认返回列索引最大值；指定数据维度时，0 返回列数据最大值索引，1 返回行数据最大值索引。

2. 混淆矩阵

混淆矩阵用于展示标签数据与预测数据的匹配情况。通过混淆矩阵可以直观地看出预测值与标签值的覆盖情况，当预测值与标签值一致时，矩阵对角线数据加 1。若对角线数据总和与标签值数据数量一致，说明预测值与标签值完全匹配；若不同，则标签值与预测值没有完全匹配；混淆矩阵函数原型如下，返回 $n \times n$ 的混淆矩阵，其中，n 为标签种类的个数，标签个数从 0 开始计数，如标签为[3,2,4]，从 0 开始计数，n=5(0,1,2,3,4)，参数解析如表 3.20 所示。

```
tf.math.confusion_matrix(
    labels,
    predictions,
    num_classes=None,
    weights=None,
    dtype=tf.dtypes.int32,
    name=None
)
```

表 3.20　confusion_matrix 参数解析

参　数	描　述
labels	标签值(一维张量)
predictions	预测值(一维张量)
num_classes	标签值种类，若为 None，则计算预测值和标签值全部的分类，并从 0 开始计数，到最大的数据
weights	可选张量，维度与预测值一致
dtype	混淆矩阵的数据类型
name	计算规则(op)名称

操作代码如下，可参见文件【chapter3\GraphTest.ipynb】。

```
# 引入 TensorFlow 框架
import tensorflow as tf
```

```
def confusion_matrix(labels, predictions):
    """混淆矩阵
    参数:
        labels: 标签值
        predictions: 预测值
    返回:
        混淆矩阵
    """
    return tf.math.confusion_matrix(labels, predictions)

if __name__ == "__main__":
    # 混淆矩阵
    labels = tf.convert_to_tensor([4,2,3])
    predictions = tf.convert_to_tensor([4,2,3])
    confusion_mat = confusion_matrix(labels, predictions)
    print("混淆矩阵:{}".format(confusion_mat))
```

计算结果：

```
混淆矩阵:[[0 0 0 0 0]
 [0 0 0 0 0]
 [0 0 1 0 0]
 [0 0 0 1 0]
 [0 0 0 0 1]]
```

由计算结果可知，混淆矩阵的维度为 5×5，标签数据为[4,2,3]，从 0 开始计算标签种类，即 0、1、2、3、4 共有 5 类，因此混淆矩阵维度为 5×5。混淆矩阵数据解析如表 3.21 所示。

表 3.21　混淆矩阵数据解析

混淆矩阵		预 测 值				
		0	1	2	3	4
标签值	0	0	0	0	0	0
	1	0	0	0	0	0
	2	0	0	1	0	0
	3	0	0	0	1	0
	4	0	0	0	0	1

当标签值与预测值相同时，混淆矩阵对角线值加 1，当预测值与标签值不同时，以标签值和预测值为行列坐标，对应混淆矩阵的位置数据加 1。混淆矩阵的数据为标签值与预测值组成的坐标生成的数据，一个坐标的值为 1，其余为 0，依次累加。在模型预测效果评估时，可以使用混淆矩阵作初步评估，既简单又直观。

3. 指数计算

指数计算用于指定数据的指数乘积计算，可实现多维数据的指数计算，函数原型如下，参数解析如表 3.22 所示。

```
tf.math.pow(
    x,
    y,
    name=None
)
```

表 3.22　pow 参数解析

参　数	描　述
x	底数，张量
y	指数，张量
name	计算规则(op)名称

操作代码如下，可参见文件【chapter3\usualFunction.ipynb】。

```
# 引入 TensorFlow 框架
import tensorflow as tf

def pow_cal(x,y):
    """幂计算
    参数:
        x: 底数
        y: 指数
    返回:
        幂乘积结果
    """
    return tf.math.pow(x,y)

if __name__ == "__main__":
    # 指数计算
    x = tf.constant([[1,3], [2,4]])
    y = tf.constant([[2,3],[3,2]])
    pow_res = pow_cal(x, y)
    print("幂计算:{}".format(pow_res))
```

运行结果：

```
幂计算:[[ 1 27]
 [ 8 16]]
```

TensorFlow 2.0 中的指数计算既可以实现一维数据的指数计算，又可以实现多维数据的指数计算，如矩阵的指数计算，将矩阵中的数据按给定的指数进行计算，获取该矩阵的指数计算结果矩阵。

4. 均值计算

reduce_mean 均值计算函数用于计算指定维度数据的均值，可实现三种维度的数据计算：所有维度数据的均值、列数据均值和行数据均值。函数原型如下，参数解析如表 3.23 所示。

```
tf.math.reduce_mean(
    input_tensor,
    axis=None,
    keepdims=False,
    name=None
)
```

表 3.23 reduce_mean 参数解析

参 数	描 述
input_tensor	输入的张量
axis	减小的尺寸，若为 0，计算列的均值；若为 1，计算行的均值；默认计算全部数据的均值
keepdims	若为 True，保留长度为 1 的缩小尺寸
name	计算规则(op)名称

操作代码如下，可参见文件【chapter3\usualFunction.ipynb】

```
# 引入 TensorFlow 框架
import tensorflow as tf

def mean_cal(inputs, axis):
    """均值计算
    参数:
        inputs: 输入数据
        axis: 数据维度
    返回:
        指定维度数据均值或全部数据均值
    """
    return tf.math.reduce_mean(inputs, axis=axis)

if __name__ == "__main__":
    # 均值计算
    c1 = tf.constant([[15, 20, 30], [5, 30, 20]])
    mean_default = mean_cal(c1, None)
    mean_col = mean_cal(c1, 0)
    mean_row = mean_cal(c1, 1)
    print("默认均值:{}".format(mean_default))
    print("列均值:{}".format(mean_col))
```

```
    print("行均值:{}".format(mean_row))
```

计算结果：

```
默认均值:20
列均值:[10 25 25]
行均值:[21 18]
```

上述代码完成了数据的均值计算。该数据计算方法在神经网络训练过程中，用于损失函数的均值计算，神经网络每轮训练过程中，通过优化损失函数均值，可以达到更新神经网络参数的目的。

5. 求和计算

reduce_sum 求和计算函数计算不同维度数据的和，共有三种计算结果：计算输入数据所有维度的数据之和、计算行维度数据之和、计算列维度数据之和。函数原型如下，参数解析如表 3.24 所示。

```
tf.math.reduce_sum(
    input_tensor,
    axis=None,
    keepdims=False,
    name=None
)
```

表 3.24　reduce_sum 参数解析

参　数	描　述
input_tensor	输入的张量
axis	减小的尺寸，若为 0，计算列的和；若为 1，计算行的和；默认计算全部数据的和
keepdims	若为 True，保留长度为 1 的缩小尺寸
name	计算规则(op)名称

测试代码如下，可参见文件【chapter3\mathematic_calculation_sample.py】。

```
# 引入 TensorFlow 框架
import tensorflow as tf

def sum_cal(inputs,axis):
    """求和计算
    参数:
        inputs: 输入张量
        axis: 数据维度
    返回:
        指定维度数据和或全部数据和
    """
```

```
    return tf.math.reduce_sum(inputs,axis=axis)

if __name__ == "__main__":
    # 求和 sum
    c1 = tf.constant([[15, 20, 30], [5, 30, 20]])
    sum_default = sum_cal(c1, None)
    sum_col = sum_cal(c1, 0)
    sum_row = sum_cal(c1, 1)
    print("默认和:{}".format(sum_default))
    print("列和:{}".format(sum_col))
    print("行和:{}".format(sum_row))
```

运行结果：

```
默认和:120
列和:[20 50 50]
行和:[65 55]
```

上述代码完成了不同维度数据的求和计算。该功能可应用于图像处理过程，图像数据为矩阵数据、不同通道及不同维度的数据，可以通过求和的方式对图像进行补偿；在图像特征提取和图像生成过程中，也常用原始图像各通道均值补偿图像内容损失，保证内容的真实性。

6. 加法计算

加法用于实现矩阵加法，返回矩阵间对应行列数据相加的和矩阵。该函数会等待所有数据加载完成之后才进行求和计算，当有来自不同时间段的数据时，会占用较多的内存。函数原型如下，参数解析如表 3.25 所示。

```
tf.math.add_n(
    inputs,
    name=None
)
```

表 3.25　add_n 参数解析

参　数	描　述
inputs	张量列表或索引切片数据
name	操作名称

测试代码如下，可参见文件【chapter3\mathematic_calculation_sample.py】。

```
# 引入 TensorFlow 框架
import tensorflow as tf

def add_cal(inputs):
```

```
    """多数据加法计算
    参数:
        inputs: 输入张量
    返回:
        数据和
    """
    return tf.math.add_n(inputs)

if __name__ == "__main__":
    # 加法 add_n
    inputs1 = tf.constant([1,3])
    inputs2 = tf.constant([4,5])
    add_res = add_cal([inputs1, inputs2])
    print("数据和:{}".format(add_res))
```

计算结果：

```
数据和:[5 8]
```

由运行结果可知，该函数完成了张量矩阵行列对应数据进行求和的运算，返回输入数据尺寸的求和结果。与 reduce_sum 的求和不同，add_n 有三种求和方式，分别为不同维度矩阵内所有数据求和、行数据求和及列数据求和。

3.5.2　数据集分配

进行神经网络训练任务前需要进行数据读取及预处理，将原始训练数据集数据整理成标准的训练数据，当数据集数据量较大时，既要处理数据，又要保证数据的读取性能。TensorFlow 2.0 针对这两种情况分别提供了接口，数据结构化处理的接口使用 TFRecord 类，数据读取接口使用 Dataset 类。前面已经讲解了 TFRecord 的数据存储与解析，下面讲解数据读取接口 Dataset。Dataset 可读取大量数据，可将输入的管道数据处理成元素集和作用于这些元素转换的逻辑计划，该类的常用方法如表 3.26 所示。

表 3.26　Dataset 类参数解析

方　法	描　述
from_tensor_slices(tensors)	创建数据集，数据结构为输入数据的切片，如 np.array([2.0, 3.0, 4.0])，生成的 Dataset 为 3 个切片数据

batch(
    batch_size,
    drop_remainder=False
)
	将元素分成指定组数，其中，
	batch_size：每组数据数量；
	drop_remainder：删除多余数据标志位，如 101 条数据，分成 10 组，余 1 条，若为 False，则保留，否则删除该条数据

shuffle(buffer_size)	打乱数据集数据的顺序，其中 buffer_size 为缓存 buffer 大小

续表

<table>
<tr><th>方 法</th><th>描 述</th></tr>
<tr><td>take(count)</td><td>从数据集中提取 count 条数据，例如：
dataset=tf.data.Dataset.from_tensor_slices(
    np.array([2.0, 3.0, 4.0, 5.0])
)
共有 4 条数据，dataset.take(2)提取两条</td></tr>
<tr><td>map(
    map_func,
    num_parallel_calls=None
)</td><td>将 map-func 函数返回的数据结构映射到数据集元素，map-func 的数据结构依赖于数据集元素，可以少于数据集元素，但是不可多于数据集元素</td></tr>
</table>

1. 迭代器处理数据集

直接迭代处理数据集，顺序获取数据，操作代码如下，详细解析见注释部分，代码可参见文件【chapter3\usualFunction.ipynb】。

```
# 引入 TensorFlow 框架
import tensorflow as tf
# 批量数据尺寸
BATCH_SIZE = 10

def parse(record):
    '''解析 TFRecord 数据.
    参数:
        record: 标量张量
    返回:
        image_raw: 图像数据.
        image_num: 图像数量.
        height: 图像高度.
        width: 图像宽度.
    '''
    features = tf.io.parse_single_example(
        record,
        features={"image_raw":tf.io.FixedLenFeature([], tf.string),
                  "image_num":tf.io.FixedLenFeature([], tf.int64),
                  "height":tf.io.FixedLenFeature([], tf.int64),
                  "width":tf.io.FixedLenFeature([], tf.int64),
                 }
    )
    image_raw = features["image_raw"]
    image_num = features["image_num"]
    height = features["height"]
    width = features["width"]
    return image_raw, image_num, height, width
```

```
if __name__ == "__main__":
    # TFRecord 文件路径
    input_files = ["./outputs/cifar10.tfrecords"]
    # 读取 TFRecord 文件
    dataset = tf.data.TFRecordDataset(input_files)
    # 数据映射解析
    dataset = dataset.map(parse)
    # 直接迭代
    for image_raw, image_num, height, width in dataset:
        print("image raw:")
        print(tf.io.decode_raw(image_raw, tf.uint8))
        print("image number:")
        print(image_num)
        print("image height:")
        print(height)
        print("image width:")
        print(width)
```

运行结果如下。

```
image raw:
tf.Tensor([ 35  90  93 ... 187 146 104], shape=(2352,), dtype=uint8)
image number:
tf.Tensor(100, shape=(), dtype=int64)
image height:
tf.Tensor(28, shape=(), dtype=int64)
image width:
tf.Tensor(28, shape=(), dtype=int64)
image raw:
tf.Tensor([165 170 176 ...  98  86  67], shape=(2352,), dtype=uint8)
image number:
tf.Tensor(100, shape=(), dtype=int64)
image height:
tf.Tensor(28, shape=(), dtype=int64)
image width:
tf.Tensor(28, shape=(), dtype=int64)
…
image raw:
tf.Tensor([ 51  83 130 ... 155 151 145], shape=(2352,), dtype=uint8)
image number:
tf.Tensor(100, shape=(), dtype=int64)
image height:
tf.Tensor(28, shape=(), dtype=int64)
image width:
tf.Tensor(28, shape=(), dtype=int64)
```

由运行结果可知，上述代码完成了 TFRecord 数据的读取以及数据还原。在图像分析任务中，处理的图像为矩阵数据，因此保存在 TFRecord 中的图像数据在读取过程中需要转换为矩阵信息，神经网络才能“认识”这些图像数据，使用 tf.data.Dataset.from_tensor_slices 方法每次从 TFRecord 数据中读取一张图像。在图像数据集数量较小的场景中，这种数据读取方式还可使用，当图像数据集数量较大时，这种方法会大大影响数据读取速度和训练效率，因此有了批量数据读取的方法。

2. 批处理数据集

批处理数据集是将数据分组输出，实现批量数据处理，操作代码如下，详细解析见注释部分，代码可参见文件【chapter3\usualFunction.ipynb】。

```
# 引入 TensorFlow 框架
import tensorflow as tf
# 批量数据尺寸
BATCH_SIZE = 10

def parse(record):
    '''解析 TFRecord 数据.
    参数:
        record: 标量张量
    返回:
        image_raw: 图像数据.
        image_num: 图像数量.
        height: 图像高度.
        width: 图像宽度.
    '''
    features = tf.io.parse_single_example(
        record,
        features={"image_raw":tf.io.FixedLenFeature([], tf.string),
                  "image_num":tf.io.FixedLenFeature([], tf.int64),
                  "height":tf.io.FixedLenFeature([], tf.int64),
                  "width":tf.io.FixedLenFeature([], tf.int64),
                  }
    )
    image_raw = features["image_raw"]
    image_num = features["image_num"]
    height = features["height"]
    width = features["width"]
    return image_raw, image_num, height, width

if __name__ == "__main__":
    # TFRecord 文件路径
    input_files = ["./outputs/cifar10.tfrecords"]
    # 读取 TFRecord 文件
    dataset = tf.data.TFRecordDataset(input_files)
    # 数据映射解析
    dataset = dataset.map(parse)
    # 数据分组
    dataset = dataset.batch(BATCH_SIZE)
```

```
    for image_raw, image_num, height, width in dataset:
        print("image raw:")
        print(tf.io.decode_raw(image_raw, tf.uint8))
        print("image number:")
        print(image_num)
        print("image height:")
        print(height)
        print("image width:")
        print(width)
```

运行结果如下。

```
image raw:
tf.Tensor(
[[ 35  90  93 ... 187 146 104]
 [165 170 176 ...  98  86  67]
 [ 71 111 133 ... 120 126 114]
 ...
 [184 212 222 ... 127 143 145]
 [ 52  59  40 ... 138 124 112]
 [115 136 131 ...  59  74  71]], shape=(10, 2352), dtype=uint8)
image number:
tf.Tensor([100 100 100 100 100 100 100 100 100 100], shape=(10,), dtype=int64)
image height:
tf.Tensor([28 28 28 28 28 28 28 28 28 28], shape=(10,), dtype=int64)
image width:
tf.Tensor([28 28 28 28 28 28 28 28 28 28], shape=(10,), dtype=int64)
…
image raw:
tf.Tensor(
[[100 111 116 ...  78  45  31]
 [113  93  59 ... 188 194 187]
 [226 231 239 ... 187 168 124]
 ...
 [216 227 202 ... 164 188 157]
 [ 46  74  65 ...  52  78  72]
 [ 51  83 130 ... 155 151 145]], shape=(10, 2352), dtype=uint8)
image number:
tf.Tensor([100 100 100 100 100 100 100 100 100 100], shape=(10,), dtype=int64)
image height:
tf.Tensor([28 28 28 28 28 28 28 28 28 28], shape=(10,), dtype=int64)
image width:
tf.Tensor([28 28 28 28 28 28 28 28 28 28], shape=(10,), dtype=int64)
```

由运行结果可知，上述代码完成了 TFRecord 的数据批量读取，在实际的图形分析任务中，算力的提升意味着单轮训练可以同时处理的图像数量增加，因此神经网络每次读取的图像数据需要增加才不会造成资源浪费。批量读取图像数据，在充分利用算力的情况下，提高了计算效率。

3.5.3 资源分配

资源分配是 TensorFlow 对硬件计算资源的调度，由前面部署 TensorFlow 环境可知，TensorFlow 提供了 CPU 和 GPU 两个版本的工具包，说明 TensorFlow 既可使用 CPU 计算资源，也可使用 GPU 计算资源，在不同的硬件条件下，使用不同的计算资源，因此，需要对计算资源进行分配。

1. 硬件资源调度配置

TensorFlow 2.0 提供了硬件资源兼容配置接口，用于系统自动调度 GPU 和 CPU 资源。函数原型如下，参数解析如表 3.27 所示。

```
tf.config.set_soft_device_placement(enabled)
```

表 3.27 参数解析

参 数	描 述
enabled	若为 True，默认使用 GPU；若硬件设备没有 GPU，自动切换至 CPU，不抛出异常

操作代码如下，详细解析见注释部分，代码可参见文件【chapter3\usualFunction.ipynb】。

```
# 引入TensorFlow框架
import tensorflow as tf
# 配置硬件资源自动切换
tf.config.set_soft_device_placement(True)

def mat():
    """矩阵计算
    参数:
        无
    返回:
        矩阵计算结果
    """
    # 新建常量张量
    x = tf.constant([[1,2]])
    y = tf.constant([[2],[1]])
    # 张量矩阵计算
    z = tf.matmul(x,y)
    # 输出计算结果
    return z

if __name__ == "__main__":
    res = mat()
```

```
    print("Mat multiple:{}".format(res))
```

上述代码实现了计算机计算资源的自动调度。通过 tf.config.set-soft-device-placement 配置计算资源，当计算机拥有 GPU 时，默认使用 GPU 进行计算；若计算机没有 GPU 资源，则自动切换到 CPU 计算，这样在任务训练过程中合理地利用计算资源，提高了程序的硬件环境兼容性。

2. 指定硬件资源

TensorFlow 2.0 的任务由 job、task 和 device 组成，不同的 job 和 task 可以指定不同的硬件资源，训练过程中可以依据数据的特征选择不同的硬件资源。资源调度接口函数原型如下，参数解析如表 3.28 所示。

```
tf.device("/job:<JOB_NAME>/task:<TASK_INDEX>/device:<DEVICE_TYPE>:<DEVICE
_INDEX>")
```

表 3.28　参数解析

参　数	描　述
JOB_NAME	字母、数字、字符串，不以数字开头
DEVICE_TYPE	注册设备类型，如 GPU 或 CPU
TASK_INDEX	非负整数，表明 JOB_NAME 作业中的任务索引
DEVICE_INDEX	非负整数，表示设备索引

操作代码如下，详细解析见注释部分，代码可参见文件【chapter3\usualFunction.ipynb】。

```
# 引入 TensorFlow 框架
import tensorflow as tf
# 配置硬件资源自动切换
tf.config.set_soft_device_placement(True)

def use_cpu():
    """矩阵计算
    参数:
        无
    返回:
        矩阵计算结果
    """
    # 使用 CPU:0 计算
    with tf.device("/device:CPU:0"):
        # 新建常量张量
        x = tf.constant([[1,2]])
        y = tf.constant([[2],[1]])
        # 张量矩阵计算
        z = tf.matmul(x,y)
```

```
        # 输出计算结果
        return z

if __name__ == "__main__":
    res = use_cpu()
    print("Mat multiple:{}".format(res))
```

上述代码实现了指定硬件资源 CPU:0 进行矩阵计算。其中，0 为 CPU 的核编号，每个计算机的 CPU 核数不同，如 4 核 CPU，核编号为 0~3，8 核 CPU，核编号为 0~7，通过命令 lscpu，即可在 Ubuntu 系统中查看计算机的 CPU 核数，详细信息如表 3.29 所示，On-line CPU(s) list 即为 CPU 的核数列表。使用 GPU 同样可以指定 GPU 的核数。TensorFlow 在不同的数据计算上，会调度不同的计算资源，如纯数据计算时，使用 CPU，图像数据计算时，则使用 GPU。

表 3.29 计算机 CPU 信息

CPU属性	属 性 值	描 述
Architecture	x86_64	CPU 架构，x86_64 为复杂指令集 64 位架构
CPU op-mode(s)	32bit、64bit	操作系统模式，32 位或 64 位
Byte Order	Little Endian	低字节序，低位字节排放在内存的低地址端
CPU(s)	8	CPU 核数，共有 8 核
On-line CPU(s) list	0~7	CPU 可用核数分配列表，CPU 核数从 0 开始编号，如有 8 核，则 CPU 编号为 0、1、2、3、4、5、6、7
Vendor ID	GenuineIntel	CPU 生产厂家，Intel

3.5.4 模型保存与恢复函数

在神经网络训练过程中，神经网络的节点参数会不断更新，直至达到设定的训练步数。一个设计合理且经过测试的人工智能任务，在一定的训练次数后，可以很好地“学习”数据特征，完成预测任务。使用神经网络进行预测有两种方式：①在训练过程中，执行预测任务，当达到一定的训练次数后，神经网络可以正确地预测出给定数据的结果，这种方式是一次性预测，每次预测都要重新训练神经网络，更新神经网络参数，复用性不强；②保存神经网络参数，将训练达到一定次数的神经网络参数保存起来，此时的神经网络可以正确地预测给定数据的结果，当需要使用神经网络进行预测时，通过加载保存的神经网络参数即可，提高了预测效率，同时可以将神经网络部署到其他环境中，实现跨平台应用。TensorFlow 为神经网络参数的保存和加载提供了简洁易用的工具，下面详细介绍使用方法。

1. 模型保存与载入类 tf.train.Checkpoint()

通用模型保存与载入类是 TensorFlow 2.0 提供的保存所有模型的一种模型处理方式，可以保存模型的全部数据，包括模型结构和模型中的参数。该类原型如下，常用方法如表 3.30 所示。

```
tf.train.Checkpoint(**kwargs)
```

表 3.30　常用方法

方　法	描　述
save(file_prefix)	保存训练节点并提供基本的节点管理功能，该方法保存的训练节点数据包括 save 对象创建的变量以及搭建的模型中可以进行跟踪的对象，其中，file_prefix 为模型文件名称
write(file_prefix)	将训练过程中的节点写入文件，通过调用写入方法保存训练节点，将模型节点保存到指定位置，其中，file_prefix 为模型文件名称
restore(save_path)	恢复模型，读取模型中保存的参数，用于实际计算，其中，save_path 为模型路径

2．模型保存与载入类 tf.keras.Model()

Keras 模型保存与载入类专用于 Keras 搭建的 ckpt 或 h5 格式模型的保存与载入，函数原型如下，模型保存与载入方法如表 3.31 所示。使用 save_weights()只保存了模型的参数，而没有保存模型的结构，当使用 load_weights()载入模型时，需要先搭建和模型完全一致的网络结构，才能使用模型进行预测。

```
tf.keras.Model(
    *args,
    **kwargs
)
```

表 3.31　模型的保存与载入方法

方　法	描　述
save_weights(filepath, overwrite=True, save_format=None)	保存神经网络所有层的权重，仅保存模型中的参数，不保存模型的层次结构，其中， filepath：模型权重保存路径，ckpt 或 h5 模型； overwrite：重新写入权重数据，当设置为 True，且存在旧的模型数据时，重新保存的模型会以原有的模型数据为基础数据更新模型数据； save_format：模型保存格式，为 tf 或 h5 格式，若设置为 h5，则保存的模型文件扩展名为*.h5，若不设置，模型文件扩展名为*.ckpt
load_weights(filepath, by_name=False)	恢复模型参数，其中， filepath：h5 模型或 ckpt 模型路径； by_name：通过名称恢复

续表

方　法	描　述
save(filepath, overwrite=True, include_optimizer=True, save_format=None, signatures=None, options=None)	保存模型所有数据，包括模型结构和模型参数，其中， filepath：模型的路径； overwrite：重新写入权重数据，当设置为 True，且存在旧的模型数据时，重新保存的模型会以原有的模型数据为基础数据更新模型数据； include_optimizer：保存模型优化器标志位，若为 True，则保存优化器状态； save_format：保存模型格式，默认为 ckpt，可选择 h5 格式； signatures：用 SavedModel 保存的签名； options：选项

3．保存模型与恢复模型 tf.keras.models

Keras 中的 models 模块用于保存 pb 格式的模型，pb 模型可使用 TensorFlow Serving 服务器部署，实现模型的远程访问。保存模型和恢复模型的方法如表 3.32 所示。

表 3.32　models 保存模型和恢复模型的方法

方　法	描　述
tf.keras.models.save_model(model, filepath, overwrite=True, include_optimizer=True, save_format=None, signatures=None, options=None)	保存 pb 模型，该模型可以使用 TensorFlow Serving 部署到服务器运行，其中， model：Keras 模型对象； filepath：模型保存路径； overwrite：重新写入权重数据，当设置为 True 时，且当存在旧的模型数据时，重新保存的模型会以原有的模型数据为基础数据更新模型数据； include_optimizer：保存模型优化器标志位，若为 True，则保存优化器状态； save_format：保存模型格式，默认为 pb，可选择 h5 格式； signatures：用 SavedModel 保存的签名； options：选项
tf.keras.models.load_model(filepath, custom_objects=None, compile=True)	恢复 h5 模型和使用 save_model 方式保存的模型，加载模型数据与结构，完成预测任务，其中， filepath：模型路径，h5 模型或 save_model 保存的模型； custom_objects：可选项； compile：载入模型后编译标志，默认为编译

4．获取最新模型信息 tf.train.latest_checkpoint

在通用方法载入模型前，会先检验模型版本，当多个版本的模型共存时，TensorFlow 的

latest_checkpoint 方法会读取最新版本的模型，并载入最新模型的参数。函数原型如下，参数解析如表 3.33 所示。

```
tf.train.latest_checkpoint(
    checkpoint_dir,
    latest_filename=None
)
```

表 3.33　参数解析

参　数	描　述
checkpoint_dir	模型保存的路径
latest_filename	模型保存的最近文件名

3.5.5　神经网络函数

神经网络的计算，使用数学语言表达比较简洁，如卷积计算、最大池化计算和优化计算等使用了矩阵内积计算、均值计算、积分计算和微分计算，学过这些课程的同学可以很快地完成，但是，使用计算机语言实现这些计算，不仅需要扎实的数学基础，还需要程序设计基础。比如实现矩阵计算，数学方法是两个矩阵行列数据分别乘积再求和，计算非常快，而使用计算机编程，需要设计出满足计算规则的函数来实现计算功能。强大的数据计算工具 MatLab 和 Mathematics 内置了强大的矩阵计算函数，可以直接调用，然而是付费的、使用其他语言重新开发虽然可以实现计算功能，但是费时费力。而 TensorFlow 是一个开源的、提供了丰富的数学计算功能的工具，矩阵计算功能可以与 MatLab 相媲美。TensorFlow 为神经网络计算提供了完善的计算工具，如卷积计算函数、池化计算函数、优化函数等。

1. 卷积计算

计算给定 4-D 数据和卷积核的卷积，返回张量，函数原型如下，参数描述如表 3.34 所示。计算方式代码可参见第 4 章卷积计算部分。

```
tf.nn.conv2d(
    input,
    filters,
    strides,
    padding,
    data_format='NHWC',
    dilations=None,
    name=None
)
```

表 3.34　参数解析

参　数	描　述
input	输入张量(Tensor)，类型为：float16、float32、float64；张量维度顺序根据 data_format 值进行解释
filters	卷积窗口尺寸(int)，是具有 4 个整数元素的张量，形状为[filter_height, filter_width, in_channels, out_channels]，其中， filter_height：卷积窗口高度； filter_width：卷积窗口宽度； in_channels：输入张量的通道数； out_channels：输出张量的通道数
strides	卷积窗口移动步长(int)，具有 4 个整数元素的张量：[1,stride,stride,1]，两个 1 为固定值，不对 batch 和 channels 计算，stride 为实际移动步长
padding	数据填充类型(string)，可以是"SAME"、"VALID"，其中， SAME：使用 0 填充图像； VALID：不填充图像
data_format	数据格式(string)，默认为"NHWC"，可以是"NHWC"、 "NCHW"，其中， N：每组数据量； H：图像高度； W：图像宽度； C：图像通道数
dilations	可选列表，默认为[1, 1, 1, 1](int)，长度为 4 的 1-D 张量，input 的每个维度的扩张系数；如果设置 $k>1$，则该维度上的每个滤镜元素之间将有 $k-1$ 个跳过的单元格；维度顺序由 data_format 值确定，分批处理和深度尺寸的扩张必须为 1
name	计算规则(op)的名称(string)

2. 池化计算

数据稀疏处理，返回稀疏矩阵张量，函数原型如下，参数如表 3.35 所示。计算方式代码可参见第 4 章池化层计算部分。

```
tf.nn.max_pool(
   input,
   ksize,
   strides,
   padding,
   data_format=None,
   name=None
)
```

表 3.35　参数解析

参　数	描　述
input	输入张量(Tensor)，由 data_format 指定格式的四维张量，维度为[batch, height,width,channels]，其中，batch 为每组数据量，height 为图像高度，width 为图像宽度，channels 为图像通道数
ksize	池化窗口尺寸(int)，具有 4 个整数元素的张量：[1,height,width,1]，其中，两个 1 为固定值，不对 batch 和 channels 池化，height 和 width 为池化窗口的高度和宽度
strides	池化窗口移动步长(int)，是具有 4 个整数元素的张量：[1,stride,stride,1]，其中，两个 1 为固定值，不对 batch 和 channels 计算，stride 为实际移动步长
padding	数据填充方式(String)，其中，VALID 表示不用 0 填充，SAME 表示用 0 填充
data_format	图像格式(string)，默认为 NHWC，其中， N：每组数据量； H：图像高度； W：图像宽度； C：图像通道数 支持'NHWC'、'NCHW'和'NCHW_VECT_C'
name	计算规则(op)的名称(string)

3. softmax 计算

计算预测结果 logits 和数据标签 labels 的稀疏 softmax 交叉熵，函数原型如下，参数如表 3.36 所示，计算方式代码参见第 4 章 softmax 层计算部分。

```
tf.nn.sparse_softmax_cross_entropy_with_logits(
    labels,
    logits,
    name=None
)
```

表 3.36　参数解析

参　数	描　述
labels	标签张量(Tensor)，标签概率分布，shape 为$[l_0,l_1,\cdots,l_{r-1}]$，其中，r 是标签分类数，并且类型为 int32 或 int64
logits	预测值张量(Tensor)，预测结果的概率分布，shape 为$[p_0,p_1,\cdots,p_{r-1}]$，其中，r 是分类数，类型为 float16、float32 或 float64
name	计算规则(op)的名称

3.6　TensorFlow 2.0 模型

神经网络在完成训练任务后，即可具备相应的功能，如物品分类、人脸识别等，但是每次执行任务都要执行一次训练过程，这样不仅耗时而且浪费计算资源，为此，TensorFlow 2.0 提供了即时保存训练数据的功能，将神经网络的参数持久化，当需要使用该神经网络功能时，只需加载保存的数据即可，省时且提高资源利用率。

3.6.1 模型格式与模型文件

TensorFlow 2.0 的模型有 ckpt、h5 和 pb 三种类型，其中，ckpt 格式的模型是分散保存的，主要有 3 类文件，即 checkpoint、data 和 index 模型文件，各文件内容如表 3.37 所示。h5 格式的模型是一个整体文件，保存了模型参数以及网络结构，而 pb 是服务器部署模型时使用的模型，详细解析见第 13 章 TensorFlow Serving 部署模型。

表 3.37　TensorFlow 模型文件

文　件	描　述
checkpoint	存储最新文件模型名称
data	存储 TensorFlow 张量，即图中变量的数值
index	存储 data 的索引

3.6.2 模型持久化应用

在神经网络中，模型持久化即是将更新的神经网络参数保存到本地的硬盘中，为需要使用神经网络进行任务预测时，通过 TensorFlow 读取保存的参数。TensorFlow 2.0 的模型持久化有三种方式，如表 3.38 所示。

表 3.38　模型持久化方式

持久化方式	描　述
tf.train.Checkpoint(params).save(params)	通用方式，保存 ckpt 模型
tf.keras.Model(params).save(params) tf.keras.Model(params).save_weights(params) tf.keras.callbacks.ModelCheckpoint(params)	Keras 方式保存 ckpt 模型和 h5 模型，其中， save：保存模型所有数据，包括模型结构和模型参数； save_weights：仅保存模型参数，不保存模型结构； ModelCheckpoint：保存模型的回调函数
tf.keras.models.save_model(params)	Keras 方式保存 pb 模型

1. tf.train.Checkpoint(params).save(params)保存

在第 11 章中，保存对话机器人模型使用了这种方法保存模型，主要代码如下，详细解析见注释部分，可参见代码文件【chapter11\chat_ keras.py】。

```
checkpoint_dir = "./models"
checkpoint_prefix = os.path.join(checkpoint_dir, "ckpt")
checkpoint = tf.train.Checkpoint(
    optimizer=optimizer,
```

```
    encoder=encoder,
    decoder=decoder
)
checkpoint.save(file_prefix=checkpoint_prefix)
```

2. tf.keras.Model(params).save(params)保存

在第 14 章中，使用 Flask 载入 h5 模型时，使用了这种方式，在第 7 章中实现了该模型的保存，主要代码如下，详细解析见注释部分，可参见代码文件【chapter7\line_fit_high.py】。

```
def train_model_global(model, inputs, outputs, model_path):
    """训练神经网络
    参数:
        model: 神经网络实例
        inputs: 输入数据
        outputs: 输出数据
        model_path: 模型文件路径
    返回:
        无
    """

    # 训练模型，并使用最新模型参数
    history = model.fit(
            inputs,
            outputs,
            epochs=300,
            verbose=1
            )
    model.save(model_path)
```

3. tf.keras.models.save_model(params)保存

在第 13 章中使用 TensorFlow Serving 恢复模型时用到了这种方法，此模型的文件结构详见第 13 章中的介绍，主要代码如下，详细解析见注释部分，可参见代码文件【chapter13\line_fit.py】。

```
def train_model_server(model, inputs, outputs, model_path):
    """训练神经网络
    参数:
        model: 神经网络实例
        inputs: 输入数据
        outputs: 输出数据
        model_path: 模型文件路径
    返回:
        无
    """
    # 保存参数
```

```
    # 训练模型，并使用最新模型参数
    history = model.fit(
            inputs,
            outputs,
            epochs=300,
            verbose=0
            )
    # 保存 Tensorflow Serving 使用的 pb 模型
    tf.keras.models.save_model(
        model,
        model_path,
        overwrite=True,
        include_optimizer=True,
        save_format=None,
        signatures=None,
        options=None
    )
```

3.6.3 模型文件操作

模型文件操作主要包括读取模型状态、获取模型文件结构、提取模型参数等。其中，读取模型状态是读取保存的模型路径及最新模型的版本；获取模型文件结构是解析模型文件原始数据结构；提取模型参数是把保存的模型的权重与偏置参数分离出来，分析模型数据组成。模型文件内容解析是对模型文件的二次利用，对于神经网络而言，保存的模型包含了神经网络各个节点的参数，这些参数和神经网络结构的计算规则共同实现了神经网络的预测功能。

1. 获取模型状态

ckpt 格式的模型保存时，生成一个模型版本的节点文件，当恢复 ckpt 格式的模型时，需要先检查模型的版本，恢复最新版本的模型参数。以第 8 章的模型为例，获取模型状态的代码如下，详细解析见注释部分，可参见代码文件【chapter8\model_list.py】。

```
import tensorflow as tf
from tensorflow.keras import layers

def checkpoint_state(model_path):
    """获取模型状态
    参数:
        model_path: 模型路径
    返回:
        模型路径与模型参数
    """
    state = tf.train.get_checkpoint_state(model_path)
    return state
```

```
if __name__ == "__main__":
    # 模型路径
    model_path = "./models/cnn/"
    # 获取模型状态
    state = checkpoint_state(model_path)
    print("checkpoint state:",state)
```

运行结果：

```
checkpoint state: model_checkpoint_path: "./models/cnn/mnist-cnn20200316-12:30:58"
all_model_checkpoint_paths: "./models/cnn/mnist-cnn20200316-12:30:58"
```

由运行结果可知，上面代码获取了最新模型的路径 checkpoint state: model_checkpoint_path 和所有模型的路径 all_model_checkpoint_paths，若有多个模型，会在所有模型列表中展示。

2. 模型原始数据结构

对于保存的 ckpt 模型，TensorFlow 2.0 有一套开发者只读的模型结构，用于读取模型参数，获取 ckpt 的原始结构，代码如下，详细解析见注释部分，可参见代码文件【chapter8\model_list.py】。

```
import tensorflow as tf
from tensorflow.keras import layers

def list_variables(model_path):
    """获取模型原始数据结构
    参数:
        model_path: 模型路径
    返回:
        模型数据结构列表
    """
    variables = tf.train.list_variables(model_path)
    return variables

if __name__ == "__main__":
    # 模型路径
    model_path = "./models/cnn/"
    # 获取模型数据结构
    variables = list_variables(model_path)
    for variable in variables:
        print("variables:",variable)
```

运行结果：

```
variables: ('_CHECKPOINTABLE_OBJECT_GRAPH', [])
variables: ('layer_with_weights-0/bias/.ATTRIBUTES/VARIABLE_VALUE', [32])
variables: ('layer_with_weights-0/bias/.OPTIMIZER_SLOT/optimizer/m/
```

```
.ATTRIBUTES/VARIABLE_VALUE', [32])
variables: ('layer_with_weights-0/bias/.OPTIMIZER_SLOT/optimizer/v/.ATTRIBUTES/
    VARIABLE_VALUE', [32])
…
variables: ('layer_with_weights-1/kernel/.ATTRIBUTES/VARIABLE_VALUE', [3, 3,
    32, 64])
variables: ('layer_with_weights-1/kernel/.OPTIMIZER_SLOT/optimizer/m/.ATTRIBUTES/
    VARIABLE_VALUE', [3, 3, 32, 64])
…
variables: ('layer_with_weights-3/kernel/.ATTRIBUTES/VARIABLE_VALUE', [512, 10])
variables: ('layer_with_weights-3/kernel/.OPTIMIZER_SLOT/optimizer/m/.ATTRIBUTES/
    VARIABLE_VALUE', [512, 10])
variables: ('layer_with_weights-3/kernel/.OPTIMIZER_SLOT/optimizer/v/
    .ATTRIBUTES/VARIABLE_VALUE', [512, 10])
variables: ('optimizer/beta_1/.ATTRIBUTES/VARIABLE_VALUE', [])
variables: ('optimizer/beta_2/.ATTRIBUTES/VARIABLE_VALUE', [])
variables: ('optimizer/decay/.ATTRIBUTES/VARIABLE_VALUE', [])
variables: ('optimizer/iter/.ATTRIBUTES/VARIABLE_VALUE', [])
variables: ('optimizer/learning_rate/.ATTRIBUTES/VARIABLE_VALUE', [])
```

由运行结果可知，TensorFlow 2.0 保存的模型参数和结构与开发者编辑的格式是不同的，TensorFlow 保存的数据有每层的权重(kernel，在 TensorBoard 中可见)、偏置为 bias，以及优化器属性。

3. 模型数据提取

模型保存了神经网络的权重数据和偏置数据，提取这些数据可以进行 fine-tuning，并获取指定网络层的数据特征。提取模型数据代码如下，详细解析见注释部分，可参见代码文件【chapter8\model_list.py】。

```
import tensorflow as tf
from tensorflow.keras import layers

def checkpoint_latest(model_path):
    """获取最新模型参数
    参数:
        model_path: 模型路径
    返回:
        模型版本参数
    """
    latest = tf.train.latest_checkpoint(model_path)
    return latest

def create_model():
    """使用 Keras 新建神经网络
    参数:
        无
```

```
返回:
    model: 神经网络实例
"""
model = tf.keras.Sequential(name="MNIST-CNN")
# 卷积层-1
model.add(
    layers.Conv2D(32, (3,3),
    padding="same",
    activation=tf.nn.relu,
    input_shape=(28,28,1),
    name="conv-1")
    )
# 最大池化层-1
model.add(
    layers.MaxPooling2D(
        (2,2),
        name="max-pooling-1"
    )
)
# 卷积层-2
model.add(
    layers.Conv2D(64, (3,3),
    padding="same",
    activation=tf.nn.relu,
    name="conv-2")
    )
# 最大池化层-2
model.add(
    layers.MaxPooling2D(
        (2,2),
        name="max-pooling-2"
    )
)
# 全连接层-1
model.add(layers.Flatten(name="fullc-1"))
# 全连接层-2
model.add(
    layers.Dense(512,
    activation=tf.nn.relu,
    name="fullc-2")
)
# 全连接层-3
model.add(
    layers.Dense(10,
    activation=tf.nn.softmax,
    name="fullc-3")
)
```

```
    # 配置损失计算及优化器
    # compile_model(model)
    return model

if __name__ == "__main__":
    # 模型路径
    model_path = "./models/cnn/"
    # 获取最新模型
    latest = checkpoint_latest(model_path)
    print("checkpoint latest:", latest)
    # 新建模型结构
    model = create_model()
    # 载入模型参数
    model.load_weights(latest)
    # 获取模型有效参数
    model_weights = model.weights
    # 遍历模型参数并输出
    for model_weight in model_weights:
        print("name:", model_weight.name)
        print("shape:", model_weight.shape)
        print("datas:", model_weight.numpy())
```

运行结果(删除了过多数据，保存部分数据和完整数据结构)如下。

```
name: conv-1/kernel:0
shape: (3, 3, 1, 32)
datas: [[[[-0.2308216   0.01340627  0.14387165  0.14853849 -0.14773948
…
-0.16711037 -0.06388509]]]]
name: conv-1/bias:0
shape: (32,)
datas: [-2.8330935e-04 -1.1462749e-02 -3.3271920e-03 -7.1329437e-03
…
-3.8910243e-03 -1.1287172e-02 -7.1203825e-04 -2.7115822e-02]
name: conv-2/kernel:0
shape: (3, 3, 32, 64)
datas: [[[[ 8.81087687e-03 -2.21696459e-02 -8.76695886e-02 ...  4.99232076e-02
…
    1.91924684e-02 -4.09911349e-02]]]]
name: conv-2/bias:0
shape: (64,)
datas: [-0.03496721 -0.02485641 -0.01870893 -0.00839895 -0.01214605 -0.02024094
…
-0.02167304 -0.03233257 -0.02647166 -0.03356015]
name: fullc-2/kernel:0
shape: (3136, 512)
datas: [[ 0.03417666  0.02560092 -0.02736988 ...  0.02945422 -0.02398491
```

```
  0.00982454]
…
 [-0.0278686  -0.00056729  0.03266715 ... -0.01296638  0.00033045
  0.01605092]]
name: fullc-2/bias:0
shape: (512,)
datas: [-7.20449397e-03 -5.98986540e-03  1.32251522e-02 -4.76888474e-03
…
 1.74282212e-02 -5.15927281e-03  3.78104020e-03 -7.03135796e-04]
name: fullc-3/kernel:0
shape: (512, 10)
datas: [[ 0.02427731  0.03154531 -0.04033045 ...  0.00173821  0.09257349
  0.05909334]
...
 [-0.00474882 -0.12748447  0.08832847 ...  0.02355898  0.03970985
 -0.04239225]]
name: fullc-3/bias:0
shape: (10,)
datas: [-0.006714    0.01927346 -0.01060204 -0.01410063  0.00784229 -0.00114464
 -0.00131604  0.01177622 -0.00318907 -0.00280788]
```

由运行结果可知，获取的模型数据包括网络层的维度、网络层名称以及网络层的权重及偏置数据。

3.6.4　模型载入

TensorFlow 保存模型参数是重复使用模型的关键步骤，TensorFlow 保存的模型需要使用自带的模型解析工具进行解析。在 TensorFlow 中载入保存模型有两种方式，即只载入模型参数和同时载入模型参数与模型结构方式。其中，只载入模型参数需要重新建立与模型完全一致的图结构，而同时载入模型参数和模型结构则不需要新建图，可直接使用模型中的图结构，较方便。

1. 只载入模型参数

仅载入模型参数代码如下，详细解析见注释部分，代码可参见文件【chapter8\mnist_cnn.py】。

```
# 引入TensorFlow框架
import tensorflow as tf
# 引入数据计算工具Numpy
import numpy as np

def gen_datas():
    """生成数据
    参数:
        无
    返回:
        inputs: 训练图像
```

```
        outputs: 训练标签
        eval_images: 测试图像
    """
    # 读取 MNIST 数据集
    (train_images, train_labels), (test_images, test_labels) = keras.datasets.mnist.
        load_data()
    # 获取前 1000 个图像数据
    train_labels = train_labels[:1000]
    # 获取前 1000 个评估使用图像
    eval_images = train_images[:1000]
    # 调整图像数据维度，供训练使用
    train_images = train_images[:1000].reshape(-1,28,28,1)/255.0
    return train_images, train_labels, eval_images

def create_model():
    """使用 Keras 新建神经网络
    参数:
        无
    返回:
        model: 神经网络实例
    """
    model = tf.keras.Sequential(name="MNIST-CNN")
    # 卷积层-1
    model.add(
        layers.Conv2D(32, (3,3),
        padding="same",
        activation=tf.nn.relu,
        input_shape=(28,28,1),
        name="conv-1")
        )
    # 最大池化层-1
    model.add(
        layers.MaxPooling2D(
            (2,2),
            name="max-pooling-1"
        )
    )
    # 卷积层-2
    model.add(
        layers.Conv2D(64, (3,3),
        padding="same",
        activation=tf.nn.relu,
        name="conv-2")
        )
    # 最大池化层-2
    model.add(
        layers.MaxPooling2D(
```

```
        (2,2),
        name="max-pooling-2"
      )
    )
    # 全连接层-1
    model.add(layers.Flatten(name="fullc-1"))
    # 全连接层-2
    model.add(
        layers.Dense(512,
        activation=tf.nn.relu,
        name="fullc-2")
    )
    # 全连接层-3
    model.add(
        layers.Dense(10,
        activation=tf.nn.softmax,
        name="fullc-3")
    )
    # 配置损失计算及优化器
    compile_model(model)
    return model

def load_model(model, model_path):
    """载入模型
    参数:
        model: 神经网络实例
        model_path: 模型文件路径
    返回:
        无
    """
    # 检查最新模型
    latest = tf.train.latest_checkpoint(model_path)
    print("latest:{}".format(latest))
    # 载入模型
    model.load_weights(latest)

if __name__ == "__main__":
    # 数据集数据
    inputs, outputs, evals = gen_datas()
    # 重建神经网络结构
    model = create_model()
    # 模型路径
    model_path = "./models/cnn/"
    # 生成测试图像 Tensor
    test_images = tf.convert_to_tensor([inputs[0]])
    # 载入模型参数
    load_model(model, model_path)
```

```
    # 模型预测
    pre = model.predict(test_images)
    # 获取最大值编号
    pre = tf.math.argmax(pre, 1)
    print("prediction:{}".format(pre))
```

运行结果：

```
prediction:[5]
```

上述代码实现了模型参数的载入，通过载入模型参数获取模型中保存的数据，由上述分析可知，TensorFlow 的模型结构包括数据和计算规则，这里的数据是张量数据，而计算规则则是运算结构，在神经网络中，计算规则就是神经网络结构。这种只载入模型数据实现模型的预测功能，需要建立与模型结构完全一致的计算规则才能使用模型，因此，若不清晰模型内的计算规则，则无法实现数据的计算，需谨慎使用。

2．同时载入模型参数及模型结构

同时载入模型结构和参数的代码如下，详细解析见注释部分，代码可参见文件【chapter8\mnist_cnn.py】。

1) 保存模型

保存完整模型，即保存模型结构和模型参数，实现代码如下，详细解析见注释部分。

```
def train_model_global(model, inputs, outputs, model_path):
    """训练神经网络
    参数:
        model: 神经网络实例
        inputs: 输入数据
        outputs: 输出数据
        model_path: 模型文件路径
    返回:
        无
    """
    # 训练模型，并使用最新模型参数
    history = model.fit(
            inputs,
            outputs,
            epochs=20,
            verbose=1
            )
    # 保存参数及神经网络结构
    model.save(model_path)
```

2) 载入模型

结构完整的模型直接载入即可完成预测，无须新建网络结构，实现代码如下，详细解析见注释部分。

```
# 数据集数据
inputs, outputs, evals = gen_datas()
# 测试数据
test_images = tf.convert_to_tensor([inputs[0]])
# 载入模型结构及参数
model = tf.keras.models.load_model("./models/cnn-global/mnist-cnn20200321-
    18:23:12.h5")
# 预测
pre = model.predict(test_images)
# 预测结果：提取最大值标签
pre = tf.math.argmax(pre, 1)
print("prediction:{}".format(pre))
```

运算结果：

```
prediction:[5]
```

上述代码通过同时载入模型结构和参数的方式实现了预测功能。这种同时载入模型结构和模型参数的载入方式无须新建图结构，只需使用模型文件恢复模型即可完成预测任务，在不清晰模型结构的情况下，使用这种方式完成预测任务，既快捷又不容易出错，适合初学者使用。

3.7 小　　结

本章讲解了 TensorFlow 2.0 平台相关知识。

(1) TensorFlow 2.0 的新变化，与 1.x 平台不同的地方，以及新增的功能及特点。

(2) 基础数据结构，包括图、张量、操作以及新增的功能——即刻执行。

(3) TFRecord 格式数据的存储与解析。

(4) Keras 高级接口的使用，通过 Keras 搭建普通神经网络和卷积神经网络，讲解高层接口的使用，并详细解析了 Keras 搭建神经网络常用的类以及相关方法。

(5) TensorFlow 2.0 的常用功能接口，如数学计算、硬件资源调度以及模型的持久化与载入。

第4章 神 经 网 络

神经网络主要分两类，即生物神经网络和人工神经网络。其中，人工神经网络是心理学家 W. S. McCulloch 和数学逻辑学家 W. Pitts 在分析和总结生物神经网络工作过程和神经元工作原理过程中提出的数学模型，即 M-P 模型，为后来神经网络的深入研究打下了坚实的基础。机器视觉方向处理图像效果较好的是卷积神经网络，典型卷积神经网络有 LeNet-5 卷积神经网络、VGG-16 和 VGG-19 卷积神经网络、GoogleNet 卷积神经网络等。自然语言方向，处理语言效果较好的是循环神经网络，典型的有 LSTM 循环神经网络。

本章主要从生物神经网络和人工神经网络两个方面介绍神经网络的工作原理及相关理论基础知识，包括人工神经网络、二分类神经网络、卷积神经网络和回归分析等，详细剖析了 LeNet-5、VGG-16 和 GoogleNet 卷积神经网络结构。

4.1 生物神经网络

生物神经网络(Biological Neural Network)指生物的大脑神经元、细胞、触点等组成的网络，用于产生生物意识，帮助生物进行思考和行动。神经元是类似于 CPU 处理器的处理单元，这些处理单元按照某种方式相互连接起来，构成了大脑内部的生物神经元网络，这些神经元之间连接紧密程度不同，根据外部的信号(如五官感受、皮肤感知等)产生自适应变化，而每个神经元又随着接收到的多个激励信号的综合大小，呈现兴奋或抑制状态。

4.1.1 生物神经网络构成

生物神经网络结构如图 4.1 所示，可知生物神经网络由胞体(soma)和突起(neurites)两大部分构成。详细描述如表 4.1 所示。

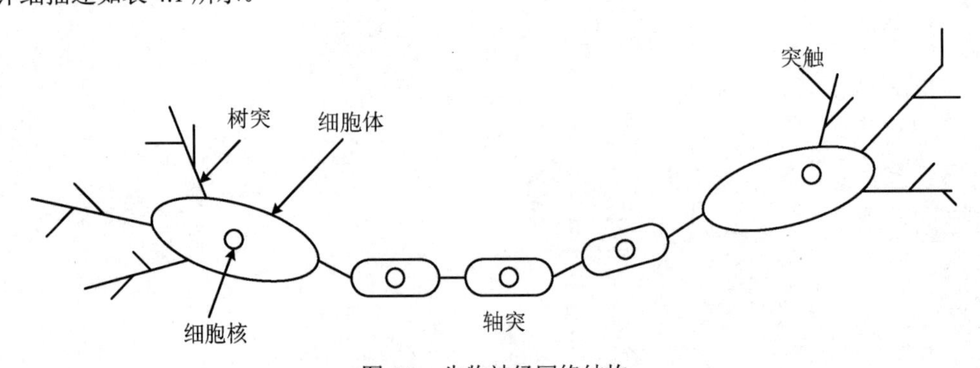

图 4.1 生物神经网络结构

表 4.1　生物神经网络结构解析

名　词	描　述
胞体	神经元的代谢和营养中心，结构与一般细胞相似。存在于脑和脊髓的灰质及神经节内，形态各异，常见的有星形、锥体形、梨形和圆球形等
突起	树突(dendrite)、轴突(axon)
突触(synapase)	神经元之间的机能连接点
树突	接受刺激并将冲动传入细胞体
轴突	将神经冲动由胞体传入其他神经元或效应细胞

4.1.2　神经元

神经元又称神经细胞，是神经系统的基本结构和机能单位。神经元是一种高度特化的细胞，具有感受刺激和传导兴奋的功能，通过神经元相互间的联系，把传入的神经冲动加以分析、储存，并发出调整后的信息。

4.1.3　电位

神经细胞膜电位在不同时期具有不同的状态，通常分为静息电位(Resting Potential，RP)和动作电位(Action Potential，AP)。对应的专有名词解释如表 4.2 所示。

表 4.2　电位专有名词解释

名　词	解　释
静息电位	细胞未受刺激时，即处于“静息”状态下存在于细胞膜两侧的电位差
极化	神经纤维安静时细胞膜外正电，细胞膜内负电
动作电位	各种可兴奋细胞受到有效刺激时，在细胞膜两侧产生快速、可逆并有扩散性的电位变化，包括去极化、复极化等环节
去极化(除极化)	受刺激时，细胞膜内外不带电
反极化	刺激后期，细胞膜外负内正
复极化	兴奋传递结束，恢复到安静状态

4.1.4　工作过程

生物神经网络工作过程如图 4.2 所示。生物神经元具有两种状态：兴奋或抑制。当传入的神经冲动使细胞膜电位升高超过阈值(threshold)时，细胞进入兴奋状态，产生神经冲动并由轴突输出；当传入的神经冲动使膜电位下降低于阈值时，细胞进入抑制状态，没有神经冲动输出。

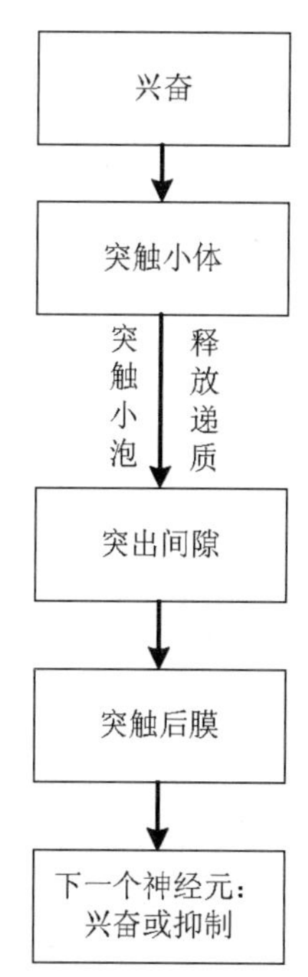

图 4.2　工作过程

4.1.5 术语解释

神经网络中用到的许多名词在初中、高中、大学的书本上都有学到，对于专门从事神经学研究的学者而言，这些名词是常用词汇，而对于其他学科的学者而言则会比较陌生，针对这种情况，本节将一些常用的神经网络术语整理如下，方便读者查阅。

1．兴奋和抑制

兴奋或抑制不是简单的活动或静止状态，是神经活动的过程，是指这种活动搜索所指引的方向。

引起兴奋的主要条件：组织的机能状态(兴奋、抑制)、刺激的特征(强度、时间、强度-时间)。关于兴奋和抑制的术语解释如表 4.3 所示。

表 4.3　兴奋和抑制术语解释

名　词	描　述
兴奋	活体组织因刺激而产生的冲动反应，神经活动由静息状态或较弱的状态转为活动或较强的状态
兴奋性	可兴奋组织受到有效刺激时，具有兴奋即产生冲动的能力
抑制	神经活动的状态或较强的状态转为静息或较弱的状态

2．阈刺激

阈下刺激和阈刺激或阈上刺激一样，均可以引起细胞膜去极化，但阈下刺激不会引发动作电位，这是因为阈刺激和阈上刺激可以使细胞膜上 Na+通道大量激活，Na+内流量增多从而出现一次快速可逆的电变化，阈强度高，兴奋性低；阈强度低，兴奋性高，这个过程一旦发生即与刺激强度无关，术语解释如表 4.4 所示。

表 4.4　阈刺激术语解释

名　词	描　述
刺激	能引起生物体活动状态发生变化的各种环境因子。分为直接刺激(direct stimulus)和间接刺激(indirect stimulus)
反应	由刺激而引起的集体活动状态的改变
阈刺激	达到阈强度的有效刺激
阈上刺激	高于阈强度的刺激
阈下刺激	低于阈强度的刺激
时值(chronaxie)	当刺激强度为阈强度的 2 倍时，正好能引起反应所需的最短刺激持续时间。时值愈短，兴奋性愈高

3．阈强度

引起组织发生反应的最小刺激强度(具有足够的、恒定的持续时间和强度-时间比率)，与刺激的强度无关，又称为强度阈值。阈强度是使膜电位去极化达到阈电位引发动作电位的最小刺激强度，是刺激的强度阈值。阈电位是指能使可兴奋的细胞膜 Na+或 Ca2+通透性突然增大的临界膜电位。

4．不应期

不应期术语解释如表 4.5 所示。

表 4.5　不应期术语解释

名　词	描　述
绝对不应期(absolute refractory period)	组织兴奋后，在去极化到复极化达到一定程度之前对任何程度的刺激均不产生反应
相对不应期(relative refractory period)	绝对不应期之后，随着复极化的继续，组织的兴奋性有所恢复，只对阈上刺激产生兴奋
超长期(supranormal period)	相对不应期之后，兴奋恢复高于原有水平，用阈下刺激就可引起兴奋
低常期(subnormal period)	超长期之后，组织进入兴奋性较低时期，只有阈上刺激才能引起兴奋

4.2　人工神经网络

W.S.McCulloch 和 W.Pitts 依据 M-P 模型成功利用数学语言描述神经元结构，并证明了单个神经元能执行逻辑功能，从而开创了人工神经网络研究的时代。

人工神经网络是利用物理方法来模拟生物神经网络的某些结构和功能。从数学角度来看，人工神经网络本质是由许多小的非线性函数组成的大的非线性函数，反映的是输入变量到输出变量间的复杂映射关系。人工神经元是人工神经网络的基本单元，依据生物神经元的结构和功能，可以把它看作一个多输入单输出的非线性阈值器件。

从任务处理方式的角度来说，人工神经网络具备并行处理任务和分布式计算的特点，一般由多个神经元构成，每个神经元是一个多输入单输出系统，每个输出可以连接到其他多个神经元，其输入有多个连接通路，每个连接通路对应一个连接权系数。

人工神经网络具备特有的非线性适应性信息处理能力，克服了传统人工智能方法对于直觉，如模式、语音识别、非结构化信息处理方面的缺陷，使之在神经专家系统、模式识别、智能控制、组合优化、预测等领域得到成功应用。人工神经网络与其他传统方法相结合，将推动人工智能和信息处理技术的不断发展。近年来，人工神经网络正在模拟人类认知的道路上更加深入发展，与模糊系统、遗传算法、进化机制等结合，形成计算智能，成为人工智能的一个重要方向，将在实际应用中得到发展。将信息几何应用于人工神经网络的研究，为人工神经网络的理论研究开辟了新的途径。神经计算机的研究发展很快，已有产品进入市场。

4.2.1 人工神经网络结构

人工神经网络分为层状结构和网状结构两大类。因为单独的人工神经元对信号的处理能力有限，不能满足数据处理要求，为解决这个问题，将神经元按照一定的规则连成网络，并让网络中的每个神经元的权值和阈值按照一定的规则变化，达到数据处理任务的标准。

人工神经网络包括三个层次：输入层、隐藏层和输出层。

1．层状结构

人工神经网络层状结构如图 4.3 所示。该类神经网络由多个神经元层组成，每个神经网络层中有一定数量的神经元，相邻层中神经元采用单向连接方式，同层内的神经元是相互独立的。

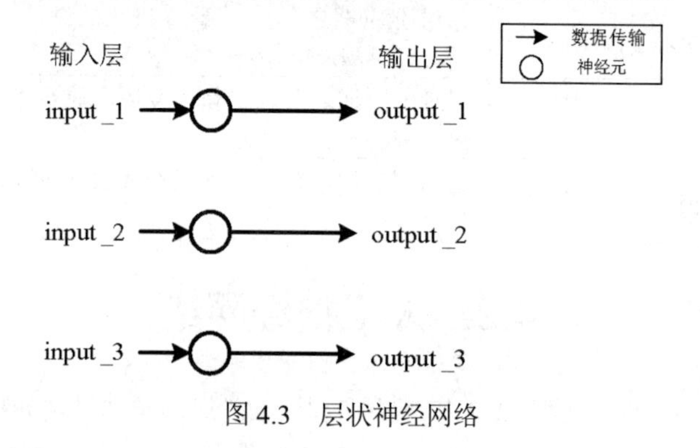

图 4.3 层状神经网络

2．网状结构：前向神经网络

前向神经网络结构如图 4.4 所示。该类神经网络是不含反馈的前向网络，网络中的神经元分层排列，相邻层神经元可相互单向连接，其中，接受输入量的神经元节点组成输入层，产生输出量的神经元节点组成输出层，在输入层和输出层之间的神经元层，称为中间层，中间层亦称为隐藏层。每一层的神经元只接受前一层神经元的单向输入，输入向量经过各层的顺序变换后，由输出层输出向量。

3．网状结构：反馈神经网络

输出层数据反馈到输入层的前向网络简称为反馈神经网络，其结构如图 4.5 所示，构成反馈系统，类似闭环控制系统。反馈神经网络中的神经元也是分层排布，但是输入层神经元在学习过程中接受输出层神经元或部分输出层神经元的反馈输入。

4．网状结构：层内有相互结合的前向网络

层内有相互结合的前向网络结构如图 4.6 所示。每一层的神经元除接受前一层神经元的输入之外，也可接受同一层神经元的输入。通过层内神经元的相互结合，可以实现同层神经元之间的抑制或兴奋机制，从而可以限制一层内能同时动作的神经元的个数。

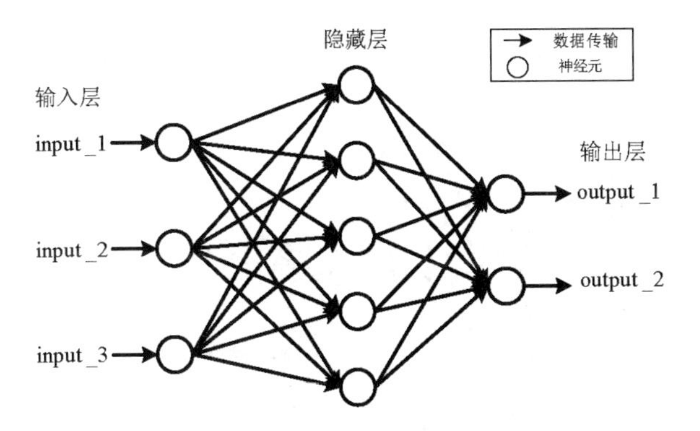

图 4.4　前向神经网络(前馈网络)结构

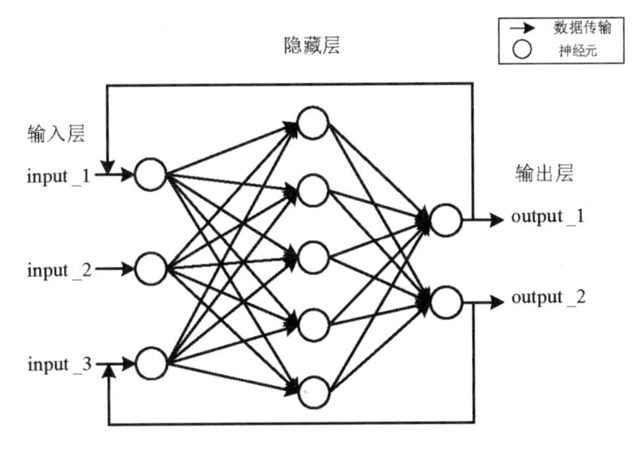

图 4.5　反馈神经网络结构

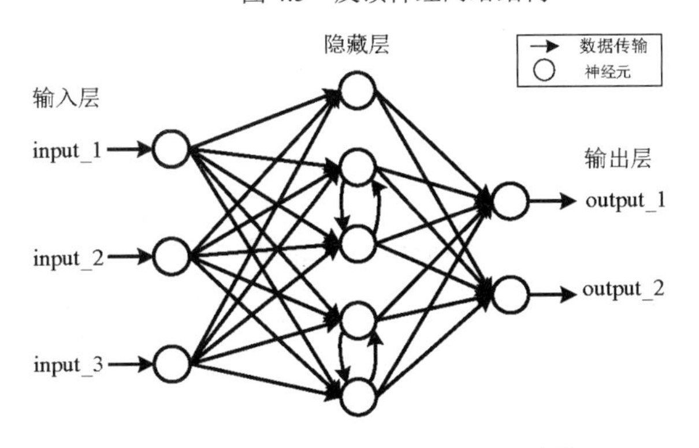

图 4.6　层内结合神经网络结构

5．网状结构：相互结合型网络

相互结合型神经网络结构如图 4.7 所示。该网络中任意两个神经元之间都可能有连接，在不含反馈的前向网络中，输入信号一旦通过某个神经元就可输出，网络处于一种不断更新的状态。某时刻初态开始，经过若干次的状态变化，网络达到新的相对稳定状态，根据网络的结构和神经元的映射特性，网络还有可能进入周期振荡或其他动态平衡状态。

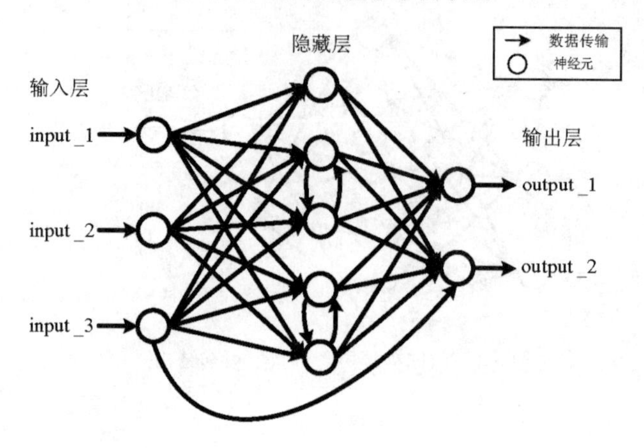

图 4.7　相互结合型神经网络结构

4.2.2　人工神经网络特征

人工神经网络是模拟人脑的神经网络而产生的，人类通过后天的学习掌握了各种技能，而人工神经网络也是通过人类干预(输入特定场景的数据)、训练，而具备一定的识别能力。在人工神经网络漫长的发展过程中，前辈学者不断实践探索，发现并总结了人工神经网络具备的一些特征。

1．非线性

非线性关系是自然界的普遍特性，人工神经元处于兴奋或抑制两种不同的状态，这种行为在数学描述中称为一种非线性关系。具有阈值的神经元构成的网络具备更佳的计算性能，可以提高神经网络系统容错性和参数存储容量。

2．非局限性

一个神经网络通常由若干个神经元连接而成，神经网络系统的整体计算过程不仅取决于某个神经元的特性，而且可能主要依赖于单元之间的相互作用、相互连接，并通过单个神经元所在神经单元间的大量连接模拟大脑的非局限性。联想记忆是非局限性的典型案例。

3．非常定性

人工神经网络具有自适应、自组织、自学习能力等特性。神经网络不但可以处理不断变化的信息，而且在处理信息的同时，非线性动力系统本身也在不断变化。经常采用迭代过程描写动力系统的计算过程。

4．非凸性

一个系统的状态更新方向，在一定条件下取决于某个特定的状态函数。如能量函数，其极值是系统比较稳定的状态。非凸性是指这种函数有多个极值，故系统具有多个较稳定的平衡态，将导致系统演化的多样性。

4.2.3　神经元建模假设

人工神经网络基于生物神经网络，生物神经网络是通过神经元连接而成且极其复杂的一种结构，为了使人工神经网络具备和生物神经网络类似的学习功能，做出如下假设。

(1) 每个神经元都是一个多输入单输出的信息处理单元。

(2) 神经元输入分兴奋输入和一致性输入。

(3) 神经元具有空间整合特性和阈值特性。

(4) 神经元输入与输出之间有固定的时滞，主要取决于突出延搁。

(5) 忽略时间整合作用和不应期。

(6) 神经元本身是非时变的，即其突出时延和突触强度均为常数。

4.2.4　人工神经元模型

人工神经网络结构特征和神经元假设建立之后，通过数学语言建立人工神经元模型，如图 4.8 所示。详细解析如下。

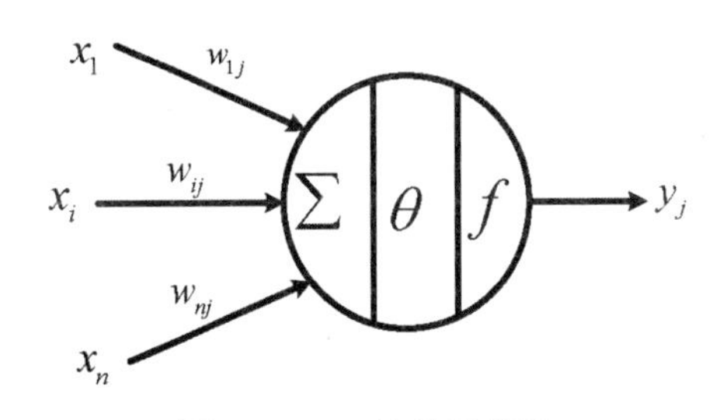

图 4.8　M-P 神经元模型

1．M-P 神经元模型

M-P 神经元模型是人工神经网络计算的基本单位，承担了对全部输入依据不同权重进行整合的任务，以确定各类输入的最终计算结果。图 4.8 表示组合输入数据的“总和”，相当于生物神经元的膜电位相互作用。神经元是否激活取决于某一阈值电平的数值，即只有当输入总和超过阈值时，神经元才被激活并打开数据传输通道，否则神经元不会产生输出数据，形成“门”结构，通过“门”控制数据的生成及传输。

2．数学模型

$$y_j = f\left[\left(\sum_{i=0}^{n} x_i * w_{ij}\right) - \theta\right] \tag{4-1}$$

其中：

x_i——第 i 个神经元的输入。

w_{ij}——神经元 i 到神经元 j 的权重值。

θ——神经元的阈值。

f——神经元的激活函数(转移函数)。

y_j——神经元 j 的输出。

4.2.5 激活函数

激活函数是用来引入非线性因素的。神经网络中若只具备线性计算的结构，在计算过程中可能会丢失部分数据包含的信息，降低了神经网络提取信息的能力，最终影响神经网络的预测能力。如果是一个多层的线性网络，则其计算处理数据的能力和单层的线性网络是相同的。因为神经网络中卷积层、池化层和全连接层都是线性的，所以，为了提高神经网络的信息提取能力，需要在网络中引入非线性的激活函数层。

当激活函数输出值有限的时候，基于梯度的优化方法会更加稳定，因为特征的表示受有限权值的影响更加显著；当激活函数的输出为无限的时候，模型的训练会更加有效，不过这种情况下，一般需要更小的 learning rate。激活函数特性如表 4.6 所示。

表 4.6 激活函数特性

特　性	描　述
非线性	弥补线性模型的不足
处处可导	反向传播时需要计算激活函数的偏导数，所以激活函数除个别点外，应处处可导
单调性	当激活函数单调的时候，单层网络能够保证是凸函数

神经网络训练中常用的激活函数有 threshold、sigmoid、tanh、relu 几种，其中 relu 效果最好。神经网络的一大特点就是网络中的神经元越多，连接越复杂，参数也越多，此时的神经网络学习能力也越强。但在实际的应用中，由于数据源的品质问题，神经网络将无效数据也学习了，导致神经网络的预测能力也随之下降。这种情况需要将神经网络的参数“稀释”，降低神经网络的“学习”能力，提高神经网络的预测能力，而 relu 的功能刚好具备数据“稀释”的功能，因此，在实际应用中，relu 的效果最好，同时应用也是最广泛的。

1. 阈值型激活函数(threshold)

式(4-2)为阈值型激活函数模型，其图像绘制代码如下，代码可参见文件【chapter4\activate_function.py】，函数图像如图 4.9 所示。由图 4.9 可知，该激活函数只有两种结果，小于零的参数被置为 0，大于等于零的参数被置为 1，适用于二分类的场景。

$$f(x)=\begin{cases}1 & x\geqslant 0\\ 0 & x<0\end{cases} \tag{4-2}$$

```
# 引入图像处理模块
import matplotlib.pyplot as plt
# 引入数据处理模块
import numpy as np
```

```
# 引入坐标设置模块
import mpl_toolkits.axisartist as axisartist

def threshold():
    """阈值型激活函数
    参数:
        无
    返回:
        无
    """
    # 新建绘图区
    fig = plt.figure(figsize=(6, 6))
    # 坐标轴工具类
    ax = axisartist.Subplot(fig, 111)
    # 添加坐标轴
    fig.add_axes(ax)
    # 隐藏坐标轴
    ax.axis[:].set_visible(False)
    # 添加坐标轴
    ax.axis['x'] = ax.new_floating_axis(0, 0)
    ax.axis['y'] = ax.new_floating_axis(1, 0)
    # x 轴和 y 轴添加箭头
    ax.axis['x'].set_axisline_style('-|>', size=1.0)
    ax.axis['y'].set_axisline_style('-|>', size=1.0)
    # 设置坐标轴刻度显示方向
    ax.axis['x'].set_axis_direction('top')
    ax.axis['y'].set_axis_direction('right')
    # 设置 y 轴尺寸
    plt.ylim(-0.2, 1.25)
    # 生成自变量 x>0 时的数据
    x_1 = np.arange(0, 10, 0.1)
    # x>0 时 y 的数据
    y_1 = x_1 - x_1 + 1
    # 绘制 x>0 时图像
    plt.plot(x_1, y_1, 'r', label=r'threshold=$\{\stackrel{1, x>=0}{0, x<0}$')
    # 开启图像栅格
    plt.legend()
    # 生成自变量 x<0 时的数据
    x_2 = np.arange(-5, 0, 0.1)
    # x<0 时 y 的数据
    y_2 = x_2 - x_2
    # 绘制 x<0 时图像
    plt.plot(x_2, y_2, 'r', label='threshold')
    # 绘制散点图: (0,1)
    plt.scatter(0, 1, color='r')
    # 绘制圆圈:color 设置为空
    plt.scatter(0, 0, marker='o', color='', edgecolors='r')
```

```
# 保存图像
plt.savefig("./images/threshold.png", format="png")
```

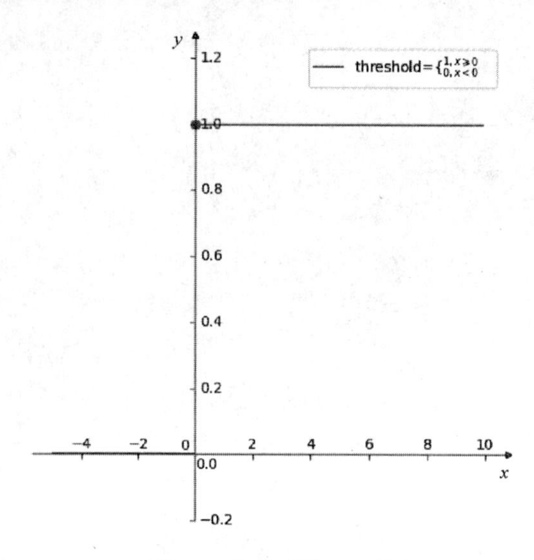

图 4.9　阈值型激活函数

2．非线性激活函数(sigmoid)

式(4-3)为非线性激活函数模型，其图像绘制代码如下，代码可参见文件【chapter4\activate_function.py】，其函数图像如图 4.10 所示，由图 4.10 可知，非线性激活函数值区间为(0,1)，当参数绝对值较大时，类似于阈值型激活函数，该激活函数同样适用于二分类场景。

$$f(x)=\frac{1}{1+\mathrm{e}^{-x}} \tag{4-3}$$

```
def sigmoid():
    """Sigmoid 激活函数
    参数:
        无
    返回:
        无
    """
    # 新建绘图区
    fig = plt.figure(figsize=(6, 6))
    # 坐标轴工具类
    ax = axisartist.Subplot(fig, 111)
    # 添加坐标轴
    fig.add_axes(ax)
    # 隐藏坐标轴
    ax.axis[:].set_visible(False)
    # 添加坐标轴
    ax.axis['x'] = ax.new_floating_axis(0, 0)
    ax.axis['y'] = ax.new_floating_axis(1, 0)
```

```
# x 轴和 y 轴添加箭头
ax.axis['x'].set_axisline_style('-|>', size=1.0)
ax.axis['y'].set_axisline_style('-|>', size=1.0)
# 设置坐标轴刻度显示方向
ax.axis['x'].set_axis_direction('top')
ax.axis['y'].set_axis_direction('right')
# 设置 x 轴取值范围
plt.xlim(-10, 10)
# 设置 y 轴取值范围
plt.ylim(-0.1, 1.2)
# 自变量 x 数据
x = np.arange(-10, 10, 0.1)
# 因变量 y 数据
y = 1/(1+np.exp(-x))
# 绘制曲线
plt.plot(x, y, label=r"$sigmoid=\frac{1}{1+e^{-x}}$", c='r')
# 打开栅格
plt.legend()
# 保存图像
plt.savefig("./images/sigmoid.png", format="png")
```

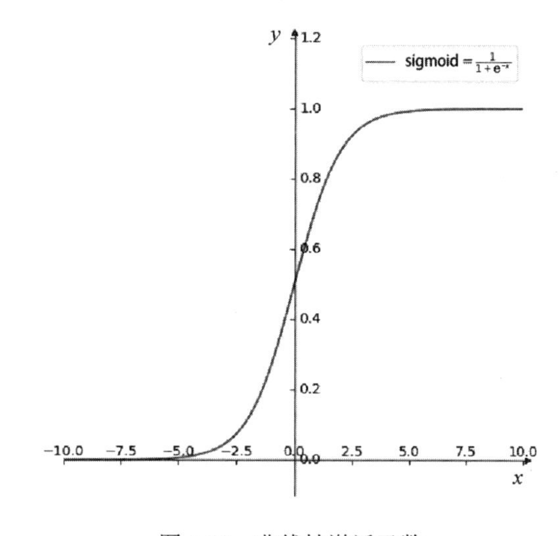

图 4.10　非线性激活函数

3. relu(Rectified Linear Units)激活函数

式(4-4)为 relu 激活函数模型，其图像绘制代码如下，代码可参见文件【chapter4\activate_function.py】，其函数图像如图 4.11 所示。由图 4.11 可知，当参数小于 0 时，激活函数将参数置为 0，当参数大于 0 时，等比例保留参数。此种处理方式将小于 0 的参数进行过滤，参数密度得到了“稀释”，特别是在神经网络中，降低了参数的“学习力”，减少了计算量，增加了神经网络的预测能力。

$$f(x)=\max(0,x)=\begin{cases} x & x\geqslant 0 \\ 0 & x<0 \end{cases} \tag{4-4}$$

```
def relu():
    """relu 激活函数
    参数:
        无
    返回:
        无
    """
    # 新建绘图区
    fig = plt.figure(figsize=(6, 6))
    # 坐标类
    ax = axisartist.Subplot(fig, 111)
    # 添加坐标轴
    fig.add_axes(ax)
    # 隐藏坐标轴
    ax.axis[:].set_visible(False)
    # 添加坐标轴
    ax.axis['x'] = ax.new_floating_axis(0, 0)
    ax.axis['y'] = ax.new_floating_axis(1, 0)
    # x 轴和 y 轴添加箭头
    ax.axis['x'].set_axisline_style('-|>', size=1.0)
    ax.axis['y'].set_axisline_style('-|>', size=1.0)
    # 设置坐标轴刻度显示方向
    ax.axis['x'].set_axis_direction('top')
    ax.axis['y'].set_axis_direction('right')
    # 设置 x 轴取值范围
    plt.xlim(-10, 10)
    # 设置 y 轴取值范围
    plt.ylim(-0.1, 10)
    # 自变量 x>0 数据
    x_1 = np.arange(0, 10, 0.1)
    # 因变量取值
    y_1 = x_1
    # 绘制 x>0 时曲线
    plt.plot(x_1, y_1, 'r-', label=r'Relu=$\{\stackrel{1, x>=0}{0, x<0}$')
    # 自变量 x<0 数据
    x_2 = np.arange(-5, 0, 0.1)
    # 因变量 y 取值
    y_2 = x_2 - x_2
    # 绘制 x<0 时曲线
    plt.plot(x_2, y_2, 'r-')
    # 打开栅格
```

```
plt.legend()
# 保存图像
plt.savefig("./images/relu.png", format="png")
```

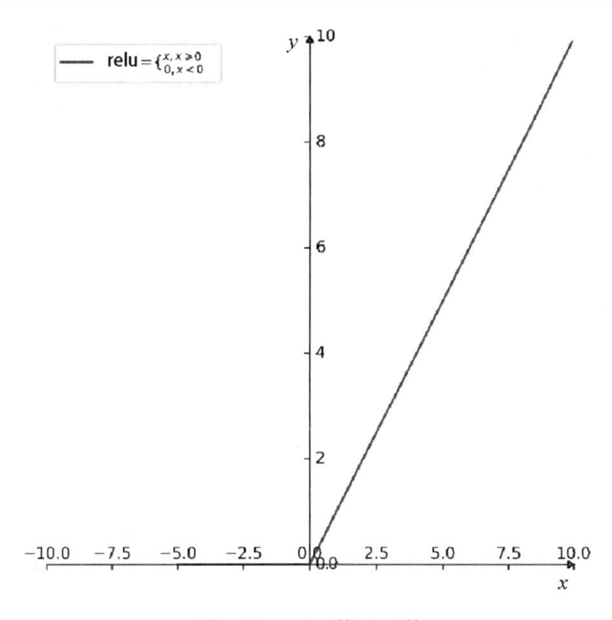

图 4.11　relu 激活函数

4.2.6　术语解释

人工神经网络使用过程中有许多专有名词，这些专有名词有些描述神经网络参数，有些表征人工智能任务类型，有些表示神经网络的预测能力等。

1．超参数

超参数是训练神经网络过程中配置的参数，每次训练任务时，这些参数是固定的，不是训练过程中更新的参数，而是用于调节神经网络神经元节点参数的参数，比如学习率、神经网络层数、聚类算法的簇数等。

2．端到端模型

端到端(end-to-end)用于描述事物内部状态，表示从一点到另一点之间是一个完整的结构。用数学语言的函数描述端到端，即函数是连续函数，没有断点和不可导点。在人工智能的模型类型中，端到端模型表示该机器学习任务从训练开始到训练结束，全程没有人为干预，输出的是一个完整可用的模型。端到端模型的例子非常多，如后文介绍的手写字体识别、图像风格转换、车牌识别等。与端到端模型对应的是非端到端模型，这类模型由多个模型组成，相互配合完成任务，如语言识别系统，包括分词、词性标注、语法和句法分析等多个子系统，其工作是各个子系统协同完成的，因此是非端到端模型。

3. 训练模型

训练模型针对神经网络而言，是建立神经网络模型，使神经网络“学习”输入数据的特征，并把“学习”这些特征时用到的神经网络参数保存到模型文件中，从而“记住”这些数据的特征，当使用该模型预测时，神经网络即按照“学习”到的特征预测。若训练的模型是车牌识别，则模型预测值为车牌号，即使输入的图像不是车牌号，也可能输出一个车牌号，因为该模型只从数据中学到了车牌号的特征，是单一的功能。

4. 学习规则

由于训练网络权值的原理不同，从而形成各种各样的神经网络学习规则。常用规则有 Hebb、感知器(Perceptron)Delta、反向传播学习、Widrow-Hoff、相关(Correlation)、胜者为王(Winner-Take-All)、外星(outstar)、最小均方(LMS)、Kohonen 和 Grosberg 等。

5. 泛化能力

泛化能力是经过训练(学习)后的预测模型对未经训练的数据集中出现的样本作出正确反应的能力。学习不是简单地记忆已经学习过的输入，而是通过对有限个训练样本的学习，学到隐含在样本中的有关环境本身的内在规律性，即使输入的数据与训练时使用的数据千差万别，模型同样会预测出训练数据的特征，只是预测结果是错误的。

4.3 二分类神经网络

二分类神经网络是一种特殊而又应用普遍的神经网络，其结果只有两种，如真假、大小、长短等。该类神经网络也是普通神经网络，只是使用的激活函数比较特殊，为非线性激活函数(sigmoid)。二分类的应用场景广泛，如生产线上合格品的分拣，使用二分类处理效率高，节约人力。

4.3.1 回归分析

“回归”最早由英国生物学家高尔顿在研究孩子身高与其父母身高关系时提出。研究发现，父母个子高，其子代的个子一般也高，但不如父母那么高；父母个子矮，其子女一般也矮，但没有父母那么矮。下一代身高有向中间值回归的趋势，这种趋于中间值的趋势被称为“回归效应”，而高尔顿提出的这种研究两个数值变量关系的方法就称为回归分析。

回归的意义是研究一个因变量对若干自变量的依存关系实质是由自变量去估计因变量的均值。

4.3.2 一元线性回归

一元线性回归分析的是一个自变量和一个因变量的相关关系。

1．数学模型

一般方程

$$Y_i = \beta_0 + \beta_1 X_i + \mu_i \tag{4-5}$$

其中：

X_i——自变量，解释变量。

Y_i——因变量，被解释变量。

β_0、β_1——回归系数。

μ_i——影响 Y_i 的其他因素，是随机误差项。

2．随机误差项假定

假定 1：在 X_i 一定的情况下，μ_i 的平均值为零，即 $E(\mu_i) = 0$。

假定 2：每个 X_i 对应的随机误差项 μ_i 具有相同的常数方差，称为同方差性，$\mathrm{Var}(\mu_i) = \sigma_\mu^2$。

假定 3：μ_i 服从正态分布，$\mu \sim N(0, \sigma^2)$。

假定 4：任意两个 X_i 与 X_j 对应的随机项 μ_i 与 μ_j 之间是独立不相关的，即 $\mathrm{Cov}(\mu_i, \mu_j) = 0$，称为无序列性或无自相关。

假定 5：自变量 X 是一组确定性变量，随机扰动项 μ_i 与自变量 X_i 无关，即 $\mathrm{Cov}(\mu_i, X_i) = 0$。

3．总体回归方程

$$E(Y_i) = \beta_0 + \beta_1 X_i \tag{4-6}$$

每个 Y 值与 X 在一条直线附近波动，考虑所有 Y 的取值，其均值 $E(Y)$ 与 X 在一条直线上。

4．样本回归方程及模型

样本回归方程：

$$\hat{Y} = \hat{\beta}_0 + \hat{\beta}_1 X_i \tag{4-7}$$

样本回归模型：

$$Y_i = \hat{\beta}_0 + \hat{\beta}_1 X_i + e_i \tag{4-8}$$

其中：

$\hat{\beta}_0$、$\hat{\beta}_1$——分别为 β_0、β_1 的估计值。

e_i——残差项，也称拟合误差，是 μ_i 的估计值。

4.3.3　最小二乘法

最小二乘法通过最小化模型预测结果和原始数据误差的平方，使函数模型最大程度拟合指定的数据关系。

1．基本思路

对模型 $Y_i = \beta_0 + \beta_1 X_i + \mu_i$ 通过样本值求 β_0、β_1 的估计值 $\hat{\beta}_0$、$\hat{\beta}_1$，即求解样本回归方程：

$$\hat{Y} = \hat{\beta}_0 + \hat{\beta}_1 X_i \tag{4-9}$$

2．拟合准则

问题：如果不加限制，通过样本点 (X_i, Y_i) 可以拟合出多少条直线？

解决方案：拟合误差 e_i 最小，即 $\sum e_i^2(\min)$，通过计算确定一元线性回归模型 $Y_i = \beta_0 + \beta_1 X_i + \mu_i$ 参数估计值 $\hat{\beta}_0$、$\hat{\beta}_1$。

3．推导过程

二元函数求极值，令：

$$F(\hat{\beta}_0, \hat{\beta}_1) = \sum e_i^2 = \sum (Y_i - \hat{Y}_i)^2 = \sum (Y_i - \hat{\beta}_0 - \hat{\beta}_1 X_i)^2 \tag{4-10}$$

分别对 $\hat{\beta}_0$、$\hat{\beta}_1$ 求偏导：

$$\begin{cases} \dfrac{\partial F(\hat{\beta}_0, \hat{\beta}_1)}{\partial \hat{\beta}_0} = \dfrac{\partial \sum (Y_i - \hat{\beta}_0 - \hat{\beta}_1 X_i)^2}{\partial \hat{\beta}_0} = \sum (Y_i - \beta_0 - \beta_1 X_i) = 0 \\ \dfrac{\partial F(\hat{\beta}_0, \hat{\beta}_1)}{\partial \hat{\beta}_1} = \dfrac{\partial \sum (Y_i - \hat{\beta}_0 - \hat{\beta}_1 X_i)^2}{\partial \hat{\beta}_1} = \sum (Y_i - \beta_0 - \beta_1 X_i) X_i = 0 \end{cases} \tag{4-11}$$

求解：

$$\begin{cases} \hat{\beta}_0 = \dfrac{\sum Y_i - \beta_1 X_i}{n} \\ \hat{\beta}_1 = \dfrac{\frac{1}{n} \sum X_i \sum Y_i - \sum X_i Y_i}{\frac{1}{n} (\sum X_i)^2 - \sum X_i^2} \end{cases} \tag{4-12}$$

解得：

$$\begin{cases} \hat{\beta}_0 = \dfrac{\sum (X_i - \overline{X})(Y_i - \overline{Y})}{\sum (X_i - \overline{X})^2} \\ \hat{\beta}_0 = \overline{Y} - \hat{\beta}_1 \overline{X} \end{cases} \tag{4-13}$$

其中：

$\overline{X} = \frac{1}{n} \sum X_i$、$\overline{Y} = \frac{1}{n} \sum Y_i$ 分别为 X、Y 的均值。

$\sum \left(\frac{1}{n} \sum X_i \right)^2 = n \left[\left(\frac{1}{n} \right)^2 (\sum X_i)^2 \right]$ 为平均平方值。

4.3.4　多元线性回归

多元线性回归与一元线性回归相对，是研究含有多个自变量与因变量的拟合关系。

1．数学模型

一般方程：

$$Y=\beta_0+\beta_1X_1+\beta_2X_2+\cdots+\beta_dX_n+\mu \tag{4-14}$$

其中：

$X_1,X_2,\cdots,X_n$——自变量，解释变量。

Y——因变量，被解释变量。

β_0——常数项，如偏置。

β_1——偏回归系数，如权重。

μ——影响 Y 的其他因素，是随机误差项。

d——分类数量或属性数量。

写成矩阵形式：

$$Y=\begin{bmatrix}Y_1\\Y_2\\\vdots\\Y_n\end{bmatrix}=\begin{bmatrix}1 & X_{11} & \cdots & X_{1d}\\1 & X_{21} & \cdots & X_{2d}\\\vdots & \vdots & \ddots & \vdots\\1 & X_{n1} & \cdots & X_{nd}\end{bmatrix}\begin{bmatrix}\beta_0\\\beta_1\\\beta_2\\\vdots\\\beta_d\end{bmatrix}+\begin{bmatrix}\mu_1\\\mu_2\\\vdots\\\mu_n\end{bmatrix} \tag{4-15}$$

将误差项 μ 与偏置项 β 合并为一个参数，将矩阵写为：

$$Y=\begin{bmatrix}Y_1\\Y_2\\\vdots\\Y_n\end{bmatrix}=\begin{bmatrix}1 & X_{11} & \cdots & X_{1d}\\1 & X_{21} & \cdots & X_{2d}\\\vdots & \vdots & \ddots & \vdots\\1 & X_{n1} & \cdots & X_{nd}\end{bmatrix}\begin{bmatrix}\beta_0\\\beta_1\\\beta_2\\\vdots\\\beta_d\end{bmatrix} \tag{4-16}$$

其中：

$X_i=(X_{i1};X_{i2};\cdots;X_{id})$——列向量。

$\beta^*=(\beta_0;\beta_1;\cdots;\beta_d)$——列向量。

自变量矩阵：

$$X=\begin{bmatrix}1 & X_1^{\mathrm{T}}\\1 & X_2^{\mathrm{T}}\\\vdots & \vdots\\1 & X_n^{\mathrm{T}}\end{bmatrix} \tag{4-17}$$

其中，X_i^{T} 为向量转置。

则有：

$$Y = X\beta^* \tag{4-18}$$

2．假设条件

假设 1：Y 与 $X_1, X_2, \cdots, X_n$ 具有线性关系。

假设 2：各观测值 $Y_i (i = 1, 2, \cdots, n)$ 相互独立。

假设 3：误差 μ 服从正态分布，即 $\mu \sim N(0, \sigma^2)$。

3．总体回归方程

$$E(Y) = \beta_0 + \beta_1^* X_1 + \beta_2^* X_2 + \cdots + \beta_n^* X_n \tag{4-19}$$

每个 Y 值与 X 在一条直线附近波动，考虑所有 Y 的取值，其均值 $E(Y)$ 与 X 在一条直线上。

4．样本回归方程及模型

样本回归方程：

$$\hat{Y} = \hat{\beta}_0^* + \hat{\beta}_1^* X_1 + \hat{\beta}_2^* X_2 + \cdots + \hat{\beta}_n^* X_n \tag{4-20}$$

样本回归模型：

$$Y = \hat{\beta}_0^* + \hat{\beta}_1^* X_1 + \hat{\beta}_2^* X_2 + \cdots + \hat{\beta}_n^* X_n + e \tag{4-21}$$

即：

$$e = Y - \hat{Y} \tag{4-22}$$

其中：

$\hat{\beta}_0, \hat{\beta}_1, \cdots, \hat{\beta}_n$——分别为 $\beta_0, \beta_1, \cdots, \beta_n$ 的估计值。

e——残差项，也称拟合误差，是 μ 的估计值。

矩阵形式：

$$\hat{Y} = [1 \quad X_1 \quad \cdots \quad X_n] \times \begin{bmatrix} \hat{\beta}_0^* \\ \hat{\beta}_1^* \\ \vdots \\ \hat{\beta}_n^* \end{bmatrix} X\hat{\beta}^* \tag{4-23}$$

其中，$\hat{\beta}^* = (\hat{\beta}_0^*; \hat{\beta}_1^*; \cdots; \hat{\beta}_d^*)$。

5．建立回归方程

原理及原则：同 4.3.3 节最小二乘法的原理及原则。

推导过程：

二元函数求极值，令：

$$F(\hat{\beta}_0, \hat{\beta}_1, \cdots, \hat{\beta}_m) = \sum e_i^2 = \sum (Y - \hat{Y})^2 = \sum (Y - \hat{\beta}_0 - \hat{\beta}_1 X_1 - \cdots - \hat{\beta}_m)^2 \tag{4-24}$$

分别对 $\hat{\beta}_0, \hat{\beta}_1, \cdots, \hat{\beta}_m$ 求偏导，有

$$
\begin{cases}
\dfrac{\partial F(\hat{\beta}_0,\hat{\beta}_1,\cdots,\hat{\beta}_m)}{\partial \hat{\beta}_0}=\dfrac{\partial \sum (Y_i-\hat{\beta}_0-\hat{\beta}_1 X_1-\cdots-\hat{\beta}_m X_m)^2}{\partial \hat{\beta}_0}=0 \\
\dfrac{\partial F(\hat{\beta}_0,\hat{\beta}_1,\cdots,\hat{\beta}_m)}{\partial \hat{\beta}_2}=\dfrac{\partial \sum (Y_i-\hat{\beta}_0-\hat{\beta}_1 X_1-\cdots-\hat{\beta}_m X_m)^2}{\partial \hat{\beta}_1}=0 \\
\vdots \\
\dfrac{\partial F(\hat{\beta}_0,\hat{\beta}_1,\cdots,\hat{\beta}_m)}{\partial \hat{\beta}_m}=\dfrac{\partial \sum (Y_i-\hat{\beta}_0-\hat{\beta}_1 X_1-\cdots-\hat{\beta}_m X_m)^2}{\partial \hat{\beta}_m}=0
\end{cases}
\tag{4-25}
$$

若 $(X^{\mathrm{T}}X)_{k\times k}$ 是满秩矩阵，其逆存在，解得 $\hat{\beta}=(X^{\mathrm{T}}X)^{-1}X^{\mathrm{T}}Y$。

其中，X^{T} 是 X 的转置矩阵。

以上即完成了多元线性回归分析。

4.3.5　二分类神经网络结构

二分类神经网络结构如图 4.12 所示。由图 4.12 可知，二分类神经网络有三层结构：输入层、隐藏层和输出层，输出结果只有两种，其中，输入层数据维度为 1×2，隐藏层数据维度为 2×3，输出层数据维度为 3×1。

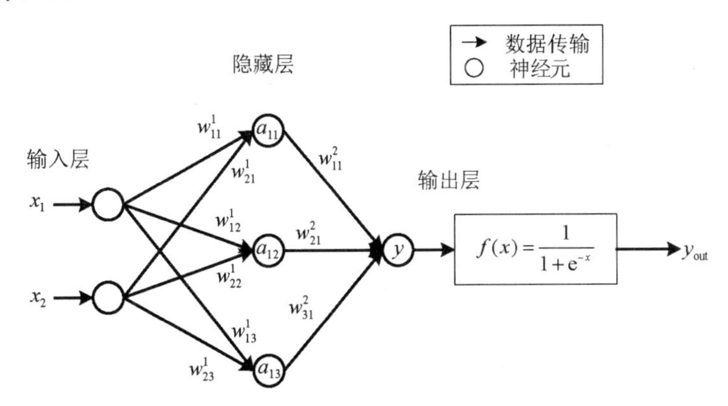

图 4.12　二分类神经网络结构

1．输入层-隐藏层

$$
a=\begin{bmatrix} a_{11} \\ a_{12} \\ a_{13} \end{bmatrix}=\begin{bmatrix} x_1 & x_2 \end{bmatrix}\begin{bmatrix} w_{11}^1 & w_{12}^1 & w_{13}^1 \\ w_{21}^1 & w_{22}^1 & w_{23}^1 \end{bmatrix}=x\cdot W^1 \tag{4-26}
$$

2. 隐藏层-输出层

$$y = \begin{bmatrix} a_{11} & a_{12} & a_{13} \end{bmatrix} \begin{bmatrix} w_{11}^2 \\ w_{21}^2 \\ w_{31}^2 \end{bmatrix} = a \cdot W^2 \tag{4-27}$$

3. 输出-激活-最终输出

$$y_{\text{out}} = f(a \cdot y) = f(x \cdot W^1 \cdot W^2) = \frac{1}{1 + \mathrm{e}^{-x \cdot W^1 \cdot W^2}} \tag{4-28}$$

4. 二分类神经网络源码：【chapter4\binary_nn.py】

```
# 引入 TensorFlow 框架
import tensorflow as tf
# 引入数据处理模块 Numpy
from numpy.random import RandomState
#每批训练数据的量(多少)
batch_size = 8
# 初始化输入层到隐藏层神经网络权重
w1 = tf.Variable(tf.random_normal([2, 3], stddev=1, seed=1))
# 初始化隐藏层到输出层神经网络权重
w2 = tf.Variable(tf.random_normal([3, 1], stddev=1, seed=1))
# 输入数据占位符
x = tf.placeholder(tf.float32, shape=(None,2), name='x-input')
# 输出数据占位符
y_ = tf.placeholder(tf.float32, shape=(None,1), name='y-input')
# 输入与隐藏层权重矩阵计算
a = tf.matmul(x,w1)
# 隐藏层与输出层权重矩阵计算
y = tf.matmul(a,w2)
#反向传播--激活函数
y = tf.sigmoid(y)
#反向传播--损失函数
cross_entropy = -tf.reduce_mean(y_*tf.log(tf.clip_by_value(y, 1e-10,1.0))
    +(1-y)*tf.log(tf.clip_by_value(1-y,1e-10,1.0)))
#优化
train_step = tf.train.AdamOptimizer(0.001).minimize(cross_entropy)
# 输入数据，维度 128×2
rdm = RandomState(1)
dataset_size = 128
# 随机数
X = rdm.rand(dataset_size, 2)
Y = [[int(x1+x2 < 1)] for (x1, x2) in X]
# 新建 TensorFlow 会话
with tf.Session() as sess:
    # 初始化变量
    init_op = tf.global_variables_initializer()
```

```
    sess.run(init_op)
    #设定训练次数
STEPS = 9000
print("====训练结果====")
    for i in range(STEPS):
        #批量训练:batch_size
        start = (i * batch_size)%dataset_size
        end = min(start+batch_size, dataset_size)
        #更新参数
        sess.run(train_step,
            feed_dict={x: X[start:end], y_: Y[start:end]})

        # 每训练 1000 次输出一次训练结果
        if i % 1000 ==0:
            #计算交叉熵
            total_cross_entropy = sess.run(
                cross_entropy, feed_dict={x:X, y_:Y})
            print("训练{}步, 损失值为 {}".format(i, total_cross_entropy))
    print("输入层-隐藏层权重 w1=", sess.run(w1))
    print("隐藏层-输出层权重 w2=", sess.run(w2))
```

二分类神经网络训练控制台显示的结果如下。

```
====训练结果====
训练 0 步, 损失值为 0.31400567293167114
训练 1000 步, 损失值为 0.06845510751008987
训练 2000 步, 损失值为 0.03371498361229896 5
训练 3000 步, 损失值为 0.02055802009999752
训练 4000 步, 损失值为 0.013686738908290863
训练 5000 步, 损失值为 0.009631586261093616
训练 6000 步, 损失值为 0.007073757238686085
训练 7000 步, 损失值为 0.005379783920943737
训练 8000 步, 损失值为 0.004195678513497114
输入层-隐藏层权重 w1= [[-3.5405166  4.0052886  4.235435 ]
 [-4.9568     2.4011915  4.6494966]]
隐藏层-输出层权重 w2= [[-3.118136 ]
 [ 4.324566 ]
 [ 3.7060184]]
```

通过 8000 轮的训练，交叉熵的值逐渐减小，表明预测值和实际值误差逐渐减小，预测更加准确。初始权重 Init w1 和 Init w2 在神经网络的训练过程中发生变化，最终输出训练结果：输入层到隐藏层权重 w1 和隐藏层到输出层权重 w2。

4.4　卷积神经网络

对卷积神经网络的研究可追溯至日本学者福岛邦彦(Kunihiko Fukushima)提出的 neocognitron 模型。在其 1979 和 1980 年发表的论文中，福岛仿造生物的视觉皮层(visual cortex)设计了以

“neocognitron”命名的神经网络。neocognitron 是一个具有深度结构的神经网络，并且是最早被提出的深度学习算法之一，其隐含层由 S 层(Simple-layer)和 C 层(Complex-layer)交替构成。其中 S 层单元在感受野(receptive field)内对图像特征进行提取，C 层单元接收和响应不同感受野返回的相同特征。neocognitron 的 S 层-C 层组合能够进行特征提取和筛选，部分实现了卷积神经网络中卷积层(convolution layer)和池化层(pooling layer)的功能，被认为是启发了卷积神经网络的开创性研究。

第一个卷积神经网络是 1987 年由 Alexander Waibel 等提出的时间延迟网络(Time Delay Neural Network，TDNN)。TDNN 是一个应用于语音识别问题的卷积神经网络，使用 FFT 预处理的语音信号作为输入，其隐含层由两个一维卷积核组成，以提取频率域上的平移不变特征。由于在 TDNN 出现之前，人工智能领域在反向传播算法(Back-Propagation，BP)的研究中取得了突破性进展，因此 TDNN 得以使用 BP 框架进行学习。在原作者的比较试验中，TDNN 的表现超过了同等条件下的隐马尔可夫模型(Hidden Markov Model，HMM)，而后者是 20 世纪 80 年代语音识别的主流算法。

1988 年，Wei Zhang 提出了第一个二维卷积神经网络：平移不变人工神经网络(SIANN)，并将其应用于检测医学影像。Yann LeCun 在 1989 年同样构建了应用于计算机视觉问题的卷积神经网络，即 LeNet 的最初版本。LeNet 包含两个卷积层、两个全连接层，共计 6 万个学习参数，规模远超 TDNN 和 SIANN，且在结构上与现代的卷积神经网络十分接近。LeCun(1989)对权重进行随机初始化后使用了随机梯度下降(Stochastic Gradient Descent，SGD)进行学习，这一策略被其后的深度学习研究所保留。此外，LeCun(1989)在论述其网络结构时首次使用了“卷积”一词，“卷积神经网络”也因此得名。

LeCun(1989)的工作在 1993 年由贝尔实验室(AT&T Bell Laboratories)完成代码开发并被部署于 NCR(National Cash Register Coporation)的支票读取系统。但总体而言，由于数值计算能力有限、学习样本不足，加上同一时期以支持向量机(Support Vector Machine，SVM)为代表的核学习(kernel learning)方法的兴起，使得为各类图像处理问题设计的卷积神经网络停留在了研究阶段，应用端的推广较少。

在 LeNet 的基础上，1998 年 Yann LeCun 及其合作者构建了更加完备的卷积神经网络 LeNet-5 并在手写数字的识别问题中取得成功。LeNet-5 沿用了 LeCun(1989)的学习策略并在原有设计中加入了池化层对输入特征进行筛选。LeNet-5 及其后产生的变体定义了现代卷积神经网络的基本结构，其构筑中交替出现的卷积层-池化层被认为能够提取输入图像的平移不变特征。LeNet-5 的成功使卷积神经网络的应用得到关注，微软在 2003 年使用卷积神经网络开发了光学字符读取(Optical Character Recognition，OCR)系统。其他基于卷积神经网络的应用研究也得到展开，包括人像识别、手势识别等。

在 2006 年深度学习理论被提出后，卷积神经网络的表征学习能力得到了关注，并随着数值计算设备的更新得到发展。自 2012 年的 AlexNet 开始，得到 GPU 计算集群支持的复杂卷积神经网络多次成为 ImageNet 大规模视觉识别竞赛(ImageNet Large Scale Visual Recognition Challenge，ILSVRC)的优胜算法，包括 2013 年的 ZFNet，2014 年的 VGGNet、GoogLeNet 和 2015 年的 ResNet 等。

4.4.1　卷积神经网络作用

卷积神经网络(Convolutional Neural Network，CNN)包括两种基本运算，特征提取和特征映射。特征提取是指提取数据特征或信息，处理过程为每个神经元的输入与前一层的局部接受域相连，提取该局部的特征，完成前一层数据特征信息的提取。当提取局部特征后，相邻神经层间关系也随之确定下来，以上过程实现一次参数存储和数据信息提取。神经网络的每个神经层都由多个特征映射组成，该特征为特征提取的数据信息，每个特征映射是一个平面，平面上所有神经元的权值相同，即权值共享，从而减少了网络自由参数的个数。此外，卷积神经网络中的每一个卷积层都紧跟着一个用来求局部平均与二次提取的计算层，即池化层，这种特有的两次特征提取结构减小了特征分辨率。

CNN 主要用来识别位移、缩放及其他形式扭曲不变形的二维图形。由于 CNN 的特征检测层通过训练数据进行学习，所以使用 CNN 时，避免了显式的特征提取，而隐式地从训练数据中进行学习。由于同一特征映射面上的神经元权值相同，所以网络可以进行学习，这也是卷积网络相对于神经元彼此相连网络的一大优势。卷积神经网络以其局部权值共享的特殊结构在语音识别和图像处理方面有独特的优越性，其布局更接近于实际的生物神经网络，权值共享降低了网络的复杂性，特别是多维输入向量的图像可以直接输入网络这一特点，避免了特征提取和分类过程中数据重建的复杂度。

4.4.2　卷积神经网络结构及计算过程

最基本的卷积神经网络结构如图 4.13 所示。由图可知，卷积神经网络共有 6 层结构，分别为输入层、卷积层、池化层、全连接层、Softmax 层和输出层等。

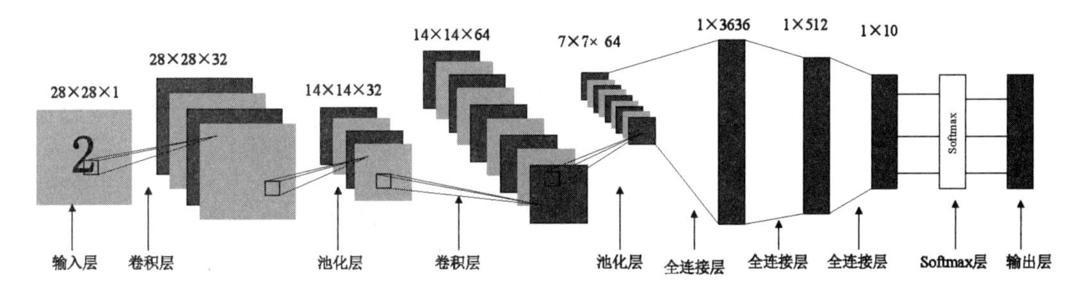

图 4.13　卷积神经网络结构

1. 输入层

输入层实现神经网络的输入。在处理图像的卷积神经网络中，输入层一般表示某张图片的像素矩阵。输入图片以三维矩阵表示，如图 4.14 展示的数据形成 3×4×1 或 3×4×3，其中，3×4 表示图片大小(尺寸)，最后的元素 1 或 3 表示矩阵深度，即图像的色彩通道(channel)，黑白片深度为 1，RGB 色彩模式下，图像深度为 3。从输入层开始，卷积神经网络通过不同的神经网络结构将上一层的三维矩阵转化为下一层的三维矩阵，直到最后的全连接层。输入层对原始图像数据进行预处理，处理方式如表 4.7 所示。

表 4.7　图像数据处理方式

计算方法	描 述
中心化(去均值)	把输入的数据各个维度都中心化为 0，即数据减去均值，使新数据的期望为 0，目的是把样本的中心拉回到坐标原点上，在 0 附近偏移、浮动
归一化	幅度归一化到同样的范围，减少各维度数据取值范围的差异带来的干扰，如两个维度的特征 A 和 B，A 的范围是[1,100]，B 的范围是[1,10 000]，如果直接使用这两个特征是有问题的，正确做法是归一化，将 A 和 B 的数据都变为 0~1 的数据
PCA/白化	用 PCA 降低数据维度，即将数据投影到最大方差的向量方向，以期获取离散程度最大、保留原始数据集信息最完整的低维数据。若做可视化，将数据降维到二维或三维，白化是对数据各个特征轴上的幅度归一化

2. 卷积层

卷积层旨在学习输入数据的特征信息。卷积层由多张特征图(feature maps)组成。每张特征图的每个神经元与它前一层的临近神经元相连，这样的一个临近区域就叫作神经元在前一层的局部感受野。为计算一个新的特征图，输入特征图首先与一个学习好的卷积核(也称滤波器、特征检测器)作卷积，然后将结果传递给一个非线性激活函数，通过应用不同的卷积核得到新的特征图。需要注意的是，生成一个特征图的核是相同的，即权值共享。权值共享的优点：减少模型的复杂度，使网络更易训练。

卷积层是神经网络中最重要的部分。与传统全连接层不同，卷积层中每一个节点的输入只是上一层神经网络的一小块，这个小块常用的大小有 3×3 或 5×5。卷积层试图将神经网络中的每一个小块更加深入地分析，以便得到抽象程度更高的特征。一般通过卷积层处理过的节点矩阵会变得更深。卷积名词如表 4.8 所示。

表 4.8　卷积名词解释

名 词	描 述
局部关联	每个神经元看作一个滤波器(filter)
感受野(receptive field)	滑动窗口，filter 对局部数据进行计算，权重 weights 尺寸即为感受野尺寸，即处理后(相当于压缩)的一个数据可以是从滑窗获取的，这个新的数据感知的是滑窗大小的数据，也称滑动窗口、卷积核
深度(depth)	权重组数，图像层数
步长(stride)	窗口一次滑动的长度
填充值(zero-padding)	补充图像尺寸；如图像尺寸为 5×5(一个格子为 1 像素)，滑动窗口取 2×2，步长取 2，剩下 1 个像素没有滑完，填充一层，变成 6×6 矩阵，此时，窗口刚好可以遍历所有像素，保证输出的图像数据尺寸不变，仍为 5×5；若不填充则使图像尺寸减小为 3×3

1) 卷积计算过程 1

卷积计算过程如图 4.14 所示。三个输入数据层为 5×5 的矩阵，进行特征映射，每个数据层共享卷积核，进行矩阵运算。其中卷积核尺寸为 3×3 的矩阵，移动步长为 1，每次计算不加入偏置，输出矩阵为 3×3 映射矩阵。

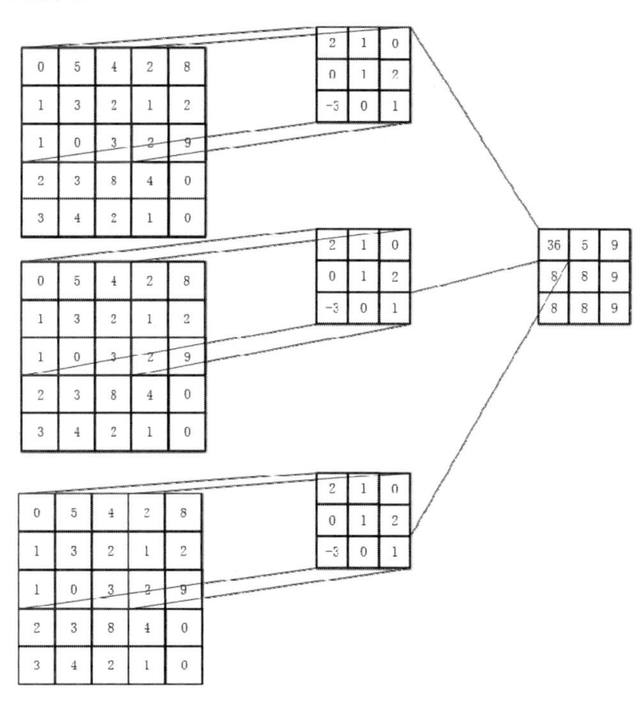

图 4.14　卷积计算过程(1)

2) 卷积计算过程 2

卷积计算过程如图 4.15 所示，滑窗尺寸为 3×3，卷积计算 3×3 的图像区域，获取一个值为 5，这个值是经过“压缩”处理的，它可以感受到的是 3×3 的区域，即 5 的感受野为 3×3。

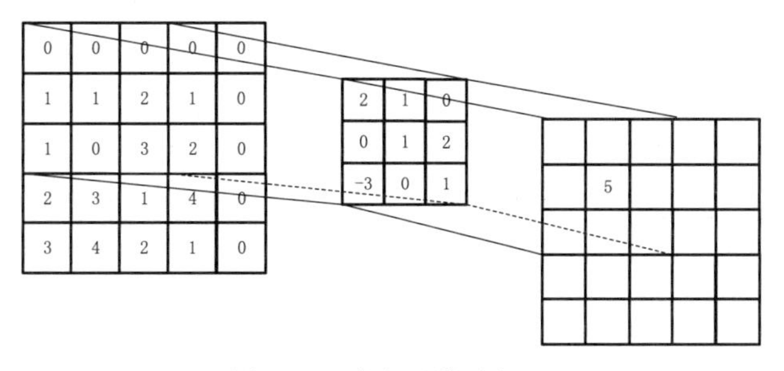

图 4.15　卷积计算过程(2)

3．池化层(pooling)

池化层旨在通过降低特征图的分辨率实现空间不变性。池化层通常位于两个卷积层之间，每个池化层的特征图和其相应的前一卷积层的特征图相连，因此它们的特征图数量相同。典型的池化操作是平均池化和最大池化，通过叠加几个卷积核池化层，可以提取更抽象的特征表示。

池化层神经网络不会改变三维矩阵的深度，但可以改变矩阵的大小。池化操作可理解为将一张分辨率较高的图片转化为分辨率较低的图片。通过池化层，选择邻域中最大的数值作为输出，这样可以进一步减少最后全连接层中节点的个数，从而达到减少神经网络参数的目的。

最大池化层计算如图 4.16 所示，每次取池化层矩阵中最大的数据作为输出数据，如第一个 3×3 的矩阵中，最大值为 5，输出第一个数据为 5。

4．全连接层

全连接层计算如图 4.17 所示。全连接层将图像数据高度抽象为一维数组，如 5×5 矩阵，全连接计算后，输出为 5×1 的一维数组。经过多轮卷积层和池化层的处理之后，在卷积神经网络的最后，一般会由 1~2 个全连接层来给出最后的分类结果。经过几轮卷积层和池化层的处理后，可以认为图像中的信息已经被抽象出了信息含量更高的特征。可将卷积层和池化层看成自动提取图像特征的过程。在特征提取完成之后，仍需使用全连接层完成分类任务。

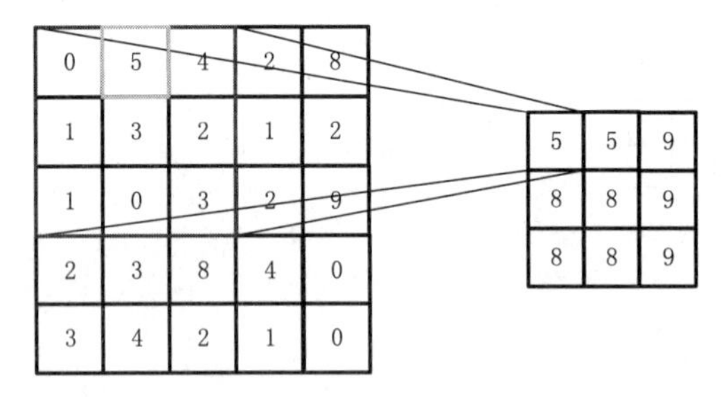

图 4.16　最大池化层计算

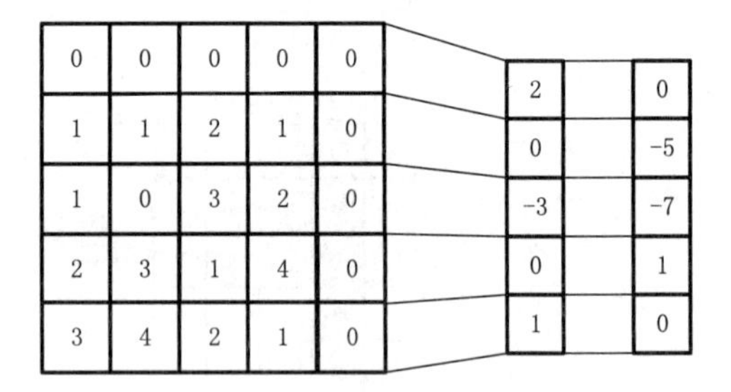

图 4.17　全连接层计算

5．softmax 层

softmax 层主要用于分类问题，通过 softmax 层可以得到当前样例不同种类的概率分布情况，并输出分类结果。

softmax 层分类结果如图 4.18 所示，猫、狗、驴、马和猪 5 种动物的概率分别为 0、0.1、0.7、0.2、0，最大的概率(驴)即为预测结果。

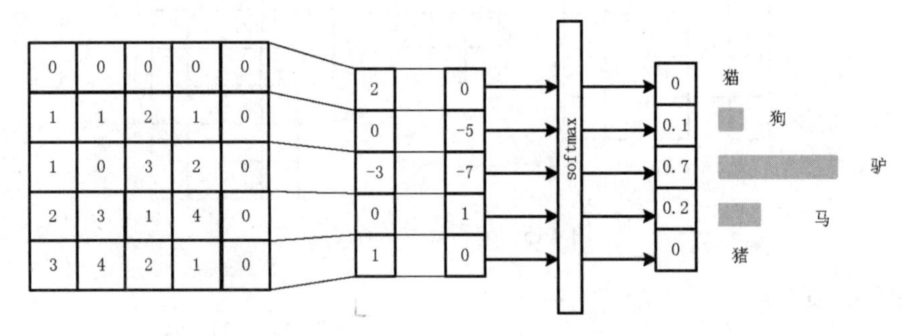

图 4.18　softmax 层分类

4.4.3　LeNet-5 卷积神经网络简介

LeNet-5 模型由 8 层结构组成，分别为输入层(InputLayer)、卷积层(Convolution Layer)、采样层(Subsampling Layer)、卷积层(Convolution Layer)、采样层(Subsampling Layer)、全连接层(Full connection Layer)、全连接层(Full connection Layer)和高斯连接层(Gaussian connections Layer)，如图 4.19 所示。

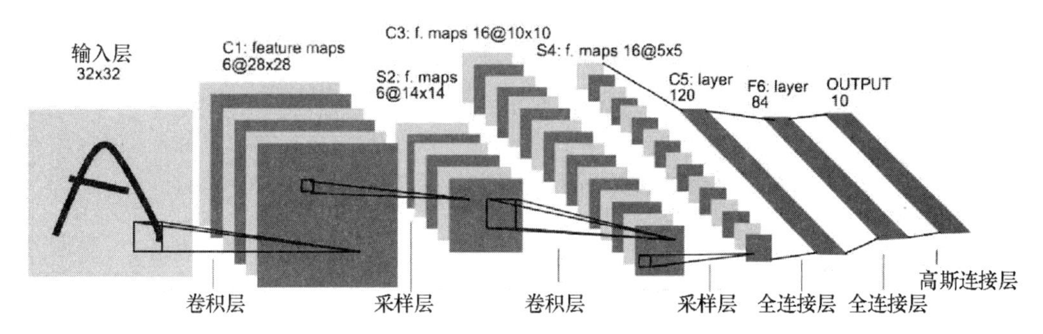

图 4.19　LeNet-5 卷积神经网络结构

1. 神经网络各层解析

下面主要讲解 LeNet-5 卷积神经网络各层的数据计算。

1) 输入层

输入层输入的是原始图像的像素(32×32)，黑白图片，深度为 1。

2) 第一个卷积层

卷积层过滤器/卷积核尺寸为 5×5，深度为 6，不使用全 0 填充，步长为 1。该层输出为 28×28×6，尺寸为 28×28(32−5+1，其中，32 为图像原始高度和宽度，5 为卷积核尺寸，1 为步长)，深度为 6，参数数量为 156(5×5×1×6+6，其中 5×5 为卷积核尺寸，1 为黑白图像深度，第一个 6 为卷积核深度，第二个 6 为偏置项参数)，连接数量为 122 304[28×28×6×(5×5+1)]，参数如表 4.9 所示。

表 4.9　第一个卷积层

采样层参数	描　述
数据尺寸	28×28
深度	6
参数数量	156
连接数量	122 304

3) 第一个采样层

该层的输入是卷积层的输出，即 28×28×6 的节点矩阵，深度为 6，尺寸为 28×28。本层过滤器/

卷积核尺寸为 2×2，长和宽的步长为 2，输出矩阵为 14×14×6，参数如表 4.10 所示。

表 4.10　第一个采样层

采样层参数	描　述
数据尺寸	14×14
深度	6

4) 第二个卷积层

该层输入为采样层的输出，即 14×14×6 的节点矩阵，深度为 6，尺寸为 14×14。本层过滤器/卷积核尺寸为 5×5，深度为 16，不使用全 0 补充，步长为 1，该层的输出为 10×10×16，尺寸为 10×10，深度为 16，参数为 2416(5×5×6×16+16，其中 5×5 为卷积核尺寸，6 为输入层深度，第一个 16 为卷积核深度，第二个 16 为偏置项参数)，连接数量为 41 600[10×10×16×(5×5+1)]，参数如表 4.11 所示。

表 4.11　第二个卷积层

卷积层参数	描　述
数据尺寸	10×10
深度	16
参数数量	2416
连接数量	41600

5) 第二个采样层

该层输入为卷积层输出，即 10×10×16 的节点矩阵，尺寸为 10×10，深度为 16，采用卷积核/过滤器尺寸为 2×2，步长为 2，该层的输出为 5×5×16，参数如表 4.12 所示。

表 4.12　第二个采样层

采样层参数	描　述
数据尺寸	5×5
深度	16

6) 第一个全连接层

该层的输入为采样层的输出，即 5×5×16 的节点矩阵。将该矩阵拉成一个向量，输出节点为 120，参数为 48 120(5×5×16×120+120)。

7) 第二个全连接层

该层输入为 120 个节点，输出为 84 个节点，参数为 10 164(120×84+84)。

8) 高斯连接层

该层输入为 84 个节点，输出为 10 个节点，参数为 850(84×10+10)。

2. Keras 搭建 LeNet-5 卷积神经网络

搭建 LeNet-5 卷积神经网络结构源码如下，详细解析见注释部分，代码可参见文件【chapter4\lenet_sample.py】。

```
# 引入 TensorFlow 框架
import tensorflow as tf
# 引入 Keras
from tensorflow import keras
# 引入 Keras 层结构
from tensorflow.keras import layers
# 重置图结构，为 jupyter notebook 使用
# tf.keras.backend.clear_session()

def lenet_cnn():
    """搭建 LeNet-5 卷积神经网络
    参数:
        无
    返回:
        model: 类实例
    """
    # 实例化
    model = tf.keras.Sequential(name="LeNet-5")
    # 卷积层-1
    model.add(layers.Conv2D(6, (5, 5), activation="relu", input_shape=(32, 32, 1),
        name="conv-1"))
    # 最大池化层-1
    model.add(layers.MaxPooling2D((2,2), name="max-pooling-1"))
    # 卷积层-2
    model.add(layers.Conv2D(16, (5, 5), activation="relu", name="conv-2"))
    # 最大池化层-2
    model.add(layers.MaxPooling2D((2,2), name="max-pooling-2"))
    model.add(layers.Flatten())
    # 全连接层-1
    model.add(layers.Dense(120, activation="relu", name="fullc-1"))
    # 全连接层-2
    model.add(layers.Dense(84, activation="relu", name="fullc-2"))
    # softmax 层
    model.add(layers.Dense(10, activation="softmax", name="softmax"))
    # 展示网络结构
    model.summary()
    # 绘制网络流程
    keras.utils.plot_model(model, "./images/lenet-5.png", show_shapes=True)
    return model

if __name__ == "__main__":
```

```
lenet_cnn()
```

3. Keras 搭建 LeNet-5 卷积神经网络结构及参数

Keras 搭建神经网络时，自动统计网络中的参数数量以及每个神经层的输出数据维度。使用 Keras 搭建的 LeNet-5 卷积神经网络统计数据如下，详细解析如表 4.13 所示。

```
Model: "LeNet-5"
_________________________________________________________________
Layer (type)                 Output Shape              Param #
=================================================================
conv-1 (Conv2D)              (None, 28, 28, 6)         156
_________________________________________________________________
max-pooling-1 (MaxPooling2D) (None, 14, 14, 6)         0
_________________________________________________________________
conv-2 (Conv2D)              (None, 10, 10, 16)        2416
_________________________________________________________________
max-pooling-2 (MaxPooling2D) (None, 5, 5, 16)          0
_________________________________________________________________
flatten (Flatten)            (None, 400)               0
_________________________________________________________________
fullc-1 (Dense)              (None, 120)               48120
_________________________________________________________________
fullc-2 (Dense)              (None, 84)                10164
_________________________________________________________________
softmax (Dense)              (None, 10)                850
=================================================================
Total params: 61,706
Trainable params: 61,706
Non-trainable params: 0
_________________________________________________________________
```

表 4.13　Keras 搭建 LeNet-5 卷积神经网络参数解析

参　数	描　述
Model: "LeNet-5"	网络结构名称为 LeNet-5
Layer (type)	网络层名称及网络层计算类型，例如：conv-2 (Conv2D)。 conv-2：卷积层名称，开发者定义； Conv2D：卷积计算，开发者定义的计算形式，其他计算形式如池化计算 MaxPooling2D、二维矩阵计算 Dense
Output Shape	网络层输出数据维度，如(None, 28, 28, 6)。 None：批量数据尺寸，若为 None，则根据训练的数据量进行自动调整； 28,28,6：该层输出的数据维度
Param	该层网络的参数数量，如 850，表示该层的权重和偏置参数数量共有 850 个

4. LeNet-5 卷积神经网络工作流程

使用 Keras 搭建卷积神经网络一方面可以获取神经网络的参数数量以及每层数据的维度，另一方面，为开发者提供了神经网络工作流程图(通过 Keras 工具 plot_model 绘制)，如图 4.20 所示，图中给出了卷积神经网络的完整工作过程，以及每层网络的数据结构。

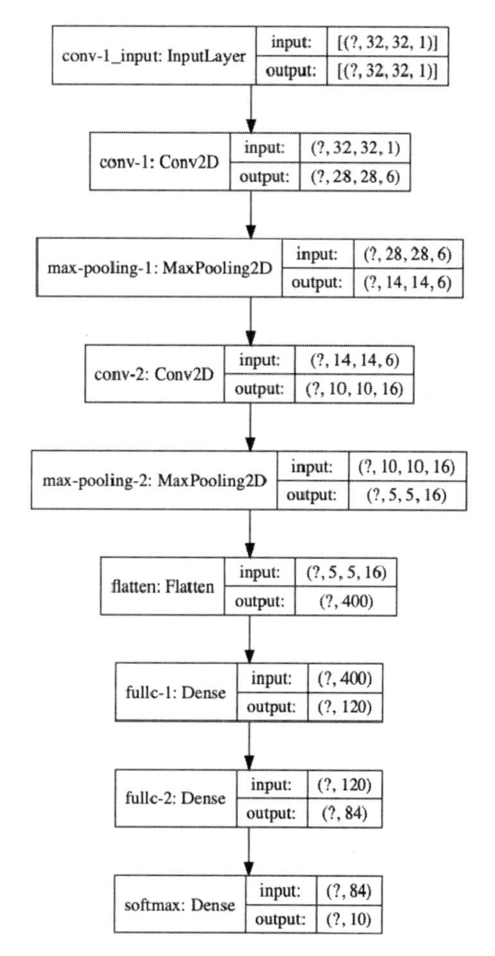

图 4.20　LeNet-5 网络流程图

4.4.4　VGGNet 卷积神经网络简介

VGG(Visual Geometry Group)是牛津大学工程科学院(Department of Engineering Science, University of Oxford)视觉组和 Google DeepMind 公司研究员参加 2004 ILSVRC (The ImageNet Large Scale Visual Recognition Challenge)比赛时设计的深度卷积神经网络。VGGNet 研究了卷积神经网络的深度与特征提取性能间的关系，并搭建了 16 层和 19 层层深的卷积神经网络，证明了卷积神经网络的深度在一定程度上影响卷积神经网络最终的特征提取性能，并且 VGGNet 的迁移学习效果较好，被广泛应用于图像特征提取的预训练网络。其中快速图像风格迁移就是典型的成功应用。

VGGNet 根据权重层层数分为 11 层、13 层、16 层和 19 层等，不同权重层数的对应结构信息如表 4.14 所示。

表 4.14　VGGNet 不同权重层对应的网络结构

层数分类	A	A-LRN	B	C	D	E
权重层数/层	11	11	13	16	16	19
输入层	input(224×224 RGB 图像)					
卷积层-1 组	conv3-64	conv3-64	conv3-64	conv3-64	conv3-64	conv3-64
		LRN	conv3-64	conv3-64	conv3-64	conv3-64
池化层-1	max-pooling					
卷积层-2 组	conv3-128	conv3-128	conv3-128	conv3-128	conv3-128	conv3-128
			conv3-128	conv3-128	conv3-128	conv3-128

续表

<table>
<tr><th>层数分类</th><th>A</th><th>A-LRN</th><th>B</th><th>C</th><th>D</th><th>E</th></tr>
<tr><td>池化层-2</td><td colspan="6">max-pooling</td></tr>
<tr><td rowspan="4">卷积层-3 组</td><td rowspan="2">conv3-256</td><td rowspan="2">conv3-256</td><td rowspan="2">conv3-256</td><td>conv3-256</td><td>conv3-256</td><td>conv3-256</td></tr>
<tr><td>conv3-256</td><td>conv3-256</td><td>conv3-256</td></tr>
<tr><td rowspan="2">conv3-256</td><td rowspan="2">conv3-256</td><td rowspan="2">conv3-256</td><td rowspan="2">conv1-256</td><td rowspan="2">conv3-256</td><td>conv3-256</td></tr>
<tr><td>conv3-256</td></tr>
<tr><td>池化层-3</td><td colspan="6">max-pooling</td></tr>
<tr><td rowspan="4">卷积层-4 组</td><td rowspan="2">conv3-512</td><td rowspan="2">conv3-512</td><td rowspan="2">conv3-512</td><td>conv3-512</td><td>conv3-512</td><td>conv3-512</td></tr>
<tr><td>conv3-512</td><td>conv3-512</td><td>conv3-512</td></tr>
<tr><td rowspan="2">conv3-512</td><td rowspan="2">conv3-512</td><td rowspan="2">conv3-512</td><td rowspan="2">conv1-512</td><td rowspan="2">conv3-512</td><td>conv3-512</td></tr>
<tr><td>conv1-512</td></tr>
<tr><td>池化层-4</td><td colspan="6">max-pooling</td></tr>
<tr><td rowspan="4">卷积层-5 组</td><td rowspan="2">conv3-512</td><td rowspan="2">conv3-512</td><td rowspan="2">conv3-512</td><td>conv3-512</td><td>conv3-512</td><td>conv3-512</td></tr>
<tr><td>conv3-512</td><td>conv3-512</td><td>conv3-512</td></tr>
<tr><td rowspan="2">conv3-512</td><td rowspan="2">conv3-512</td><td rowspan="2">conv3-512</td><td rowspan="2">conv3-512</td><td rowspan="2">conv3-512</td><td>conv3-512</td></tr>
<tr><td>conv3-512</td></tr>
<tr><td>池化层-5</td><td colspan="6">max-pooling</td></tr>
<tr><td>全连接层-1</td><td colspan="6">FC-4096</td></tr>
<tr><td>全连接层-2</td><td colspan="6">FC-4096</td></tr>
<tr><td>全连接层-3</td><td colspan="6">FC-4096</td></tr>
<tr><td>分类层</td><td colspan="6">softmax</td></tr>
<tr><td>输出层</td><td colspan="6">output</td></tr>
</table>

以 VGG-16 卷积神经网络为例，其网络结构如图 4.21 所示。

VGGNet 卷积神经网络术语解析如表 4.15 所示。

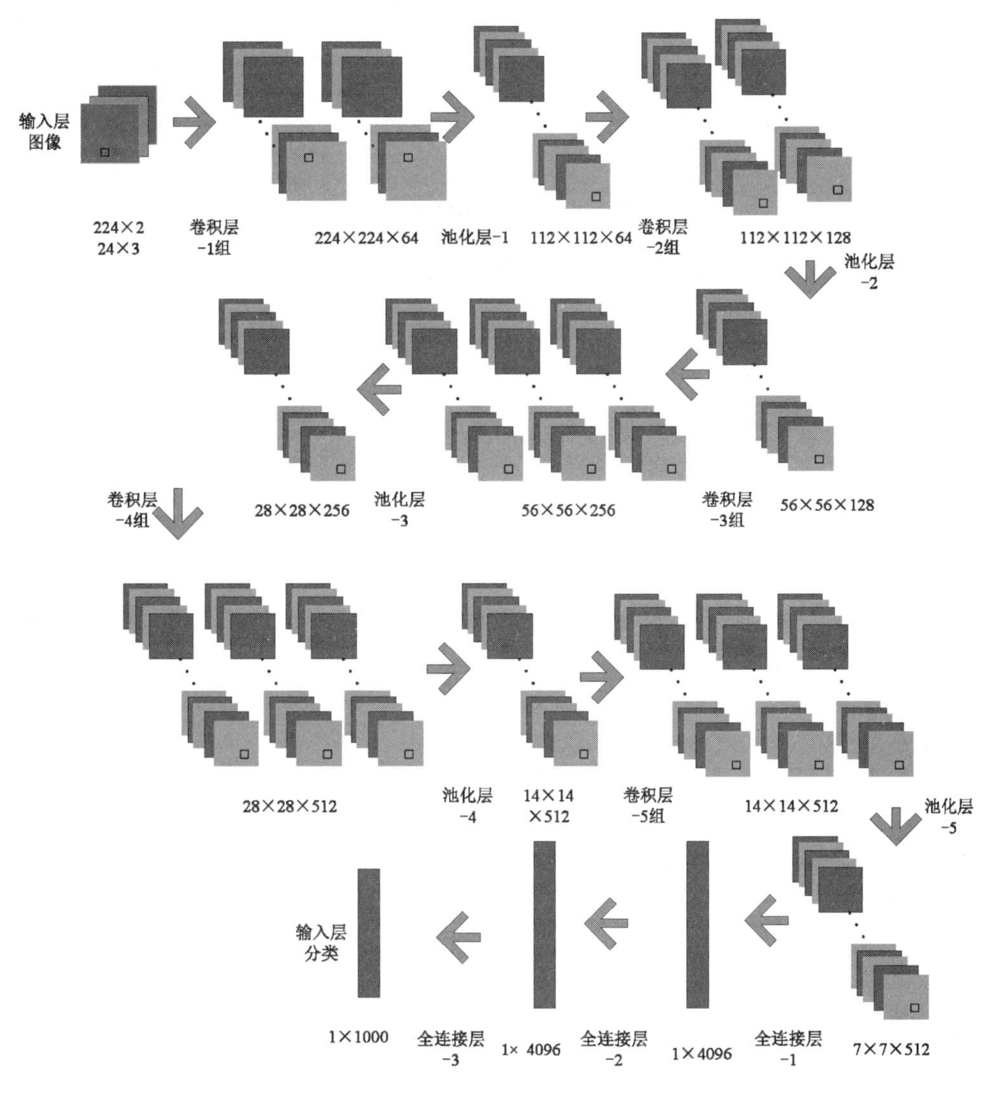

图 4.21　VGG-16 卷积神经网络结构

表 4.15　VGGNet 卷积神经网络术语解析

术　语	描　述
A~E	卷积神经网络的深度，从 11 层递增至 19 层
conv3-512	卷积层计算参数，格式为：conv[卷积核尺寸]-[卷积深度]，如 conv3-512，卷积核尺寸为 3×3，卷积深度为 512，即 512 层图像数据
16weight layers	权重层，16 表示权重层数量，权重层表示更新卷积神经网络中的权重参数的神经层，如卷积层、全连接层

由图 4.21 可知，VGG-16 卷积神经网络共有 6 个部分组成：输入层(inputlayer)、卷积层(convolution layer)、最大池化层(max-pooling layer)、全连接层(full-connection layer)、分类层(softmax)和输出层(output)。VGG-16 卷积神经网络各层结构如表 4.16 所示，VGG-16 详细应用见第 9 章 9.1.2 小节 VGG16 卷积神经网络结构解析。

表 4.16 VGG-16 卷积神经网络结构参数

网 络 层	参 数	输出数据维度
输入层	inputs	[224,224,3]
卷积层-1 组	conv1_1	[224,224,64]
	conv1_2	[224,224,64]
池化层-1	pooling_1	[112,112,64]
卷积层-2 组	conv2_1	[112,112,128]
	conv2_2	[112,112,128]
池化层-2	pooling_2	[56,56,128]
卷积层-3 组	conv3_1	[56,56,256]
	conv3_2	[56,56,256]
	conv3_3	[56,56,256]
池化层-3	pooling_3	[28,28,256]
卷积层-4 组	conv4_1	[28,28,512]
	conv4_2	[28,28,512]
	conv4_3	[28,28,512]
池化层-4	pooling_4	[14,14,512]
卷积层-5 组	conv5_1	[14,14,512]
	conv5_2	[14,14,512]
	conv5_3	[14,14,512]
池化层-5	pooling_5	[7,7,512]
全连接层-1	fullc_1	[4096,1]
全连接层-2	fullc_2	[4096,1]
全连接层-3	fullc_3	[1000,1]
输出层	outputs	[1000,1]

1. Keras 搭建 VGG-16 卷积神经网络

Keras 搭建 VGG-16 卷积神经网络标准结构源码如下。代码可参见文件【chapter4\vggnet_sample.py】。

```
# 引入 TensorFlow 框架
```

```
import tensorflow as tf
# 引入 Keras
from tensorflow import keras
# 引入 Keras 层结构
from tensorflow.keras import layers

def vggnet_cnn():
    """搭建 LeNet-5 卷积神经网络
    参数:
        无
    返回:
        model: 类实例
    """
    # 实例化
    model = tf.keras.Sequential(name="VGGNet")
    # 卷积组-1
    model.add(
        layers.Conv2D(64, (3, 3),
        padding="same",
        activation="relu",
        input_shape=(224, 224, 3),
        name="conv1-1")
        )
    model.add(
        layers.Conv2D(64, (3, 3),
        padding="same",
        activation="relu",
        name="conv1-2")
        )
    # 最大池化层-1
    model.add(
        layers.MaxPooling2D((2,2),
        name="max-pooling-1")
        )
    # 卷积组-2
    model.add(
        layers.Conv2D(128, (3, 3),
        padding="same",
        activation="relu",
        name="conv2-1"))
    model.add(
        layers.Conv2D(128, (3, 3),
        padding="same",
        activation="relu",
        name="conv2-2")
```

```
    )
# 最大池化层-2
model.add(
    layers.MaxPooling2D((2,2),
    name="max-pooling-2")
    )
# 卷积组-3
model.add(
    layers.Conv2D(256, (3, 3),
    padding="same",
    activation="relu",
    name="conv3-1")
    )
model.add(
    layers.Conv2D(256, (3, 3),
    padding="same",
    activation="relu",
    name="conv3-2")
    )
model.add(
    layers.Conv2D(256, (3, 3),
    padding="same",
    activation="relu",
    name="conv3-3")
    )
# 最大池化层-3
model.add(
    layers.MaxPooling2D((2,2),
    name="max-pooling-3")
    )
# 卷积组-4
model.add(
    layers.Conv2D(512, (3, 3),
    padding="same",
    activation="relu",
    name="conv4-1")
    )
model.add(
    layers.Conv2D(512, (3, 3),
    padding="same",
    activation="relu",
    name="conv4-2")
    )
model.add(
    layers.Conv2D(512, (3, 3),
```

```
    padding="same",
    activation="relu",
    name="conv4-3")
    )
# 最大池化层-4
model.add(
    layers.MaxPooling2D((2,2),
    name="max-pooling-4")
    )
# 卷积组-5
model.add(
    layers.Conv2D(512, (3, 3),
    padding="same",
    activation="relu",
    name="conv5-1")
    )
model.add(
    layers.Conv2D(512, (3, 3),
    padding="same",
    activation="relu",
    name="conv5-2")
    )
model.add(
    layers.Conv2D(512, (3, 3),
    padding="same",
    activation="relu",
    name="conv5-3")
    )
# 最大池化层-5
model.add(
    layers.MaxPooling2D((2,2),
    name="max-pooling-5")
    )
# 数据拉伸
model.add(layers.Flatten())
# 全连接层-1
model.add(
    layers.Dense(4096,
    activation="relu",
    name="fullc-1")
    )
# 全连接层-2
model.add(
    layers.Dense(4096,
    activation="relu",
    name="fullc-2")
```

```
        )
    # 全连接层-3
    model.add(
        layers.Dense(4096,
        activation="relu",
        name="fullc-3")
        )
    # softmax层
    model.add(
        layers.Dense(1000,
        activation="softmax",
        name="softmax")
        )
    # 展示网络结构
    model.summary()
    # 绘制网络流程
    keras.utils.plot_model(
        model,
        "./images/vggnet.png",
        show_shapes=True
        )
    return model

if __name__ == "__main__":
    vggnet_cnn()
```

2. 模型结构及参数

Keras 搭建 VGG-16 卷积神经网络各层参数及输出数据结构如下。参数详细解析如上一小节 LeNet-5 所示。

```
Model: "VGGNet"
_________________________________________________________________
Layer (type)                 Output Shape              Param #
=================================================================
conv1-1 (Conv2D)              (None, 224, 224, 64)      1792
_________________________________________________________________
conv1-2 (Conv2D)              (None, 224, 224, 64)      36928
_________________________________________________________________
max-pooling-1 (MaxPooling2D) (None, 112, 112, 64)      0
_________________________________________________________________
conv2-1 (Conv2D)              (None, 112, 112, 128)     73856
_________________________________________________________________
conv2-2 (Conv2D)              (None, 112, 112, 128)     147584
_________________________________________________________________
max-pooling-2 (MaxPooling2D) (None, 56, 56, 128)       0
```

```
_________________________________________________________________
conv3-1 (Conv2D)           (None, 56, 56, 256)     295168
_________________________________________________________________
conv3-2 (Conv2D)           (None, 56, 56, 256)     590080
_________________________________________________________________
conv3-3 (Conv2D)           (None, 56, 56, 256)     590080
_________________________________________________________________
max-pooling-3 (MaxPooling2D) (None, 28, 28, 256)     0
_________________________________________________________________
conv4-1 (Conv2D)           (None, 28, 28, 512)     1180160
_________________________________________________________________
conv4-2 (Conv2D)           (None, 28, 28, 512)     2359808
_________________________________________________________________
conv4-3 (Conv2D)           (None, 28, 28, 512)     2359808
_________________________________________________________________
max-pooling-4 (MaxPooling2D) (None, 14, 14, 512)     0
_________________________________________________________________
conv5-1 (Conv2D)           (None, 14, 14, 512)     2359808
_________________________________________________________________
conv5-2 (Conv2D)           (None, 14, 14, 512)     2359808
_________________________________________________________________
conv5-3 (Conv2D)           (None, 14, 14, 512)     2359808
_________________________________________________________________
max-pooling-5 (MaxPooling2D) (None, 7, 7, 512)     0
_________________________________________________________________
flatten (Flatten)          (None, 25088)         0
_________________________________________________________________
fullc-1 (Dense)            (None, 4096)         102764544
_________________________________________________________________
fullc-2 (Dense)            (None, 4096)         16781312
_________________________________________________________________
fullc-3 (Dense)            (None, 4096)         16781312
_________________________________________________________________
softmax (Dense)            (None, 1000)         4097000
=================================================================
Total params: 157,498,664
Trainable params: 157,498,664
Non-trainable params: 0
_________________________________________________________________
```

3. VGG-16 卷积神经网络工作流程

VGG-16 工作流程如图 4.22 所示。由图 4.22 可知 VGG-16 卷积神经网络的计算过程。

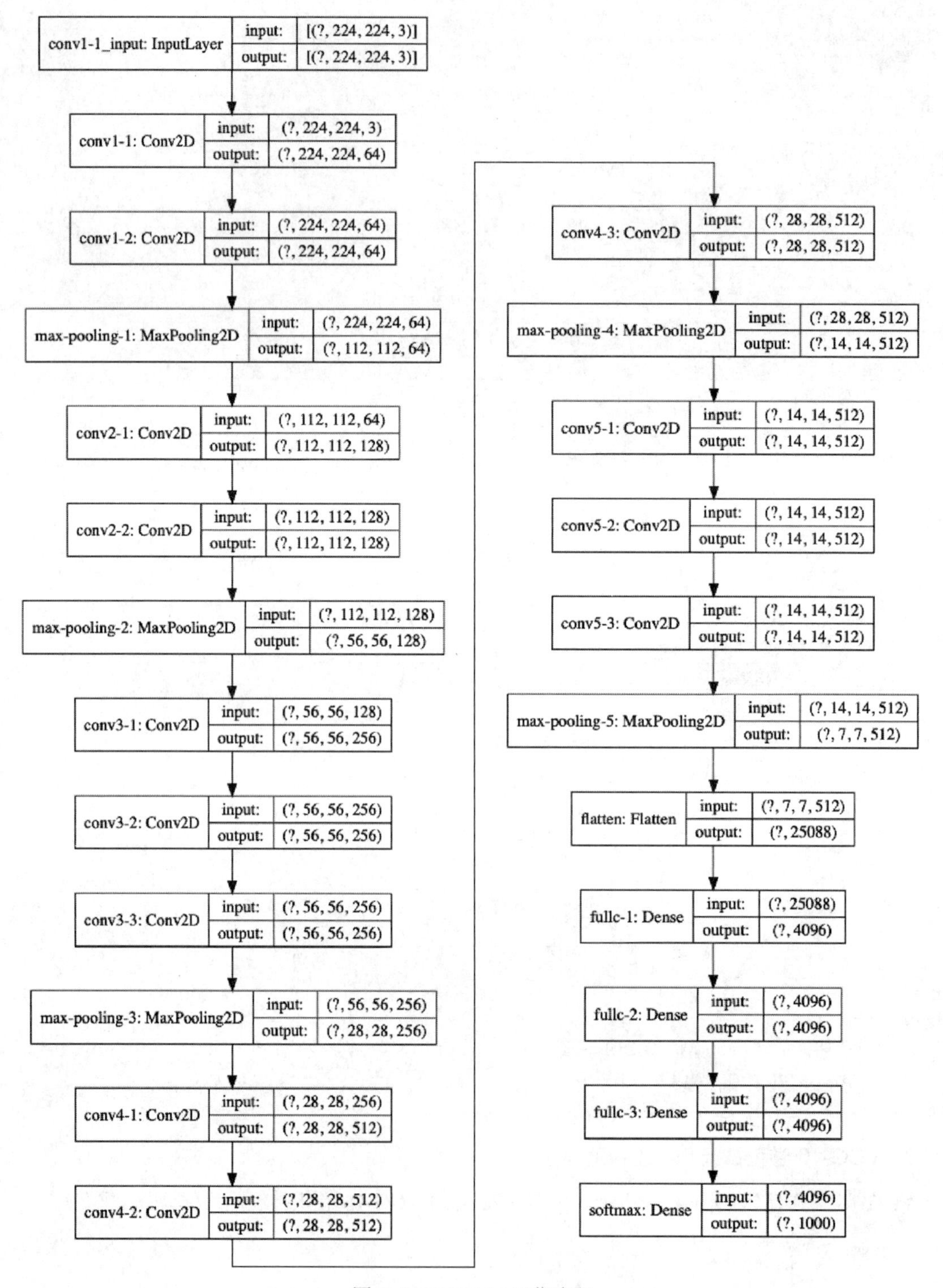

图 4.22　VGG-16 工作流程

4.5 小　　结

本章主要讲解了人工智能核心基础知识，主要内容如下。

(1) 神经网络分类：生物神经网络、人工神经网络。

(2) 人工神经网络是基于人类对生物神经网络的研究及总结得出的分析工具，主要应用于结果预测。其理论基础为回归分析，神经网络分类繁多，目前应用广泛的是卷积神经网络。

(3) 神经网络训练基本步骤：定义神经网络结构及前向传播结果；定义损失函数及选择反向传播优化算法；定义会话、训练模型、评估训练模型、部署模型。

(4) 典型卷积神经网络：LeNet-5 卷积神经网络和 VGGNet 卷积神经网络结构的结构解析，两种卷积神经网络结构的 Keras 源码及解析。

第 5 章 图 像 处 理

图像处理是人工智能视觉领域的核心课题，本章将介绍图像数据解析和图像数据处理的基础知识和简单应用。其中，图像数据解析从图像编码和图像解码两方面讲解；图像数据处理从图像尺寸调整、图像裁剪、图像亮度调节和图像旋转四个方面讲解。本章介绍的图像处理方法，是神经网络训练过程之前的图像预处理，将原始图像数据集处理为符合训练要求的图像数据集，如原始图像尺寸为276×280×3，卷积神经网络的输入图像数据尺寸为224×224×3，那么就需要对原始数据集进行预处理。TensorFlow 提供了丰富的图像处理接口，可满足图像处理的一般要求，如图像尺寸调整、图像切割、色彩调整、图像旋转和图像编码与解码等。

5.1 图像数据解析

图像数据解析最基本的应用是图像编码和图像解码，在实际应用中获取的图像数据源格式不一，如*.png 或*.jpeg 格式的图像、Base 64 编码的图像等，需要将这些图像数据整理成神经网络训练所需要的数据格式，如图像字节数据、图像 Base 64 编码或者 TFRecord 格式的数据。

5.1.1 图像编码

图像编码是将格式为*.png 或*.jpeg 的图像转换为标准 Base 64 编码的过程。使用 TensorFlow 进行图像编码的过程如图 5.1 所示。

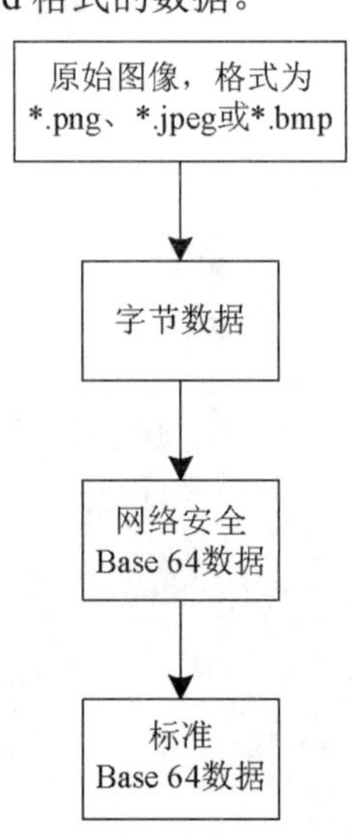

图 5.1 TensorFlow 图像编码过程

图 5.1 中，先将获取的*.png、*.jpeg 或*.bmp 格式的图像转换为字节数据，再将字节数据转换为网络安全(web-safe)的 Base 64 数据，最后将网络安全的 Base 64 数据转换为标准的 Base 64 数据。其中，网络安全的 Base 64 数据使用“-”代替“+”，使用“_”代替“/”，保证数据在网络传输过程中的正确性。标准的 Base 64 数据中的“+”和“/”在网络传输过程中会变为“%XX”格式，而“%”在存入数据库时需要进行转换，因为“%”是 ANSI SQL 的通配符，因此 TensorFlow 在对图像进行 Base 64 编码时，直接将图像编码为网络安全的 Base 64 格式。

1. 原始图像转换为字节数据

格式为*.png、*.jpeg 或*.bmp 图像的读取方式有两种：tf.io.read_file 和 tf.io.gfile，都是将原始图像转换为字节数据。图像读取代码如下，具体解析见注释部分。

1) tf.io.read_file 读取图像

代码可参见文件【chapter5\image_read_sample.ipynb】。

```
# 引入 TensorFlow 框架
import tensorflow as tf
# 重置图结构，为 jupyter notebook 使用
tf.keras.backend.clear_session()
print("Tensorflow:{}".format(tf.__version__))

def read_image_io_read_file(image_path):
    """图像读取
    参数:
        image_path: 图像路径
    返回:
        图像字节编码
    """
    # 图像读取
    img_bytes = tf.io.read_file(image_path)
    return img_bytes

if __name__ == "__main__":
    image_path = "./images/swimming_monkey.jpg"
    img_bytes = read_image_io_read_file(image_path)
    print("图像字节编码:{}".format(img_bytes))
```

运行结果如下。

```
Tensorflow:2.0.0
图像字节编码:b'\xff\xd8\xff\xe0\x00\x10JFIF\x00\x01\x01\x01\x01,\x01,\x00\x00
\xff\xdb\x00C\x00\x05\x03\x04\x04\x04\x03\x05\x04\x04\x04\x05\x05\x05\x06\x07
\x0c\x08\x07\x07\x07\x07\x0f\x0b\x0b\t\x0c\x11\x0f\x12\x12\x11\x0f\x11\x11\x13
\x16\x1c\x17\x13\x14\x1a\x15\x11\x11\x18!\x18\x1a\x1d\x1d\x1f\x1f\x1f\x13\x17"$"
\x1e$\x1c\x1e\x1f\x1e\xff\xdb\x00C\x01\x05\x05\x05\x07\x06\x07\x0e\x08\x08\x0e
\x1e\x14\x11\x14\x1e\x1e\x1e\x1e\x1e\x1e\x1e\…
xf88\xcf\xeb\x19\xd2v\xc6q\x9d\xa3\xc9\xf8z\x8f\x1f\x8f\x13\xc4x\x9d\'Hu?\xd7
\xf0\xee\x1cN\xd1\xe5\x1e\xe3\xf8\xe1\xf5:\xfc=G\x82w\xf5\xf8?\xff\xd9'
```

由运行结果可知，上述代码完成了原始图像编码，通过 tf.io.read_file 将图像数据转换为字节数据，字节数据可用于网络间的图像传输。

2) tf.io.gfile 读取图像

代码可参见文件【chapter5\image_read_sample.ipynb】。

```
# 引入 TensorFlow 框架
import tensorflow as tf
# 重置图结构，为 jupyter notebook 使用
tf.keras.backend.clear_session()
print("Tensorflow:{}".format(tf.__version__))
```

```
def read_image_io_gfile(image_path):
    """图像读取
    参数:
        image_path: 图像路径
    返回:
        图像字节编码
    """
    # 图像读取
    img_bytes = tf.io.gfile.GFile(image_path, "rb").read()
    return img_bytes

if __name__ == "__main__":
    image_path = "./images/swimming_monkey.jpg"
    img_bytes = read_image_io_gfile(image_path)
    print("图像字节编码:{}".format(img_bytes))
```

运行结果如下。

```
Tensorflow:2.0.0
图像字节编码:b'\xff\xd8\xff\xe0\x00\x10JFIF\x00\x01\x01\x01\x01,\x01,\x00\x00
\xff\xdb\x00C\x00\x05\x03\x04\x04\x04\x03\x05\x04\x04\x04\x05\x05\x05\x06\x07
\x0c\x08\x07\x07\x07\x07\x0f\x0b\x0b\t\x0c\x11\x0f\x12\x12\x11\x0f\x11\x11\x13
\x16\x1c\x17\x13\x14\x1a\x15\x11\x11\x18!\x18\x1a\x1d\x1d\x1f\x1f\x1f\x13\x17"$"
\x1e$\x1c\x1e\x1f\x1e\xff\xdb\x00C\x01\x05\x05\x05\x07\x06\x07\x0e\x08\x08\x0e
\x1e\x14\x11\x14\x1e\x1e\x1e\x1e\x1e\x1e\x1e\x1e\x1e\x1e\x1e\x1e\x1e\x1e\x1e\x1e
\x1e\x1e\x1e\x1e\x1e\x1e\x1e\x1e\x1e\x1e\x1e\x1e\x1e\x1e\x1e\x1e\x1e\x1e\x1e\x…
xf88\xcf\xeb\x19\xd2v\xc6q\x9d\xa3\xc9\xf8z\x8f\x1f\x8f\x13\xc4x\x9d\'Hu?\xd7
\xf0\xee\x1cN\xd1\xe5\x1e\xe3\xf8\xe1\xf5:\xfc=G\x82w\xf5\xf8?\xff\xd9'
```

由运行结果可知，上述代码完成了原始图像数据的读取，通过 tf.io.gfile 将图像数据转换为字节数据。

在 TensorFlow 中图像字节码是图像处理的基础数据，一切图像处理的第一步，都是将其转换为字节码。

2. 图像转换为网络安全 Base 64 编码

代码可参见文件【chapter5\image_read_sample.ipynb】。

```
# 引入 TensorFlow 框架
import tensorflow as tf
# 重置图结构，为 jupyter notebook 使用
tf.keras.backend.clear_session()
print("Tensorflow:{}".format(tf.__version__))

def image_encode(image_path):
    """图像读取
```

```
    参数:
        image_path: 图像路径
    返回:
        图像Base 64编码
    """
    # 图像读取
    img_bytes = tf.io.read_file(image_path)
    img_b64 = tf.io.encode_base64(img_bytes)
    return img_b64

if __name__ == "__main__":
    image_path = "./images/swimming_monkey.jpg"
    img_b64 = image_encode(image_path)
    img_b64 = format(img_b64)[2:-1]
    print("网络安全Base 64编码:{}".format(img_b64))
```

运行结果如下。

```
Tensorflow:2.0.0
网络安全 Base 64 编码:_9j_4AAQSkZJRgABAQEBLAEsAAD_2wBDAAUDBAQEAwUEBAQFBQUGBwwIBwcHBw
8LCwkMEQ8SEhEPERETFhwXExQaFRERGCEYGh0dHx8fExciJCIeJBweHx7_2wBDAQUFBQcGBw4ICA4eF
BEUHh4eHh4eHh4eHh4eHh4eHh4eHh4eHh4eHh4eHh4eHh4eHh4eHh4eHh4eHh4eHh7_wgARCAGq
AoADASIAAhEBAxEB_8QAGwAAAgMBAQEAAAAAAAAAAAAAAAgMAAQQFBgf_xAAZAQEBAQEBAQAAAAAAAAA
AAAAAAQIDBAX_2gAMAwEAAhADEAAAAfIkydeK4VgDoNM7XFqIYV3J9fndTpz3aMrNY1sx0uxedYWZeT
GpimfHQ7VM6fFlAI0KmseXZkzpMYaiwrqio0EXFZmNxS2yysWL
…
Ydfg4nSdvicoR6nmcpyPw9R6jOT8w6jxHicGdZwnScpw_Bwfxcp0-fwPM6PicD5nM-Y8Tk_g4z-
sZ0nbGcZ2jyfh6jx-PE8R4nSdIdT_X8O4cTtHlHuP44fU6_D1Hgnfl-D__2Q
```

上述代码先将图像转换为字节码，再将字节码转换为 Base 64 格式的数据。Base 64 编码是网络安全的 Base 64 编码，即使用“_”代替了“/”，使用“-”代替了“+”。

3．图像转换为标准 Base 64 编码

根据上述介绍，标准 Base 64 编码与网络安全的 Base 64 编码的数据内容不同，因此将网络安全 Base 64 编码的数据，进行对应的替换即可转换为标准 Base 64 编码，但需要添加的一个规则是：标准 Base 64 编码字符串个数是 4 的整数倍，不足整数倍的，需要在字符串结尾添加“=”补充，直至满足 4 的整数倍。代码如下，详细解析见注释部分，代码可参见文件【chapter5\image_read_sample.ipynb】。

```
# 引入TensorFlow框架
import tensorflow as tf
# 重置图结构，为jupyter notebook使用
tf.keras.backend.clear_session()
print("Tensorflow:{}".format(tf.__version__))

def image_encode(image_path):
```

```
    """图像读取
    参数:
        image_path: 图像路径
    返回:
        图像 Base 64 编码
    """
    # 图像读取
    img_bytes = tf.io.read_file(image_path)
    img_b64 = tf.io.encode_base64(img_bytes)
    return img_b64

def web_safe_to_standard(websafe_b64):
    """网络安全 Base 64 图像编码转换为标准 Base 64 编码
    参数:
        网络安全 Base 64 编码字符串
    返回:
        标准 Base 64 编码字符串
    """
    img_b64 = list(websafe_b64)
    img_b64_lis = []
    for i in range(len(img_b64)):
        # "-" 替换为 "+"
        if img_b64[i] == "-":
            img_b64_lis.append("+")
        elif img_b64[i] == "_":# _替换为/
            img_b64_lis.append("/")
        else:
            img_b64_lis.append(img_b64[i])
    # 不足 4 倍整数的使用 "=" 填充
    if len(img_b64_lis) % 4 == 0:
        pass
    else:
        remainder = len(img_b64_lis) % 4
        for j in range(remainder):
            img_b64_lis.append("=")
    img_b64 = "".join(img_b64_lis)
    return img_b64


if __name__ == "__main__":
    image_path = "./images/swimming_monkey.jpg"
    img_b64 = image_encode(image_path)
    websafe_b64 = format(img_b64)[2:-1]
    img_b64 = web_safe_to_standard(websafe_b64)
    print("标准 Base 64 编码:{}".format(img_b64))
```

运行结果如下。

```
Tensorflow:2.0.0
标准 Base 64 编码:/9j/4AAQSkZJRgABAQEBLAEsAAD/2wBDAAUDBAQEAwUEBAQFBQUGBwwIBwcHBw8LCwkMEQ8SEhEPERETFhwXExQaFRERGCEYGh0dHx8fExciJCIeJBweHx7/2wBDAQUFBQcGBw4ICA4eFBEUHh4eHh4eHh4eHh4eHh4eHh4eHh4eHh4eHh4eHh4eHh4eHh4eHh4eHh7/wgARCAGqAoADASIAAhEBAxEB/8QAGwAAAgMBAQEAAAAAAAAAAAAAAAAgMAAQQQFBgf/xAAZAQEBAQEBAQAAAAAAAAAAAAAAAQIDBAX/2gAMAwEAAhADEAAAAfIkydeK4VgDoNM7XFqIYV3J9fndTpz3aMrNY1sx0uxedYWZeTGpimfHQ7VM6fFlAI0KmseXZkzpMYaiwrqio0EXFZmNxS2yysWLpSR0hc5reBTw6FjeirZ24FInWc/H38/n1w49+Xh3zC5edJW4JVA0FCyuFi4VzuLSjtCi3hmcgrNHLztcg51cqZvorfp9Xkwu2v1jC …
Ydfg4nSdvicoR6nmcpyPw9R6jOT8w6jxHicGdZwnScpw/Bwfxcp0+fwPM6PicD5nM+Y8Tk/g4z+sZ0nbGcZ2jyfh6jx+PE8R4nSdIdT/X8O4cTtHlHuP44fU6/D1Hgnf1+D//2Q==
```

标准 Base 64 编码使用“/”代替了“_”、“+”代替了“-”，编码为 4 的整数倍，不满足 4 的整数倍的，在字符串尾部添加了“=”，直至满足 4 的整数倍。

5.1.2　图像解码

图像解码是将标准 Base 64 编码转换为*.png 或*.jpeg 格式图像的过程。TensorFlow 图像解码过程如图 5.2 所示。TensorFlow 图像解码是为了将 Base 64 编码转为字节，因为 TensorFlow 在图像数据处理过程中使用的数据源为字节数据，即使直接输入*.png 或*.jpeg 格式的图像，仍然是将其转为字节，再将字节转换为图像矩阵数据，通过图像矩阵数据进行图像数据处理，所有的图像数据处理都是基于这个图像矩阵数据进行的。

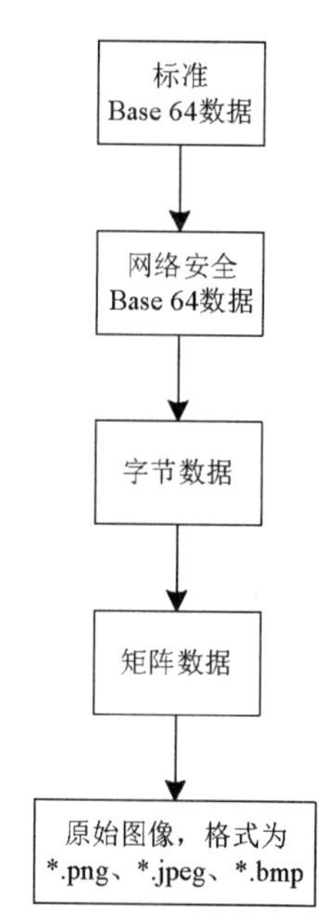

图 5.2　TensorFlow 图像解码过程

1. 图像标准 Base 64 解码

标准 Base 64 解码，是指 TensorFlow 将标准 Base 64 数据转换为网络安全的 Base 64 数据，再将网络安全的 Base 64 数据进行解码，转换为字节码，通过字节码将图像数据处理为矩阵数据并显示，代码可参见文件【chapter5\image_read_sample.ipynb】。

```
# 引入 TensorFlow 框架
import tensorflow as tf
# 引入 Base 64 模块
import base64
# 引入图像处理模块
import matplotlib.pyplot as plt
# 引入字体处理模块
from matplotlib.font_manager import FontProperties
# 系统字体
font = FontProperties(fname="/Library/Fonts/Songti.ttc",size=8)
# 重置图结构，为 jupyter notebook 使用
```

```
tf.keras.backend.clear_session()
print("Tensorflow:{}".format(tf.__version__))

def image_standard_encode(image_path):
    '''原始图像编码为标准 Base 64
    参数:
        file_path: 图像文件路径
    返回:
        图像标准 Base 64 编码
    '''
    with open(image_path, "rb") as f:
        # 读取图像文件
        image_data = f.read()
        # 图像文件编码为标准 Base 64 字节
        image_standard_b64_bytes = base64.b64encode(image_data)
        # 标准 Base 64 字节转换为字符串
        image_standard_b64_str = image_standard_b64_bytes.decode("utf8")
        return image_standard_b64_str

def image_websafe_encode(standard_base64_str):
    '''标准 Base 64 编码转换为网络安全 Base 64 编码
    参数:
        standard_base64_str:标准 Base 64 编码
    返回:
        网络安全 Base 64 编码
    '''
    # 标准 Base 64 字符串转为列表
    standard_b64_list = list(standard_base64_str)
    # 网络安全 Base 64 编码列表
    websafe_b64_list = []
    for i in range(len(standard_b64_list)):
        # “/”替换为“_”
        if standard_b64_list[i] == "/":
            websafe_b64_list.append("_")
        # “+”替换为“-”
        elif standard_b64_list[i] == "+":
            websafe_b64_list.append("-")
        # 剔除“=”
        elif standard_b64_list[i] == "=":
            break
        else:
            websafe_b64_list.append(standard_b64_list[i])
    # 网络安全 Base 64 列表转换为字符串
    websafe_b64_str = "".join(websafe_b64_list)
    return websafe_b64_str
```

```
def image_show(image_matrix):
    """图像展示与保存
    参数:
        图像矩阵数据
    返回:
        无
    """
    plt.imshow(image_matrix)
    plt.title("标准 Base 64 图像", fontproperties=font)
    plt.savefig("./images/standard_b64.png", format="png", dpi=300)
    plt.show()

if __name__ == "__main__":
    image_path = "./images/swimming_monkey.jpg"
    standard_b64 = image_standard_encode(image_path)
    web_b64 = image_websafe_encode(standard_b64)
    web_b64_tensor = tf.convert_to_tensor(web_b64)
    web_b64_decode = tf.io.decode_base64(web_b64_tensor)
    img_matrix = tf.io.decode_image(web_b64_decode)
image_show(img_matrix)
print(img_matrix)
```

运行结果如下。

```
tf.Tensor(
[[[ 55  66  70]
  [ 57  68  72]
  [ 59  70  74]
  ...
  [ 48  43  37]
  [ 48  43  37]
  [ 48  43  37]]

 [[ 57  68  72]
  [ 58  69  73]
  [ 60  71  75]
...
  [126 149 157]
  [125 148 156]
  [124 147 155]]], shape=(426, 640, 3), dtype=uint8)
```

上述代码实现了将标准 Base 64 编码的图像解码为图像矩阵，同时利用 Matplotlib 绘图工具绘制出图像，如图 5.3 所示。图 5.3 为标准 Base 64 的图像。

图 5.3　使用标准 Base 64 解码生成图像

2. 网络安全 Base 64 解码

TensorFlow 提供的图像 Base 64 编码与解码功能，也可直接对网络安全 Base 64 编码进行解码，代码如下，详细解析见注释部分，代码可参见文件【chapter5\image_read_sample.ipynb】。

```
# 引入 TensorFlow 框架
import TensorFlow as tf
# 引入图像处理模块
import matplotlib.pyplot as plt
# 引入字体处理模块
from matplotlib.font_manager import FontProperties
# 系统字体
font = FontProperties(fname="/Library/Fonts/Songti.ttc",size=8)

# 重置图结构，为 jupyter notebook 使用
tf.keras.backend.clear_session()
print("Tensorflow:{}".format(tf.__version__))

def image_decode(image_path):
    """图像读取
    参数：
        image_path: 图像路径
    返回：
        图像 Base 64 编码
    """
    # 图像读取
    img_bytes = tf.io.read_file(image_path)
    img_b64 = tf.io.encode_base64(img_bytes)
```

```
    img_b64 = tf.io.decode_base64(img_b64)
    img_matrix = tf.io.decode_image(img_b64)
    return img_matrix

def image_show(image_matrix):
    """图像展示与保存
    参数:
        图像矩阵数据
    返回:
        无
    """
    plt.imshow(image_matrix)
    plt.title("网络安全 Base 64 图像", fontproperties=font)
    plt.savefig("./images/websafe_b64.png", format="png", dpi=300)
    plt.show()

if __name__ == "__main__":
    image_path = "./images/swimming_monkey.jpg"
    img_matrix = image_decode(image_path)
image_show(img_matrix)
print(img_matrix)
```

运行结果如下。

```
tf.Tensor(
[[[ 55  66  70]
  [ 57  68  72]
  [ 59  70  74]
  ...
  [ 48  43  37]
  [ 48  43  37]
  [ 48  43  37]]

 [[ 57  68  72]
  [ 58  69  73]
  [ 60  71  75]
...
  [126 149 157]
  [125 148 156]
  [124 147 155]]], shape=(426, 640, 3), dtype=uint8)
```

TensorFlow 直接将网络安全 Base 64 编码的图像解码为图像矩阵数据，同时利用 Matplotlib 将图像绘制出来，如图 5.4 所示。

图 5.4　使用网络安全 Base 64 解码生成图像

5.2　图像数据处理

本节主要讲解图像数据处理的 4 个功能，分别为图像压缩、图像裁剪、图像色彩调整和图像旋转等，开发者可依据训练数据需求，对数据集进行预处理。

5.2.1　图像压缩

图像压缩是保留图像原始内容，将图像压缩为指定比例的图像，原始图像如图 5.5 所示。TensorFlow 提供的图像压缩函数原型如下，函数详细解析如表 5.1 所示。

```
tf.image.resize(
    images,
    size,
    method=ResizeMethod.BILINEAR,
    preserve_aspect_ratio=False,
    antialias=False,
    name=None
)
```

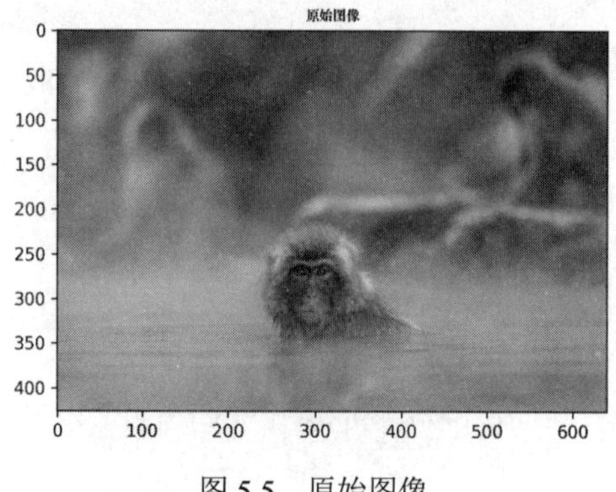

图 5.5　原始图像

表 5.1　图像压缩函数解析

<table>
<tr><th>参　数</th><th colspan="2">描　述</th></tr>
<tr><td>images</td><td colspan="2">张量，三维张量[height,width,channels]或四维张量[batch,height,width, channels]，其中，
height：图像高度；
width：图像宽度；
channels：图像通道数；
batch：图像数组数</td></tr>
<tr><td>size</td><td colspan="2">图像压缩的目标尺寸：[new_height, new_width]</td></tr>
<tr><td rowspan="9">method</td><td colspan="2">图像压缩共 8 种方法，对应关系如下：</td></tr>
<tr><td>bilinear</td><td>双线性插值</td></tr>
<tr><td>lanczos3</td><td>lanczos 插值，滤波尺寸为 3</td></tr>
<tr><td>lanczos5</td><td>lanczos 插值，滤波尺寸为 5</td></tr>
<tr><td>bicubic</td><td>双三次插值</td></tr>
<tr><td>gaussian</td><td>高斯插值</td></tr>
<tr><td>nearest</td><td>最邻近插值</td></tr>
<tr><td>area</td><td>区域插值</td></tr>
<tr><td>mitchellcubic</td><td>米切尔立方插值</td></tr>
<tr><td>preserve_aspect_ratio</td><td colspan="2">保存图像比例标志位，若设置为 True，图像调整尺寸时保持原图比例，默认为 False</td></tr>
<tr><td>antialias</td><td colspan="2">下采样时使用抗锯齿标志位</td></tr>
<tr><td>name</td><td colspan="2">操作名称</td></tr>
</table>

图像压缩代码如下，详细解析见注释部分，代码可参见文件【chapter5\image_process_sample.ipynb】。

```
# 引入TensorFlow框架
import tensorflow as tf
# 引入图像处理模块
import matplotlib.pyplot as plt
# 引入字体处理模块
from matplotlib.font_manager import FontProperties
# 系统字体
font = FontProperties(fname="/Library/Fonts/Songti.ttc",size=8)
# 重置图结构，为jupyter notebook使用
tf.keras.backend.clear_session()
print("Tensorflow:{}".format(tf.__version__))

def image_decode(image_path):
    """图像读取
    参数:
```

```
        image_path: 图像路径
    返回:
        图像 Base 64 编码
    """
    # 图像读取
    img_bytes = tf.io.read_file(image_path)
    img_b64 = tf.io.encode_base64(img_bytes)
    img_b64 = tf.io.decode_base64(img_b64)
    img_matrix = tf.io.decode_image(img_b64)
    return img_matrix

def image_show(image_matrix):
    """图像展示与保存
    参数:
        图像矩阵数据
    返回:
        无
    """
    plt.imshow(image_matrix)
    plt.title("原始图像", fontproperties=font)
    plt.savefig("./images/source_plt.png", format="png", dpi=300)
    plt.show()

def image_show_resize(image_matrix, methods, image_name):
    """图像修改尺寸并绘制图像
    参数:
        image_matrix: 图像矩阵(0~1)
        methods: 图像压缩方法
        image_name: 保存图像名称
    返回:
        h: 图像高度
        w: 图像宽度
        c: 图像通道数
    """
    plt.figure(figsize=(9,9))
    h = None
    w = None
    c = None
    for i in range(4):
        # 图像分区 2×2
        plt.subplot(2,2,i+1).set_title(methods[i])
        # 图像左右上下间距调整
        plt.subplots_adjust(hspace=0.3, wspace=0.05)
        # 图像压缩，method 对应 methods 列表中的方法
        img_matrix = tf.image.resize(image_matrix, [400, 400], method=methods[i])
        # 获取图像尺寸信息
        h, w, c = get_image_size(img_matrix)
        # 图像数据由 float 类型转换为 int 类型
```

```
        if img_matrix.dtype == tf.float32:
            img_matrix = tf.image.convert_image_dtype(img_matrix, dtype=tf.uint8)
        # 图像写入
        plt.imshow(img_matrix)
        # 图像保存
        plt.savefig("./images/{}.png".format(image_name), format="png", dpi=300)
    # 图像保存
    plt.show()
    return h, w, c

def get_image_size(image_matrix):
"""获取图像尺寸信息
参数:
    image_matrix: 图像矩阵数据
    返回:
        h: 图像高度
        w: 图像宽度
        c: 图像通道数
"""
    h, w, c = image_matrix.shape
    return h, w, c

if __name__ == "__main__":
    # 图像路径
    image_path = "./images/swimming_monkey.jpg"
    # 8 种图像压缩方式
    methods1 = ["bilinear","lanczos3","lanczos5","bicubic"]
    methods2 = ["gaussian","nearest", "area", "mitchellcubic"]
    # 图像矩阵
    img_matrix = image_decode(image_path)
    # 原始图像
    image_show(img_matrix)
    # 原始图像尺寸信息
    h, w, c = get_image_size(img_matrix)
    print("image hight:{},width:{}, channels:{}".format(h,w,c))
    if img_matrix.dtype != tf.float32:
        img_matrix = tf.image.convert_image_dtype(img_matrix, dtype=tf.float32)
    # 压缩图像，并获取压缩后的图像信息
    h, w, c = image_show_resize(img_matrix, methods1, "resize-1")
    # 原始图像展示
    image_show_resize(img_matrix, methods2, "resize-2")
    print("image hight:{},width:{}, channels:{}".format(h,w,c))
```

运行结果如下。

```
Tensorflow:2.0.0
image hight:426,width:640, channels:3
image hight:400,width:400, channels:3
```

由运行结果可知，原始图像尺寸为 426×640×3，压缩后的图像尺寸为 400×400×3，前 4 种方法压缩的图像结果如图 5.6 所示，后 4 种方法压缩的图像结果如图 5.7 所示。从视觉效果上，8 种不同方法压缩后的图像显示效果差异不大，需要依据实际训练结果，选择较优的图像压缩方法。

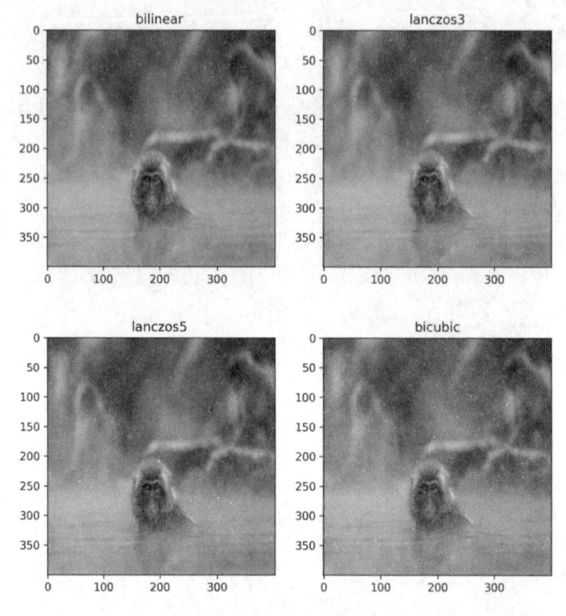

图 5.6　前 4 种压缩算法

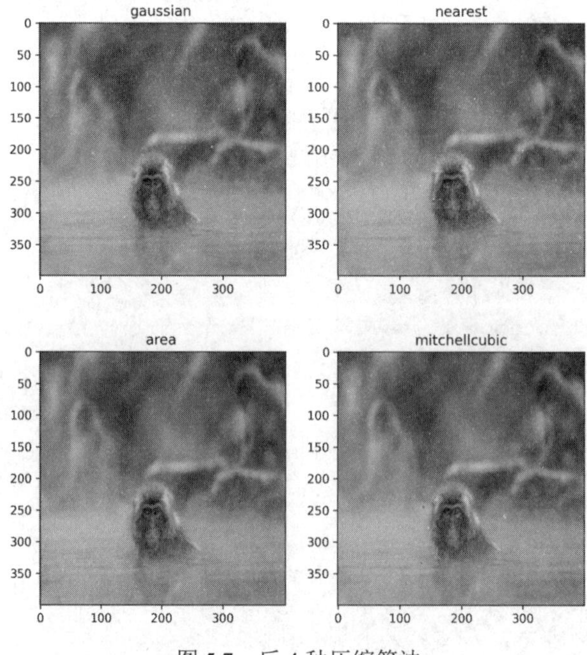

图 5.7　后 4 种压缩算法

5.2.2　图像裁剪

图像裁剪将图像切割或填充为指定尺寸，TensorFlow 中的图像切割或填充是从图像中心向外部切割指定尺寸的图像内容。

1．图像切割或填充

图像切割或填充使用函数如下，参数解析如表 5.2 所示。需要注意的是，若最终图像的目标尺寸小于原始图像尺寸，进行图像切割；若最终图像的目标尺寸大于原始图像尺寸，全 0 填充。

```
tf.image.resize_with_crop_or_pad(
    image,
    target_height,
    target_width
)
```

表 5.2　图像切割或填充函数解析

参　数	描　述
image	张量，三维张量[height,width,channels]或四维张量[batch,height, width,channels]，其中， height：图像高度； width：图像宽度； channels：图像通道数； batch：图像数组数
target_height	目标高度
target_width	目标宽度

图像切割代码如下，详细解析见注释部分，代码可参见文件【chapter5\image_process_sample.ipynb】。

```
# 引入 TensorFlow 框架
import TensorFlow as tf
# 引入图像处理模块
import matplotlib.pyplot as plt
# 引入字体处理模块
from matplotlib.font_manager import FontProperties
# 系统字体
font = FontProperties(fname="/Library/Fonts/Songti.ttc",size=8)
# 重置图结构，为 jupyter notebook 使用
tf.keras.backend.clear_session()
print("Tensorflow:{}".format(tf.__version__))

def get_image_size(image_matrix):
```

```
"""获取图像尺寸信息
参数:
    image_matrix: 图像矩阵数据
    返回:
        h: 图像高度
        w: 图像宽度
        c: 图像通道数
"""
    h, w, c = image_matrix.shape
    return h, w, c

def image_decode(image_path):
    """图像读取
    参数:
        image_path: 图像路径
    返回:
        图像 Base 64 编码
    """
    # 图像读取
    img_bytes = tf.io.read_file(image_path)
    img_b64 = tf.io.encode_base64(img_bytes)
    img_b64 = tf.io.decode_base64(img_b64)
    img_matrix = tf.io.decode_image(img_b64)
    return img_matrix
if __name__ == "__main__":
    # 图像路径
    image_path = "./images/swimming_monkey.jpg"
    # 图像矩阵
    img_matrix = image_decode(image_path)
    # 原始图像
    image_show(img_matrix)
    # 原始图像尺寸信息
    h, w, c = get_image_size(img_matrix)
print("image hight:{},width:{}, channels:{}".format(h,w,c))
# 打开绘图区
plt.figure()
# 分区绘制图像
    plt.subplot(1,2,1).set_title("Crop image")
img_matrix_crop = tf.image.resize_with_crop_or_pad(img_matrix, 400, 400)
# 获取图像尺寸
    h, w, c = get_image_size(img_matrix_crop)
print("image hight:{},width:{}, channels:{}".format(h,w,c))
# 图像写入
plt.imshow(img_matrix_crop)
# 分区绘制图像
```

```
plt.subplot(1,2,2).set_title("Padding image")
# 图像填充
img_matrix_pad = tf.image.resize_with_crop_or_pad(img_matrix, 500, 400)
# 获取图像尺寸
    h, w, c = get_image_size(img_matrix_pad)
print("image hight:{},width:{}, channels:{}".format(h,w,c))
# 图像写入
plt.imshow(img_matrix_pad)
# 保存图像
plt.savefig("./images/crop_pad.png", format="png", dpi=300)
# 图像可视化
    plt.show()
```

运行结果如下。

```
Tensorflow:2.0.0
image hight:426,width:640, channels:3
image hight:400,width:400, channels:3
image hight:500,width:400, channels:3
```

由运行结果可知，原始图像尺寸为 426×640×3，切割后的尺寸为 400×400×3，填充后的尺寸为 500×400×3，切割后的图像如图 5.8(a)所示，填充后的图像如图 5.8(b)所示，切割的图像是沿图像中心点开始，向四周切割(保留)指定尺寸的图像，图像填充使用全 0 填充，全为黑色。

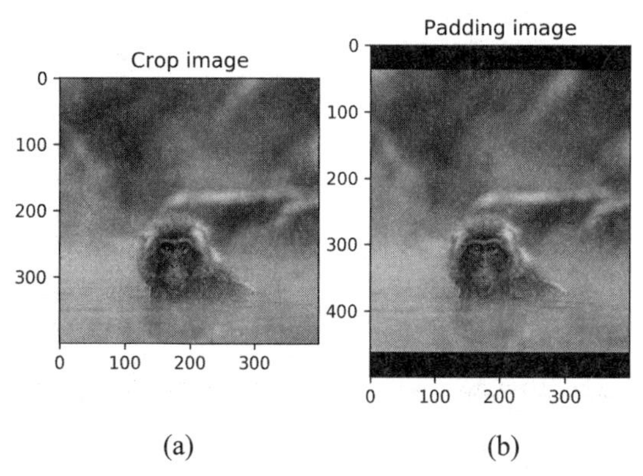

(a)　　　(b)

图 5.8　切割和填充的图像

2. 图像内容提取

图像内容提取使用的函数如下，参数解析如表 5.3 所示。

```
tf.image.central_crop(
    image,
    central_fraction
)
```

表 5.3　图像内容提取函数解析

参　数	描　述
image	张量，三维张量[height,width,channels]或四维张量[batch,height,width, channels]，其中， height：图像高度； width：图像宽度； channels：图像通道数； batch：图像数组数
central_fraction	图像提取原图内容的比例，如原图 h1×w1×3，比例为 0.3，则新图像尺寸为：0.3*h1×0.3*w1×3

图像内容提取代码如下，详细解析见注释部分，代码可参见文件【chapter5\image_process_sample.ipynb】。

```
# 引入TensorFlow框架
import tensorflow as tf
# 引入图像处理模块
import matplotlib.pyplot as plt
# 引入字体处理模块
from matplotlib.font_manager import FontProperties
# 系统字体
font = FontProperties(fname="/Library/Fonts/Songti.ttc",size=8)
# 重置图结构，为jupyter notebook使用
tf.keras.backend.clear_session()
print("Tensorflow:{}".format(tf.__version__))

def image_decode(image_path):
    """图像读取
    参数:
        image_path: 图像路径
    返回:
        图像Base 64编码
    """
    # 图像读取
    img_bytes = tf.io.read_file(image_path)
    img_b64 = tf.io.encode_base64(img_bytes)
    img_b64 = tf.io.decode_base64(img_b64)
    img_matrix = tf.io.decode_image(img_b64)
return img_matrix

def get_image_size(image_matrix):
"""获取图像尺寸信息
参数:
    image_matrix: 图像矩阵数据
    返回:
        h: 图像高度
```

```
        w: 图像宽度
        c: 图像通道数
"""
    h, w, c = image_matrix.shape
    return h, w, c

if __name__ == "__main__":
    # 图像路径
    image_path = "./images/swimming_monkey.jpg"
    # 原始图像矩阵
    img_matrix = image_decode(image_path)
    # 原始图像尺寸信息
    h, w, c = get_image_size(img_matrix)
    print("image hight:{},width:{}, channels:{}".format(h,w,c))
plt.figure()
# 分块绘制图像
plt.subplot(1,2,1).set_title("Source image")
# 写入图像
    plt.imshow(img_matrix)
plt.subplot(1,2,2).set_title("Central image")
# 剪裁图像
img_matrix_pad = tf.image.central_crop(img_matrix, 0.6)
# 获取图像尺寸信息
    h, w, c = get_image_size(img_matrix_pad)
print("image hight:{},width:{}, channels:{}".format(h,w,c))
# 写入图像
plt.imshow(img_matrix_pad)
# 保存图像
    plt.savefig("./images/central_crop.png", format="png", dpi=300)
    plt.show()
```

运行结果如下。

```
Tensorflow:2.0.0
image hight:426,width:640, channels:3
image hight:256,width:384, channels:3
```

由运行结果可知，原始图像尺寸为 426×640×3，内容提取比例为 0.6，则生成的图像尺寸为 0.6×426×0.6×640×4=256×384×3，结果如图 5.9 所示。内容提取从原始图像中心开始向四周扩充，获取指定比例的图像内容。

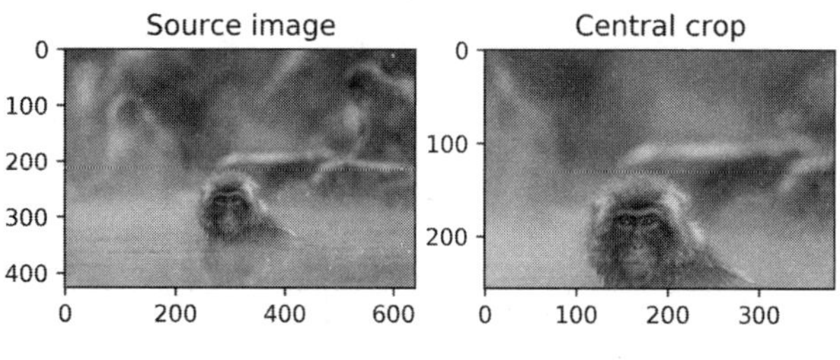

图 5.9　图像内容提取

5.2.3 图像色彩调整

色彩调整包括图像亮度、对比度等调整，本节主要讲解图像亮度的调整，使用函数原型如下，参数解析如表 5.4 所示。

```
tf.image.adjust_brightness(
    image,
    delta
)
```

表 5.4 图像亮度函数解析

参 数	描 述
image	张量，三维张量[height,width,channels]或四维张量[batch,height,width,channels]，其中， height：图像高度； width：图像宽度； channels：图像通道数； batch：图像数组数
delta	添加到像素值的数量，若为负值，降低亮度，若为正值，提升亮度

图像亮度调整代码如下，详细解析见注释部分，代码可参见文件【chapter5\image_process_sample.ipynb】。

```
# 引入 TensorFlow 框架
import tensorflow as tf
# 引入图像处理模块
import matplotlib.pyplot as plt
# 引入字体处理模块
from matplotlib.font_manager import FontProperties
# 系统字体
font = FontProperties(fname="/Library/Fonts/Songti.ttc",size=8)
# 重置图结构，为 jupyter notebook 使用
tf.keras.backend.clear_session()
print("Tensorflow:{}".format(tf.__version__))

def get_image_size(image_matrix):
"""获取图像尺寸信息
参数:
    image_matrix: 图像矩阵数据
    返回:
        h: 图像高度
        w: 图像宽度
        c: 图像通道数
"""
    h, w, c = image_matrix.shape
```

```
    return h, w, c

def image_decode(image_path):
    """图像读取
    参数:
        image_path: 图像路径
    返回:
        图像 Base 64 编码
    """
    # 图像读取
    img_bytes = tf.io.read_file(image_path)
    img_b64 = tf.io.encode_base64(img_bytes)
    img_b64 = tf.io.decode_base64(img_b64)
    img_matrix = tf.io.decode_image(img_b64)
    return img_matrix
if __name__ == "__main__":
    # 图像路径
    image_path = "./images/swimming_monkey.jpg"
    # 原始图像矩阵
    img_matrix = image_decode(image_path)
    # 原始图像尺寸信息
    h, w, c = get_image_size(img_matrix)
print("image hight:{},width:{}, channels:{}".format(h,w,c))
# 打开绘图区
plt.figure()
# 分区绘制图像
plt.subplot(1,2,1).set_title("Source image")
# 图像写入
plt.imshow(img_matrix)
# 分区绘制图像
plt.subplot(1,2,2).set_title("Reduce brightness")
# 图像亮度调节
img_matrix_brightness = tf.image.adjust_brightness(img_matrix, -0.2)
# 获取图像尺寸
    h, w, c = get_image_size(img_matrix_brightness)
print("image hight:{},width:{}, channels:{}".format(h,w,c))
# 图像写入
plt.imshow(img_matrix_brightness)
# 图像保存
plt.savefig("./images/reduce_brightness.png", format="png", dpi=300)
# 图像展示
    plt.show()
```

运行结果如下。

```
Tensorflow:2.0.0
image hight:426,width:640, channels:3
image hight:426,width:640, channels:3
```

由运行结果可知，亮度调节不改变图像尺寸，生成的图像如图 5.10 所示。图 5.10(a)为原始图像，图 5.10(b)为降低亮度的图像。证明图像 delta 参数为负值会降低图像亮度，delta 为正值会提升亮度。

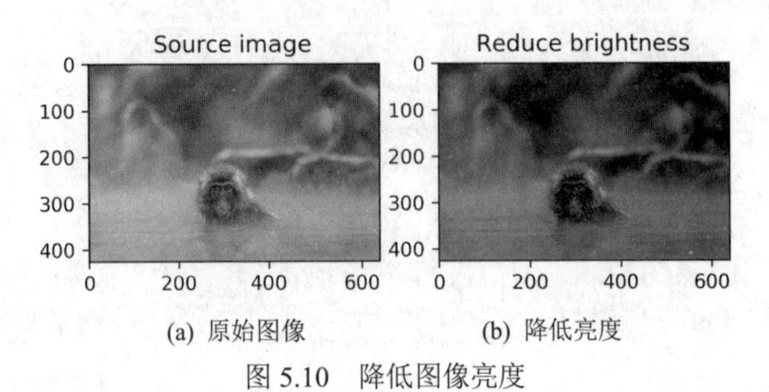

(a) 原始图像　　(b) 降低亮度

图 5.10　降低图像亮度

5.2.4　图像旋转

图像旋转是将图像上下或左右翻转。TensorFlow 中提供了图像旋转的方法，其中，上下旋转将图像旋转 180°，左右旋转是将图像内容镜像。

1. 上下旋转

上下旋转使用函数原型如下，参数解析如表 5.5 所示。

```
tf.image.flip_up_down(image)
```

表 5.5　图像上下旋转函数解析

参　数	描　述
image	张量，三维张量[height,width,channels]或四维张量[batch,height,width,channels]，其中， height：图像高度； width：图像宽度； channels：图像通道数； batch：图像数组数

上下旋转代码如下，详细解析见注释部分，代码可参见文件【chapter5\image_process_sample.ipynb】。

```
# 引入 TensorFlow 框架
import tensorflow as tf
# 引入图像处理模块
import matplotlib.pyplot as plt
# 引入字体处理模块
from matplotlib.font_manager import FontProperties
# 系统字体
font = FontProperties(fname="/Library/Fonts/Songti.ttc",size=8)
# 重置图结构，为 jupyter notebook 使用
```

```
tf.keras.backend.clear_session()
print("Tensorflow:{}".format(tf.__version__))

def get_image_size(image_matrix):
"""获取图像尺寸信息
参数:
    image_matrix: 图像矩阵数据
    返回:
        h: 图像高度
        w: 图像宽度
        c: 图像通道数
"""
    h, w, c = image_matrix.shape
    return h, w, c

def image_decode(image_path):
    """图像读取
    参数:
        image_path: 图像路径
    返回:
        图像 Base 64 编码
    """
    # 图像读取
    img_bytes = tf.io.read_file(image_path)
    img_b64 = tf.io.encode_base64(img_bytes)
    img_b64 = tf.io.decode_base64(img_b64)
    img_matrix = tf.io.decode_image(img_b64)
    return img_matrix
if __name__ == "__main__":
    # 图像路径
    image_path = "./images/swimming_monkey.jpg"
    # 原始图像矩阵
    img_matrix = image_decode(image_path)
    # 原始图像尺寸信息
    h, w, c = get_image_size(img_matrix)
print("image hight:{},width:{}, channels:{}".format(h,w,c))
# 打开绘图区
plt.figure()
# 分区绘制图像
plt.subplot(1,2,1).set_title("Source image")
# 图像写入
plt.imshow(img_matrix)
# 分区绘制图像
plt.subplot(1,2,2).set_title("Flip up and down")
# 图像上下旋转
img_matrix_updown = tf.image.flip_up_down(img_matrix)
# 获取图像尺寸信息
```

```
    h, w, c = get_image_size(img_matrix_updown)
print("image hight:{},width:{}, channels:{}".format(h,w,c))
# 图像写入
plt.imshow(img_matrix_updown)
# 保存图像
plt.savefig("./images/reduce_brightness.png", format="png", dpi=300)
# 图像展示
    plt.show()
```

运行结果如下。

```
Tensorflow:2.0.0
image hight:426,width:640, channels:3
image hight:426,width:640, channels:3
```

由运行结果可知，旋转图像不改变图像尺寸，可视化结果如图 5.11 所示，图 5.11(a)为原始图像，图 5.11(b)为上下旋转的图像，完成了图像的 180° 旋转操作。

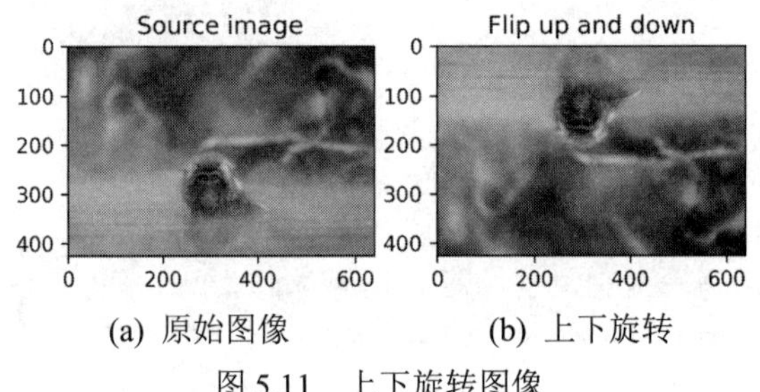

(a) 原始图像　(b) 上下旋转

图 5.11　上下旋转图像

2. 左右旋转

左右旋转是将图像内容左右镜像，函数原型如下，参数解析如表 5.6 所示。

```
tf.image.flip_left_right(image)
```

表 5.6　图像左右旋转函数解析

参数	描　述
image	张量，三维张量[height,width,channels]或四维张量[batch,height,width,channels]，其中， height：图像高度； width：图像宽度； channels：图像通道数； batch：图像数组数

图像左右镜像代码如下，详细解析见注释部分，代码可参见文件【chapter5\image_process_sample.ipynb】。

```
# 引入 TensorFlow 框架
import tensorflow as tf
```

```
# 引入图像处理模块
import matplotlib.pyplot as plt
# 引入字体处理模块
from matplotlib.font_manager import FontProperties
# 系统字体
font = FontProperties(fname="/Library/Fonts/Songti.ttc",size=8)
# 重置图结构，为jupyter notebook使用
tf.keras.backend.clear_session()
print("Tensorflow:{}".format(tf.__version__))

def get_image_size(image_matrix):
"""获取图像尺寸信息
参数:
    image_matrix: 图像矩阵数据
    返回:
        h: 图像高度
        w: 图像宽度
        c: 图像通道数
"""
    h, w, c = image_matrix.shape
    return h, w, c

def image_decode(image_path):
    """图像读取
    参数:
        image_path: 图像路径
    返回:
        图像Base 64编码
    """
    # 图像读取
    img_bytes = tf.io.read_file(image_path)
    img_b64 = tf.io.encode_base64(img_bytes)
    img_b64 = tf.io.decode_base64(img_b64)
    img_matrix = tf.io.decode_image(img_b64)
    return img_matrix
if __name__ == "__main__":
    # 图像路径
    image_path = "./images/swimming_monkey.jpg"
    # 原始图像矩阵
    img_matrix = image_decode(image_path)
    # 原始图像尺寸信息
    h, w, c = get_image_size(img_matrix)
    print("image hight:{},width:{}, channels:{}".format(h,w,c))
    plt.figure()
    plt.subplot(1,2,1).set_title("Source image")
    plt.imshow(img_matrix)
    plt.subplot(1,2,2).set_title("Flip left and right")
```

```
    img_matrix_lr = tf.image.flip_left_right(img_matrix)
    h, w, c = get_image_size(img_matrix_lr)
    print("image hight:{},width:{}, channels:{}".format(h,w,c))
    plt.imshow(img_matrix_lr)
    plt.savefig("./images/left_right.png", format="png", dpi=300)
    plt.show()
```

运行结果如下。

```
Tensorflow:2.0.0
image hight:426,width:640, channels:3
image hight:426,width:640, channels:3
```

由运行结果可知，图像左右旋转不改变图像尺寸，可视化结果如图 5.12 所示。图 5.12(a)为原始图像，图 5.12(b)为左右镜像图像，实现图像内容的变换。

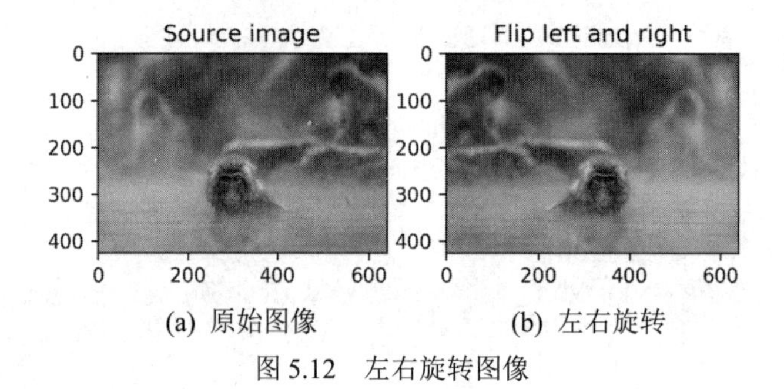

(a) 原始图像　　(b) 左右旋转

图 5.12　左右旋转图像

5.3　小　　结

本章讲解了 TensorFlow 图像处理的基本知识，比如图像编码与解码流程及图像处理中使用的原始数据格式。在图像编码与解码中，介绍了两种图像编码形式，即标准 Base 64 编码和网络安全的 Base 64 编码，简要讲述了两种编码的差别。在图像数据处理中，讲解了图像压缩、图像裁剪、图像色彩调整和图像旋转 4 种图像处理方法，这 4 种图像处理方法应用于图像数据集预处理过程中，实现图像数据集标准化。

第 6 章　TensorBoard 可视化组件

本章讲解 TensorFlow 可视化组件 TensorBoard 的使用。人工智能任务的总体流程为设计模型结构(如神经网络结构)、搭建模型结构、训练模型、保存模型和评估模型等，在这个过程中，全部是代码级别的操作，对于分析模型结构、训练结果评估而言不是很直观，并且分析比较费力，需要逐行分析代码，导致分析过程效率低下。而 TensorBoard 则是提高分析效率的利器，TensorBoard 将模型结构、训练过程参数和训练结果可视化，模型中数据以图像的形式展示，使开发者对模型结构和训练中参数的变化趋势一目了然，通过模型结构及参数的变化趋势即可对模型结构和参数进行调整，极大地提高了开发及分析效率。

6.1　TensorBoard 简介

TensorBoard 是 TensorFlow 提供的原生可视化工具，用于神经网络结构、模型参数及训练结果的可视化。TensorBoard 无须独立安装，在安装 TensorFlow 时，会自动安装对应版本的 TensorBoard，可直接使用。

6.1.1　数据可视化形式

TensorBoard 对训练过程数据的展示有曲线图、直方图、图像、模型结构图和数据分布图等几种形式，针对不同数据使用不同的展示形式，通过这些数据的走势即可对模型的预测效果作初步判断。五类数据展示形式描述如表 6.1 所示。

表 6.1　TensorBoard 数据展示形式

数据格式	描　述
标量(Scalar)	绘制数据曲线图像
直方图(Histogram)	绘制数据直方图
图像(Image)	展示图像，包括原始图和训练过程图
图结构(Graph)	展示模型图结构
分布(Distribution)	展示数据分布情况

6.1.2　TensorBoard 界面

TensorBoard 以浏览器为载体，在浏览器中将 TensorFlow 的训练结果可视化，其基础界面如

图 6.1 所示。图 6.1 中展示了 5 种数据形式：标量图(SCALARS)、数据图像(IMAGES)、图结构(GRAPHS)、分布图(DISTRIBUTIONS)和直方图(HISTOGRAMS)，这 5 个区域分别对应各自的数据。其中，标量数据用于展示损失函数值和模型预测精度值；数据图像用于展示原始数据集中的图像和训练过程中各个网络层的输出图像；图结构展示神经网络结构及工作流程，分布图用于展示神经网络层的权重和偏置的分布情况；直方图展示神经网络权重和偏置训练过程中的变化情况及数值分布。

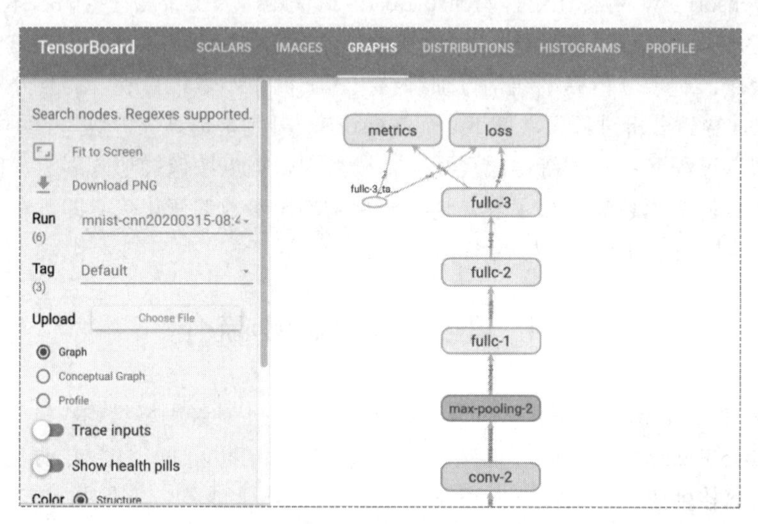

图 6.1　TensorBoard 界面

6.2　TensorBoard 基本用法

使用 TensorBoard，需要调用对应的功能函数并保存运行数据，TensorBoard 在读取保存的数据的同时启动网络应用服务，使可视化数据通过网络进行访问。

6.2.1　保存运行数据

TensorFlow 2.0 保存日志文件非常简单，使用接口 tf.summary.create_file_writer(log_path)直接保存日志数据，这些数据是 TensorBoard 的数据源，使用 TensorBoard 即可将这些数据解析为对应的图像。

1．保存图结构

图结构即 TensorBoard 中的 GRAPHS。TensorFlow 2.0 保存运行的图结构与 1.x 不同，TensorFlow 2.0 若使用 tf.summary.create_file_writer 保存日志文件，它不会自动保存模型的图结构，但是它提供了新的功能可以手动追踪图结构，其实现有两个步骤，第一步是将普通 Python 代码转换为自动图结构，使用 TensorFlow 2.0 新增的功能@tf.function 装饰器即可将普通的 Python 代码转换为图结构；第二步开启图结构追踪 trace_on，本例以矩阵计算为例展示图结构，代码如下，详细解析见注释部分，代码可参见文件【chapter6\autograph_logs.py】。

```
import tensorflow as tf

@tf.function
def matrix(c1, c2):
    """矩阵计算
    参数:
        c1: 常量张量
        c2: 常量张量
    返回:
        res: 计算结果张量
    """
    res = tf.matmul(c1, c2)
    return res

if __name__ == "__main__":
    # 常量张量
    c1 = tf.constant([[1,2,4],[3,4,5]], name="c1")
    c2 = tf.constant([[2,3],[3,6],[8,9]], name="c2")
    # 保存日志路径
    log_path = "./logs/mat"
    # 保存日志文件
    summary_writer = tf.summary.create_file_writer(log_path)
    # 追踪图结构
    tf.summary.trace_on(graph=True, profiler=True)
    res = matrix(c1, c2)
    # 保存图结构
    with summary_writer.as_default():
        tf.summary.trace_export(name="mat", step=0, profiler_outdir=log_path)
```

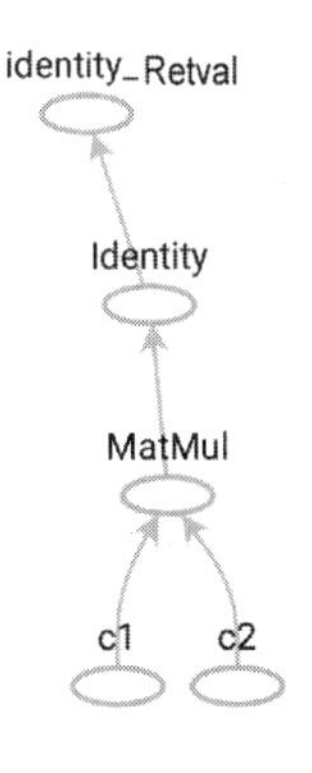

图 6.2　矩阵计算图结构

运行代码，保存运行数据，进入 TensorBoard 路径，使用 TensorBoard 加载数据，命令如下：

```
tensorboard --logdir=matlog
```

打开浏览器，输入：

```
http://localhost:6006
```

单击 GRAPHS 获取总体图结构，如图 6.2 所示。其中 c1 和 c2 为输入矩阵张量(Tensor)；MatMul 表示张量操作(Operation)，Identity 为张量的计算结果，而 identity_RetVal 为 Eager execution。该结果可以直接输出为可读的形式，这就是 TensorFlow 2.0 的即刻运行(Eage execution)，比 1.x 多出了两个部分：Identity 和 identity_RetVal，通过该图即可获取图结构中的相关数据，如张量、张量维度、张量操作。

2. 保存图像

TensorFlow 2.0 可以手动保存图像，实现方式如下：

```
# 引入 TensorFlow 框架
import tensorflow as tf

# 保存运行日志
summary_writer = tf.summary.create_file_writer(log_path)
# 保存图像数据
with summary_writer.as_default():
    tf.summary.image(
        name,
        data,
        step=None,
        max_outputs=3,
        description=None
    )
```

3. 保存标量

TensorFlow 2.0 保存标量的实现方式如下：

```
# 引入 TensorFlow 框架
import tensorflow as tf

# 保存运行日志
summary_writer = tf.summary.create_file_writer(log_path)
# 保存标量数据
with summary_writer.as_default():
    tf.summary.scalar(
        name,
        data,
        step=None,
        description=None
    )
```

6.2.2 启动 TensorBoard

TensorBoard 是一种数据解析工具，其使用不体现在程序中，而是直接通过命令行进行操作。当 TensorBoard 读取保存的图结构数据时，会自动建立一个网络服务，通过浏览器即可访问图结构及其他可视化结果。TensorBoard 读取保存的图像数据命令如下：

```
Tensorboard --logdir=log_path
```

其中，log_path 为保存的图结构数据文件夹路径，运行结果下：

```
(tf2) xdq-2:chapter6 xindaqi$ tensorboard --logdir=logs
Serving TensorBoard on localhost; to expose to the network, use a proxy or pass
--bind_all
TensorBoard 2.0.2 at http://localhost:6006/ (Press CTRL+C to quit)
```

上述运行结果中，http://localhost:6006 即为网络服务的地址，本地运行时，通过浏览器访问需要将 xdq-2.local 替换为 localhost，完整的访问地址为 http://localhost:6006。在浏览器中查看图结构及数据可视化的结果如图 6.3 所示。

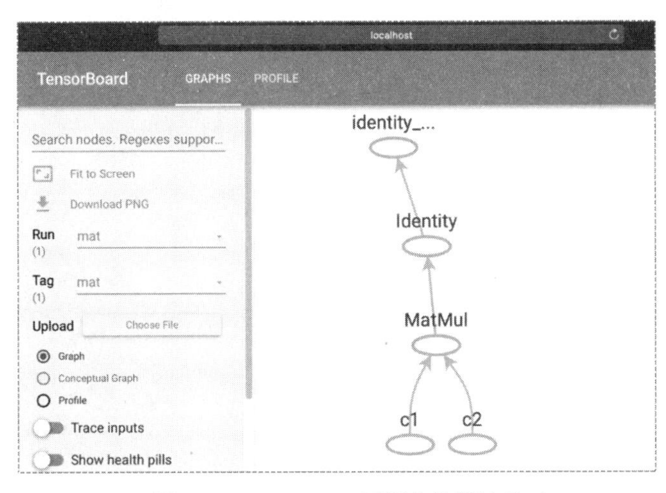

图 6.3　TensorBoard 可视化数据结果

6.3　神经网络可视化

TensorBoard 在实际应用中，既展示模型结构，又展示训练过程的参数及训练结果。通过可视化模型结构可直观地了解模型的运作流程，通过展示的训练过程中的数据和训练结果数据，可初步判断模型的性能。

6.3.1　神经网络 TensorBoard 可视化

TensorFlow 2.0 的 TensorBoard 共有 5 个可视化数据模块，现以第 8 章手写字体的神经网络为例，使用 TensorBoard 将神经网络结构及训练结果使用 5 个模块分别讲解。本节讲解图结构(GRAPHS)和数据图像(IMAGES)两个模块。

1．图结构(GRAPHS)

TensorBoard 的图结构用于可视化 TensorFlow 的数据流及计算过程。手写字体识别卷积神经网络的图结构如图 6.4 所示。该神经网络共有 11 个部分，分别为输入层(conv-1_input)、卷积层-

1(conv-1)、最大池化层-1(max-pooling-1)、卷积层-2(conv-2)、最大池化层-2(max-pooling-2)、全连接层-1(fullc-1)、全连接层-2(fullc-2)、全连接层-3(fullc-3)、损失计算(loss)、衡量数据(metrics)和标签数据(fullc-3_target)等，图中箭头表示了数据流的方向，箭头上的数据表示本层的输出数据维度。

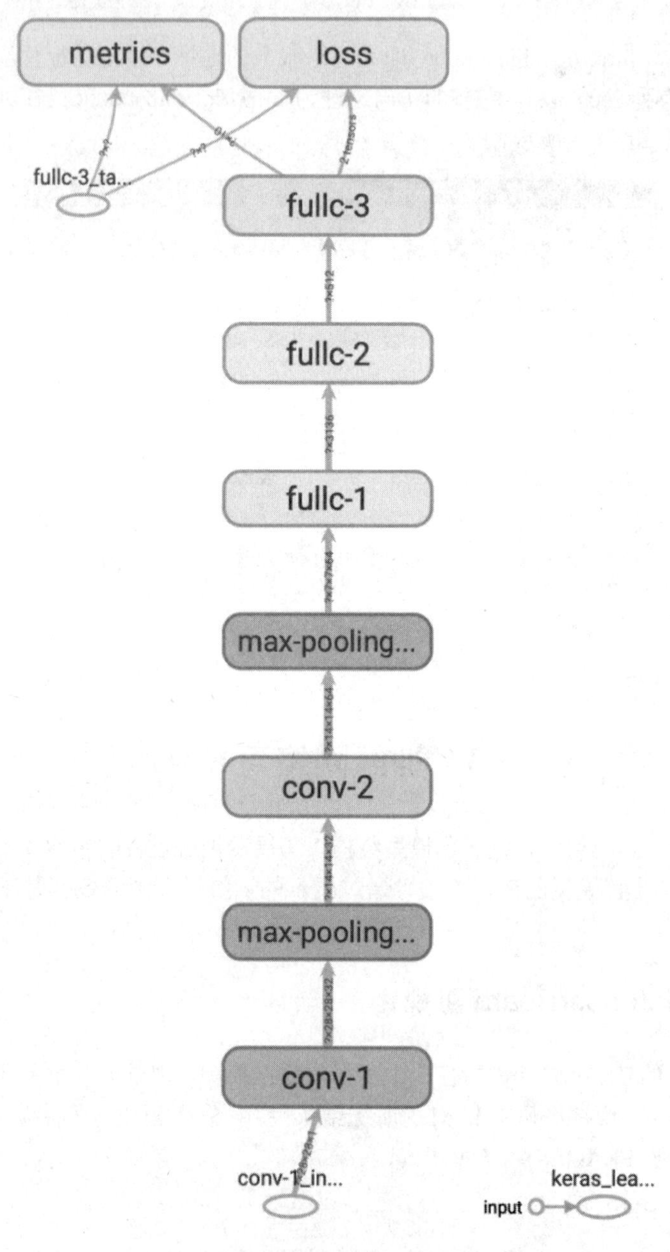

图 6.4　神经网络的图结构

下面依次解析卷积神经网络的各个层次结构，代码可参见文件【chapter8\mnist_cnn.py】。

1) 输入层

输入层的输入和输出结构如图 6.5 所示。输入层的输入数据名称为 conv-1_input，因为在使用 Keras 的 Sequential 类搭建卷积神经网络时，将输入层的图像数据植入了卷积层-1 中，即 input_shape=(28,28,1)，所以输入数据会有一个 conv-1 的前缀。输入数据的操作(Operation)为 Placeholder，虽然 TensorFlow 2.0 已经没有 Placeholder 属性，但是这个属性仅不对开发者开放，其内部仍使用 Placeholder 作为占位符获取输入数据。从 shape 中可以看出，Placeholder 存储的输入数据维度为(-1,28,28,1)，其中“-1”为冗余量，表示批量输入数据量。输入层没有输入数据，只有输出数据，输出数据为 Outputs:conv-1，即输入层将数据流传输到卷积层-1，输出数据维度为?×28×28×1，其中“?”为批量数据的保留位，28×28×1 为输入数据的维度，在手写字体识别任务中，为手写字体图像的维度，即高×宽×通道数。

2) 卷积层-1

卷积层-1 的输入和输出数据结构如图 6.6 所示。卷积层-1 的输入为 conv-1_input，即输入层的输出数据维度为?×28×28×1；卷积层-1 的输出数据为 maxpooling-1，即输出数据作为最大池化层-1 的输入，输出数据的维度为?×28×28×32，卷积层-1 的卷积计算将图像数据层深增加为 32 层，卷积层-1 对应的代码如下：

```
# 卷积层-1
model.add(
    layers.Conv2D(32, (3,3),
    padding="same",
    activation=tf.nn.relu,
    input_shape=(28,28,1),
    name="conv-1")
    )
```

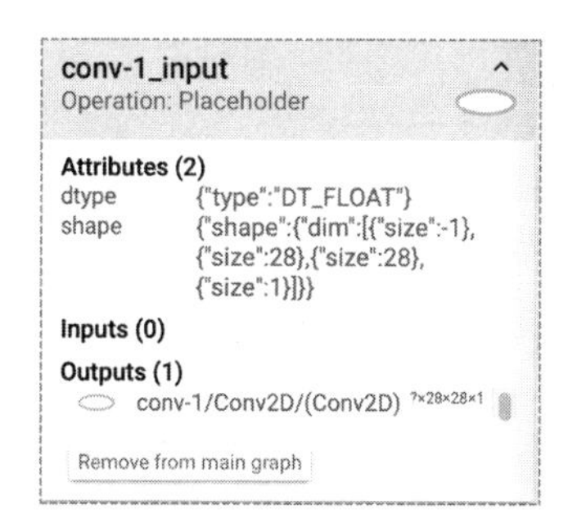

图 6.5　输入层的输入和输出结构

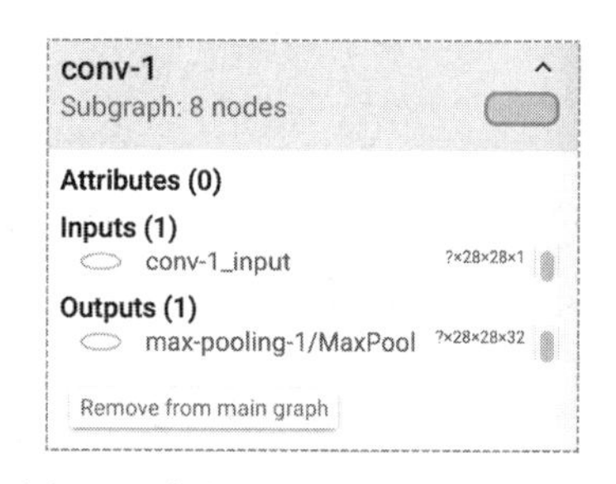

图 6.6　卷积层-1 的输入和输出结构

以上代码中 32 为输出的图像深度，input_shape 为输入数据维度，张量操作为 Conv2D，Keras 中将 Conv2D 的计算过程做成了一个封装，TensorBoard 可以查看详细的计算过程，如图 6.7 所示。Conv2D 的计算过程可以分为两部分，一个是卷积矩阵计算(Conv2D)，通过读取变量操作

(ReadVariableOp)进行矩阵计算；另一个是偏置求和(BiasAdd)，通过读取变量操作(ReadVariableOp)将矩阵计算结果与偏置求和，并将计算结果输入到激活函数 Relu，获取卷积计算的最终输出，再将最终输出经过 identity 处理，输出可读的普通数据，即刻执行，在 TensorFlow 内部完成数据的转换。这是第一个卷积处理，详细展示了卷积计算的内部结构，在后面的卷积计算，会展示卷积计算的框架结构。

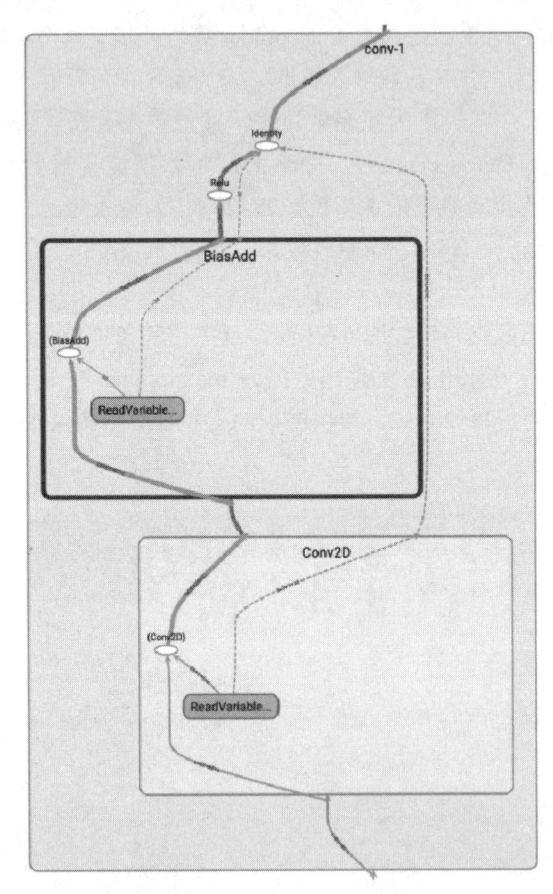

图 6.7　卷积层计算结构

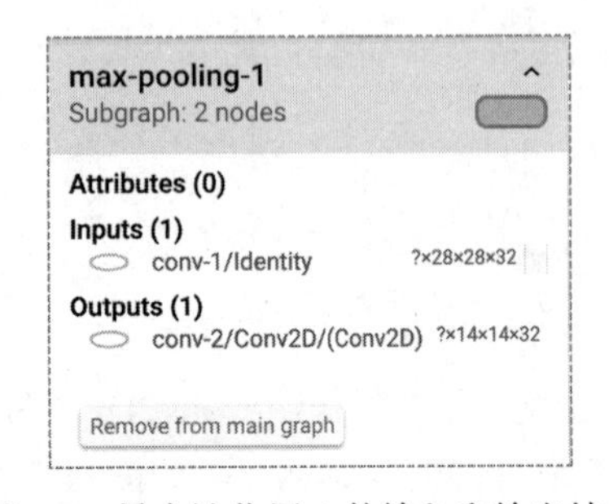

图 6.8　最大池化层-1 的输入和输出结构

3) 最大池化层-1

最大池化层-1 的输入和输出结构如图 6.8 所示。最大池化层的输入为 conv-1/Identity，即卷积层-1 的输出，维度为?×28×28×32；输出数据为 conv-2/Conv2D(Conv2D)，输出到卷积层-2，输出数据维度为?×14×14×32。由此可知，最大池化层-1 改变了图像尺寸，保留了图像深度。

最大池化层-1 的实现代码如下。由代码可知，最大池化层-1 经过了最大池化 MaxPooling2D 计算，池化核为 2×2。TensorBoard 展示了最大池化层-1 数据流的传递过程，如图 6.9 所示。最大池化层-1 计算经历了两次数据处理，一次是最大池化计算，另一次是 Identity 数据处理，然后将数据结果输出到下一层——卷积层-2。

```
# 最大池化层-1
model.add(
    layers.MaxPooling2D(
        (2,2),
        name="max-pooling-1"
    )
)
```

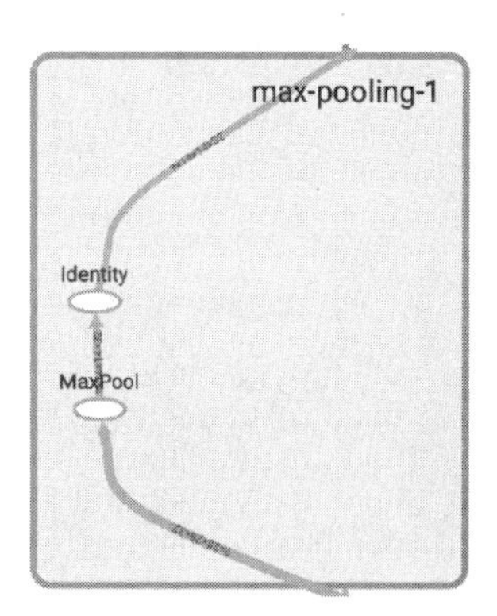

图 6.9　最大池化层-1

4) 卷积层-2

卷积层-2 的输入和输出结构如图 6.10 所示。卷积层-2 的输入数据为 max-pooling-1/Identity，即最大池化层-1 的输出，数据维度为?×14×14×32，输出数据为 max-pooling-2/MaxPool，数据流向最大池化层-2，输出数据维度为?×14×14×64，由此可知，卷积层-2 将数据的深度增加到 64，并未改变图像尺寸，因为使用了图像填充。

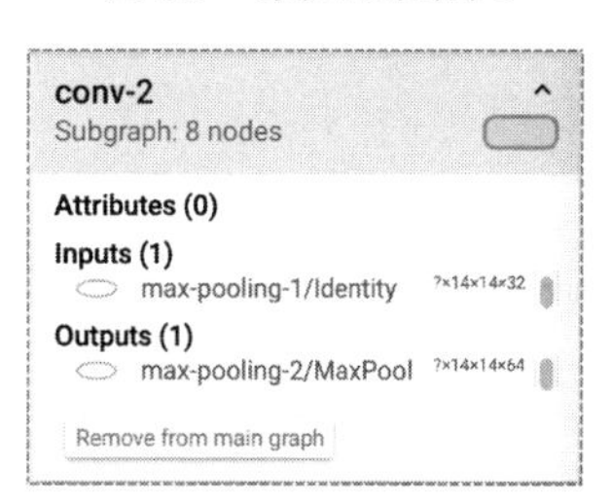

图 6.10　卷积层-2 的输入和输出结构

卷积层-2 的实现代码如下，由代码可知，卷积计算输出层的层深为 64，使用图像填充 padding，设置为 same，即开启图像填充，保持图像尺寸不变。TensorBoard 展示的卷积层-2 的结构如图 6.11 所示，其结构与卷积层-1 相同，只展示了计算架构，4 层计算，即 Conv2D、BiasAdd、Relu 以及数据转换 Identity。

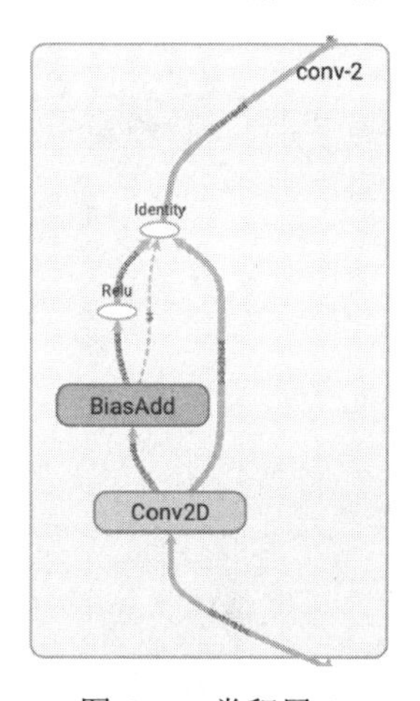

图 6.11　卷积层-2

```
# 卷积层-2
model.add(
    layers.Conv2D(64, (3,3),
    padding="same",
    activation=tf.nn.relu,
    name="conv-2")
    )
```

5) 最大池化层-2

最大池化层-2 的输入和输出结构如图 6.12 所示。最大池化层-2 的输入为 conv-2/Identity，来自卷积层-

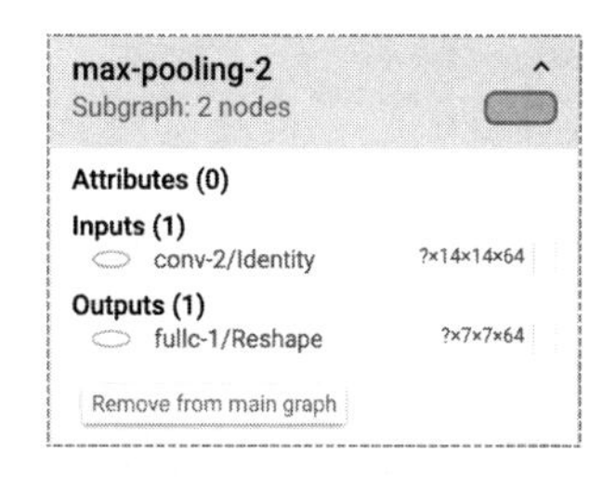

图 6.12　最大池化层-2 的输入和输出结构

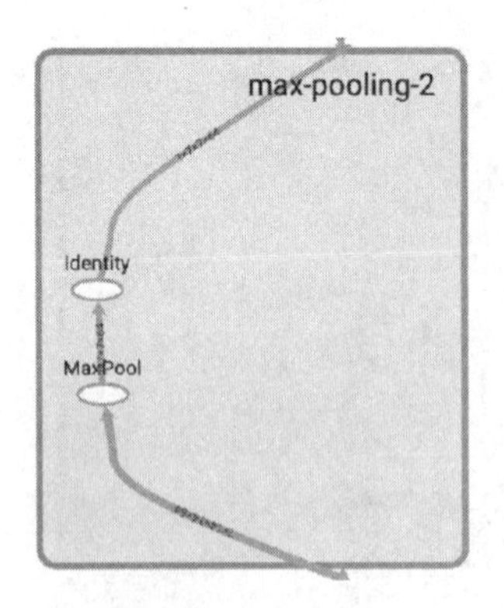

图 6.13　最大池化层-2

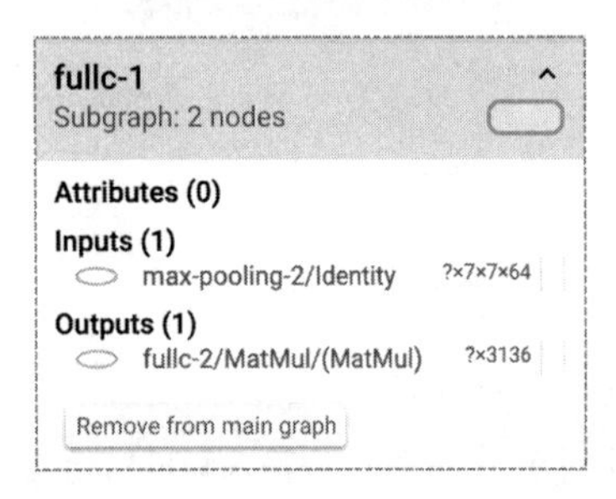

图 6.14　全连接层-1 的输入和输出结构

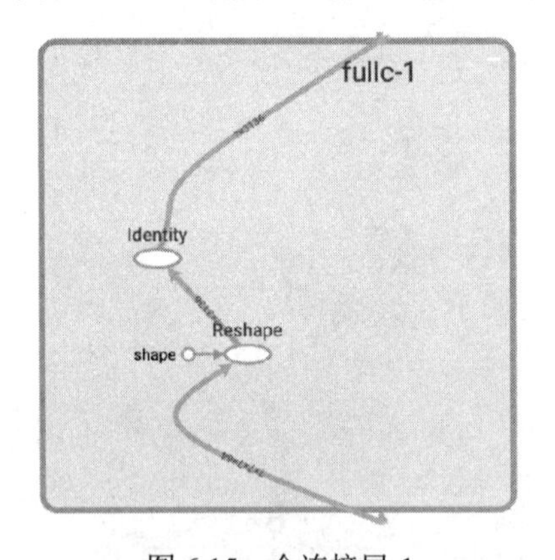

图 6.15　全连接层-1

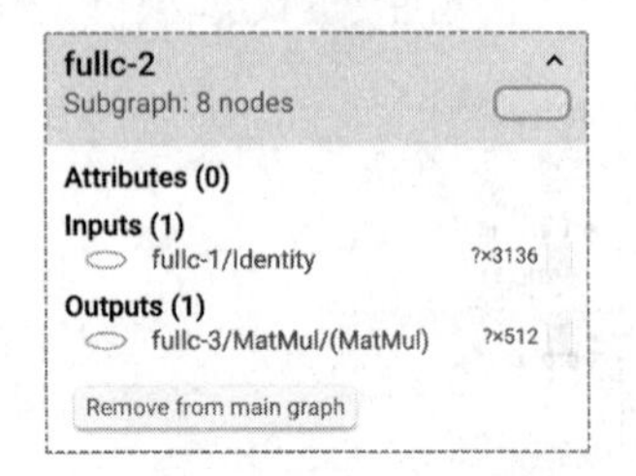

图 6.16　全连接层-2 的输入和输出结构

2，数据维度是?×14×14×64，输出数据为 fullc-1/Reshape，作为全连接层-1 的输入，输出数据维度是?×7×7×64，由此可知，最大池化层改变了图像尺寸，保留了图像深度。

最大池化层-2 的实现代码如下。由代码可知，池化层-2 的池化核尺寸为 2×2，仅对输入数据进行了池化 MaxPooling2D 计算。TensorBoard 的展示如图 6.13 所示，最大池化层对输入数据进行了两次数据处理，一次是普通的最大池化计算(MaxPool)，另一次是数组转换计算(Identity)，由此可知，TensorBoard 展示的细节比单纯代码层更加丰富。

```
# 最大池化层-2
model.add(
    layers.MaxPooling2D(
        (2,2),
        name="max-pooling-2"
    )
)
```

6) 全连接层-1

全连接层-1 的输入与输出结构如图 6.14 所示。全连接层的输入为 max-pooling-2/Identity，来自最大池化层-2，维度是?×7×7×64；输出为 fullc-2/MatMul/(MatMul)，作为全连接层-2 的输入，输出数据维度为?×3136。由此可知，全连接层-1 对数据进行了“拉伸”，将二维矩阵数据转换为列向量，并没有数据损失，其中，“?”表示批量数据尺寸占位符，“3136”为列向量的数据个数。

全连接层-1 的实现代码如下。由代码可知，全连接层-1 只进行了“拉伸”计算(Flatten)，TensorBoard 中展示了“拉伸”的计算细节，如图 6.15 所示。全连接层-1 的“拉伸”其实是数据尺寸调整(Reshape)，将二维矩阵数据转化为列向量，最后将列向量数据进行转化(Identity)，输出到全连接层-2。

```
# 全连接层-1
model.add(layers.Flatten(name="fullc-1"))
```

7) 全连接层-2

全连接层-2 的输入和输出结构如图 6.16 所示。全连接层-2 的输入为 fullc-1/Identity，即全连接层-1 的输出，维度为?×3136；输出为 fullc-3/MatMul/(MatMul)，数据流向全连接层-3，输出数据维度是?×512。由此可知，全连接层-2 进行了矩阵计算，将 3136 列向量转换为 512 列向量。

全连接层-2 的实现代码如下。由代码可知，全连接层-2 进行了 Dense 计算和 Relu 计算，输出数据为 512。TensorBoard 展示了详细的计算过程，如图 6.17 所示。全连接层-2 经过了 4 次计算，分别为矩阵计算(MatMul)、偏置求和计算(BiasAdd)、激活函数计算(Relu)以及数据转换(Identity)，将输出数据流传入全连接层-3。

```
# 全连接层-2
model.add(
    layers.Dense(512,
    activation=tf.nn.relu,
    name="fullc-2")
)
```

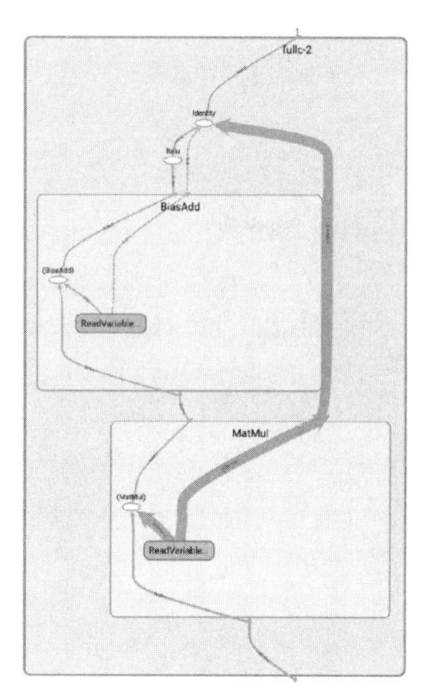

图 6.17　全连接层-2

8) 全连接层-3

全连接层-3 的输入和输出结构如图 6.18 所示。全连接层输入数据为 fullc-2/Identity，即全连接层-2 的输出数据，维度为?×512；输出数据为 metrics/accuracy/ArgMax 和 loss，即全连接层的输出数据流有两个去向，一个是损失值，另一个是精度值，输出数据维度为?×10。由此可知，全连接层-3 将列向量进行矩阵计算，生成数据为分类数量的列向量，用于结果分类。

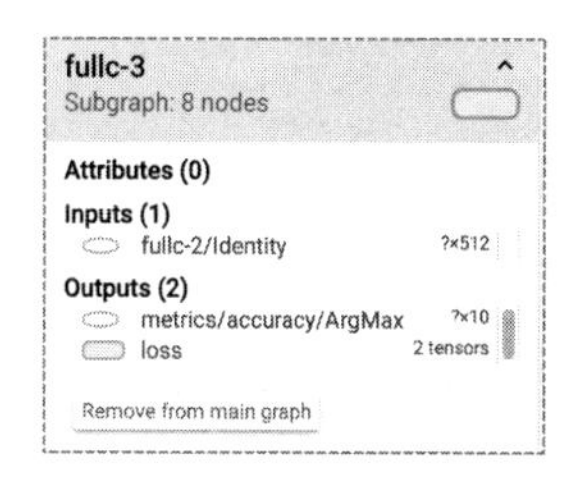

图 6.18　全连接层-3 的输入和输出结构

全连接层-3 的实现代码如下。由代码可知，全连接层-3 进行了 Dense 计算和 softmax 计算，输出数据为维度为 10 的列向量。TensorBoard 展示了全连接层-3 的详细计算过程，如图 6.19 所示。由图 6.19 可知，全连接层-3 经历了 4 次计算，分别为矩阵计算(MatMul)、偏置求和计算(BiasAdd)、Softmax 计算以及数据转换(Identity)。

```
# 全连接层-3
model.add(
    layers.Dense(10,
    activation=tf.nn.softmax,
    name="fullc-3")
)
```

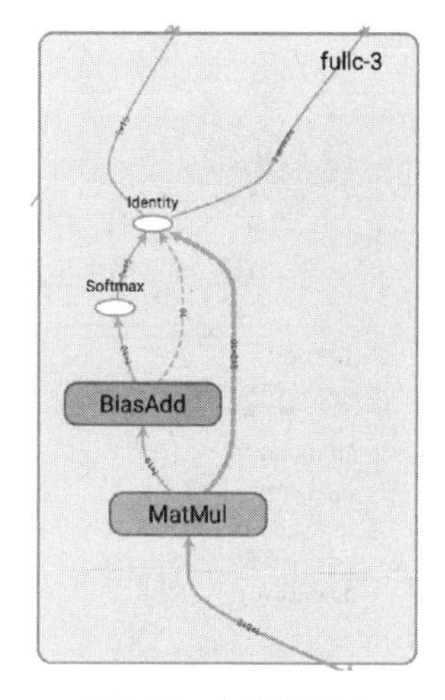

图 6.19　全连接层-3

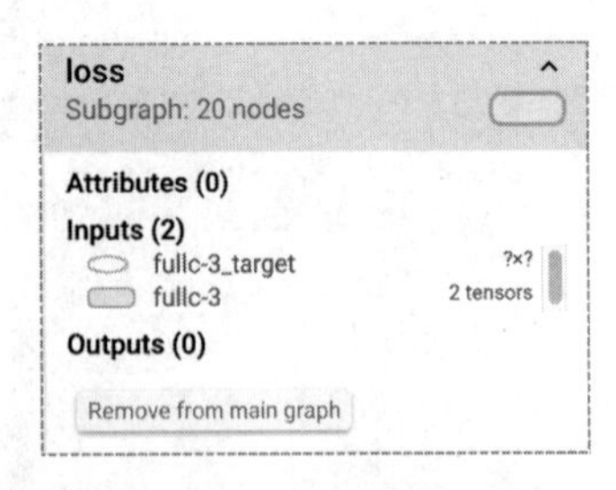

图 6.20　损失函数的输入和输出

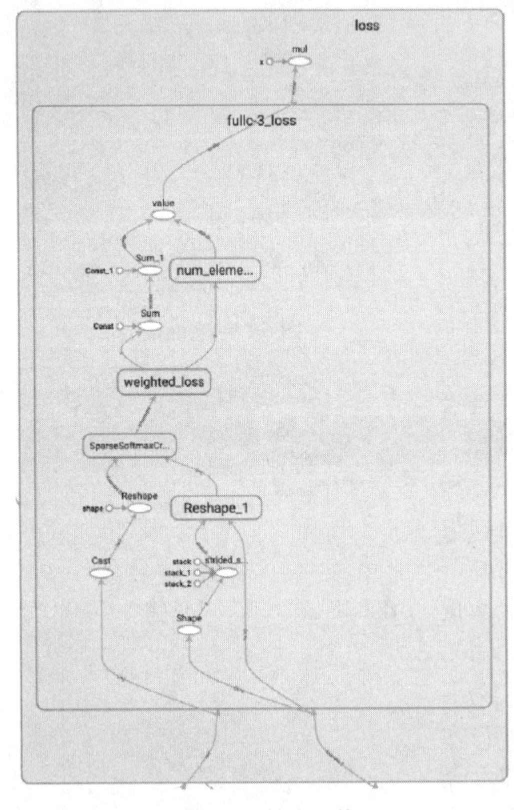

图 6.21　损失函数

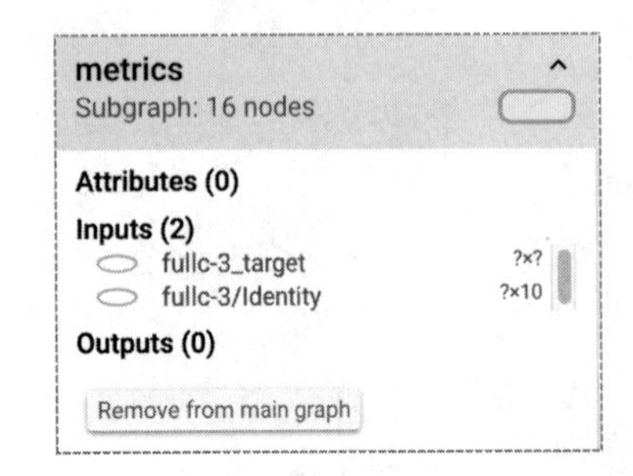

图 6.22　精确度输入与输出结构

9) 损失函数

损失函数的输入与输出结构如图 6.20 所示。损失函数的输入为 fullc-3_target 和 fullc-3。其中，fullc-3_target 为训练数据集标签数据，fullc-3 为全连接层输出数据。输出数据为空，即损失函数数据流并没有走向下一个目标，因此，神经网络的数据流终点即是损失计算，损失计算更新权重参数。

损失计算的实现代码如下。由代码可知，损失函数使用 SparseCategorical- crossentropy 计算神经网络预测值与标签值的交叉熵。TensorBoard 详细展示了损失函数的计算细节，如图 6.21 所示。损失值计算将标签值与神经网络进行数据类型转换(Cast)和尺寸调整(Reshape)后，计算交叉熵(Sparse categoricalCrossentropy)，并记录此时的权重信息，更新权重参数(weighted_loss)，使用优化器进行优化。虽然损失函数损失值数据流没有流向下一个目标，但是 TensorBoard 可以通过 value 捕捉损失标量值(scalar)。

```
model.compile(
    optimizer=tf.keras.optimizers.
Adam(learning_rate=0.001),
    loss=tf.keras.losses.
SparseCategoricalCrossentropy(from_
    logits=True),
    metrics=["accuracy"]
)
```

10) 优化指标

神经网络的初步评估指标即神经网络预测值与标签值的拟合程度，使用精确度(accuracy)描述，手写字体卷积神经网络的精确度输入与输出结构如图 6.22 所示。精确度计算的输入数据有两个：full-3_target 和 fullc-3/Identity。其中，full-3_target 为数据集标签数据，fullc-3/Identity 为神经网络的预测输出，计算预测值与理论值的拟合程度，获得神经网络的预测精度。

优化指标的详细计算信息在代码中只有一个

参数 metrics=["accuracy"]，无法了解信息计算的过程，TensorBoard 提供了计算过程示意，如图 6.23 所示。优化计算将神经网络的预测值进行最大值提取，即 ArgMax，然后与标签数据比较，即 Equal，再进行求和计算，即 Sum，获取精度值，最终通过 TensorBoard 提取标量值进行保存。

11) 标签值

手写字体数据集标签数据结构如图 6.24 所示。标签值的操作(Operation)为 Placeholder，通过占位符存储标签值，只不过 Placeholder 占位符在 TensorFlow 2.0 中对开发者而言是不可操作的，输入数据为空，即标签值只保存标签数据，无其他数据源。输出数据流有两个去向，一个是作为损失函数的标签值，用于计算损失值；另一个作为精度输入值，计算神经网络的预测精度。

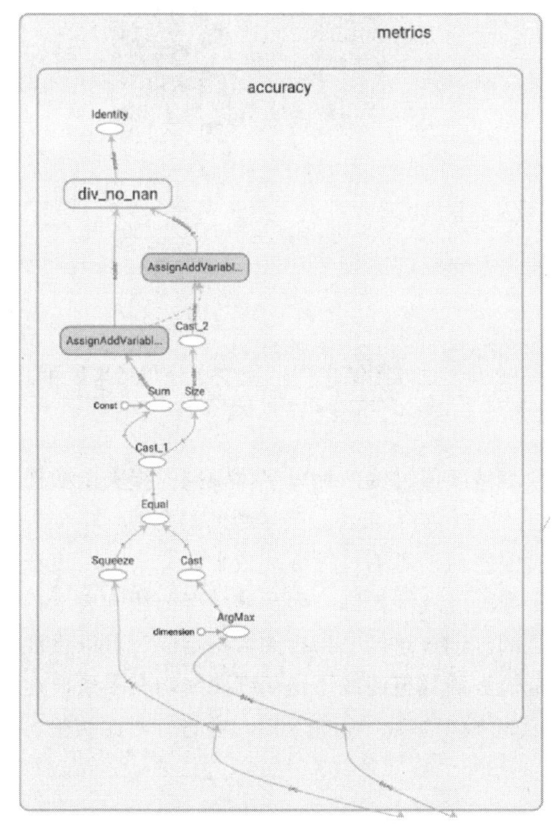

图 6.23　优化指标

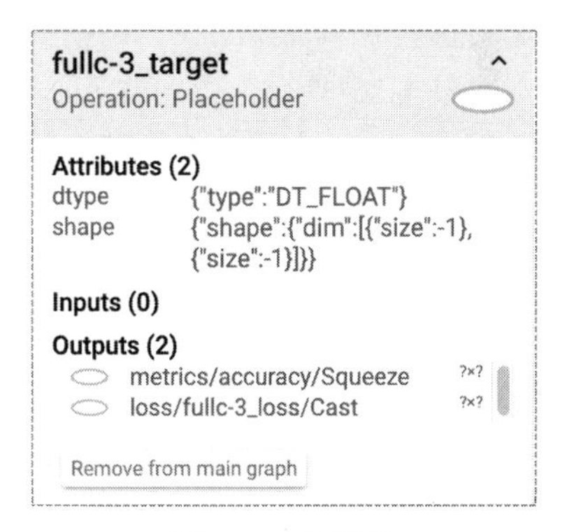

图 6.24　标签值

2. 图像数据结构(IMAGES)

TensorBoard 的图像数据结构是保存原始图像数据集和神经网络训练过程中各个层次输出的图像，在手写字体识别任务中，IMAGES 保存了原始手写图像数据集图像，卷积神经网络各个层在训练中的输出图像如图 6.25 所示。图 6.25(a)为手写字体原始图像，图 6.25(b)为卷积层-1 的输出图像。

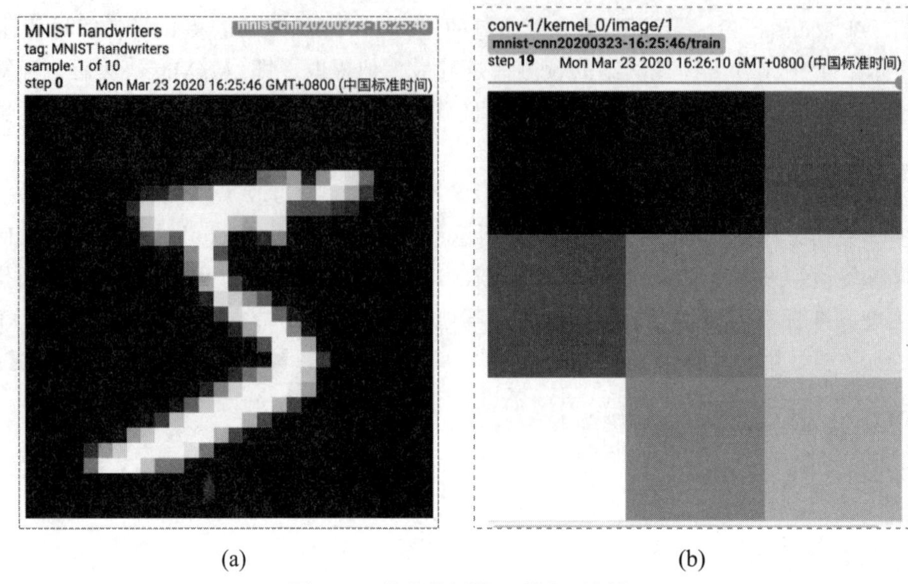

(a) (b)

图 6.25 数据集图像及卷积层图像

6.3.2 训练结果可视化

训练结果可视化可从三个方面解析，即标量结果展示、直方图结果展示和数据分布结果展示。

1. 标量结果展示

标量结果直接展示训练结果，以损失函数和预测精度值为例，手写字体识别的损失函数值和预测精度值如图 6.26 所示。该图展示了损失函数的变化趋势及最终损失函数的稳定值，由损失函数的标量数据图可知，曲线拟合预测值与实际值的偏差随训练的进行逐渐减小，并最终稳定在一定误差范围内，说明损失函数逐渐收敛，模型预测准确度逐渐提高；而预测精度曲线则表示模型的预测精度逐步提高，并最终稳定在 95%~100%之间。通过这两个指标的数据走向，可以直观地判断出手写字体神经网络模型的预测能力。无论是损失函数值曲线还是精度曲线均有多条，这是因为 TensorBoard 可以展示多个模型的预测结构，当对模型参数进行微调时，会进行对比实验，找到合适的训练参数。

2. 直方图结果展示

直方图展示训练模型过程中的数据分布情况，TensorBoard 的直方图有两种模式：OVERLAY 和 OFFSET，其中 OVERLAY 模式显示训练全过程的最终训练结果折线图；OFFSET 模式显示训练全过程的权重和偏置的分布情况。在手写字体识别任务中以卷积层-1 的权重和偏置为分析对象，分别以 OVERLAY 和 OFFSET 两种方式展示训练参数。OVERLAY 模式下卷积层-1 的权重和偏置如图 6.27 所示，该模式展示了训练过程中权重和偏置的分布情况，图 6.27(a)为卷积层-1 偏置的分布，图 6.27(b)为卷积层-1 的权重分布，横坐标为数据的取值范围，纵坐标为数据的取值数量。该图直观地展示了训练过程中神经网络参数取值的变化过程，但是训练次数这个因素被覆盖了，无法直观地判断多轮训练曲线分别来自哪一轮训练，但是可以通过移动鼠标到当前曲线，来获取当前的训练次数。而 OFFSET 模式则更加清晰地展示了训练过程中的参数变化情况，三个因素层次关系明显，可以更加直观地判断数据的分布，如图 6.28 所示。

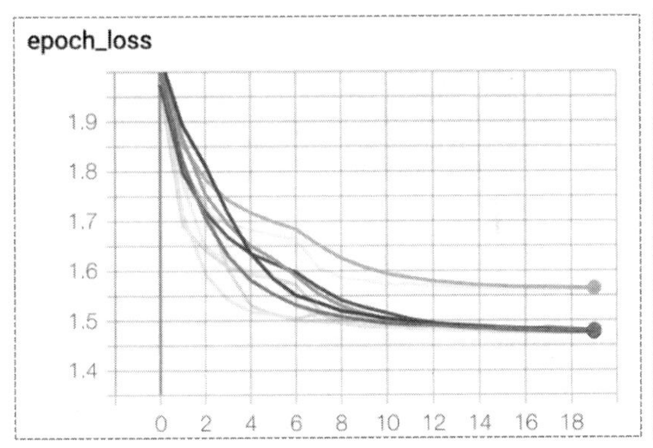

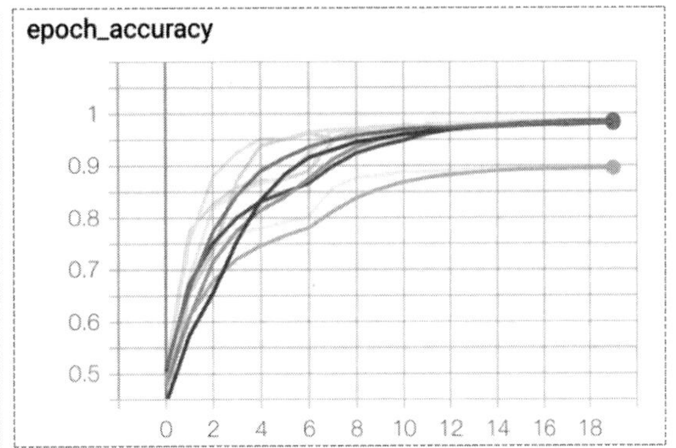

图 6.26　损失函数标量图

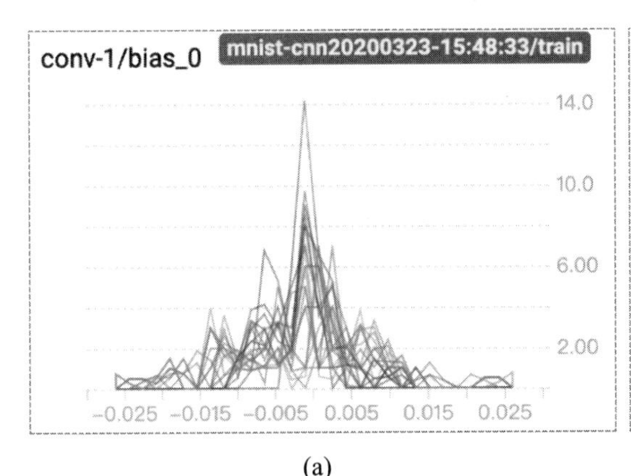

(a)

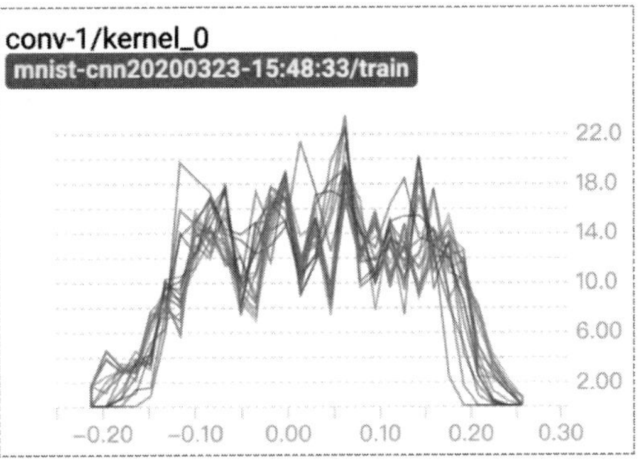

(b)

图 6.27　OVERLAY 模式卷积层-1 的权重与偏置

图 6.28 中，横坐标表示神经网络隐藏层权重的取值，纵坐标表示迭代步骤即训练次数，每次训练形成一个直方图，图中深色曲线为直方图的轮廓。图 6.27 是完整训练过程生成的直方图集合，可知权重和偏置的优化取值范围是一致的，参数更新未出现异常。

3. 数据分布图结果展示

以手写字体识别的卷积神经网络卷积层-1 为例，其权重和偏置分布如图 6.29 所示。其中，横坐标为训练次数，纵坐标为神经网络权重取值，不同颜色表示取值集中度，0 附近的颜色较深，数据较集中，并且取值的边界较平滑，说明训练过程中未出现因学习率过大而在极小值附近“摇摆”的情况。

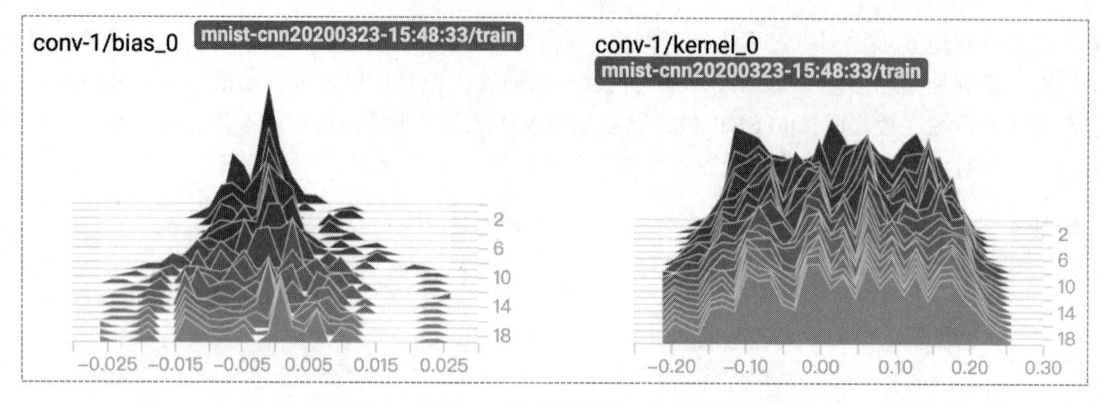

图 6.28 OFFSET 模式卷积层-1 的权重与偏置

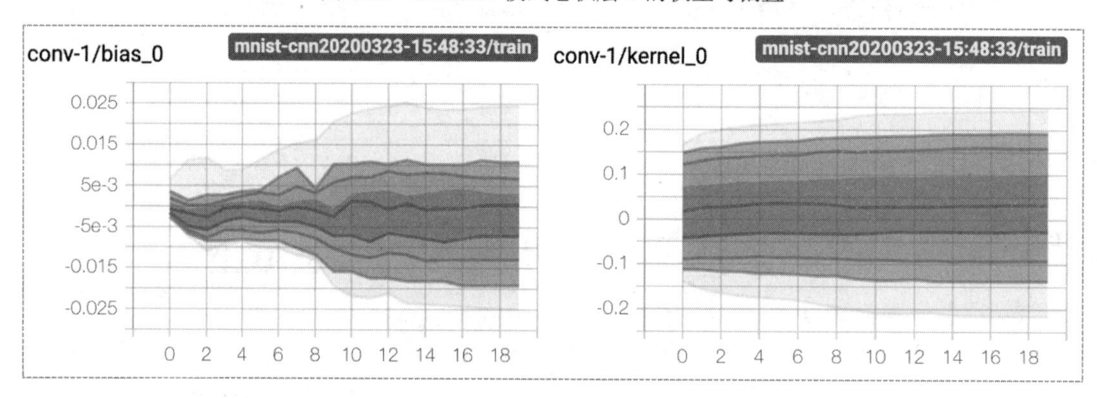

图 6.29 隐藏层权重数据分布

6.4 小 结

本章介绍了 TensorFlow 2.0 的可视化工具 TensorBoard 的使用。以第 8 章手写字体识别为例，结合卷积神经网络实例完整剖析了 TensorBoard 的各项功能，如基本的 5 项数据可视化功能，即神经网络结构图(GRAPHS)、训练过程图像及原始图像展示(IMAGES)、损失函数及精度曲线可视化(SCALARS)、神经网络权重和偏置参数分布(HISTOGRAMS)以及权重和偏置在训练过程中的变化情况(DISTRIBUTIONS)。

实 战 篇

本篇讲解了应用 TensorFlow 2.0 进行实际项目开发，以及模型评估与模型优化的方法，深度剖析了 5 个案例、3 种类型的实战项目，即纯数据预测、图像处理和自然语言处理，帮助读者了解不同类型的人工智能项目的开发应用。实战项目的讲解由浅入深、循序渐进，如应用 TensorFlow 2.0 从零开始搭建神经网络，分别应用卷积神经网络和循环神经网络完成项目的开发过程。模型评估部分详细介绍了模型的评估指标和模型优化方案。

第 7 章　神经网络曲线拟合

本章讲解人工神经网络的第一个应用案例——曲线拟合，以神经网络实现曲线拟合作为切入点，剖析人工智能应用的开发过程，包括原始数据集准备、神经网络搭建、训练神经网络、神经网络评估及神经网络预测等。同时使用神经网络框架 TensorFlow 实现神经网络搭建、预测等功能。曲线拟合，是给定目标曲线，如直线、二次曲线等，利用神经网络学习“目标”曲线，生成神经网络模型，并利用该模型实现给定输入数据，预测输出值，使该输出值在误差允许范围内“靠近”目标曲线。项目很简单，使用三种方式搭建神经网络，有利于理解 TensorFlow 2.0 搭建项目的过程及原理，同时，加深对 TensorFlow 2.0 的认知，从 TensorFlow 1.x 版本更加平滑地过渡到 TensorFlow 2.0，降低入门难度。

7.1　神经网络结构及解析

曲线拟合使用的数据为平面数据，所以采用普通神经网络，即通用的二维矩阵计算网络。

7.1.1　神经网络结构

曲线拟合使用多层普通神经网络实现预测功能，该网络结构如图 7.1 所示，包括输入层、隐藏层和输出层。其中，$w_{1\_1}, w_{1\_2}, \cdots, w_{1\_10}$ 为输入层到隐藏层的权重，$b_{1\_1}, b_{1\_2}, \cdots, b_{1\_10}$ 为输入层到隐藏层的偏置；$w_{2\_1}, w_{2\_2}, \cdots, w_{2\_10}$ 为隐藏层到输出层的权重，b_{2_1} 为隐藏层到输出层的偏置。

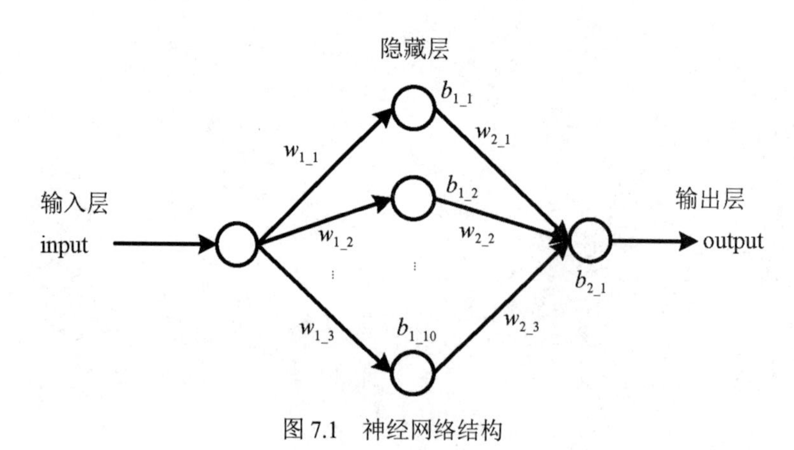

图 7.1　神经网络结构

7.1.2　神经网络结构解析

由图 7.1 可知曲线拟合神经网络共有三层：输入层、隐藏层和输出层，现规定如下：

输入层矩阵为 input，维度为 1×1；输入层到隐藏层的权重矩阵为 weight_1，维度为 1×10；偏置矩阵为 biase_1，维度为 1×10；隐藏层到输出层权重矩阵为 weight_2，维度为 10×1，偏置矩阵为 biase_2，维度为 1×1；输出层为 output，维度为 1×1。详细对应关系如表 7.1 所示。

表 7.1　神经网络参数

参　数	维　度
input	[1, 1]
weight_1	[1, 10]
biase_1	[1, 10]
weight_2	[10, 1]
biase_2	[1, 1]
output	[1, 1]

7.2　TensorFlow 2.0 搭建神经网络

上一节建立了预测目标曲线的神经网络，本节通过该网络结构，利用基于 Python 语言的深度学习框架 TensorFlow 2.0 实现该神经网络。

7.2.1　二次曲线

曲线拟合神经网络的前向计算过程为：给定输入数据，经过神经网络计算，生成预测值。此过程为开环计算，没有监督机制，是训练神经网络的第一步。本次神经网络拟合的二次曲线为

$$y = x^2 - 0.5x + \Delta \tag{7-1}$$

其中，x 为输入数据，y 为输出数据，Δ 为随机噪声。该曲线的理论图像如图 7.2 所示。拟合神经网络学习二次曲线的理论值，更新神经网络的权重参数和偏置参数，当学习次数(训练次数)足够多时，该神经网络就具备了二次曲线理论模型的能力，能根据输入数据，输出对应的二次曲线输出值。

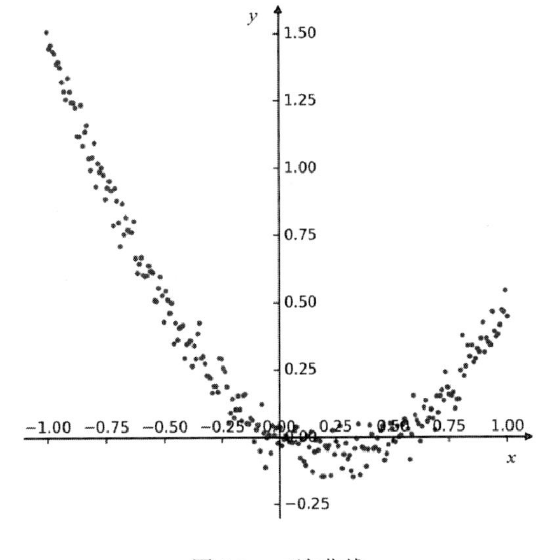

图 7.2　二次曲线

7.2.2 神经网络

下面使用 TensorFlow 2.0 平台实现曲线拟合神经网络的设计。TensorFlow 2.0 可以使用三种方法搭建曲线拟合神经网络：完全使用高层封装 Keras 搭建神经网络、部分使用 Keras 自定义搭建神经网络、完全自定义神经网络(仅继承 Keras 类)。作为 TensorFlow 2.0 搭建神经网络的入门级项目，下面使用这三种方法搭建曲线拟合神经网络，一方面可以掌握神经网络的搭建，另一方面可以掌握 TensorFlow 2.0 工具的使用方法。

1. Keras 搭建神经网络

作为 TensorFlow 2.0 重要的高级封装 Keras，它提供了丰富的服务接口，用于实现神经网络的搭建。完全使用 Keras 搭建神经网络的代码如下，详细解析见注释部分，可参见代码文件【chapter7\line_fit_high.py】。

```
def compile_model(model):
    """神经网络参数配置
    参数:
        model: 神经网络实例
    返回:
        无
    """
    # 设置优化器，损失函数，观测值
        model.compile(optimizer=tf.keras.optimizers.Adam(learning_rate=0.001),
    loss="mse", metrics=["mae","mse"])

def create_model():
    """使用 Keras 新建神经网络
    参数:
        无
    返回:
        model: 神经网络实例
    """
    # 新建神经网络
    # 输入数据:250×1
    # 输入层-隐藏层:1×10
    # 隐藏层-输出层:10×1
    # 输出数据:250×1
    model = tf.keras.Sequential([
        tf.keras.layers.Dense(10, activation=tf.nn.relu, input_shape=(1,),
        name= "layer1"),
        tf.keras.layers.Dense(1, name="outputs")
])
# 编译模型
    compile_model(model)
    # 返回数据
return model
```

上述代码使用 tf.keras.Sequential 类完成了曲线拟合神经网络的搭建，使用编译模型的函数 compile_model，设计神经网络的损失函数及其优化方法，是 tf.keras.Sequential 类的功能，也是使用 Keras 进行神经网络训练的必要过程。同时 Keras 可以通过 summary 方法获取模型的参数结构，实现代码如下，详细解析见注释部分。

```
def display_nn_structure(model, nn_structure_path):
    """展示神经网络结构
    参数:
        model: 神经网络对象
        nn_structure_path: 神经网络结构保存路径
    返回:
        无
    """
    model.summary()
    keras.utils.plot_model(model, nn_structure_path, show_shapes=True)
```

运行结果如下：

```
Model: "sequential"
_________________________________________________________________
Layer (type)                 Output Shape              Param #
=================================================================
layer1 (Dense)                (None, 10)               20
_________________________________________________________________
outputs (Dense)               (None, 1)                11
=================================================================
Total params: 31
Trainable params: 31
Non-trainable params: 0
_________________________________________________________________
```

运行结果显示，曲线拟合神经网络共有两层结构，即隐藏层(layer1)和输出层(outputs)，31 个参数，输入层到隐藏层的 10 个权重参数、10 个偏置参数，隐藏层到输出层的 10 个权重参数和 1 个偏置参数。使用 Sequential 类搭建神经网络，初始化时将输入层放到隐藏层 layer1 中，因此，输出结果中没有将输入层显示出来。

TensorBoard 的 Graph 模块可以获取曲线拟合神经网络的工作流程，如图 7.3 所示。曲线拟合神经网络共三层结构，其中，layer1_input 为输入层，layer1 为隐藏层，outputs 为输出层，metrics 为训练过程的评估指标模块，loss 为损失函数模块。通过神经网络工作流程，可帮助开发者检查模型结构以及神经网络计算流程是否合理等。

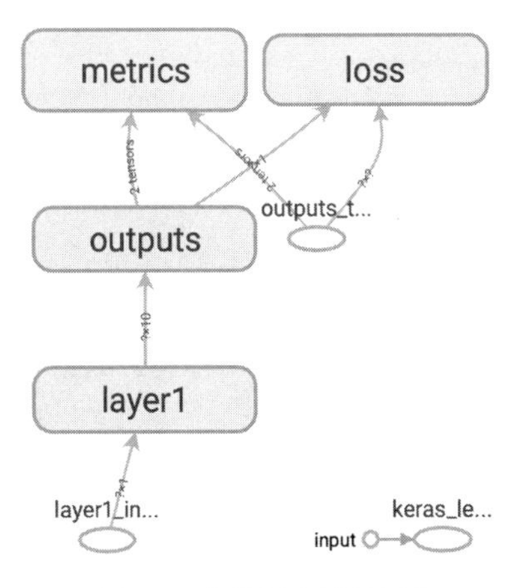

图 7.3　曲线拟合神经网络

2．Keras 自定义搭建神经网络

除了可以使用原生的 Keras 接口功能搭建神经网络外，还可以部分借助 Keras 接口，自定义损失函数及优化器部分来快速地搭建神经网络，这样可以定制损失函数及优化过程，实现更为复杂的功能。曲线拟合神经网络结构搭建和 Keras 原生接口相同。不同的是没有了 compile_model 函数，损失函数及优化器需要开发者自行搭建。实现代码如下，详细解析见注释部分，可参见代码文件【chapter7\line_ fit_mid.py】。

```
def create_model():
    """使用 Keras 新建神经网络
    参数:
        无
    返回:
        model: 神经网络实例
    """
    # 新建神经网络
    # 输入数据:250×1
    # 输入层-隐藏层:1×10
    # 隐藏层-输出层:10×1
    # 输出数据:250×1
    model = tf.keras.Sequential([
        tf.keras.layers.Dense(10, activation=tf.nn.relu, input_shape=(1,)),
        tf.keras.layers.Dense(1)
    ])
    # 返回 model
return model
```

网络结构同样可以通过 summary 方法获取，实现代码与上面的结构展示相同，运行结果如下：

```
Model: "sequential"
_________________________________________________________________
Layer (type)                 Output Shape              Param #
=================================================================
layer1 (Dense)                (None, 10)               20
_________________________________________________________________
outputs (Dense)               (None, 1)                11
=================================================================
Total params: 31
Trainable params: 31
Non-trainable params: 0
_________________________________________________________________
```

由运行结果可以发现，曲线拟合神经网络共有两层结构，即隐藏层(layer1)和输出层(outputs)。由于初始化时将输入层放到隐藏层 layer1 中，因此输出结果中没有输入层。而 Keras 提供了绘制

模型结构的工具 keras.utils.plot_model 可将模型保存起来，曲线拟合神经网络模型如图 7.4 所示。曲线拟合神经网络共三层结构，其中，layer1_input 为输入层，Sequential 类将输入层放在了 layer1 中，layer1 为隐藏层，outputs 为输出层。图 7.4 中还标出了每层神经网络的尺寸，其中，问号“?”表示每批数据的数量，在搭建神经网络的过程中由于未指定训练数据的数量，因此使用问号表示，其他的数据均为神经网络各层次数据的维度。

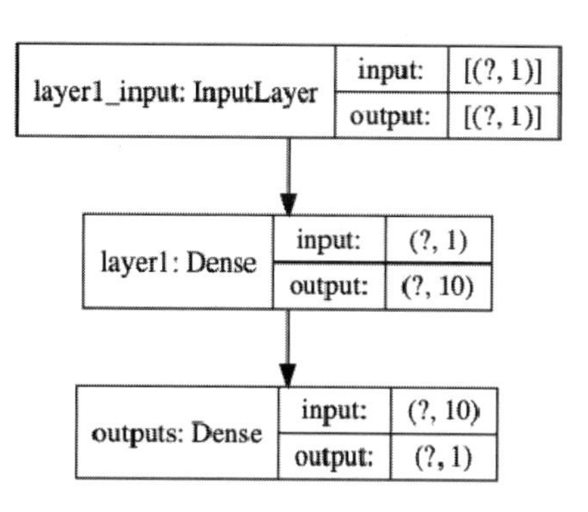

图 7.4　曲线拟合神经网络

3. 完全自定义搭建神经网络

完全自定义搭建神经网络仅继承 Model 类，神经网络的参数及计算方式均由开发者自行设计，损失函数及优化过程也自定义。该方法为最原始的神经网络搭建过程，适用于对神经网络计算过程完全熟悉的项目，否则极易出错。本章的项目较简单，使用完全自定义方法搭建神经网络的实现代码如下，详细解析见注释部分，代码可参见文件【chapter7\ line_fit_low.py】。

```
class Linefit(tf.keras.Model):
    """类继承方式搭建神经网络
    参数:
        tf.keras.Model: Model 父类
    返回:
        对象
    """
    def __init__(self):
        super(Linefit, self).__init__()
        # 输入层到隐藏层权重
        self.w1 = tf.Variable(tf.random.normal([1,10]),name="w1")
        # 输入层到隐藏层偏置
        self.b1 = tf.Variable(tf.zeros([1,10]), name="b1")
        # 隐藏层到输出层偏置
        self.w2 = tf.Variable(tf.random.normal([10,1]),name="w2")
        # 隐藏层到输出层权重
        self.b2 = tf.Variable(tf.zeros([1,1]), name="b2")
    @tf.function
    def call(self, inputs):
        """实例回调接口，类似重载()
        参数:
            self: 对象
            inputs: 输入数据
        返回:
            神经网络输出
        """
        layer1 = tf.nn.relu(tf.matmul(inputs, self.w1)+self.b1)
```

```
    output = tf.matmul(layer1, self.w2) + self.b2
    return output
```

由于是完全自定义神经网络结构，使用 Keras 的方法 summary 时，无法提取神经网络结构，只有神经网络训练参数，结果如下：

```
Model: "linefit"
_________________________________________________________________
Layer (type)                 Output Shape              Param #
=================================================================
Total params: 31
Trainable params: 31
Non-trainable params: 0
_________________________________________________________________
```

为了获取自定义神经网络结构，需借助 TensorFlow 2.0 的新增功能@tf.function，将普通的 Python 对象转化为图结构，如图 7.5 所示。自定义的神经网络直接展示计算规则(Operation)，inputs 为输入数据，MatMul 为输入层到隐藏层的矩阵计算，add 为输入层到隐藏层的加法计算，MatMul_1 为隐藏层到输出层的矩阵计算，add_1 为隐藏层到输出层的加法计算，Relu 为隐藏层的激活函数，稀疏化神经网络参数，identity 为输出数据。

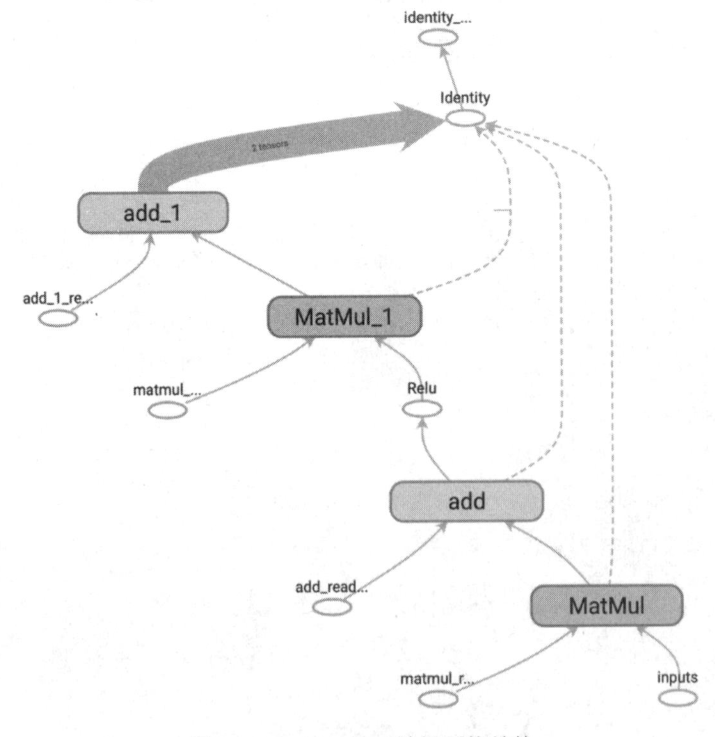

图 7.5　TensorBoard 神经网络结构

7.3　训练神经网络

搭建神经网络后，神经网络需要通过更新网络参数学习曲线特征，实现预测功能。

7.3.1　载入数据

训练曲线神经网络需要一定量的数据源，由于该神经网络拟合的是数学曲线，因此训练数据通过数据处理模块 Numpy 生成即可，实现代码如下，详细解析见注释部分。

```
def gen_datas():
    """生成数据
    参数:
        无
    返回:
        inputs: 输入数据(自变量)
        outputs: 输出数据(因变量)
    """
    # 输入数据
    inputs = np.linespace(-1, 1, 250, dtype=np.float32)[:,np.newaxis]
    # 噪声数据
    noise = np.random.normal(0, 0.05, inputs.shape).astype(np.float32)
    # 输出数据
    outputs = np.square(inputs) - 0.5*inputs + noise
    # 返回数据
    return inputs, outputs
```

使用 Numpy 工具生成神经网络训练的数据，对应变量及使用的函数解析如表 7.2 所示。

表 7.2　Numpy 生成数据变量及函数说明

变　量	函　数	说　明
inputs	np.linespace	输入数据，使用 np.linespace 生成[-1,1]的 250 个等间距数据，并使用 np.newaxis 增加数据维度，数据维度为[250, 1]
noise	np.random_normal	噪声数据，模拟实际情况出现的数据抖动，该数据满足正态分布，使用 np.random_normal 函数生成，维度为 x_data_shape
outputs	np.square	输出数据，神经网络的理论输出，使用 np.square 完成平方计算

7.3.2　训练神经网络

曲线拟合神经网络训练是神经网络学习数据规律、拟合曲线的过程，通过训练，逐步更新神经网络参数，使神经网络具有预测曲线值的功能。下面分别使用三种方法讲解曲线拟合神经网络训练。

1. 训练 Keras 搭建神经网络

训练 Keras 搭建的神经网络实现代码如下，详细解析见注释部分，参数解析如表 7.3 所示，可参见代码文件【chapter7\line_fit_high.py】。

```
def train_model(model, inputs, outputs, model_path, log_path):
    """训练神经网络
    参数:
        model: 神经网络实例
        inputs: 输入数据
        outputs: 输出数据
        model_path: 模型文件路径
        log_path: 日志文件路径
    返回:
        无
    """
    # 回调函数
    ckpt_callback = callback_only_params(model_path)
    # TensorBoard 回调
    tensorboard_callback = tb_callback(log_path)
    # 保存参数
    model.save_weights(model_path.format(epoch=0))
    # 训练模型，并使用最新模型参数
    history = model.fit(
            inputs,
            outputs,
            epochs=300,
            callbacks=[ckpt_callback, tensorboard_callback],
            verbose=0
)
```

表 7.3　Keras 训练神经网络参数

函　数	描　述
callback_only_params	保存训练参数回调函数。Keras 高层封装通过回调函数配置模型参数并保存，在训练神经网络的过程中调用该回调函数，提取训练参数
tb_callback	保存数据日志回调函数。Keras 高层封装在保存训练过程数据到 TensorBoard 显示时，调用该回调函数，保存日志
model.save_weights	保存回调函数提取的神经网络参数
model.fit(inputs,outputs,epochs=300, callbacks=[ckpt_callback,tensorboard_callback], verbose=0)	训练神经网络，其中， inputs：输入数据； outputs：输出数据； epochs：训练次数； callbacks：回调函数列表； verbose：冗余项

2. 训练 Keras 自定义搭建神经网络

训练 Keras 自定义搭建的神经网络结构，使用自定义的优化器和损失函数，因此，训练过程分为损失值计算、获取优化变量和优化损失函数三个部分。

1) 损失值计算

损失值计算最重要的是设计损失函数，曲线拟合的损失函数均方差(Mean Squared Error，MSE)，计算公式为 $\mathrm{MSE}=\frac{1}{n}\sum_{i=1}^{n}(y_i-\overline{y}_i)^2$，其中，$n$ 为测试样本个数，y_i 为第 i 个样本的实际值，$\overline{y}_i$ 为第 i 个样本的预测值。实现代码如下，详细解析见注释部分。

```
def loss(model, inputs, outputs):
    """计算损失函数值
    参数:
        model: 神经网络实例
        inputs: 输入数据
        outputs: 输出数据
    返回:
        loss_value:
    """
    # 神经网络计算：预测值
    pre = model(inputs)
    # 计算损失值
    mse = tf.keras.losses.MeanSquaredError()
    loss_value = mse(outputs, pre)
    # 返回损失值
    return loss_value
```

2) 获取优化变量

获取优化变量即是获取神经网络中的训练变量，此过程对于自定义训练过程非常重要，只有正常获取训练变量，优化器进行优化时才能正常更新训练参数，实现过程如下，详细解析见注释部分。

```
def grad_loss(model, inputs, outputs):
    """计算损失函数值及获取梯度优化对象
    参数:
        model: 神经网络实例
        inputs: 输入数据
        outputs: 输出数据
    返回:
        loss_value: 损失值
        tape.gradient: 损失梯度优化对象
    """
    # 梯度优化
    with tf.GradientTape() as tape:
        # 计算损失值
```

```
        loss_value = loss(model, inputs, outputs)
    # 返回数据
    return loss_value, tape.gradient(loss_value, model.trainable_variables)
```

3) 优化损失函数

优化损失函数是神经网络训练中最重要的一步，该过程是真正意义的更新神经网络参数，同时优化器的选择将直接影响训练结果。若曲线拟合使用 SGD，可能会出现梯度爆炸的情况，使用 Adam 优化器可快速实现损失函数收敛。实现代码如下，详细解析见注释部分。

```
def optimizer_loss(model, inputs, outputs):
    """优化损失函数值
    参数:
        model: 神经网络实例
        inputs: 输入数据
        outputs: 输出数据
    返回:
        loss_value: 损失函数值
    """
    # 优化器: Adam
    optimizer = tf.keras.optimizers.Adam(learning_rate=0.001)
    # 损失值及获取梯度优化对象
    loss_value, grads = grad_loss(model, inputs, outputs)
    # 损失函数优化，更新训练变量
    optimizer.apply_gradients(zip(grads, model.trainable_variables))
    # 返回数据
return loss_value
```

4) 训练神经网络

训练神经网络是将上述过程整合、迭代的过程，通过指定训练次数实现神经网络参数的更新，实现代码如下，详细解析见注释部分。

```
def train_model(model,inputs, outputs, model_path, log_path):
    """训练神经网络
    参数:
        model: 神经网络实例
        inputs: 输入数据
        outputs: 输出数据
        model_path: 模型文件路径
        log_path: 日志文件路径
    返回:
        无
    """
    # 创建日志数据
    summary_writer = tf.summary.create_file_writer(log_path)
    # 迭代次数
    num_epochs = 600
```

```
    # 图像计数
    n = 0
    # 开始迭代
    for epoch in range(num_epochs):
        # 损失均值对象
        epoch_loss_avg = tf.keras.metrics.Mean()
        # 预测值与真实值差的绝对值平均
        epoch_accuracy = tf.keras.metrics.MeanAbsoluteError()
        # print("inputs shape:{}".format(inputs.shape))
        # 损失值
        loss_value = optimizer_loss(model, inputs, outputs)
        # 损失值均值
        epoch_loss_avg(loss_value)
        # 保存损失值
        with summary_writer.as_default():
            tf.summary.scalar("train_loss", epoch_loss_avg.result(), step=epoch)
        # 更新偏差
        _ = epoch_accuracy.update_state(outputs, model(inputs))
        # 每训练 50 次，输出一次结果
        if epoch % 100 == 0:
            pre = model(inputs)
            n += 1
            plt.subplot(2,3,n).set_title("Figure{}".format(n))
            plt.subplots_adjust(wspace=0.5, hspace=0.5)
            plt.plot(inputs, pre, "r")
            plt.scatter(inputs, outputs, s=2, c="b")
            plt.xlabel("输入数据", fontproperties=font)
            plt.ylabel("预测值", fontproperties=font)
            plt.title("图{} 训练{}次".format(n, epoch), fontproperties=font)
            print("epoch:{}, loss:{:.3f}, accuracy:{}".format(
                epoch, epoch_loss_avg.result(), 1-epoch_accuracy.result()
            ))
        # 保存模型
        model.save_weights(model_path)
    plt.savefig("./images/line-fit-mid-train.png", format="png", dpi=300)
    plt.show()
```

3. 训练完全自定义搭建神经网络

完全自定义的神经网络训练过程和使用 Keras 自定义神经网络的训练过程类似，同样包括三个过程，即损失值计算、获取训练变量和优化损失函数。

1) 损失值计算

损失值计算的实现代码如下，详细解析见注释部分。

```
def loss(model, inputs, outputs):
    """计算损失函数值
    参数：
```

```
        model: 神经网络实例
        inputs: 输入数据
        outputs: 输出数据
    返回:
        loss_value:
    """
    # 预测值
    pre = model(inputs)
    # 预测值与标签值偏差
    error = outputs - pre
    # 均方差
    loss_value = tf.math.reduce_mean(tf.math.reduce_sum(tf.math.square(error)))
    return loss_value
```

2) 获取训练变量

获取训练变量的实现代码如下，详细解析见注释部分。

```
def grad_loss(model, inputs, outputs):
    """计算损失函数值及获取梯度优化对象
    参数:
        model: 神经网络实例
        inputs: 输入数据
        outputs: 输出数据
    返回:
        loss_value: 损失值
        tape.gradient: 损失梯度优化对象
    """
    # 梯度优化
    with tf.GradientTape() as tape:
        # 计算损失值
        loss_value = loss(model, inputs, outputs)
    return loss_value, tape.gradient(loss_value, [model.w1,model.w2,model.b1,
        model.b2])
```

3) 优化损失函数

优化损失函数的实现代码如下，详细解析见注释部分。

```
def optimizer_loss(model, inputs, outputs):
    """优化损失函数
    参数:
        model: 神经网络实例
        inputs: 输入数据
        outputs: 输出数据
    返回:
        loss_value: 损失函数值
    """
    # 优化器: Adam
```

```
    optimizer = tf.keras.optimizers.Adam(learning_rate=0.001)
    # 损失值及获取梯度优化对象
    loss_value, grads = grad_loss(model, inputs, outputs)
    # 损失函数优化，更新训练变量
    optimizer.apply_gradients(zip(grads, [model.w1,model.w2,model.b1,model.b2]))
    return loss_value
```

4) 训练神经网络

训练神经网络实现代码如下，详细解析见注释部分。

```
def train_model(model, inputs, outputs, model_path, log_path, summary_writer):
    """训练神经网络
    参数:
        model: 神经网络实例
        inputs: 输入数据
        outputs: 输出数据
        model_path: 模型文件路径
        log_path: 日志文件路径
        summary_writer: 日志保存对象
    返回:
        无
    """
    train_loss_results = []
    train_accuracy_results = []
    num_epochs = 600
    n = 0
    for epoch in range(num_epochs):
        # 损失均值对象
        epoch_loss_avg = tf.keras.metrics.Mean()
        # 预测值与真实值差的绝对值平均
        epoch_accuracy = tf.keras.metrics.MeanAbsoluteError()
        # 损失值
        loss_value = optimizer_loss(model, inputs, outputs)
        # 损失值均值
        epoch_loss_avg(loss_value)
        # 保存损失值
        with summary_writer.as_default():
            tf.summary.scalar("train_loss", epoch_loss_avg.result(), step=epoch)
        # 更新偏差
        _ = epoch_accuracy.update_state(outputs, model(inputs))
        train_loss_results.append(epoch_loss_avg.result())
        train_accuracy_results.append(epoch_accuracy.result())
        # 每训练 100 次，输出一次结果
        if epoch % 100 == 0:
            pre = model(inputs)
            n += 1
```

```
        plt.subplot(2,3,n).set_title("Figure{}".format(n))
        plt.subplots_adjust(wspace=0.5, hspace=0.5)
        plt.plot(inputs, pre, "r")
        plt.scatter(inputs, outputs, s=2, c="b")
        plt.xlabel("输入数据", fontproperties=font)
        plt.ylabel("预测值", fontproperties=font)
        plt.title("图{} 训练{}次".format(n, epoch), fontproperties=font)
        print("epoch:{}, loss:{:.3f}, accuracy:{}".format(
            epoch, epoch_loss_avg.result(), 1-epoch_accuracy.result()
        ))

    model.save_weights(model_path)
summary_writer.flush()
plt.savefig("./images/line-fit-low-train.png", format="png", dpi=300)
plt.show()
```

7.3.3 持久化神经网络模型

训练神经网络的过程是一个动态过程，在训练过程中即进行实时预测，但是工程中需要将训练的模型进行部署，因此需要将动态训练的神经网络模型持久化(保存)，避免每次使用网络都重新训练。TensorFlow 提供了简单易用的模型持久化函数，持久化神经网络代码如下，代码可参见文件【chapter7\NNTFboard.py】。

1. Keras 搭建神经网络持久化

Keras 高层封装持久化通过回调函数实现，在训练神经网络过程中调用该回调函数，提取神经网络训练参数，实现代码如下，详细解析见注释部分，参数解析如表 7.4 所示。

```
def callback_only_params(model_path):
    """保存模型回调函数
    参数:
        model_path: 模型文件路径
    返回:
        ckpt_callback: 回调函数
    """
    ckpt_callback = tf.keras.callbacks.ModelCheckpoint(
        filepath=model_path,
        verbose=1,
        save_weights_only=True,
        save_freq='epoch'
    )
    return ckpt_callback
```

表 7.4　持久化神经网络解析

函数/参数	描　述
tf.keras.callbacks.ModelCheckpoint	保存模型的类，用于持久化训练的神经网络模型
filepath	模型保存路径
verbose	冗余项
save_weights_only	只保存权重标志位
save_freq	保存频率，若为 epoch，则每完成一次训练，就保存一次参数；若为其他，则训练指定数据量，保存一次模型参数

2．Keras 自定义搭建神经网络持久化

Keras 自定义的神经网络持久化在训练神经网络的过程中调用保存方法实现，实现方法如下，其中 model_path 为模型保存路径。

```
model.save_weights(model_path)
```

3．完全自定义搭建神经网络持久化

完全自定义的神经网络持久化在训练神经网络的过程中也调用保存方法实现，实现方法如下，其中 model_path 为模型保存路径。

```
model.save_weights(model_path)
```

7.3.4　训练过程分析

神经网络的训练过程最直观的评价工具就是损失函数，判断一个神经网络训练过程是否正常，最简单的方法就是判断损失是否收敛。由于二次曲线拟合的目标任务较简单，直接通过损失函数即可判断训练模型的拟合效果。使用三种不同方式实现的曲线拟合，分别使用不同的方法展示训练过程，Keras 高层封装使用 Matplotlib 绘制的损失函数展示神经网络的收敛过程；使用 Keras 自定义的神经网络，使用训练过程中曲线拟合效果图展示神经网络的预测精度；完全自定义的神经网络通过 TensorBoard 可视化损失函数值。

1．Keras 搭建神经网络

Keras 搭建神经网络训练过程日志结果如下。

```
Epoch 00001: saving model to ./models/high/line-fit-high20200314-11:24:45

Epoch 00002: saving model to ./models/high/line-fit-high20200314-11:24:45

Epoch 00003: saving model to ./models/high/line-fit-high20200314-11:24:45

Epoch 00004: saving model to ./models/high/line-fit-high20200314-11:24:45

Epoch 00005: saving model to ./models/high/line-fit-high20200314-11:24:45
```

```
Epoch 00006: saving model to ./models/high/line-fit-high20200314-11:24:45

Epoch 00007: saving model to ./models/high/line-fit-high20200314-11:24:45
…
Epoch 00297: saving model to ./models/high/line-fit-high20200314-11:24:45

Epoch 00298: saving model to ./models/high/line-fit-high20200314-11:24:45

Epoch 00299: saving model to ./models/high/line-fit-high20200314-11:24:45

Epoch 00300: saving model to ./models/high/line-fit-high20200314-11:24:45
```

由此可知，神经网络每训练一次就保存一次神经网络参数。/models/high/line-fit-high20200314-11:24:45 为保存的模型名称，其中，/models/high/为保存的模型路径，line-fit-high20200314-11:24:45 为模型名称，使用时间戳区分保存的模型。损失函数如图 7.6 所示，随着训练的进行，曲线拟合神经网络的损失函数值逐渐降低，说明神经网络逐渐收敛，拟合能力逐渐增强，在训练到 150 步之后，损失值趋于稳定，此时的神经网络学习已达到饱和状态，可以停止训练，进行生产环境的预测任务。

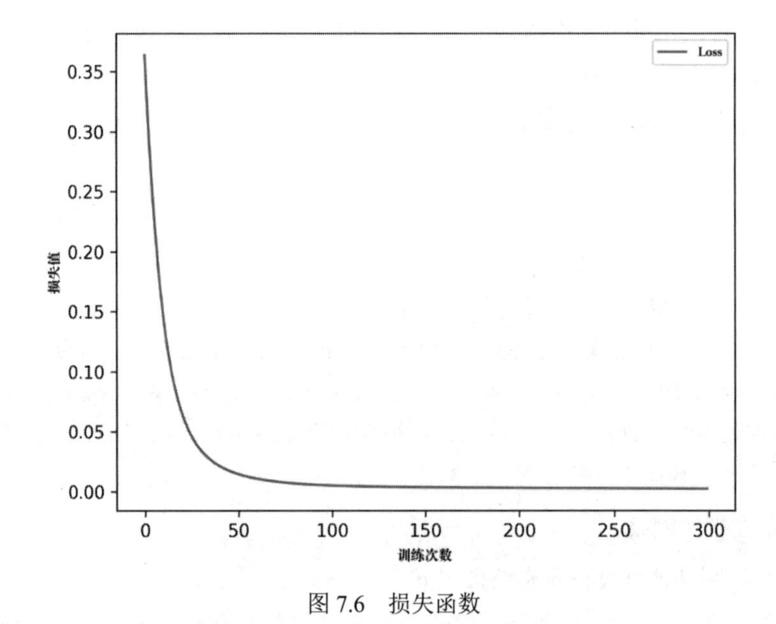

图 7.6　损失函数

2. Keras 自定义搭建神经网络

Keras 自定义搭建神经网络训练过程输出结果如下。

```
epoch:0, loss:0.315, accuracy:0.6194266080856323
epoch:100, loss:0.051, accuracy:0.8342891931533813
epoch:200, loss:0.013, accuracy:0.9138780832290649
epoch:300, loss:0.006, accuracy:0.9393002986907959
```

```
epoch:400, loss:0.004, accuracy:0.9510260224342346
epoch:500, loss:0.003, accuracy:0.9571213126182556
```

每训练 100 次就保存一次模型，并且输出当前的损失值和模型预测精度，一共训练了 500 次，训练过程中的拟合效果如图 7.7 所示。开始训练时，由图 7.7(a)训练 0 次可知，神经网络并不能较好地拟合曲线，线型曲线为预测曲线，散点为标签值。随着训练次数的增加，线型曲线逐渐靠近标签值。在训练 200 次的时候，线型曲线基本完全与标签值吻合，但是有一些异常点。继续训练，当训练达到 500 次的时候，预测精度为 0.957(95.7%)，同时从图像上看，基本完全拟合，在一定误差允许范围内，神经网络可以成功预测出二次曲线值。

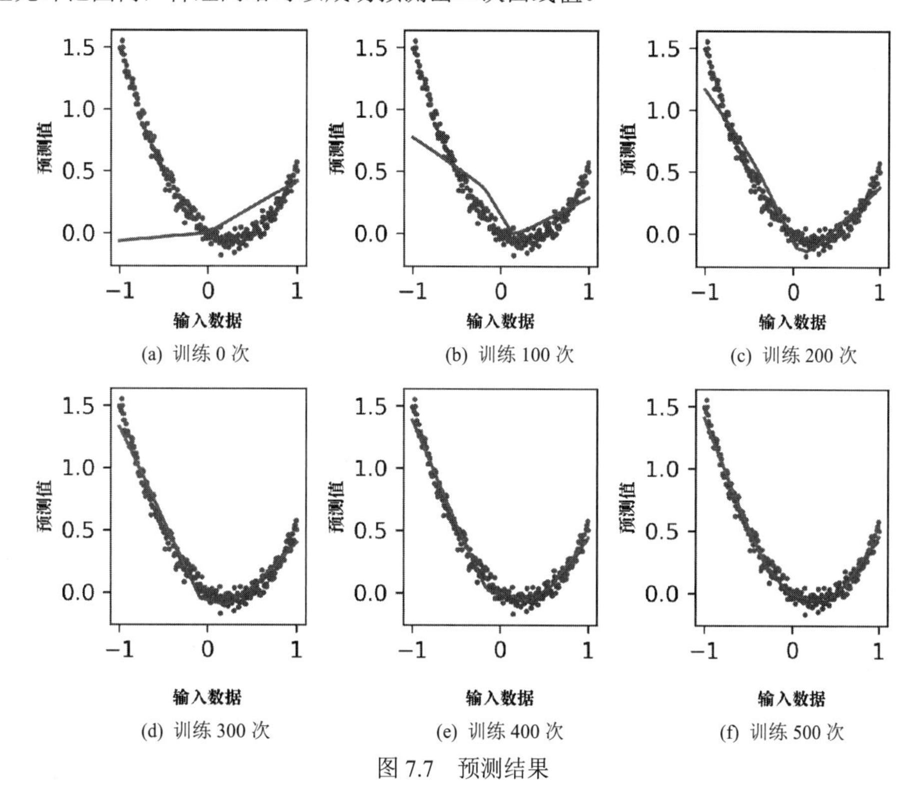

(a) 训练 0 次　(b) 训练 100 次　(c) 训练 200 次

(d) 训练 300 次　(e) 训练 400 次　(f) 训练 500 次

图 7.7　预测结果

3. 完全自定义搭建神经网络

完全自定义神经网络训练过程日志如下。

```
epoch:0, loss:185.613, accuracy:0.42339348793029785
epoch:100, loss:37.295, accuracy:0.7411218881607056
epoch:200, loss:9.870, accuracy:0.8546544909477234
epoch:300, loss:2.408, accuracy:0.9245363473892212
epoch:400, loss:0.991, accuracy:0.9490563869476318
epoch:500, loss:0.695, accuracy:0.9571065306663513
```

每训练 100 次输出一次模型损失值和预测精度，并保存一次模型。开始训练时，损失函数值较高，并在训练过程中逐步减小，自定义神经网络通过保存训练过程数据到日志文件，使用 TensorBoard 展示曲线拟合损失函数变化情况，如图 7.8 所示。损失函数值逐步降低，并且曲线较平滑，说明学习率设定适中，既可以完成神经网络参数更新，又可以保证训练速度，损失值在训练到 350 次时逐步趋于稳定，误差范围内，此时神经网络可以很好地预测曲线值。

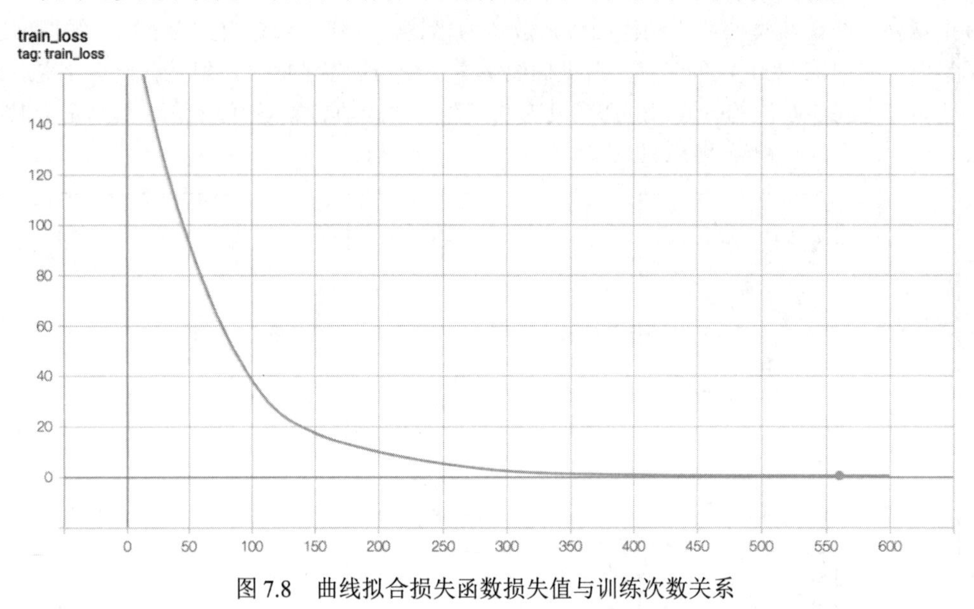

图 7.8　曲线拟合损失函数损失值与训练次数关系

7.4　神经网络预测

曲线拟合模型训练完成后，需要通过模型的实际预测展示模型效果。

7.4.1　载入模型及预测

神经网络训练结束并保存训练模型后，接下来就是使用训练模型预测结果，预测过程分为载入训练模型和预测结果两部分。虽然曲线拟合神经网络使用三种方法搭建，但是载入训练模型和预测结果的方式是一致的。下面以 Keras 高层封装搭建的神经网络载入模型与预测为例，讲解模型载入与预测的过程。

1. 模型载入

模型载入即加载训练神经网络过程中保存的神经网络参数，当加载保存的训练参数后，神经网络便具备了特定功能，如本例的曲线拟合神经网络具备拟合曲线的功能。模型载入代码如下，详细解析见注释部分，可参见代码文件【chapter7\line_fit_high.py】。

```
def load_model(model, model_path):
    """载入模型
```

```
    参数:
        model: 神经网络实例
        model_path: 模型文件路径
    返回:
        无
    """
    # 检查最新模型
    latest = tf.train.latest_checkpoint(model_path)
    print("latest:{}".format(latest))
    # 载入模型
    model.load_weights(latest)
```

2. 模型预测

模型预测是使加载的曲线拟合模型参数的神经网络进行数据计算，实现输入数据的预测，其实现代码如下，详细解析见注释部分，可参见代码文件【chapter7\line_fit_high.py】。

```
def prediction(model, model_path, inputs):
    """神经网络预测
    参数:
        model: 神经网络实例
        model_path: 模型文件路径
        inputs: 输入数据
    返回:
        pres: 预测值
    """
    # 载入模型
    load_model(model, model_path)
    # 预测值
    pres = model.predict(inputs)
    # print("prediction:{}".format(pres))
    # 返回预测值
    return pres
```

7.4.2　预测结果

神经网络训练完成后，需要对模型预测结果进行测试。由于本次预测任务较简单——二次曲线拟合，并且数据源简单易得，所以检验预测模型时，直接采用结果测试，即通过预测结果与理论结果比对的方式展示预测效果，并通过图像绘制工具 Matplotlib 绘制预测结果。以 Keras 搭建的神经网络为例，实现代码如下，详细解析见注释部分。

```
def plot_prediction(model, model_path, inputs, outputs):
    """可视化预测结果
    参数:
```

```
    model: 神经网络实例
    inputs: 输入数据
    outputs: 输出数据
    model_path: 模型文件路径
返回:
    无
"""
# 预测值
pres = prediction(model, model_path, inputs)
# 绘制理论值散点图
plt.scatter(inputs, outputs, s=10, c="r", marker="*", label="实际值")
# 绘制预测值曲线图
plt.plot(inputs, pres, label="预测结果")
plt.xlabel("输入数据", fontproperties=font)
plt.ylabel("预测值", fontproperties=font)
# 打开图例
plt.legend(prop=font)
# 保存绘制图像
plt.savefig("./images/line-fit-high.png", format="png", dpi=300)
# 展示绘制图像
plt.show()
```

预测结果如图 7.9 所示。图中散点五角星为理论值，线型曲线为预测值，从图像整体走势可知，预测值绘制的预测图像被二次曲线的理论值散点图所包围，所以神经网络预测值可较好地预测二次曲线对应的输出结果。

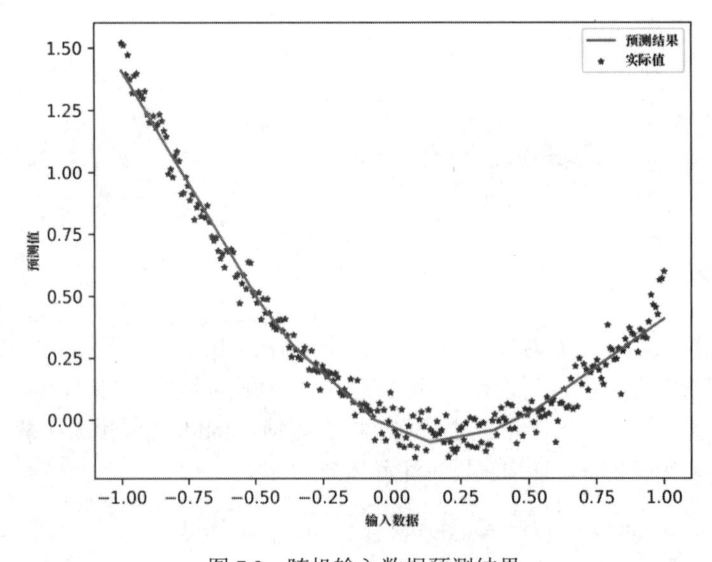

图 7.9　随机输入数据预测结果

7.4.3 主程序结构

本章讲解了采用三种方法搭建曲线拟合神经网络，在分析过程中将其完整的功能进行了分解。现对 Keras 高层封装搭建曲线拟合神经网络全过程的代码展示如下，帮助读者掌握完整的曲线拟合实现过程，详细解析见注释部分，可参见代码文件【chapter7\line_fit_high.py】。

```
import tensorflow as tf
from tensorflow import keras
import numpy as np
import pandas as pd
import matplotlib.pyplot as plt
from datetime import datetime
from matplotlib.font_manager import FontProperties
font = FontProperties(fname="/Library/Fonts/Songti.ttc",size=8)

def gen_datas():
    """生成数据
    参数:
        无
    返回:
        inputs: 输入数据(自变量)
        outputs: 输出数据(因变量)
    """
    # 输入数据
    inputs = np.linspace(-1, 1, 250, dtype=np.float32)[:,np.newaxis]
    # 噪声数据
    noise = np.random.normal(0, 0.05, inputs.shape).astype(np.float32)
    # 输出数据
    outputs = np.square(inputs) - 0.5*inputs + noise
    # 返回数据
    return inputs, outputs

def compile_model(model):
    """神经网络参数配置
    参数:
        model: 神经网络实例
    返回:
        无
    """
    # 设置优化器、损失函数、观测值
    model.compile(optimizer=tf.keras.optimizers.Adam(learning_rate=0.001),
        loss="mse",
        metrics=["mae","mse"])
```

```
def create_model():
    """使用 Keras 新建神经网络
    参数:
        无
    返回:
        model: 神经网络实例
    """
    # 新建神经网络
    # 输入数据:250×1
    # 输入层-隐藏层:1×10
    # 隐藏层-输出层:10×1
    # 输出数据:250×1
    model = tf.keras.Sequential([
        tf.keras.layers.Dense(10, activation=tf.nn.relu, input_shape=(1,),
            name="layer1"),
        tf.keras.layers.Dense(1, name="outputs")
    ])
    compile_model(model)
    # 返回数据
    return model
def display_nn_structure(model, nn_structure_path):
    """展示神经网络结构
    参数:
        model: 神经网络对象
        nn_structure_path: 神经网络结构保存路径
    返回:
        无
    """
    model.summary()
    keras.utils.plot_model(model, nn_structure_path, show_shapes=True)

def callback_only_params(model_path):
    """保存模型回调函数
    参数:
        model_path: 模型文件路径
    返回:
        ckpt_callback: 回调函数
    """
    ckpt_callback = tf.keras.callbacks.ModelCheckpoint(
        filepath=model_path,
        verbose=1,
        save_weights_only=True,
        save_freq='epoch'
    )
```

```
    return ckpt_callback

def tb_callback(model_path):
    """保存 TensorBoard 日志回调函数
    参数:
        model_path: 模型文件路径
    返回:
        tensorboard_callback: 回调函数
    """
    tensorboard_callback = tf.keras.callbacks.TensorBoard(
        log_dir=model_path,
        histogram_freq=1)
    return tensorboard_callback
def plot_history(history):
    """绘制损失数据
    参数:
        history: 训练过程损失数据
    返回:
        无
    """
    # Pandas(引入方式为 import pandas as pd)读取损失数据，使用 pd 调用类方法
    hist = pd.DataFrame(history.history)
    # 提取训练 epoch 数据
    hist['epoch'] = history.epoch
    # 打开绘图区
    plt.figure()
    # x 轴标签
    plt.xlabel("训练次数", fontproperties=font)
    plt.ylabel("损失值", fontproperties=font)
    plt.plot(hist["epoch"], hist["mse"],label="Loss")
    # 打开图例
    plt.legend(prop=font)
    plt.savefig("./images/high-loss.png", format="png", dpi=300)
    # plt.plot(hist["epoch"], hist["val_mse"], label="Val Error")
    plt.show()

def train_model(model, inputs, outputs, model_path, log_path):
    """训练神经网络
    参数:
        model: 神经网络实例
        inputs: 输入数据
        outputs: 输出数据
        model_path: 模型文件路径
        log_path: 日志文件路径
    返回:
```

```
        无
    """
    # 回调函数
    ckpt_callback = callback_only_params(model_path)
    # TensorBoard 回调
    tensorboard_callback = tb_callback(log_path)
    # 保存参数
    model.save_weights(model_path.format(epoch=0))
    # 训练模型，并使用最新模型参数
    history = model.fit(
            inputs,
            outputs,
            epochs=300,
            callbacks=[ckpt_callback, tensorboard_callback],
            verbose=0
            )
    # 绘制图像
    plot_history(history)

def load_model(model, model_path):
    """载入模型
    参数:
        model: 神经网络实例
        model_path: 模型文件路径
    返回:
        无
    """
    # 检查最新模型
    latest = tf.train.latest_checkpoint(model_path)
    print("latest:{}".format(latest))
    # 载入模型
    model.load_weights(latest)

def prediction(model, model_path, inputs):
    """神经网络预测
    参数:
        model: 神经网络实例
        model_path: 模型文件路径
        inputs: 输入数据
    返回:
        pres: 预测值
    """
    # 载入模型
```

```
    load_model(model, model_path)
    # 预测值
    pres = model.predict(inputs)
    # print("prediction:{}".format(pres))
    # 返回预测值
    return pres

def plot_prediction(model, model_path, inputs, outputs):
    """可视化预测结果
    参数:
        model: 神经网络实例
        inputs: 输入数据
        outputs: 输出数据
        model_path: 模型文件路径
    返回:
        无
    """
    # 预测值
    pres = prediction(model, model_path, inputs)
    # 绘制理论值散点图
    plt.scatter(inputs, outputs, s=10, c="r", marker="*", label="实际值")
    # 绘制预测值曲线图
    plt.plot(inputs, pres, label="预测结果")
    plt.xlabel("输入数据", fontproperties=font)
    plt.ylabel("预测值", fontproperties=font)
    # 打开图例
    plt.legend(prop=font)
    # 保存绘制图像
    plt.savefig("./images/line-fit-high.png", format="png", dpi=300)
    # 展示绘制图像
    plt.show()

if __name__ == "__main__":
    stamp = datetime.now().strftime("%Y%m%d-%H:%M:%S")
    model_path = "./models/high/line-fit-high"+stamp
    log_path = "./logs/high/line-fit-high"+stamp
    # 生成理论数据和预测数据
    Inputs,outputs=gen_datas()
    model = create_model()
    display_nn_structure(model, "./images/nn-structure-high.png")
    train_model(model, inputs, outputs, model_path, log_path)
    model_path = model_path = "./models/high/"
    plot_prediction(model, model_path, inputs, outputs)
```

7.5 小　　结

本章通过训练普通神经网络(处理二维数据)，使神经网络具备了二次曲线拟合的能力，是TensorFlow 2.0 的入门级项目。本章使用三种方式搭建神经网络，并结合曲线拟合实例，分别验证了 Keras 高级接口搭建网络、Keras 自定义搭建神经网络以及完全自定义搭建神经网络。实现二次曲线拟合过程分为 5 个部分：设计神经网络结构、准备训练数据、选择优化方法、设置训练次数和持久化训练模型等。其中，设计神经网络结构即搭建满足输入和输出的训练框架，完成曲线数值的预测功能；准备训练数据即理论输入和输出数据，供训练使用；选择优化方法即选择合适的优化工具，使模型更好地拟合二次曲线；设置训练次数即处理原始数据的次数和更新模型数据的次数；持久化训练模型，即把训练好的神经网络数据存储到本地，供预测使用。

最后也是最关键的步骤，即载入模型完成预测，本次采用载入完整模型的方式完成预测。通过预测结果，可知该神经网络实现了二次曲线预测功能。

第 8 章　MNIST 手写字体数据集识别

本章讲解 MNIST 手写字体数据集识别。设计两种神经网络，即普通神经网络(二维数据计算)和卷积神经网络，处理 MNIST 手写字体数据集，训练神经网络模型，实现手写字体识别。其中，普通神经网络承接第 7 章中使用的方法，实现工程化项目的落地应用；卷积神经网络是第一次案例应用，通过手写字体识别，拉开卷积神经网络在实际应用中的序幕，为后续章节的卷积神经网络应用打下应用基础。本章在实战篇中具有起承转合的作用。

8.1　MNIST 手写字体数据集

8.1.1　数据集简介

按国家标准修订的技术数据集(Modified National Institute of Standards and Technology database，MNIST database)是大型的手写数字数据集，用于训练各种图像处理系统。数据集广泛应用于机器学习领域的训练和测试，数据集通过对 MNIST 的原始数据集进行 re-mixing 而来。MNIST 的训练数据集来自美国人口调查局，而测试数据集则来自高中生，所以该数据集并不能完全适用于机器学习的实验。该数据集中的 NIST 黑白图通过归一化处理，使其匹配到 28×28 像素的边框中，并进行反锯齿处理。

MNIST 数据集包含 60 000 张训练图片和 10 000 张测试图片。其中一半的训练数据和测试数据取自 MNIST 的训练数据集，另外一半来自 MNIST 的测试数据集。有大量的科技论文在该数据集上试图达到最低错误率，其中一篇论文使用卷积神经网络的分层系统，在 MNIST 数据集上错误率达到 0.23%。数据集的文章中，使用支持向量机方法的错误率为 0.8%，扩展的类似 MNIST 数据集称为 EMNIST，于 2017 年发布，该数据集包含 240 000 条训练数据、40 000 条测试数据。

8.1.2　数据集解析

TensorFlow 2.0 中的 MNIST 数据集为压缩的图像数据，解析 MNIST 数据集使用 Keras 高层封装的接口，TensorFlow 2.0 的 MNIST 数据集包括训练集和数据集两部分。

1. 训练数据读取

MNIST 训练集数据结构及图像数据内容通过如下代码展示，代码解析详见注释部分，代码可参见文件【chapter8\read_data.py】。

```
# 引入 TensorFlow 框架
import tensorflow as tf
# 引入 Keras 框架
from tensorflow import keras
# 引入数据处理模块
import numpy as np
# 引入图像处理模块
import matplotlib.pyplot as plt
# 引入字体属性
from matplotlib.font_manager import FontProperties
print("tensorflow version:{}".format(tf.__version__))
# 系统，开发者依系统而定
font = FontProperties(fname="/Library/Fonts/Songti.ttc",size=8)

def train_data_infos(train_images, train_labels):
    """训练数据集信息
    参数:
        train_images: 训练图像数据集
        train_labels: 训练标签数据集
    返回:
        ti_s: 训练图像数据集尺寸
        tl_s: 训练标签数据集尺寸
        ti_n: 训练图像数量
        tl_n: 训练标签数量
        ti_d: 第一个训练图像
        tl_d: 第一个训练标签
    """
    ti_s = train_images.shape
    tl_s = train_labels.shape
    ti_n = len(train_images)
    tl_n = len(train_labels)
    ti_d = train_images[0]
    tl_d = train_labels[0]
    return ti_s, tl_s, ti_n, tl_n, ti_d, tl_d

if __name__ == "__main__":
    # 引入 MNIST 数据集
    mnist = keras.datasets.mnist
    # 提取数据集数据
    (train_images, train_labels), (test_images, test_labels) = mnist.load_data()
    # test_images = test_images/255.0
    # train_images = train_images/255.0
    ti_s, tl_s, ti_n, tl_n, ti_d, tl_d = train_data_infos(train_images, train_labels)
    print("训练图像数据集尺寸:{}".format(ti_s))
    print("训练图像标签数据集尺寸:{}".format(tl_s))
```

```
print("训练图像数量:{}".format(ti_n))
print("训练标签数量:{}".format(tl_n))
print("第一个训练图像数据:{}".format(ti_d))
print("第一个训练标签数据:{}".format(tl_d))
```

运行结果如下。

```
tensorflow version:2.0.0
训练图像数据集尺寸:(60000, 28, 28)
训练图像标签数据集尺寸:(60000,)
训练图像数量:60000
训练标签数量:60000
第一个训练图像数据:[[  0   0   0   0   0   0   0   0   0   0   0   0   0   0   0   0   0
0   0   0   0   0   0   0   0   0   0]
 [  0   0   0   0   0   0   0   0   0   0   0   0   0   0   0   0   0   0
   0   0   0   0   0   0   0   0   0   0]
…
 [  0   0   0   0   0   0   0   0   0   0   0   0   3  18  18  18 126 136
  175  26 166 255 247 127   0   0   0   0]
 [  0   0   0   0   0   0   0   0  30  36  94 154 170 253 253 253 253 253
  225 172 253 242 195  64   0   0   0   0]
 [  0   0   0   0   0   0   0  49 238 253 253 253 253 253 253 253 253 251
   93  82  82  56  39   0   0   0   0   0]
 [  0   0   0   0   0   0   0  18 219 253 253 253 253 253 198 182 247 241
   0   0   0   0   0   0   0   0   0   0]
[  0   0   0   0   0   0   0   0   0   0   0   0   0   0   0   0   0   0
   0   0   0   0   0   0   0   0   0   0]]
第一个训练标签数据:5
```

运行结果解析如表 8.1 所示。

表 8.1　MNIST 手写字体数据集读取解析

MNIST数据参数	描　述
训练数据数量	训练图像共 60 000 张，每张图像对应一个标签，共 60 000 个标签
训练数据图像维度	训练图像的维度为 60 000×28×28，其中，60 000 为图像数量，28×28 为图像维度，由于图像为黑白图像，只有一个数据通道，所以，隐藏了 1，图像数据真实维度为 28×28×1
训练数据标签维度	训练数据标签维度为 60 000×1，其中，60 000 是标签数量，1 为标签维度，标签数据即为图像代表的数字，而不是从矩阵结构中获取最大值的索引作为图像数字值
单张图像维度	单张图像维度为 28×28×1，其中，28×28 是图像维度，1 是图像通道数量
单张图像标签维度	单张图像标签维度为 1×1，每个标签的数据代表图像数字

续表

MNIST数据参数	描　述
单张图像数据	[[0 0 0 0 0 0 0 0 0 0 0 0 0 0 0 0 0 0… 0] … [0 0 0 0 0 0 0 18 219 253 253 253 253 253 198 182 247 241… 0 0 0 0 0 0 0 0 0 0] [0 0 0 0 0 0 0 0 0 0 0 … 0]] 单张图像数据如上，二维数据，28×28，图像矩阵数据为 0~255
单张图像标签数据	5，为单张图像标签数据，一维数据，标签数据表示图像数字

2. 测试数据读取

测试数据读取代码如下，详细解析见注释部分，可参见代码文件【chapter8\read_data.py】。

```
# 引入 TensorFlow 框架
import tensorflow as tf
# 引入 Keras 框架
from tensorflow import keras
# 引入数据处理模块
import numpy as np
# 引入图像处理模块
import matplotlib.pyplot as plt
# 引入字体属性
from matplotlib.font_manager import FontProperties
print("tensorflow version:{}".format(tf.__version__))
# 系统，开发者依系统而定
font = FontProperties(fname="/Library/Fonts/Songti.ttc",size=8)

def test_data_infos(test_images, test_labels):
    """测试数据集信息
    参数:
        test_images: 训练图像数据集
        test_labels: 训练标签数据集
    返回:
        ti_s: 测试图像数据集尺寸
        tl_s: 测试标签数据集尺寸
        ti_n: 测试图像数量
        tl_n: 测试标签数量
        ti_d: 第一个测试图像
        tl_d: 第一个测试标签
    """
    ti_s = test_images.shape
    tl_s = test_labels.shape
    ti_n = len(test_images)
    tl_n = len(test_labels)
    ti_d = test_images[0]
    tl_d = test_labels[0]
```

```
    return ti_s, tl_s, ti_n, tl_n, ti_d, tl_d

if __name__ == "__main__":
    # 引入 MNIST 数据集
    mnist = keras.datasets.mnist
    # 提取数据集数据
    (train_images, train_labels), (test_images, test_labels) = mnist.load_data()
    ti_s, tl_s, ti_n, tl_n, ti_d, tl_d = test_data_infos(test_images,
        test_labels)
    print("测试图像尺寸:{}".format(ti_s))
    print("测试图像标签尺寸:{}".format(tl_s))
    print("测试图像数量:{}".format(ti_n))
    print("测试标签数量:{}".format(tl_n))
    print("第一个测试图像数据:{}".format(ti_d))
    print("第一个测试标签数据:{}".format(tl_d))
```

运行结果如下。

```
tensorflow version:2.0.0
测试图像尺寸:(10000, 28, 28)
测试图像标签尺寸:(10000,)
测试图像数量:10000
测试标签数量:10000
第一个测试图像数据:[[  0   0   0   0   0   0   0   0   0   0   0   0   0   0   0   0   0   0
    0   0   0   0   0   0   0   0   0   0]
 [  0   0   0   0   0   0   0   0   0   0   0   0   0   0   0   0   0   0
    0   0   0   0   0   0   0   0   0   0]
…
 [  0   0   0   0   0   0  84 185 159 151  60  36   0   0   0   0   0   0
    0   0   0   0   0   0   0   0   0   0]
 [  0   0   0   0   0   0 222 254 254 254 254 241 198 198 198 198 198 198
  198 198 170  52   0   0   0   0   0   0]
 [  0   0   0   0   0   0  67 114  72 114 163 227 254 225 254 254 254 250
…
 [  0   0   0   0   0   0   0   0   0   0 121 254 207  18   0   0   0   0
    0   0   0   0   0   0   0   0   0   0]
 [  0   0   0   0   0   0   0   0   0   0   0   0   0   0   0   0   0   0
    0   0   0   0   0   0   0   0   0   0]]
第一个测试标签数据:7
```

由运行结果可知，MNIST 测试数据集共有 10 000 张图像数据，数据集图像维度为 10 000×28×28，标签维度为 10 000×1，单张图像数据维度为 28×28×1，单张图像标签为一维数据，每个数据直接表示图像数字的数据。

3．数据显示

为更好地展示 MNIST 手写字体数据集的内容，可视化数据程序如下，代码解析详见注释部分，参数解析如表 8.2 所示，代码可参见文件【chapter8\mnist_data_read.py】。

```
# 引入 TensorFlow 框架
```

```
import tensorflow as tf
# 引入 Keras 框架
from tensorflow import keras
# 引入数据处理模块
import numpy as np
# 引入图像处理模块
import matplotlib.pyplot as plt
# 引入字体属性
from matplotlib.font_manager import FontProperties
print("tensorflow version:{}".format(tf.__version__))
# 系统，开发者依系统而定
font = FontProperties(fname="/Library/Fonts/Songti.ttc",size=8)

def images_show(train_images, train_labels):
    """数据展示
    参数
    train_images: 训练数据图像
    train_labels: 训练数据标签
    返回:
        无
    """
    # 打开绘图区
    plt.figure(figsize=(6,6))
    # 绘制前 16 个图像
    for i in range(16):
        # 图像矩阵数据
        train_data_value = train_images[i]
        # 图像标签数据
        train_label_value = train_labels[i]
        # 调整图像尺寸
        train_image_reshape = train_data_value.reshape((28, 28, -1))
        # 绘图区分区
        plt.subplot(4,4,i+1)
        plt.subplots_adjust(wspace=0.5, hspace=0.8)
        # plt.imshow(train_image_reshape[:,:,0], cmap="Greys_r")
        # 图像写入绘图区
        plt.imshow(train_data_value, cmap=plt.cm.binary)
        # 添加图像标题
        plt.title("数字标签值:{}".format(train_label_value), fontproperties=font)
        # print("data i: {}".format(i))
    plt.savefig("./images/train_image_show.png", format="png", dpi=500)
    plt.show()

if __name__ == "__main__":
    # 引入 MNIST 数据集
    mnist = keras.datasets.mnist
    # 提取数据集数据
    (train_images, train_labels), (test_images, test_labels) = mnist.load_data()
    images_show(train_images, train_labels)
```

表 8.2　MNIST 手写字体数据集可视化解析

参数/功能	描　述
plt.figure(figsize=(6,6))	新建绘图区域，并设定绘图区尺寸
train_data_value.reshape((28, 28, -1))	将原始数据[28,28]矩阵转化为图像的三维矩阵[28,28,1]
plt.subplot(4,4,i+1)	图像分块显示，生成 4×4 的矩阵图像
plt.imshow	运行程序直接显示生成的图像
plt.savefig("./images/train_image_show.png", format="png", dpi=500)	保存生成的图像，其中， images：保存图像的相对路径文件夹名称； train_image_show.png：保存的图像名称； format="png"：生成图像的格式； dpi=500：保存图像的像素为 500×500

上述程序的图像展示效果如图 8.1 所示。该图展示了 MNIST 手写字体数据集前 16 张图像，每张图像上方标明了对应的数据标签，由此可知，MNIST 手写字体数据集的图像是黑白图像，其中背景为白色，数字为黑色，只有一个通道，可以使用普通二维数据处理神经网络进行计算，同时，数据为图像数据，也可以使用卷积神经网络计算。

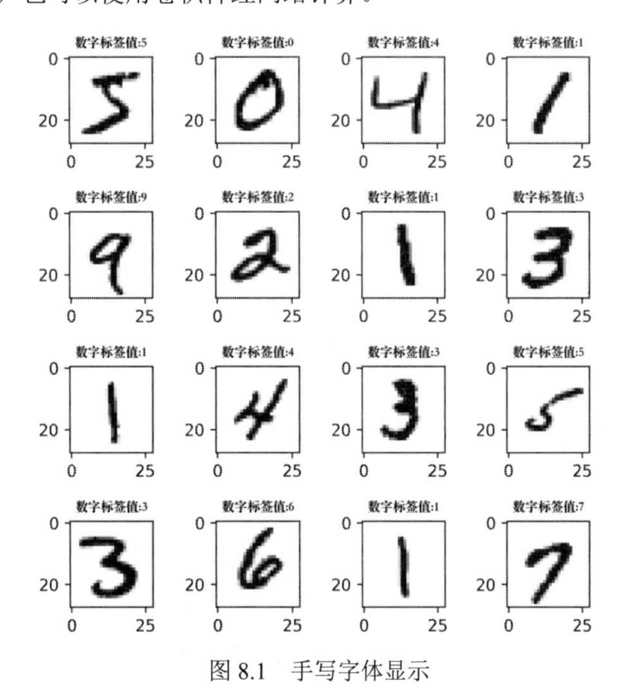

图 8.1　手写字体显示

数据标签展示运行结果如下。

```
第 1 个标签，训练数据标签值:5
第 2 个标签，训练数据标签值:0
第 3 个标签，训练数据标签值:4
```

```
第 4 个标签，训练数据标签值:1
第 5 个标签，训练数据标签值:9
第 6 个标签，训练数据标签值:2
第 7 个标签，训练数据标签值:1
第 8 个标签，训练数据标签值:3
第 9 个标签，训练数据标签值:1
第 10 个标签，训练数据标签值:4
第 11 个标签，训练数据标签值:3
第 12 个标签，训练数据标签值:5
第 13 个标签，训练数据标签值:3
第 14 个标签，训练数据标签值:6
第 15 个标签，训练数据标签值:1
第 16 个标签，训练数据标签值:7
```

MNIST 手写字体数据集标签维度为 1，存储的标签数据即为图像中的数字。

8.2 神经网络结构及解析

手写字体识别使用了两种形式的神经网络，一种是普通神经网络，另一种是卷积神经网络。由于 MNIST 数据集的特殊性，即单通道图像数据，因此可以使用普通神经网络进行二维数据的计算，而图像数据又可以使用卷积神经网络计算。

8.2.1 普通神经网络结构

手写字体识别使用多层普通神经网络实现预测功能，其网络结构如图 8.2 所示，包括输入层、隐藏层-1、隐藏层-2 和输出层。其中，$w_{1\_1}, w_{1\_2}, \cdots, w_{1\_784}$ 为输入层到隐藏层-1 的权重；$b_{1\_1}, b_{1\_2}, \cdots, b_{1\_500}$ 为输入层到隐藏层-1 的偏置；$w_{2\_1}, w_{2\_2}, \cdots, w_{2\_500}$ 为隐藏层-1 到隐藏层-2 的权重；$b_{2\_1}, b_{2\_2}, \cdots, b_{2\_10}$ 为隐藏层-1 到隐藏层-2 的偏置；$o_1, o_2, \cdots, o_{10}$ 为隐藏层-2 到输出层计算结果，从这 10 个数据中挑选最大的数作为神经网络输出层的输出，其编号为数字 0~9。

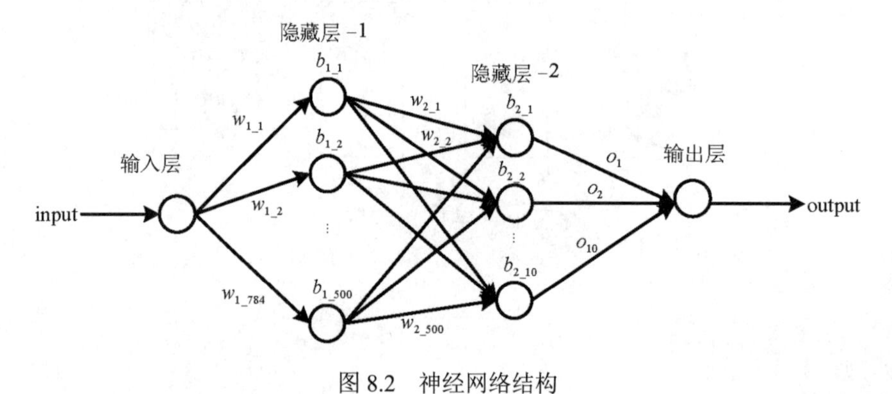

图 8.2 神经网络结构

8.2.2　卷积神经网络结构

手写字体识别的卷积神经网络结构如图 8.3 所示。该卷积神经网络有 7 层，分别为卷积层-1、池化层-1、卷积层-2、池化层-2、全连接层-1、全连接层-2 和全连接层-3，输入层和输出层为另外的两层，单独提出，未计入卷积神经网络部分，因为每个神经网络都包含输入层和输出层，如普通神经网络和卷积神经网络都有输入层和输出层。

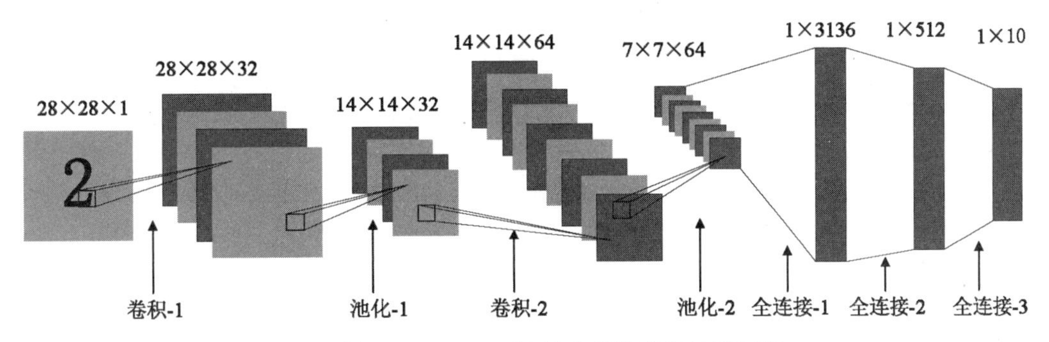

图 8.3　MNIST 手写字体识别卷积神经网络

8.2.3　普通神经网络结构解析

输入层矩阵为 input，维度为 1×784；输入层到隐藏层的权重矩阵为 weight_1，维度为 784×500；偏置矩阵为 biase_1，维度为 1×500；隐藏层到输出层权重矩阵为 weight_2，维度为 500×10，偏置矩阵为 biase_2，维度为 1×10；输出层为 output，维度为 1×1。详细对应关系如表 8.3 所示。

表 8.3　神经网络参数

参　数	维　度
input	[1, 784]
weight_1	[784, 500]
biase_1	[1, 500]
weight_2	[500, 10]
biase_2	[1, 10]
output	[1, 1]

8.2.4　卷积神经网络结构解析

由图 8.3 可知，卷积神经网络共有 7 层结构，现规定如下。

输入层(inputs)输出数据维度为 28×28×1；卷积层-1(conv_1)输出数据维度为 28×28×32；池化层-1

(pooling_1)输出数据维度为 14×14×32，卷积层-2(conv_2)输出数据维度为 14×14×64，池化层-2(pooling_2)输出数据维度为 7×7×64，全连接层-1(fullc_1)输出数据维度为 1×3136，全连接层-2(fullc_2)输出数据维度为 1×512，全连接层-3(fullc_3)输出数据维度为 1×10，输出层(outputs)的输出数据维度为 1×1。详细对应关系如表 8.4 所示。

表 8.4 神经网络参数

网 络 层	参 数	输出数据维度
输入层	inputs	[28,28,1]
卷积层-1	conv_1	[28,28,32]
池化层-1	pooling_1	[14,14,32]
卷积层-2	conv_2	[14,14,64]
池化层-2	pooling_2	[7,7,64]
全连接层-1	fullc_1	[1, 3136]
全连接层-2	fullc_2	[1, 512]
全连接层-3	fullc_3	[1,10]
输出层	outputs	[1,1]

8.3 TensorFlow 2.0 搭建普通神经网络

本节利用普通神经网络搭建手写字体识别系统，基于该网络结构，使用基于 Python 语言的深度学习框架 TensorFlow 实现。

8.3.1 神经网络

该神经网络的前向计算过程为：给定输入数据，经过神经网络计算，生成预测值，此过程为开环计算，没有监督机制，是训练神经网络的第一步。本次神经网络的计算过程见式 8-1，输入的图像数据经过神经网络计算，最终输出为预测的数字。

$$[\text{output}]_{1\times1} = \max\{[\text{Input}]_{1\times784} \cdot [\text{HiddenLayer}_1]_{784\times500} \cdot [\text{HiddenLayer}_2]_{500\times10}\}_{1\times10} \tag{8-1}$$

其中参数解析如表 8.5 所示。

表 8.5 普通神经网络程序计算参数

参 数	描 述
$[\text{Input}]_{1\times784}$	输入的图像数据，为 1×784 的矩阵： $\text{Input} = [i_1 \quad i_2 \quad \cdots \quad i_{784}]$

续表

参　数	描　述
$[\text{HiddenLayer}_1]_{784\times500}$	隐藏层-1 的输出数据，为 784×500 的矩阵： $\text{HiddenLayer}_1=\begin{bmatrix} h_{11} & h_{12} & \cdots & h_{1,500} \\ h_{21} & h_{22} & \cdots & h_{2,500} \\ \vdots & \vdots & \ddots & \vdots \\ h_{784,1} & h_{784,2} & \cdots & h_{784,500} \end{bmatrix}$
$[\text{HiddenLayer}_2]_{500\times10}$	隐藏层-2 的输出数据，为 500×10 的矩阵： $\text{HiddenLayer}_2=\begin{bmatrix} h_{11} & h_{12} & \cdots & h_{1,10} \\ h_{21} & h_{22} & \cdots & h_{2,10} \\ \vdots & \vdots & \ddots & \vdots \\ h_{500,1} & h_{500,2} & \cdots & h_{500,10} \end{bmatrix}$
$[\text{output}]_{1\times1}$	神经网络输出层数据，为 1×1 的矩阵： $\text{output}=[o_1]_{1\times1}$
max	取矩阵最大值所在的位置

1. Keras 搭建神经网络结构

Keras 搭建神经网络结构代码如下，解析详见注释部分，参数解析如表 8.6 所示，代码可参见文件【chapter8\mnist_nn.py】。

```
def create_model():
    """使用 Keras 新建神经网络
    参数:
        无
    返回:
        model: 神经网络实例
    """
    # 新建神经网络
    # 输入数据:1000×784
    # 输入层-隐藏层:784×500
    # 隐藏层-输出层:500×10
    # 输出数据:1000×10
    model = tf.keras.Sequential(name="MNIST-NN")
    # 隐藏层
    model.add(layers.Dense(500, activation=tf.nn.relu, input_shape=(784,),
        name="layer1"))
    # 输出层
    model.add(layers.Dense(10, activation=tf.nn.softmax, name="outputs"))
    # 配置损失计算及优化器
    compile_model(model)
    return model
```

表 8.6　神经网络参数解析

神经网络层	参　数	描　述
隐藏层	Dense(500, activation=tf.nn.relu, input_shape=(784,), name="layer1")	Dense：矩阵计算； 500：输出数据量，即神经网络权重数量； activation：激活函数，隐藏层选择 relu； input_shape：输入数据维度，普通神经网络，数据为二维； name：神经层名称
输出层	Dense(10, activation=tf.nn.softmax, name="outputs")	Dense：矩阵计算； 10：输出数据量，即神经网络权重数量，输出层表示分类数量； activation：激活函数，输出层选择 softmax； name：神经层名称

2．神经网络结构与参数

Keras 高层封装为神经网络展示提供了两种方式：一种是通过控制台输出神经网络结构，并统计神经网络参数；另一种是通过绘制神经网络工作流程图展示神经网络，如图 8.4 所示。实现代码如下，详细解析见注释部分，可参见代码文件【chapter8\mnist_nn.py】。

```
def display_nn_structure(model, nn_structure_path):
    """展示神经网络结构
    参数:
        model：神经网络对象
        nn_structure_path：神经网络结构保存路径
    返回:
        无
    """
    model.summary()
    keras.utils.plot_model(model, nn_structure_path, show_shapes=True)
```

运行结果如下。

```
Model: "MNIST-NN"
_________________________________________________________________
Layer (type)                 Output Shape              Param #
=================================================================
layer1 (Dense)               (None, 500)               392500
_________________________________________________________________
outputs (Dense)              (None, 10)                5010
=================================================================
Total params: 397,510
Trainable params: 397,510
Non-trainable params: 0
_________________________________________________________________
```

由运行结果可知，手写字体识别神经网络共有 397 510 个参数，并且全部是训练参数，即在迭代过程中，全部参数均参与训练，并进行更新。图 8.4 展示了手写字体识别神经网络的工作过程，即输入层→隐藏层→输出层，并且展示了各个层的数据维度，帮助开发者详细了解神经网络参数结构。

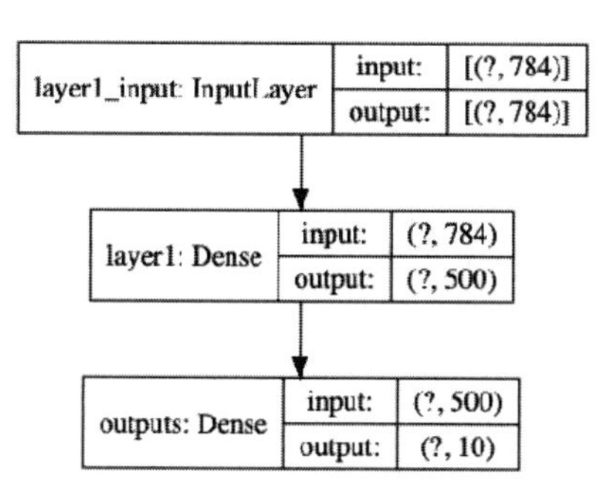

图 8.4　MNIST 神经网络流程图

8.3.2　损失函数

损失函数用于计算神经网络输出值与标签值的差值，并作为神经网络优化的目标函数。前向计算只完成了神经网络输入数据的单向计算，并不能更新神经网络中的参数：权重和偏置，此时需要引入损失函数，用于更新神经网络的参数。通过损失函数完成了神经网络的闭环计算过程，此过程监督神经网络，代码参数如表 8.7 所示，代码可参见文件【chapter8\mnist_nn.py】。

```
def compile_model(model):
    """神经网络参数配置
    参数:
        model: 神经网络实例
    返回:
        无
    """
    model.compile(
        optimizer=tf.keras.optimizers.Adam(learning_rate=0.001),
        loss=tf.keras.losses.SparseCategoricalCrossentropy(from_logits=True),
        metrics=["accuracy"]
    )
```

表 8.7　损失函数参数

参　数	描　述
optimizer	损失函数优化器，选择 Adam 优化器，即 tf.keras.optimizers.Adam
loss	损失函数，计算神经网络输出值和标签值的损失，选择交叉熵函数，即 tf.keras.losses.SparseCategoricalCrossentropy
metrics	测量值，一般为 accuracy

8.4 TensorFlow 2.0 搭建卷积神经网络

卷积神经网络理论框架搭建完成后，就可以使用 TensorFlow 搭建具有预测功能的卷积网络。

8.4.1 神经网络

MNIST 手写字体数据集识别是图像处理任务，可以使用卷积神经网络训练模型实现。

1. Keras 搭建神经网络结构

卷积计算程序如下，详细解析见注释部分，代码参数解析如表 8.8 所示，代码可参见文件【chapter8\mnist_cnn.py】。

```
def create_model():
    """使用 Keras 新建神经网络
    参数:
        无
    返回:
        model: 神经网络实例
    """
    model = tf.keras.Sequential(name="MNIST-CNN")
    # 卷积层-1
    model.add(
        layers.Conv2D(32, (3,3),
        padding="same",
        activation=tf.nn.relu,
        input_shape=(28,28,1),
        name="conv-1")
        )
    # 最大池化层-1
    model.add(
        layers.MaxPooling2D(
            (2,2),
            name="max-pooling-1"
        )
    )
    # 卷积层-2
    model.add(
        layers.Conv2D(64, (3,3),
        padding="same",
        activation=tf.nn.relu,
        name="conv-2")
        )
    # 最大池化层-2
    model.add(
        layers.MaxPooling2D(
```

```
        (2,2),
        name="max-pooling-2"
    )
)
# 全连接层-1
model.add(layers.Flatten(name="fullc-1"))
# 全连接层-2
model.add(
    layers.Dense(512,
    activation=tf.nn.relu,
    name="fullc-2")
)
# 全连接层-3
model.add(
    layers.Dense(10,
    activation=tf.nn.softmax,
    name="fullc-3")
)
# 配置损失计算及优化器
compile_model(model)
return model
```

表 8.8　卷积层函数参数

神经网络层	参　数	描　述
卷积层-1	Conv2D(32, (3,3), padding= "same", activation=tf.nn.relu, input_shape=(28,28,1), name= "conv-1")	Conv2D：卷积计算； 32：输出图像深度； (3,3)：卷积核尺寸； padding：图像填充标志位，same 为全 0 填充，valid 为不填充； activation：激活函数，选择 relu； input_shape：输入图像尺寸； name：卷积层名称
最大池化层-1	MaxPooling2D((2,2), name="max-pooling-1")	MaxPooling2D：最大池化计算； (2,2)：池化计算卷积核尺寸； name：池化层名称
卷积层-2	Conv2D(64, (3,3), padding= "same", activation=tf.nn.relu, name="conv-2")	Conv2D：卷积计算； 64：输出图像深度； (3,3)：卷积核尺寸； padding：图像填充标志位，same 为全 0 填充，valid 为不填充； activation：激活函数，选择 relu； name：卷积层名称
最大池化层-2	MaxPooling2D((2,2), name="max-pooling-2")	MaxPooling2D：最大池化计算； (2,2)：池化计算卷积核尺寸； name：池化层名称

续表

神经网络层	参　数	描　述
全连接层-1	Flatten(name="fullc-1")	Flatten：矩阵拉伸，全连接处理； name：计算名称
全连接层-2	Dense(512, activation=tf.nn.relu, name="fullc-2")	Dense：矩阵计算； 512：输出权重数量； activation：激活函数，选择 relu； name：全连接名称
全连接层-3	Dense(10, activation=tf.nn.softmax, name="fullc-3")	Dense：矩阵计算； 10：输出权重数量，分类层输出，分类个数； activation：激活函数，选择 softmax； name：全连接名称

2．神经网络结构与参数

Keras 可视化神经网络结构及工作流程实现代码如下，详细解析见注释部分，可参见代码文件【chapter8\mnist_cnn.py】。

```
def display_nn_structure(model, nn_structure_path):
    """展示神经网络结构
    参数:
        model: 神经网络对象
        nn_structure_path: 神经网络结构保存路径
    返回:
        无
    """
    model.summary()
    keras.utils.plot_model(model, nn_structure_path, show_shapes=True)
```

运行结果如下。

```
Model: "MNIST-CNN"
_________________________________________________________________
Layer (type)                 Output Shape              Param #
=================================================================
conv-1 (Conv2D)              (None, 28, 28, 32)        320
_________________________________________________________________
max-pooling-1 (MaxPooling2D) (None, 14, 14, 32)        0
_________________________________________________________________
conv-2 (Conv2D)              (None, 14, 14, 64)        18496
_________________________________________________________________
max-pooling-2 (MaxPooling2D) (None, 7, 7, 64)          0
_________________________________________________________________
fullc-1 (Flatten)            (None, 3136)              0
_________________________________________________________________
```

```
fullc-2 (Dense)              (None, 512)              1606144
_________________________________________________________________
fullc-3 (Dense)              (None, 10)               5130
=================================================================
Total params: 1,630,090
Trainable params: 1,630,090
Non-trainable params: 0
_________________________________________________________________
```

由运行结果可知， MNIST 手写字体卷积神经网络共有 1 630 090 个参数，均为训练参数，分布于卷积层和全连接层，最大池化层实现数据的过滤，并未改变参数数量。手写字体卷积神经网络工作流程图如图 8.5 所示，展示了卷积网络的数据流向及每个神经层输入与输出数据的维度，方便检查数据计算及神经结构是否合理。

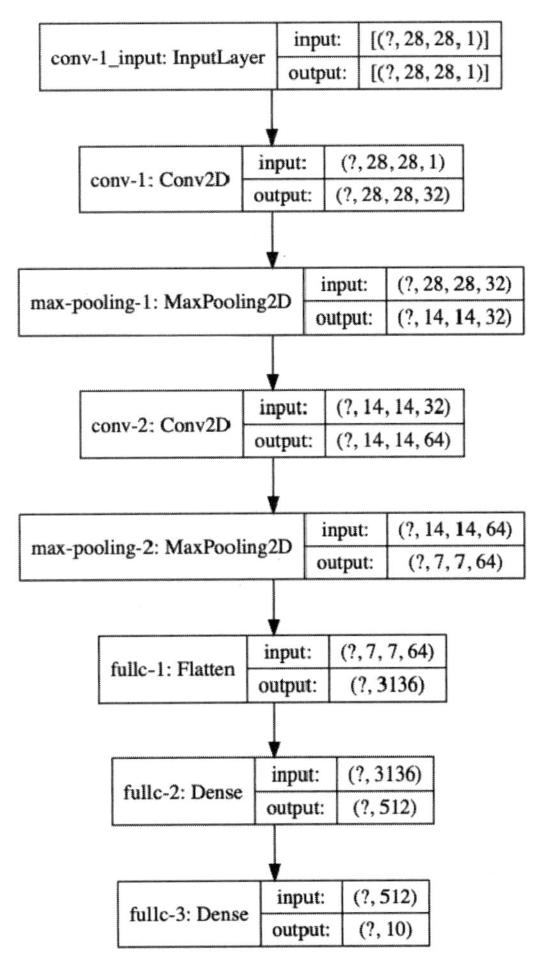

图 8.5　MNIST 手写字体卷积神经网络流程图

8.4.2 损失函数

手写字体卷积神经网络的损失函数与普通神经网络损失函数的结构是相同的，因为相同的数据处理任务输出相同，实现代码如下，函数参数解析如表 8.9 所示，代码可参见文件【chapter8\mnist_cnn.py】。

```
def compile_model(model):
    """神经网络参数配置
    参数:
        model: 神经网络实例
    返回:
        无
    """
    model.compile(
        optimizer=tf.keras.optimizers.Adam(learning_rate=0.001),
        loss=tf.keras.losses.SparseCategoricalCrossentropy(from_logits=True),
        metrics=["accuracy"]
    )
```

表 8.9 损失函数参数

参数	描述
optimizer	损失函数优化器，选择 Adam 优化器，即 tf.keras.optimizers.Adam
loss	损失函数，计算神经网络输出值和标签值的损失，选择交叉熵函数，即 tf.keras.losses.SparseCategoricalCrossentropy
metrics	测量值，一般为 accuracy

8.5 训练神经网络

手写字体识别普通神经网络和卷积神经网络训练，使用相同的数据集。

8.5.1 载入数据

MNIST 手写字体数据集是经过打包的数据，使用时需要解压处理，通过 TensorFlow 提供的读取工具，获取图像和标签。普通神经网络和卷积神经网络载入数据的方式相同，对数据的进一步处理则不同。

1. 普通神经网络载入数据

普通神经网络数据载入代码如下，可参见代码文件【chapter8\mnist_nn.py】。

```
def gen_datas():
    """生成数据
```

```
    参数:
        无
    返回:
        inputs: 训练图像矩阵值
        outputs: 训练图像标签值
        eval_images: 测试图像
    """
    # 读取 MNIST 数据集
    (train_images, train_labels), (test_images, test_labels) = keras.datasets.
        mnist.load_data()
    # 获取前 1000 个图像数据
    train_labels = train_labels[:1000]
    # 获取前 1000 个评估使用图像
    eval_images = train_images[:1000]
    # 调整图像数据维度，供训练使用
    train_images = train_images[:1000].reshape(-1, 784)/255.0
    return train_images, train_labels, eval_images
```

MNIST 手写字体数据载入依据普通神经网络的输入数据维度 1×784，因此 MNIST 图像数据需要处理为 1×784 的矩阵数据。而 MNIST 数据集数据维度为 28×28，所以需使用 reshape 将图像数据处理为 1×784 维度的数据。训练数据格式为(batch, datas)，其中，batch 为批量数据的数量，datas 为数据，输入数据 1×784，1 表示批量数据量，784 表示数据维度。同时将图像矩阵数据除以 255.0，将其处理为[0.0,1.0]范围的数据，供训练使用。为了加快训练速度，只选取了 MNIST 数据集的 1000 张图像数据。

2．卷积神经网络载入数据

卷积神经网络训练数据处理代码如下，可参见代码文件【chapter8\mnist_cnn.py】。

```
def gen_datas():
    """生成数据
    参数:
        无
    返回:
        inputs: 训练图像矩阵值
        outputs: 训练图像标签值
        eval_images: 测试图像
    """
    # 读取 MNIST 数据集
    (train_images, train_labels), (test_images, test_labels) = keras.datasets.
        mnist.load_data()
    # 获取前 1000 个图像数据
    train_labels = train_labels[:1000]
    # 获取前 1000 个评估使用图像
    eval_images = train_images[:1000]
    # 调整图像数据维度，供训练使用
```

```
    train_images = train_images[:1000].reshape(-1,28,28,1)/255.0
    return train_images, train_labels, eval_images
```

卷积神经网络数据输入与普通神经网络数据输入略有不同。普通神经网络需要将原始的数据集数据转换为图像的 RGB 数据，即 width×height×channel，其中，width 为图像宽度，height 为图像高度，channel 为图像通道数。

卷积神经网络需要将数据集的原始数据转换为 28×28×1 的 RGB 图像数据，即图像宽为 28px，高度为 28px，通道数为 1，使用占位符生成 img_input 四维数据[None, 28, 28, 1]，该维度数据为 TensorFlow 使用的标准数据。

8.5.2 训练神经网络的过程

训练数据准备好之后就可以开始训练了，不同的神经网络训练过程是相同的。

1．普通神经网络训练

训练神经网络包括模型训练和模型保存两个过程，实现代码如下，代码解析详见注释部分，参数解析如表 8.10 所示，代码可参见文件【chapter8\mnist_nn.py】。

```
def train_model(model, inputs, outputs, model_path, log_path):
    """训练神经网络
    参数:
        model: 神经网络实例
        inputs: 输入数据
        outputs: 输出数据
        model_path: 模型文件路径
        log_path: 日志文件路径
    返回:
        无
    """
    # 回调函数
    ckpt_callback = callback_only_params(model_path)
    # TensorBoard 回调
    tensorboard_callback = tb_callback(log_path)
    # 保存参数
    model.save_weights(model_path.format(epoch=0))
    # 训练模型，并使用最新模型参数
    history = model.fit(
            inputs,
            outputs,
            epochs=20,
            callbacks=[ckpt_callback, tensorboard_callback],
            verbose=0
            )
```

表 8.10　普通神经网络训练过程

函　数	功　能	描　述
callback_only_params(model_path)	保存模型参数回调	Keras 保存模型参数通过调用回调函数配置保存参数
tb_callback(log_path)	训练数据保存到 TensorBoard 回调函数	Keras 保存训练过程数据，如损失函数值、预测准确度值，通过调用 TensorBoard 回调函数进行配置
model.save_weights(model_path.format(epoch=0))	保存模型参数	配置模型保存回调函数后，通过 save_weights 实现模型参数的保存
model.fit(inputs,outputs, epochs=20,callbacks=[ckpt_callback, tensorboard_callback], verbose=0)	训练神经网络	Keras 训练神经网络通过 fit 方法实现，参数如下。 inputs：输入数据； outputs：输出数据； epochs：训练次数； callbacks：回调函数列表； verbose：冗余项

2. 卷积神经网络训练

卷积神经网络训练过程的代码如下。与普通神经网络训练过程相同，代码解析详见注释部分，参数解析如表 8.10 所示，代码可参见文件【chapter8\mnist_cnn.py】。

```
def train_model(model, inputs, outputs, model_path, log_path):
    """训练神经网络
    参数:
        model: 神经网络实例
        inputs: 输入数据
        outputs: 输出数据
        model_path: 模型文件路径
        log_path: 日志文件路径
    返回:
        无
    """
    # 回调函数
    ckpt_callback = callback_only_params(model_path)
    # TensorBoard 回调
    tensorboard_callback = tb_callback(log_path)
    # 保存参数
    model.save_weights(model_path.format(epoch=0))
    # 训练模型，并使用最新模型参数
    history = model.fit(
            inputs,
            outputs,
            epochs=20,
            callbacks=[ckpt_callback, tensorboard_callback],
            verbose=0
            )
```

8.5.3 持久化神经网络模型

训练神经网络是一个动态过程，在训练过程中即进行实时预测，但是在工程中需要部署训练的模型。因此需要将动态训练的神经网络模型持久化(保存)，供持久使用，避免每次使用网络都重新训练一次。TensorFlow 提供了简单易用的模型持久化函数，持久化神经网络代码如下。由于普通神经网络与卷积神经网络的持久化方法一致，下面以普通神经网络训练参数持久化为例进行讲解。

1. 持久化神经网络参数回调函数

Keras 持久化训练参数通过回调函数实现。在训练神经网络的过程中，调用模型保存的回调函数实现训练参数的提取，借助 save_weights 保存提取的训练参数。实现代码如下，详细解析见注释部分，参数解析如表 8.11 所示，代码可参见文件【chapter8\mnist_nn.py】。

```
def callback_only_params(model_path):
    """保存模型回调函数
    参数:
        model_path: 模型文件路径
    返回:
        ckpt_callback: 回调函数
    """
    ckpt_callback = tf.keras.callbacks.ModelCheckpoint(
        filepath=model_path,
        verbose=1,
        save_weights_only=True,
        save_freq='epoch'
    )
    return ckpt_callback
```

表 8.11 持久化神经网络参数解析

函数/参数	描 述
tf.keras.callbacks.ModelCheckpoint	保存模型的类，用于持久化训练的神经网络模型
filepath	模型保存路径
verbose	冗余项
save_weights_only	只保存权重标志位
save_freq	保存频率，若为 epoch，则每完成一次训练，就保存一次参数；若为其他，则训练指定数据量，再保存一次模型参数

2. 保存运行参数到 TensorBoard 回调函数

Keras 可视化训练参数通过回调函数保存到 TensorBoard。在训练神经网络的过程中，调用模型保存的回调函数，提取训练过程量，保存到运行日志文件中，通过 TensorBoard 读取日志。实现代码如下，详细解析见注释部分，参数解析如表 8.12 所示，代码可参见文件【chapter8\mnist_nn.py】。

```
def tb_callback(model_path):
    """保存 TensorBoard 日志回调函数
    参数:
       model_path: 模型文件路径
    返回:
       tensorboard_callback: 回调函数
    """
    tensorboard_callback = tf.keras.callbacks.TensorBoard(
       log_dir=model_path,
       histogram_freq=1)
    return tensorboard_callback
```

表 8.12　持久化神经网络参数解析

函数/参数	描　述
tf.keras.callbacks.TensorBoard	保存运行数据到 TensorBoard 类，实现运行数据的持久化及可视化
log_dir	日志存储路径
histogram	数据保存频率

8.5.4　训练过程分析

每个神经网络训练都会用到的工具就是损失函数，损失函数作为判断模型效果的第一个参数，被广泛应用。下面分别介绍普通神经网络与卷积神经网络手写字体识别训练过程。

1．普通神经网络训练

普通神经网络训练过程从以下几个方面进行分析。

1) 训练过程

训练神经网络过程日志如下。

```
Epoch 00001: saving model to ./models/nn/mnist-nn20200316-12:27:32

Epoch 00002: saving model to ./models/nn/mnist-nn20200316-12:27:32

Epoch 00003: saving model to ./models/nn/mnist-nn20200316-12:27:32
…
Epoch 00018: saving model to ./models/nn/mnist-nn20200316-12:27:32

Epoch 00019: saving model to ./models/nn/mnist-nn20200316-12:27:32

Epoch 00020: saving model to ./models/nn/mnist-nn20200316-12:27:32
```

训练了 20 次，并在每轮训练结束后保存一次神经网络参数。模型文件保存路径为“./models/

nn/mnist-nn20200316-12:27:32”，其中，“/models/nn”为模型文件所在路径，“mnist-nn20200316-12:27:32”为模型文件名称。本模型名称采用时间戳的形式，区分模型保存的时间，以第一次保存的时间戳为准。

2) 损失函数

损失函数是衡量神经网络模型是否收敛的第一个参数，通过损失函数值可初步判断模型是否实现相应的功能。手写字体识别普通神经网络的损失函数如图 8.6 所示。损失函数随着神经网络训练次数的增加逐步减小，并稳定在 1.45 与 1.5 之间，说明神经网络逐步收敛，即神经网络预测值逐渐接近标签值。

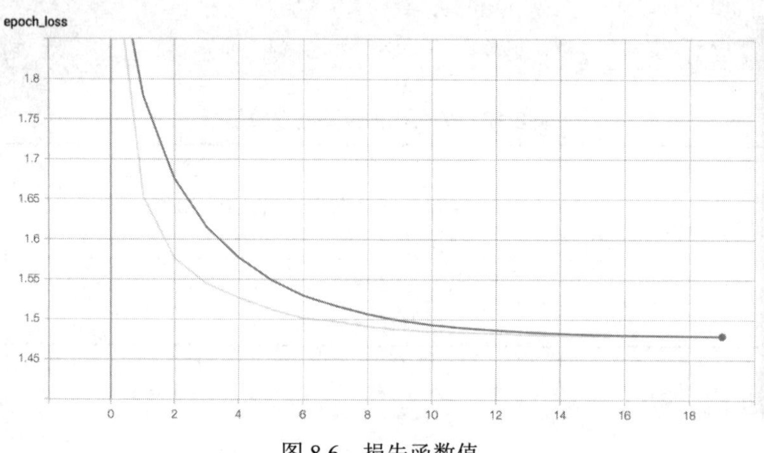

图 8.6　损失函数值

3) 预测精度

在损失函数收敛的基础上，通过预测精度进一步判断神经网络的预测情况。普通神经网络预测精度如图 8.7 所示，神经网络的预测精度随着训练过程的进行逐步提高，说明模型预测手写字体的精度逐步提高，在一定误差允许范围内，可以满足实际生产需求。

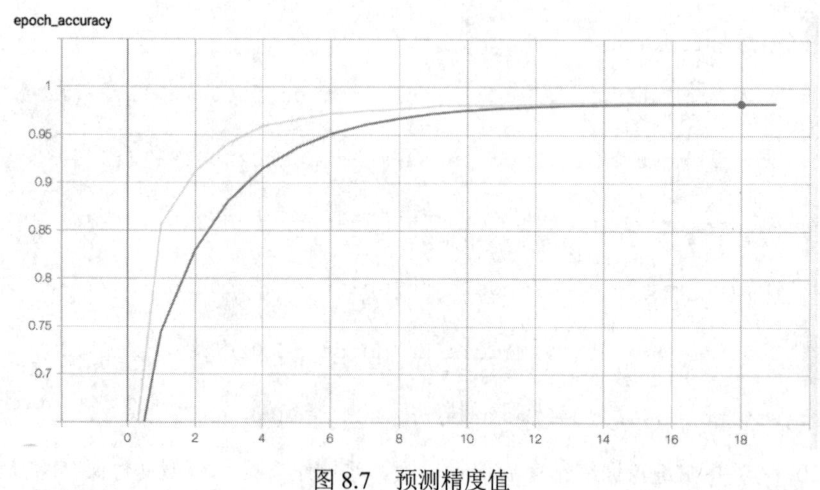

图 8.7　预测精度值

2. 卷积神经网络训练

卷积神经网络训练过程与普通神经网络训练过程基本相同，也从以下几个方面进行分析。

1) 训练过程

卷积神经网络训练过程日志如下。

```
Epoch 00001: saving model to ./models/cnn/mnist-cnn20200316-12:30:58

Epoch 00002: saving model to ./models/cnn/mnist-cnn20200316-12:30:58

Epoch 00003: saving model to ./models/cnn/mnist-cnn20200316-12:30:58
…
Epoch 00018: saving model to ./models/cnn/mnist-cnn20200316-12:30:58

Epoch 00019: saving model to ./models/cnn/mnist-cnn20200316-12:30:58

Epoch 00020: saving model to ./models/cnn/mnist-cnn20200316-12:30:58
```

由训练日志可知，卷积神经网络每训练一个 epoch 就保存一次训练参数，“. /models/cnn/mnist-cnn20200316-12:30:58”为保存的模型文件，其中，“/models/cnn/”为模型保存路径，“mnist-cnn20200316-12:30:58”为模型名称，同样采用时间戳区分模型。

2) 损失函数

损失函数用来衡量卷积神经网络是否收敛，手写字体识别卷积神经网络损失函数如图 8.8 所示，通过损失函数初步判断卷积神经网络的性能。由图 8.8 可知，卷积神经网络的损失值在训练过程中随着训练次数的增加逐步降低，且曲线较平滑，模型参数的更新频率适中，卷积神经网络是收敛的，模型是正常运行的。

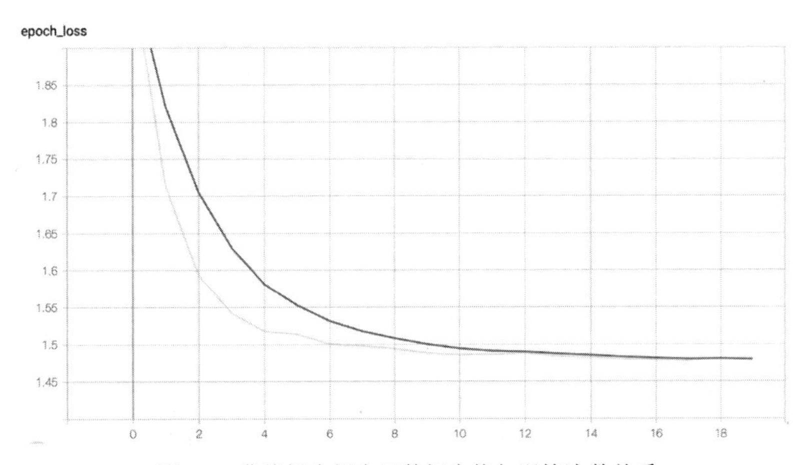

图 8.8　曲线拟合损失函数损失值与训练次数关系

3) 预测精度

在损失函数的基础上，增加一个新的衡量指标——准确度。手写字体识别卷积神经网络预测精度如图 8.9 所示，通过模型预测的精度判断模型预测性能。卷积神经网络预测精度随训练次数的增加逐步提升，并最终稳定在 0.95~1 之间，说明在一定误差允许范围内卷积神经网络的预测精度可以完成生产预测任务。

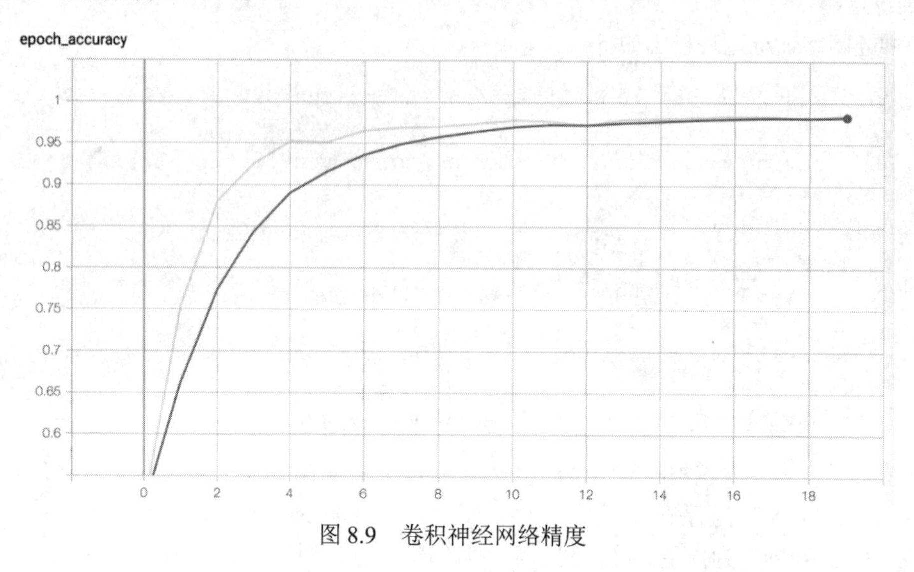

图 8.9　卷积神经网络精度

8.6　神经网络预测

完成手写字体普通神经网络和卷积神经网络训练后，下面分别使用两种模型进行手写字体预测。

8.6.1　载入模型及预测

当神经网络训练结束并保存训练模型后，接下来就是使用训练模型预测结果。预测过程分为载入训练模型和预测结果两部分。下面分别介绍普通神经网络和卷积神经网络载入训练模型及预测结果的过程。

1. 普通神经网络载入模型及预测

手写字体识别普通神经网络载入模型及预测程序如下。

1) 载入模型

手写字体识别普通神经网络载入模型参数时首先检查是否为最新模型版本，如果不是则载入最新版本模型的参数，实现代码如下，详细解析见注释部分，可参见代码文件【chapter8\mnist_nn.py】。

```
def load_model(model, model_path):
    """载入模型
    参数:
        model: 神经网络实例
```

```
        model_path: 模型文件路径
    返回:
        无
    """
    # 检查最新模型
    latest = tf.train.latest_checkpoint(model_path)
    print("latest:{}".format(latest))
    # 载入模型
    model.load_weights(latest)
```

2) 预测

载入最新版本模型参数后，此时的神经网络便具备了预测功能。将图像数据输入到神经网络中，完成预测。实现代码如下，详细解析见注释部分，可参见代码文件【chapter8\mnist_nn.py】。

```
def prediction(model, model_path, inputs):
    """神经网络预测
    参数:
        model: 神经网络实例
        model_path: 模型文件路径
        inputs: 输入数据
    返回:
        pres: 预测值
    """
    # 载入模型
    load_model(model, model_path)
    # 预测值
    pres = model.predict(inputs)
    # print("prediction:{}".format(pres))
    # 返回预测值
    return pres
```

3) 展示预测结果

为了更加直观地展示预测结果，可采用 Matplotlib 工具将预测结果可视化，即在每个图片的上方，标注图像的预测结果。其实现代码如下，详细解析见注释部分，可参见代码文件【chapter8\mnist_nn.py】。

```
def plot_prediction(model, model_path, inputs, evals):
    """可视化预测结果
    参数:
        model: 神经网络实例
        inputs: 输入数据
        outputs: 输出数据
        model_path: 模型文件路径
    返回:
        无
    """
```

```
    # 预测值
    pres = prediction(model, model_path, inputs)
    pres = tf.math.argmax(pres, 1)
    for i in range(16):
        plt.subplot(4,4,i+1)
        plt.subplots_adjust(wspace=0.5, hspace=0.8)
        plt.imshow(evals[i], cmap=plt.cm.binary)
        plt.title("预测值:{}".format(pres[i]), fontproperties=font)
        plt.savefig("./images/nn-pre.png", format="png", dpi=300)
        plt.show()
```

2. 卷积神经网络载入模型及预测

手写字体识别卷积神经网络载入模型及预测的过程和普通神经网络载入模型及预测过程相同。

1) 载入模型

卷积神经网络载入模型实现代码如下，详细解析见注释部分，可参见代码文件【chapter8\mnist_cnn.py】。

```
def load_model(model, model_path):
    """载入模型
    参数:
        model: 神经网络实例
        model_path: 模型文件路径
    返回:
        无
    """
    # 检查最新模型
    latest = tf.train.latest_checkpoint(model_path)
    print("latest:{}".format(latest))
    # 载入模型
    model.load_weights(latest)
```

2) 模型预测

卷积神经网络模型预测实现代码如下，详细解析见注释部分，可参见代码文件【chapter8\mnist_cnn.py】

```
def prediction(model, model_path, inputs):
    """神经网络预测
    参数:
        model: 神经网络实例
        model_path: 模型文件路径
        inputs: 输入数据
    返回:
        pres: 预测值
    """
```

```
    # 载入模型
    load_model(model, model_path)
    # 预测值
    pres = model.predict(inputs)
    # print("prediction:{}".format(pres))
    # 返回预测值
    return pres
```

3) 结果可视化

卷积神经网络结果的展示同样使用 Matplotlib 工具，将预测结果可视化，其实现代码如下，详细解析见注释部分，可参见代码文件【chapter8\mnist_cnn.py】。

```
def plot_prediction(model, model_path, inputs, evals):
    """可视化预测结果
    参数:
        model: 神经网络实例
        inputs: 输入数据
        outputs: 输出数据
        model_path: 模型文件路径
    返回:
        无
    """
    # 预测值
    pres = prediction(model, model_path, inputs)
    pres = tf.math.argmax(pres, 1)
    for i in range(16):
        plt.subplot(4,4,i+1)
        plt.subplots_adjust(wspace=0.5, hspace=0.8)
        plt.imshow(evals[i], cmap=plt.cm.binary)
        plt.title("预测值:{}".format(pres[i]), fontproperties=font)
        plt.savefig("./images/cnn-pre.png", format="png", dpi=300)
        plt.show()
```

8.6.2　预测结果

手写字体识别神经网络训练完成后，验证模型效果最直观的方法就是使用训练完成的模型预测测试图像数据，通过预测结果与原始手写字体数据集标注的标签对比，评估模型预测质量。本次测试选取了 MNIST 手写字体数据集的前 16 张图片，前 16 张图像代表的数字分别为：5、0、4、1、9、2、1、3、1、4、3、5、3、6、1、7。预测结果展示有两种方式：一种是使用混淆矩阵，另一种是在预测图像上方标注预测数字。

1. 混淆矩阵预测结果

混淆矩阵用于展示标签值和预测值的匹配程度，混淆矩阵为标签种类的方阵，对角线的数据表示预测值与标签值吻合，其他位置的数据表示标签值与预测值形成的坐标，坐标的数值表示形成的坐标数量，结果分析均可使用对角线数据。混淆矩阵实现代码如下，详细解析见注释部分，可参见代码文件【chapter8\mnist_cnn.py】。由于普通神经网络和卷积神经网络预测数据所用混淆矩阵通用，因此下面以使用卷积神经网络预测为例进行介绍。

```
def confusion_matrix(model, model_path, inputs, evals):
    """混淆矩阵可视化
    参数:
        model: 神经网络实例
        inputs: 输入数据
        evals: 测试数据
        model_path: 模型文件路径
    返回:
        evals: 评估数据标签值
        pres: 预测值
        confusion_mat: 混淆矩阵
    """
    # 预测值
    pres = prediction(model, model_path, inputs)
    pres = tf.math.argmax(pres, 1)
    confusion_mat = tf.math.confusion_matrix(evals, pres)
    # 获取矩阵维度
    num = tf.shape(confusion_mat)[0]
    # 迭代添加文本
    for row in range(num):
        for col in range(num):
            plt.text(row, col, confusion_mat[row][col].numpy())
            # 图像写入绘图区
            plt.imshow(confusion_mat, cmap=plt.cm.Blues)
            # 添加标题
            plt.title("手写字体识别混淆矩阵",fontproperties=font)
            # 保存图像
            plt.savefig("./images/confusion_matrix.png", format="png", dpi=300)
            # 展示图像
            plt.show()
    return evals, pres, confusion_mat
```

运行结果如下。

```
手写字体标签值:[5 0 4 1 9 2 1 3 1 4 3 5 3 6 1 7]
手写字体预测值:[5 0 4 1 9 2 1 3 1 4 3 5 3 6 1 7]
混淆矩阵:[[1 0 0 0 0 0 0 0 0 0]
 [0 4 0 0 0 0 0 0 0 0]
 [0 0 1 0 0 0 0 0 0 0]
 [0 0 0 3 0 0 0 0 0 0]
 [0 0 0 0 2 0 0 0 0 0]
 [0 0 0 0 0 2 0 0 0 0]
 [0 0 0 0 0 0 1 0 0 0]
```

```
[0 0 0 0 0 0 0 1 0 0]
[0 0 0 0 0 0 0 0 0 0]
[0 0 0 0 0 0 0 0 0 1]]
```

由运行结果可知，卷积神经网络进行预测时，预测结果与字体标签完全一致，说明模型在一定情况下可以实现较高精度的预测。预测使用了 MNIST 手写字体数据集前 16 个图像数据，而混淆矩阵为 10×10 的方阵，其中 10 表示标签的种类。在混淆矩阵中，所有数据之和为 16，即混淆矩阵的数据之和为预测数据个数，对角线的数据表示标签值与预测值相同，个数表示相同的个数。MNIST 手写字体数据集前 16 个数据中，有 1 个 0，4 个 1，1 个 2，3 个 3，2 个 4，2 个 5，1 个 6，1 个 7，1 个 9，详细解析如表 8.13 所示。

表 8.13　手写字体预测混淆矩阵

混淆矩阵		预测值									
		0	1	2	3	4	5	6	7	8	9
标签值	0	1	0	0	0	0	0	0	0	0	0
	1	0	4	0	0	0	0	0	0	0	0
	2	0	0	1	0	0	0	0	0	0	0
	3	0	0	0	3	0	0	0	0	0	0
	4	0	0	0	0	2	0	0	0	0	0
	5	0	0	0	0	0	2	0	0	0	0
	6	0	0	0	0	0	0	1	0	0	0
	7	0	0	0	0	0	0	0	1	0	0
	8	0	0	0	0	0	0	0	0	0	0
	9	0	0	0	0	0	0	0	0	0	1

表 8.13 即为混淆矩阵的注释，列表示标签值，行表示预测值，标签值和预测值组成预测数据统计量的坐标，坐标的数据为标签值和预测值一致的个数。若所有大于 0 的数据均出现在对角线，说明预测值与标签值完全相同。前 16 个预测数据统计如表 8.14 所示。混淆矩阵总共显示 10 个分类，每个分类对应各自的预测数量，在预测完全正确的情况下，各自预测的数量与预测的数据量相同，依据数量关系可以计算模型预测准确度。

表 8.14　预测数据混淆矩阵信息

序　号	预测图像结果	个数/个
1	0	1
2	1	4
3	2	1
4	3	3

续表

序　号	预测图像结果	个数/个
5	4	2
6	5	2
7	6	1
8	7	1
9	8	0
10	9	1
总计	10 类	16

混淆矩阵可视化效果如图 8.10 所示。预测图像在主对角线上，说明测试的手写字体被正确分类，对角线上的方块颜色不一致，颜色越浅说明该标签的数据量越少，其中对角线上的数据表示正确分类的个数，其他位置表示预测错误的个数，混淆矩阵的所有值之和为进行预测的数据数量。

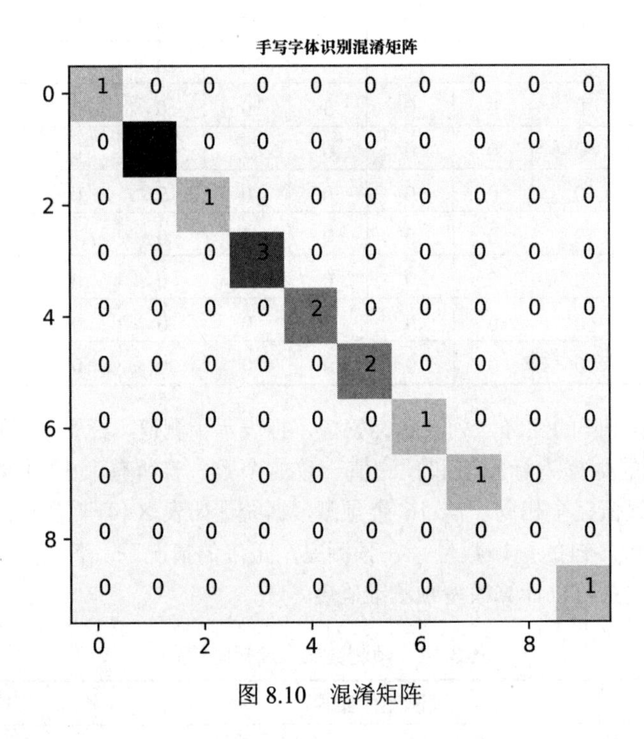

图 8.10　混淆矩阵

2. 预测结果展示

为了使测试结果更加直观易读，绘制出了原始图像数据表示的数字，并在图像数字上方给出了模型预测结果，如图 8.11 所示。预测结果可视化使模型调试及工程化应用更加方便，提高了结果的可读性。

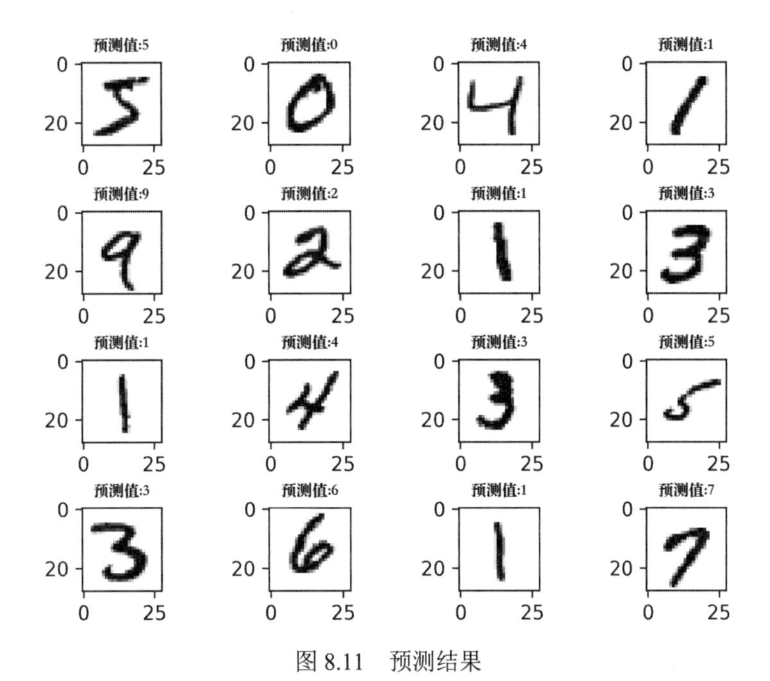

图 8.11　预测结果

8.6.3　主程序结构

前面介绍的手写字体识别神经网络从新建到预测的过程过于分散，主要是为了详细讲解各个工作过程。由于手写字体项目比较简单，也易于理解，本节将完整的手写字体识别卷积神经网络工程代码展示如下，帮助读者从全局掌握整个手写字体识别的工作过程，可参见代码文件【chapter8\mnist_cnn.py】。

```
import tensorflow as tf
from tensorflow import keras
from tensorflow.keras import layers
import numpy as np
import matplotlib.pyplot as plt
from datetime import datetime
from matplotlib.font_manager import FontProperties
font = FontProperties(fname="/Library/Fonts/Songti.ttc",size=8)

def gen_datas():
    """生成数据
    参数:
        无
    返回:
        inputs: 训练图像
        outputs: 训练标签
```

```
        eval_images: 测试图像
    """
    # 读取 MNIST 数据集
    (train_images, train_labels), (test_images, test_labels) = keras.datasets.
        mnist.load_data()
    # 获取前 1000 个图像数据
    train_labels = train_labels[:1000]
    # 获取前 1000 个评估使用图像
    eval_images = train_images[:1000]
    # 调整图像数据维度，供训练使用
    train_images = train_images[:1000].reshape(-1,28,28,1)/255.0
    return train_images, train_labels, eval_images

def compile_model(model):
    """神经网络参数配置
    参数:
        model: 神经网络实例
    返回:
        无
    """
    model.compile(
        optimizer=tf.keras.optimizers.Adam(learning_rate=0.001),
        loss=tf.keras.losses.SparseCategoricalCrossentropy(from_logits=True),
        metrics=["accuracy"]
    )

def create_model():
    """使用 Keras 新建神经网络
    参数:
        无
    返回:
        model: 神经网络实例
    """
    model = tf.keras.Sequential(name="MNIST-CNN")
    # 卷积层-1
    model.add(
        layers.Conv2D(32, (3,3),
        padding="same",
        activation=tf.nn.relu,
        input_shape=(28,28,1),
        name="conv-1")
        )
    # 最大池化层-1
    model.add(
        layers.MaxPooling2D(
            (2,2),
            name="max-pooling-1"
```

```
        )
    )
    # 卷积层-2
    model.add(
        layers.Conv2D(64, (3,3),
        padding="same",
        activation=tf.nn.relu,
        name="conv-2")
        )
    # 最大池化层-2
    model.add(
        layers.MaxPooling2D(
            (2,2),
            name="max-pooling-2"
        )
    )
    # 全连接层-1
    model.add(layers.Flatten(name="fullc-1"))
    # 全连接层-2
    model.add(
        layers.Dense(512,
        activation=tf.nn.relu,
        name="fullc-2")
    )
    # 全连接层-3
    model.add(
        layers.Dense(10,
        activation=tf.nn.softmax,
        name="fullc-3")
    )
    # 配置损失计算及优化器
    compile_model(model)
    return model

def display_nn_structure(model, nn_structure_path):
    """展示神经网络结构
    参数:
        model: 神经网络对象
        nn_structure_path: 神经网络结构保存路径
    返回:
        无
    """
    model.summary()
    keras.utils.plot_model(model, nn_structure_path, show_shapes=True)

def callback_only_params(model_path):
    """保存模型回调函数
```

```
    参数:
        model_path: 模型文件路径
    返回:
        ckpt_callback: 回调函数
    """
    ckpt_callback = tf.keras.callbacks.ModelCheckpoint(
        filepath=model_path,
        verbose=1,
        save_weights_only=True,
        save_freq='epoch'
    )
    return ckpt_callback

def tb_callback(model_path):
    """保存 TensorBoard 日志回调函数
    参数:
        model_path: 模型文件路径
    返回:
        tensorboard_callback: 回调函数
    """
    tensorboard_callback = tf.keras.callbacks.TensorBoard(
        log_dir=model_path,
        histogram_freq=1)
    return tensorboard_callback

def train_model(model, inputs, outputs, model_path, log_path):
    """训练神经网络
    参数:
        model: 神经网络实例
        inputs: 输入数据
        outputs: 输出数据
        model_path: 模型文件路径
        log_path: 日志文件路径
    返回:
        无
    """
    # 回调函数
    ckpt_callback = callback_only_params(model_path)
    # TensorBoard 回调
    tensorboard_callback = tb_callback(log_path)
    # 保存参数
    model.save_weights(model_path.format(epoch=0))
    # 训练模型，并使用最新模型参数
    history = model.fit(
            inputs,
            outputs,
            epochs=20,
```

```
            callbacks=[ckpt_callback, tensorboard_callback],
            verbose=0
            )
    # 绘制图像
    # plot_history(history)

def load_model(model, model_path):
    """载入模型
    参数:
        model: 神经网络实例
        model_path: 模型文件路径
    返回:
        无
    """
    # 检查最新模型
    latest = tf.train.latest_checkpoint(model_path)
    print("latest:{}".format(latest))
    # 载入模型
    model.load_weights(latest)

def prediction(model, model_path, inputs):
    """神经网络预测
    参数:
        model: 神经网络实例
        model_path: 模型文件路径
        inputs: 输入数据
    返回:
        pres: 预测值
    """
    # 载入模型
    load_model(model, model_path)
    # 预测值
    pres = model.predict(inputs)
    # print("prediction:{}".format(pres))
    # 返回预测值
    return pres

def confusion_matrix(model, model_path, inputs, evals):
    """混淆矩阵可视化
    参数:
        model: 神经网络实例
        inputs: 输入数据
        evals: 测试数据
        model_path: 模型文件路径
    返回:
        evals: 评估数据标签值
        pres: 预测值
```

```
        confusion_mat: 混淆矩阵
    """
    # 预测值
    pres = prediction(model, model_path, inputs)
    pres = tf.math.argmax(pres, 1)
    confusion_mat = tf.math.confusion_matrix(evals, pres)
    # 获取矩阵维度
    num = tf.shape(confusion_mat)[0]
    # 迭代添加文本
    for row in range(num):
        for col in range(num):
            plt.text(row, col, confusion_mat[row][col].numpy())
    # 图像写入绘图区
    plt.imshow(confusion_mat, cmap=plt.cm.Blues)
    # 添加标题
    plt.title("手写字体识别混淆矩阵",fontproperties=font)
    # 保存图像
    plt.savefig("./images/confusion_matrix.png", format="png", dpi=300)
    # 展示图像
    plt.show()
    return evals, pres, confusion_mat

def plot_prediction(model, model_path, inputs, evals):
    """可视化预测结果
    参数:
        model: 神经网络实例
        inputs: 输入数据
        evals: 测试数据
        model_path: 模型文件路径
    返回:
        无
    """
    # 预测值
    pres = prediction(model, model_path, inputs)
    pres = tf.math.argmax(pres, 1)
    for i in range(16):
        plt.subplot(4,4,i+1)
        plt.subplots_adjust(wspace=0.5, hspace=0.8)
        plt.imshow(evals[i], cmap=plt.cm.binary)
        plt.title("预测值:{}".format(pres[i]), fontproperties=font)
        plt.savefig("./images/cnn-pre.png", format="png", dpi=300)
        plt.show()
if __name__ == "__main__":
    stamp = datetime.now().strftime("%Y%m%d-%H:%M:%S")
    model_path = "./models/cnn/mnist-cnn"+stamp
    log_path = "./logs/cnn/mnist-cnn"+stamp
    inputs, outputs, evals = gen_datas()
```

```
model = create_model()
display_nn_structure(model, "./images/cnn-structure.png")
train_model(model, inputs, outputs, model_path, log_path)
model_path = "./models/cnn/"
plot_prediction(model, model_path, inputs[:16], evals[:16])
evals, pres, confusion_mat = confusion_matrix(model, model_path, inputs[:16],
    outputs[:16])
print("手写字体标签值:{}".format(evals))
print("手写字体预测值:{}".format(pres))
print("混淆矩阵:{}".format(confusion_mat))
```

8.7 小　结

本章使用 Keras 的两种神经网络实现 MNIST 手写字体识别。两种网络分别为普通神经网络和卷积神经网络，其中普通神经网络承接第 7 章技术方案，处理图像级的网络训练，实现手写字体识别；卷积神经网络作为“新的”神经网络技术方案，第一次应用到图像处理项目中，实现手写字体识别，并为后续章节项目应用卷积神经网络作铺垫。

MNIST 手写字体数据集使用两种神经网络进行处理，有它的特殊性，该数据集的图像数据为[28×28]的二维数据，具备使用普通神经网络的条件，其中最重要的是该数据集的图像是 1 个通道的黑白图像，普通神经网络计算过程数据量适中，计算速度较快，识别效果较好。卷积神经网络“天生”处理图像数据，所以，针对 1 个通道的图像也不例外，使用卷积神经网络进行预测同样可以获得较好的识别效果。

第 9 章　图像风格迁移

图像风格迁移是把内容图像 a 和风格图像 b 进行融合，生成新的图像 c 的过程，图像 c 同时具备图像 a 的内容和图像 b 的风格。图像风格迁移与本书其他使用卷积神经网络进行图像处理的最大差别在于：图像风格迁移使用了预训练卷积神经网络 VGG-16，即利用已经训练完成的神经网络提取图像 a 的内容特征和图像 b 的风格特征，与正常读取的图像 a 的特征进行损失计算，并优化损失，使生成的图像同时具备图像 a 的内容和图像 b 的风格，在训练过程中生成训练结果，并保存转换后的目标图像。本项目没有新建神经网络，因此没有保存模型和载入模型的过程，预测结果是在训练过程中提取的，开发者可以自定义保存结果，根据不同的训练步长保存图像风格转换的结果。

9.1　神经网络结构及解析

图像风格迁移使用预训练 VGG-16 卷积神经网络实现，利用该网络提取图像的内容特征和风格特征。VGG 系列卷积神经网络应用较广泛的有 VGG-16 和 VGG-19，图像风格转换使用的是 VGG-16。

9.1.1　VGG-16 卷积神经网络结构

VGG-16 卷积神经网络是图像处理的预训练网络，即本网络是经过图像分类任务训练完成的神经网络，利用该网络可以提取图像信息。VGG-16 卷积神经网络共有 16 层网络结构，但是这 16 层网络结构仅包含卷积层和全连接层，未包括池化层和 softmax 层。VGG-16 卷积神经网络结构如图 9.1 所示，其中，16 层网络分别为卷积层-1 组，共 2 层卷积网络；卷积层-2 组，共 2 层卷积网络；卷积层-3 组，共 3 层卷积网络；卷积层-4 组，共 3 层卷积网络；卷积层-5 组，共 3 层卷积网络；全连接层共 3 层，所以网络层数总共为：2+2+3+3+3+3=16(层)，其余的网络结构分别为池化层-1~-5 和 softmax 层，完整卷积神经网络共 22 层。

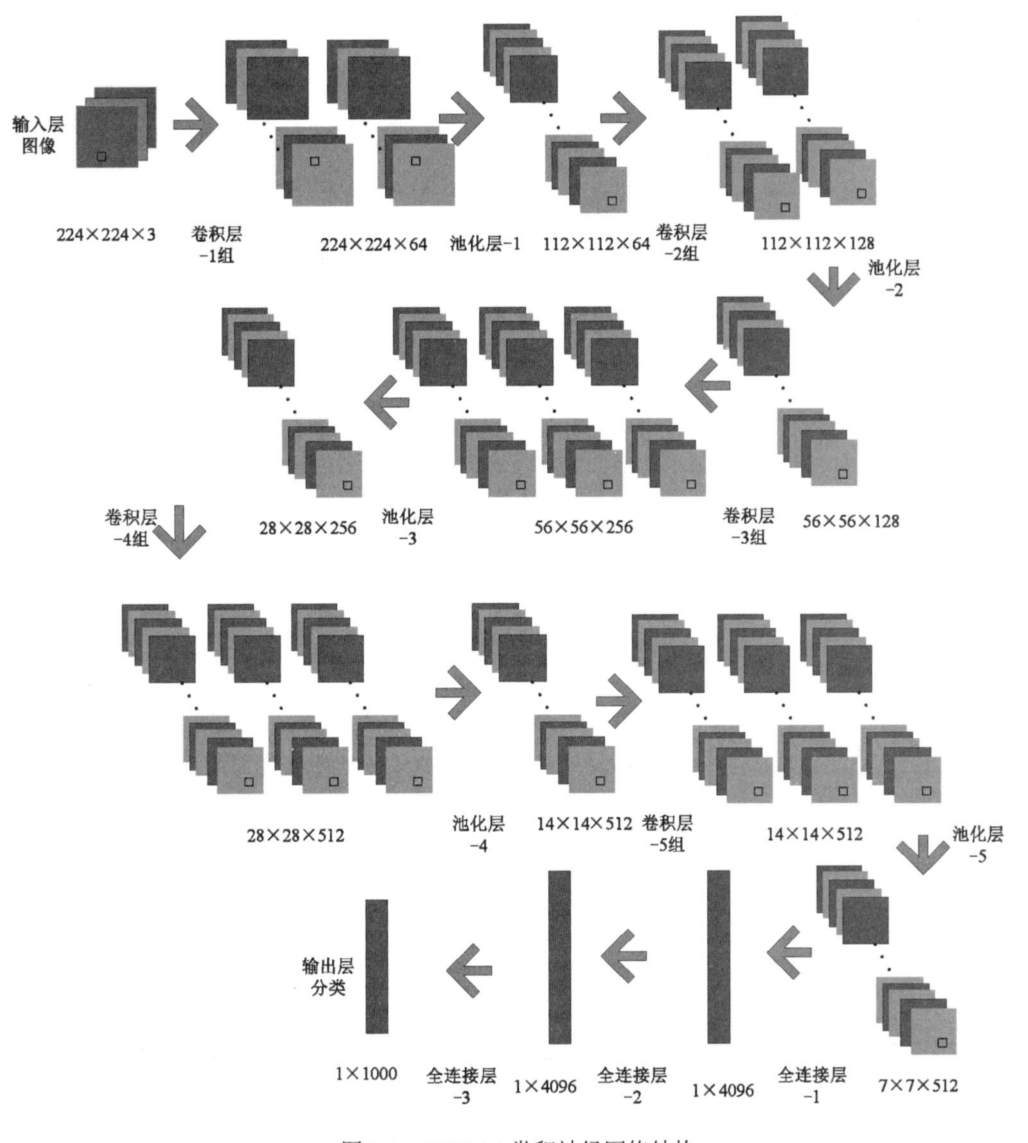

图 9.1　VGG-16 卷积神经网络结构

9.1.2　VGG-16 卷积神经网络结构解析

由图 9.1 可知，VGG-16 卷积神经网络共 22 层，外加输入层和输出层，最终是 24 层。其中，卷积层和全连接层共 16 层，池化层共 5 层，softmax 为 1 层。由于网络层数较多，对卷积神经网络进行分组，共分为 5 个卷积组，每个卷积组间都有一个最大池化层，卷积神经网络最外层为 softmax 分类层，各层输出数据维度如表 9.1 所示。

表 9.1 神经网络参数

网络层	参数	输出数据维度
输入层	inputs	[224,224,3]
卷积层-1 组	conv1_1	[224,224,64]
	conv1_2	[224,224,64]
池化层-1	pooling_1	[112,112,64]
卷积层-2 组	conv2_1	[112,112,128]
	conv2_2	[112,112,128]
池化层-2	pooling_2	[56,56,128]
卷积层-3 组	conv3_1	[56,56,256]
	conv3_2	[56,56,256]
	conv3_3	[56,56,256]
池化层-3	pooling_3	[28,28,256]
卷积层-4 组	conv4_1	[28,28,512]
	conv4_2	[28,28,512]
	conv4_3	[28,28,512]
池化层-4	pooling_4	[14,14,512]
卷积层-5 组	conv5_1	[14,14,512]
	conv5_2	[14,14,512]
	conv5_3	[14,14,512]
池化层-5	pooling_5	[7,7,512]
全连接层-1	fullc_1	[4096,1]
全连接层-2	fullc_2	[4096,1]
全连接层-3	fullc_3	[1000,1]
输出层	outputs	[1000,1]

9.2 图像数据集预处理

图像风格迁移的数据集由两部分组成：一部分是风格数据集，用于提供图像风格信息；另一部分是训练数据集，用于提供图像内容信息，不同的数据集处理略有差异。

9.2.1 图像读取

VGG-16 卷积神经网络处理的数据为矩阵数据，因此原始图像需要转换为图像矩阵。TensorFlow 2.0 提供了一系列图像编码与解码接口，使用方法可以查看第 5 章的内容。图像风格转换的图像读取是一般的图像数据处理，实现代码如下，详细解析见注释部分，代码可参见文件【chapter9\normal_trans.py】。

```
# 引入 TensorFlow 框架
import tensorflow as tf
# 引入 Keras
from tensorflow import keras
# 引入 Keras 层结构
from tensorflow.keras import layers
# 引入 Numpy 数据处理模块
import numpy as np

def image_read(image_path):
    """图像读取
    参数:
        image_path: 图像路径
    返回:
        img: 图像矩阵数据(0.0~1.0)
    """
    # 读取图像文件
    img = tf.io.read_file(image_path)
    # 图像 Base 64 编码
    img = tf.io.encode_base64(img)
    # 图像 Base 64 解码
    img = tf.io.decode_base64(img)
    # 图像 Base 64 转矩阵数据
    img = tf.io.decode_image(img)
    # 图像矩阵数据转为 0.0~1.0 范围
    img = tf.image.convert_image_dtype(img, dtype=tf.float32)
    # 添加数据维度
    img = img[np.newaxis, :]
    return img

if __name__ == "__main__":
    # 图像路径
    image_content_path = "./images/swimming_monkey.jpg"
    image_style_path = "./images/starry.jpg"
    # 读取目标图像
    img_contents = image_read(image_content_path)
    # 获取图像数据信息
    print("图像数据维度:", img_contents.shape)
    # [0.0, 1.0]
    print("图像数据:",img_contents)
```

运行结果如下。

```
图像数据维度: (1, 426, 640, 3)
```

```
图像数据: tf.Tensor(
[[[[0.21568629 0.25882354 0.27450982]
   [0.22352943 0.26666668 0.28235295]
   [0.23137257 0.27450982 0.2901961 ]
   ...
   [0.18823531 0.16862746 0.14509805]
   [0.18823531 0.16862746 0.14509805]
   [0.18823531 0.16862746 0.14509805]]
[[0.6509804  0.7058824  0.70980394]
   [0.654902   0.70980394 0.7137255 ]
   [0.654902   0.70980394 0.72156864]
   ...
   [0.49411768 0.58431375 0.6156863 ]
   [0.4901961  0.5803922  0.6117647 ]
   [0.48627454 0.5764706  0.60784316]]]], shape=(1, 426, 640, 3), dtype=float32)
```

由运行结果可知，读取的图像维度为 426×640×3，即高、宽和图像通道数，1 表示只有一个图像，batch_size=1。原始 JPG 格式的图像转换为四维矩阵，每个像素的取值范围是 0.0~1.0。TensorFlow 2.0 的神经网络输入数据的标准数据维度即为四维，所以需要将原本三维的图像数据增加一个维度。

9.2.2 预训练网络提取图像特征

预训练网络提取图像特征是图像处理任务中经常使用的图像预处理技术，即使用具备某一功能的神经网络参数，提取指定层次的图像特征。VGG-16 图像内容分类卷积神经网络具备的功能是图像目标分类，总共可以进行 1000 种目标的识别。本项目提取的目标图像为梵高的油画——星月夜，如图 9.2 所示。

图 9.2　风格图像——星月夜

本节讲解如何利用 Keras 提供的 VGG-16 神经网络模型提取指定层的图像特征，实现代码如下，详细解析见注释部分，代码可参见文件【chapter9\vgg16_preprocess.py】。

```
# 引入 TensorFlow 框架
import tensorflow as tf
# 引入 Keras
from tensorflow import keras
# 引入 Keras 层结构
from tensorflow.keras import layers
# 引入 Numpy 数据处理模块
import numpy as np

def image_read(image_path):
    """图像读取
    参数:
        image_path: 图像路径
    返回:
        img: 图像矩阵数据(0.0~1.0)
    """
    # 读取图像文件
    img = tf.io.read_file(image_path)
    # 图像 Base 64 编码
    img = tf.io.encode_base64(img)
    # 图像 Base 64 解码
    img = tf.io.decode_base64(img)
    # 图像 Base 64 转矩阵数据
    img = tf.io.decode_image(img)
    # 图像矩阵数据转为 0.0~1.0 范围
    img = tf.image.convert_image_dtype(img, dtype=tf.float32)
    # 添加数据维度
    img = img[np.newaxis, :]
    return img

def layers_name():
    """预训练卷积神经网络层
    参数:
        无
    返回:
        提取内容层
        提取风格层
        内容层数量
        风格层数量
    """
    # 提取图像内容层
    pre_contents_layers = ["block5_conv2"]
```

```
    # 提取图像风格层
    pre_styles_layers = [
        "block1_conv1",
        "block2_conv1",
        "block3_conv1",
        "block4_conv1"
    ]
    # 风格层数量
    num_style_layers = len(pre_styles_layers)
    # 内容层数量
    num_content_layers = len(pre_contents_layers)
    # 返回数据
    return pre_contents_layers, pre_styles_layers, num_style_layers, num_
        content_layers

def pre_vgg16(layers_name):
    """预训练神经网络提取信息
    参数:
        layers: 神经网络层
    返回:
        Model 对象
    """
    vgg16 = tf.keras.applications.VGG16(include_top=False, weights="imagenet")
    vgg16.trainable = False
    outputs = [vgg16.get_layer(name).output for name in layers_name]
    model = tf.keras.Model([vgg16.input], outputs)
    return model

def pre_res_single(layers_name, outputs):
    """输出预训练神经网络图像特征
    参数:
        layers_name: 网络层
        outputs: 预训练神经网络特征
    返回:
        无
    """

    i = 0
    for name, output in zip(layers_name, outputs):
        i += 1
        plt.figure(i)
        print("网络层:", name)
        print("特征维度:", output.numpy().shape)
        print("特征值:", output.numpy())
```

```
    for j in range(4):
        plt.subplot(2,2,j+1)
        plt.subplots_adjust(wspace=0.5, hspace=0.8)
        plt.imshow(output.numpy()[0][:,:,j])
        plt.title(name+"-"+str(j+1))
    plt.savefig("./images/feature-{}.png".format(i), format="png", dpi=300)
    plt.show()

if __name__ == "__main__":
    stamp = datetime.now().strftime("%Y%m%d-%H:%M:%S")
    # 图像路径：图像内容
    image_content_path = "./images/swimming_monkey.jpg"
    # 图像路径：图像风格
    image_style_path = "./images/starry.jpg"
    # 图像内容
    img_contents = image_read(image_content_path)
    # 获取图像数据信息
    print("图像数据维度:", img_contents.shape)
    # [0.0, 1.0]
    print("图像数据:",img_contents)
    # [0.0, 1.0]
    img_styles = image_read(image_style_path)
    # 获取层结构以及层数量
    pre_contents_layers, pre_styles_layers, num_style_layers,
        num_content_layers = layers_name()
    # 预训练模型数据提取
    pre_model = pre_vgg16(pre_styles_layers)
    pre_styles = pre_model(img_styles*255)
    # 获取图像特征
    pre_res_single(pre_styles_layers, pre_styles)
```

运行结果如下。

```
网络层: block1_conv1
特征维度: (1, 640, 938, 64)
特征值: [[[[  0.          0.          0.        ...  0.
    11.468337   11.709745  ]
  [  0.          0.          2.5884213 ...  0.
    40.9138      2.917428  ]
…
  [ 49.83667     2.3827991  15.233547   ...  0.
     0.         12.242617  ]
  [ 90.78182     0.89490235 32.439125   ...  0.
    28.801386   58.5057    ]]]]
网络层: block2_conv1
```

```
特征维度: (1, 320, 469, 128)
特征值: [[[[0.0000000e+00 0.0000000e+00 0.0000000e+00 ... 5.2141876e+02
    0.0000000e+00 1.5449423e+03]
   [0.0000000e+00 0.0000000e+00 3.3661679e+02 ... 1.1058201e+03
    0.0000000e+00 5.1674213e+02]
…
   [0.0000000e+00 4.3859425e+01 5.4882614e+01 ... 1.3364932e+02
    5.6061711e+00 1.0261943e+02]
   [0.0000000e+00 8.0435425e+01 1.7714438e+02 ... 3.8489572e+02
    7.8127136e+01 0.0000000e+00]]]]
网络层: block3_conv1
特征维度: (1, 160, 234, 256)
特征值: [[[[9.03147705e+02 0.00000000e+00 7.94550342e+03 ... 1.39457531e+01
    2.39419922e+02 0.00000000e+00]
   [1.11741187e+03 0.00000000e+00 5.69563086e+03 ... 0.00000000e+00
    1.28880558e+01 0.00000000e+00]
…
   [0.00000000e+00 1.19098015e+02 1.25115369e+03 ... 2.42504074e+02
    5.06048164e+01 0.00000000e+00]
   [0.00000000e+00 1.31232681e+02 1.05771301e+03 ... 1.18788818e+02
    0.00000000e+00 6.80036020e+00]]]]
网络层: block4_conv1
特征维度: (1, 80, 117, 512)
特征值: [[[[0.00000000e+00 1.36141663e+01 4.62761414e+02 ... 4.11368469e+02
    2.46834058e+03 0.00000000e+00]
   [0.00000000e+00 1.80762195e+03 3.58650330e+02 ... 0.00000000e+00
    2.00502026e+03 0.00000000e+00]
…
   [1.67479706e+02 1.48072525e+02 1.18354731e+01 ... 4.32553284e+02
0.00000000e+00 0.00000000e+00]]]]
```

由运行结果可知，使用 Keras 的预训练卷积神经网络分别提取了 4 个网络层次的图像特征，这 4 个层次分别为 block1_conv1、block2_conv1、block3_conv1、block4_conv1，每个层次的图像特征均为四维数据，如(1, 640, 938, 64)，其中，1 为批量数据量 batch_size，640 是图像高度，938 为图像宽度，64 表示图像通道数，即(batch_size,height,width, channels)。每个层次的数据根据卷积神经网络的输出而不同，不同层次的图像特征也不同。

为直观展示图像特征图，每个层选择 4 个通道展示图像特征值。block1_conv1 层的图像特征如图 9.3 所示，block4_conv1 层的图像特征，如图 9.4 所示。对比图 9.3 和图 9.4 可知，VGG-16 浅层提取图像的内容特征，包括图像的形状、位置、颜色和纹理等信息，如 block1_conv1-2 中的图像，与原图的内容基本吻合，色彩的差别较大。而 VGG-16 深层提取图像的特征丢失了部分颜色和纹理。

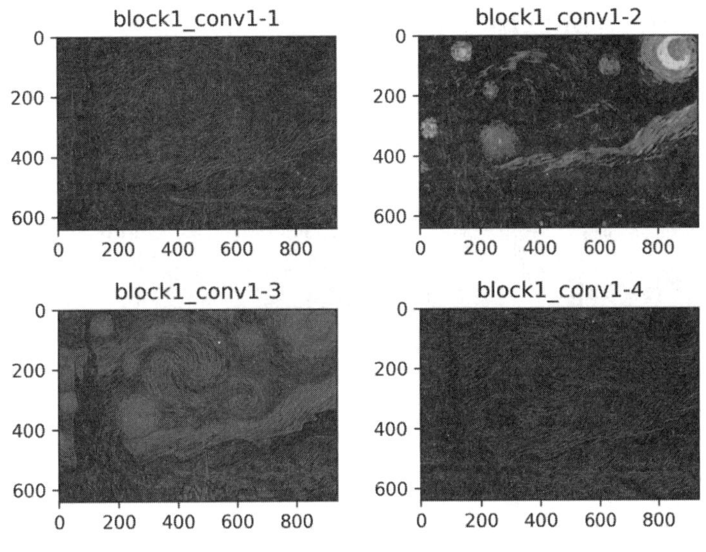

图 9.3　block1-conv1 层图像特征

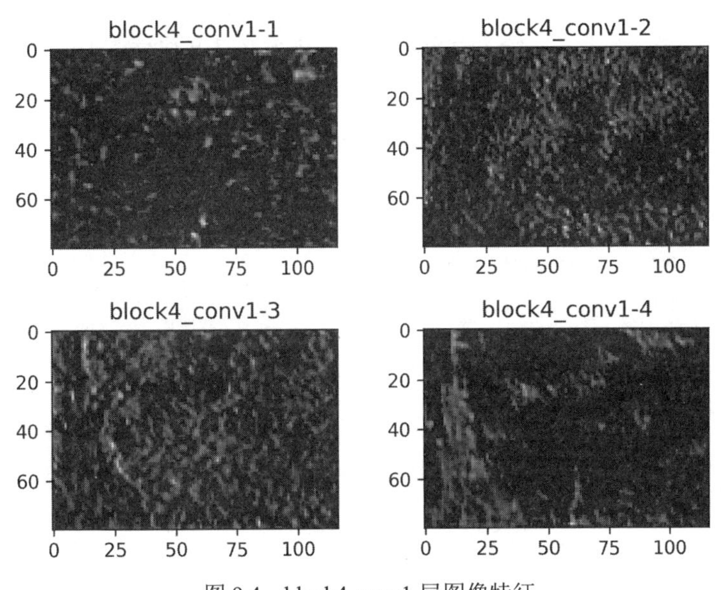

图 9.4　block4-conv1 层图像特征

9.3　预训练卷积神经网络解析

本节针对 TensorFlow 2.0 中 Keras 的 VGG-16 卷积神经网络进行分析，其工程应用与理论研究有些差别。

9.3.1 卷积神经网络层次结构

由前面章节的分析可知，VGG-16 理论上共有 5 个卷积组、3 个全连接层。Keras 的 VGG-16 卷积神经网络通过 TensorFlow 2.0 进行了保存，并提供了模型操作接口供开发者使用。VGG-16 的模型文件为 vgg16_weights_tf_dim_ordering_tf_kernels.h5，下面通过代码提取模型的网络结构，实现如下，详细解析见注释部分，可参见代码文件【chapter9\vgg16_preprocess.py】。

```
# 引入 TensorFlow 框架
import tensorflow as tf
# 引入 Keras
from tensorflow import keras
# 引入 Keras 层结构
from tensorflow.keras import layers
# 引入 Numpy 数据处理模块
import numpy as np

def vgg16_structure(status, weights_name):
    """获取 VGG-16 网络结构及数据维度
    参数
        status: 神经网络状态，True 包含输出分类层，False 不包括分类层
        weights_name: 数据集名称
    返回
        无
    """
    vgg16 = tf.keras.applications.VGG16(include_top=status, weights=weights_name)
    for layer in vgg16.layers:
        print("层名称:{}||数据维度:{}".format(
            layer.name,
            vgg16.get_layer(layer.name).output.shape))

if __name__ == "__main__":
    # 包括输出层
    print("====VGG16 完整结构====")
vgg16_structure(True, "imagenet")
```

输出结果如下。

```
====VGG16 完整结构====
层名称:input_3||数据维度:(None, 224, 224, 3)
层名称:block1_conv1||数据维度:(None, 224, 224, 64)
层名称:block1_conv2||数据维度:(None, 224, 224, 64)
层名称:block1_pool||数据维度:(None, 112, 112, 64)
层名称:block2_conv1||数据维度:(None, 112, 112, 128)
层名称:block2_conv2||数据维度:(None, 112, 112, 128)
层名称:block2_pool||数据维度:(None, 56, 56, 128)
```

```
层名称:block3_conv1||数据维度:(None, 56, 56, 256)
层名称:block3_conv2||数据维度:(None, 56, 56, 256)
层名称:block3_conv3||数据维度:(None, 56, 56, 256)
层名称:block3_pool||数据维度:(None, 28, 28, 256)
层名称:block4_conv1||数据维度:(None, 28, 28, 512)
层名称:block4_conv2||数据维度:(None, 28, 28, 512)
层名称:block4_conv3||数据维度:(None, 28, 28, 512)
层名称:block4_pool||数据维度:(None, 14, 14, 512)
层名称:block5_conv1||数据维度:(None, 14, 14, 512)
层名称:block5_conv2||数据维度:(None, 14, 14, 512)
层名称:block5_conv3||数据维度:(None, 14, 14, 512)
层名称:block5_pool||数据维度:(None, 7, 7, 512)
层名称:flatten||数据维度:(None, 25088)
层名称:fc1||数据维度:(None, 4096)
层名称:fc2||数据维度:(None, 4096)
层名称:predictions||数据维度:(None, 1000)
```

Keras 提供的 VGG-16 卷积神经网络共有 5 个卷积组，2 个全连接层和 1 个分类层(预测层)，与标准的 VGG-16 卷积神经网络只差一个全连接层，其他部分完全一致，包括数据维度和数据流走向。Keras 的 VGG-16 有两种使用方式，一种是预测，另一种是特征提取。其中，预测使用了分类层，特征提取则不使用分类层，网络层次截至第 5 个池化层。Keras 提供的 VGG-16 卷积神经网络结构详细参数对照信息如表 9.2 所示。

表 9.2　Keras VGG-16 卷积层解析

网络层次	输出数据维度
input_3	[224,224,3]
block1_conv1	[224,224,64]
block1_conv2	[224,224,64]
block1_pool	[112,112,64]
block2_conv1	[112,112,128]
block2_conv2	[112,112,128]
block2_pool	[56,56,128]
block3_conv1	[56,56,256]
block3_conv2	[56,56,256]
block3_conv3	[56,56,256]
block3_pool	[28,28,256]
block4_conv1	[28,28,512]
block4_conv2	[28,28,512]
block4_conv3	[28,28,512]
block4_pool	[14,14,512]

续表

网络层次	输出数据维度
block5_conv1	[14,14,512]
block5_conv2	[14,14,512]
block5_conv3	[14,14,512]
block5_pool	[7,7,512]
flatten	[25 088,1]
fc1	[4096,1]
fc2	[4096,1]
predictions	[1000,1]

将 include_top 设置为 False，输出结果如下。

```
====VGG16 不含分类层结构====
层名称:input_4||数据维度:(None, None, None, 3)
层名称:block1_conv1||数据维度:(None, None, None, 64)
层名称:block1_conv2||数据维度:(None, None, None, 64)
层名称:block1_pool||数据维度:(None, None, None, 64)
层名称:block2_conv1||数据维度:(None, None, None, 128)
层名称:block2_conv2||数据维度:(None, None, None, 128)
层名称:block2_pool||数据维度:(None, None, None, 128)
层名称:block3_conv1||数据维度:(None, None, None, 256)
层名称:block3_conv2||数据维度:(None, None, None, 256)
层名称:block3_conv3||数据维度:(None, None, None, 256)
层名称:block3_pool||数据维度:(None, None, None, 256)
层名称:block4_conv1||数据维度:(None, None, None, 512)
层名称:block4_conv2||数据维度:(None, None, None, 512)
层名称:block4_conv3||数据维度:(None, None, None, 512)
层名称:block4_pool||数据维度:(None, None, None, 512)
层名称:block5_conv1||数据维度:(None, None, None, 512)
层名称:block5_conv2||数据维度:(None, None, None, 512)
层名称:block5_conv3||数据维度:(None, None, None, 512)
层名称:block5_pool||数据维度:(None, None, None, 512)
```

由运行结果可知，提取图像特征的卷积神经网络层次从输入层保留到第五个池化层，供提取图像特征使用。

Keras 中 VGG-16 卷积神经网络开发者可以自行搭建，实现代码如下，详细解析见注释部分，可参见代码文件【chapter9\vgg16_standard.py】。

```
# 引入 TensorFlow 框架
import tensorflow as tf
```

```
# 引入 Keras
from tensorflow import keras
# 引入 Keras 层结构
from tensorflow.keras import layers
# 重置图结构，为 jupyter notebook 使用
# tf.keras.backend.clear_session()

def keras_vgg16_cnn():
    """搭建 LeNet-5 卷积神经网络
    参数:
        无
    返回:
        model: 类实例
    """
    # 实例化
    model = tf.keras.Sequential(name="Keras-VGG16")
    # 卷积组-1
    model.add(
        layers.Conv2D(64, (3, 3),
        padding="same",
        activation="relu",
        input_shape=(224, 224, 3),
        name="block1_conv1")
        )
    model.add(
        layers.Conv2D(64, (3, 3),
        padding="same",
        activation="relu",
        name="block1_conv2")
        )
    # 最大池化层-1
    model.add(
        layers.MaxPooling2D((2,2),
        name="block1_pool")
        )
    # 卷积组-2
    model.add(
        layers.Conv2D(128, (3, 3),
        padding="same",
        activation="relu",
        name="block2_conv1"))
    model.add(
        layers.Conv2D(128, (3, 3),
```

```
    padding="same",
    activation="relu",
    name="block2_conv2")
    )
# 最大池化层-2
model.add(
    layers.MaxPooling2D((2,2),
    name="block2_pool")
    )
# 卷积组-3
model.add(
    layers.Conv2D(256, (3, 3),
    padding="same",
    activation="relu",
    name="block3_conv1")
    )
model.add(
    layers.Conv2D(256, (3, 3),
    padding="same",
    activation="relu",
    name="block3_conv2")
    )
model.add(
    layers.Conv2D(256, (3, 3),
    padding="same",
    activation="relu",
    name="block3_conv3")
    )
# 最大池化层-3
model.add(
    layers.MaxPooling2D((2,2),
    name="block3_pool")
    )
# 卷积组-4
model.add(
    layers.Conv2D(512, (3, 3),
    padding="same",
    activation="relu",
    name="block4_conv1")
    )
model.add(
    layers.Conv2D(512, (3, 3),
    padding="same",
```

```
    activation="relu",
    name="block4_conv2")
    )
model.add(
    layers.Conv2D(512, (3, 3),
    padding="same",
    activation="relu",
    name="block4_conv3")
    )
# 最大池化层-4
model.add(
    layers.MaxPooling2D((2,2),
    name="block4_pool")
    )
# 卷积组-5
model.add(
    layers.Conv2D(512, (3, 3),
    padding="same",
    activation="relu",
    name="block5_conv1")
    )
model.add(
    layers.Conv2D(512, (3, 3),
    padding="same",
    activation="relu",
    name="block5_conv2")
    )
model.add(
    layers.Conv2D(512, (3, 3),
    padding="same",
    activation="relu",
    name="block5_conv3")
    )
# 最大池化层-5
model.add(
    layers.MaxPooling2D((2,2),
    name="block5_pool")
    )
# 数据拉伸
model.add(layers.Flatten())
# 全连接层-1
model.add(
    layers.Dense(4096,
```

```
        activation="relu",
        name="fc1")
        )
    # 全连接层-2
    model.add(
        layers.Dense(4096,
        activation="relu",
        name="fc2")
        )
    # softmax 层
    model.add(
        layers.Dense(1000,
        activation="softmax",
        name="predictions")
        )
    # 展示网络结构
    model.summary()
    # 绘制网络流程
    keras.utils.plot_model(
        model,
        "./images/keras-vggn16.png",
        show_shapes=True
        )

    return model

if __name__ == "__main__":
    keras_vgg16_cnn()
```

使用 Keras 搭建 VGG-16 卷积神经网络结构及参数如下。

```
Model: "Keras-VGG16"
_________________________________________________________________
Layer (type)                 Output Shape              Param #
=================================================================
block1_conv1 (Conv2D)        (None, 224, 224, 64)      1792
_________________________________________________________________
block1_conv2 (Conv2D)        (None, 224, 224, 64)      36928
_________________________________________________________________
block1_pool (MaxPooling2D)   (None, 112, 112, 64)      0
_________________________________________________________________
block2_conv1 (Conv2D)        (None, 112, 112, 128)     73856
_________________________________________________________________
block2_conv2 (Conv2D)        (None, 112, 112, 128)     147584
```

```
_________________________________________________________________
block2_pool (MaxPooling2D)   (None, 56, 56, 128)       0
_________________________________________________________________
block3_conv1 (Conv2D)        (None, 56, 56, 256)       295168
_________________________________________________________________
block3_conv2 (Conv2D)        (None, 56, 56, 256)       590080
_________________________________________________________________
block3_conv3 (Conv2D)        (None, 56, 56, 256)       590080
_________________________________________________________________
block3_pool (MaxPooling2D)   (None, 28, 28, 256)       0
_________________________________________________________________
block4_conv1 (Conv2D)        (None, 28, 28, 512)       1180160
_________________________________________________________________
block4_conv2 (Conv2D)        (None, 28, 28, 512)       2359808
_________________________________________________________________
block4_conv3 (Conv2D)        (None, 28, 28, 512)       2359808
_________________________________________________________________
block4_pool (MaxPooling2D)   (None, 14, 14, 512)       0
_________________________________________________________________
block5_conv1 (Conv2D)        (None, 14, 14, 512)       2359808
_________________________________________________________________
block5_conv2 (Conv2D)        (None, 14, 14, 512)       2359808
_________________________________________________________________
block5_conv3 (Conv2D)        (None, 14, 14, 512)       2359808
_________________________________________________________________
block5_pool (MaxPooling2D)   (None, 7, 7, 512)         0
_________________________________________________________________
flatten (Flatten)            (None, 25088)             0
_________________________________________________________________
fc1 (Dense)                  (None, 4096)              102764544
_________________________________________________________________
fc2 (Dense)                  (None, 4096)              16781312
_________________________________________________________________
predictions (Dense)          (None, 1000)              4097000
=================================================================
Total params: 138,357,544
Trainable params: 138,357,544
Non-trainable params: 0
_________________________________________________________________
```

可以看出，Keras 的 VGG-16 网络共有 138 357 544 个参数，超过 1 亿，训练起来耗时、耗算力，因此使用训练过的卷积神经网络提取数据特征，既准确，效率又高。

Keras VGG-16 卷积神经网络数据流程如图 9.5 所示。它是顺序结构的网络，只有一类输出。

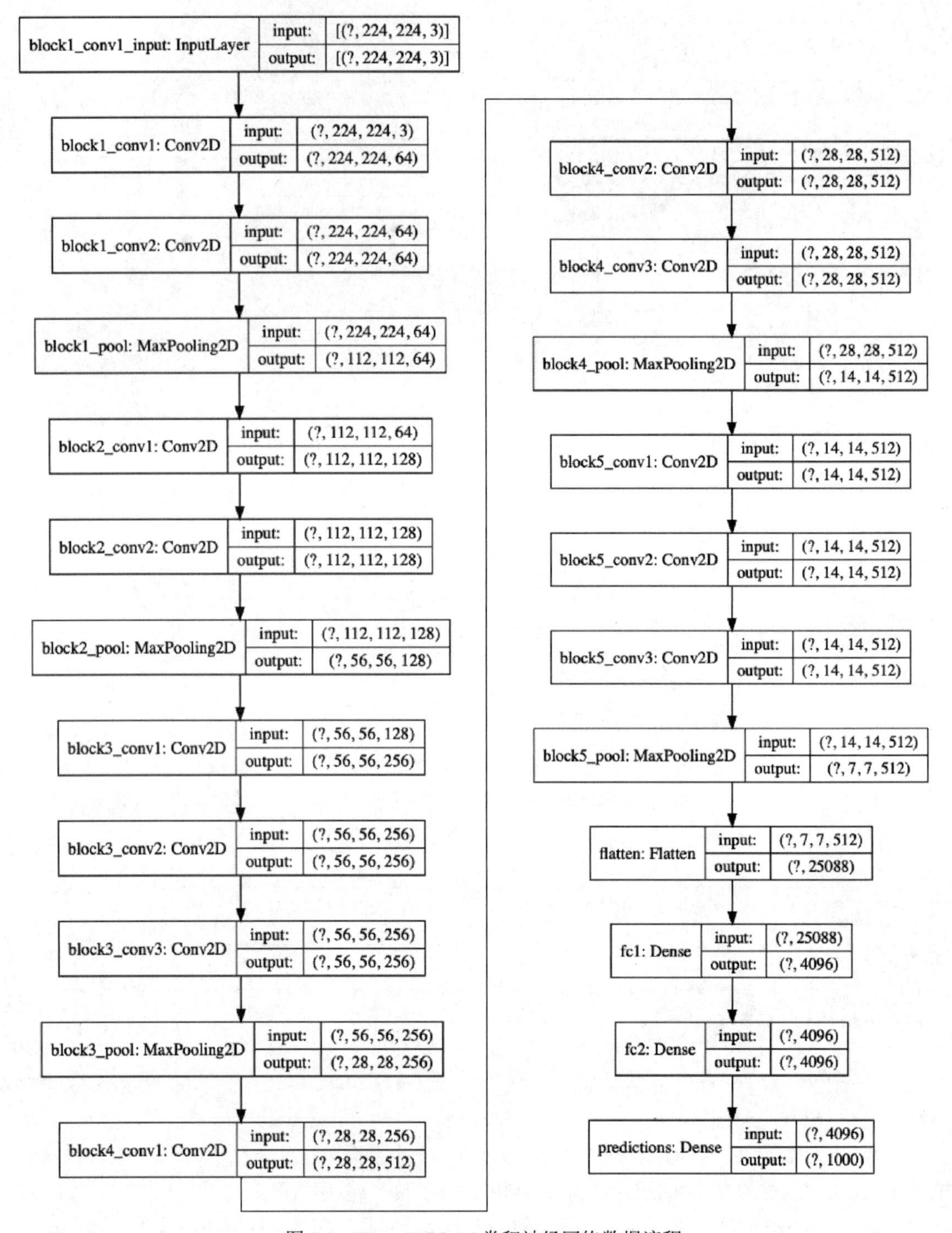

图 9.5　Keras VGG-16 卷积神经网络数据流程

9.3.2　预训练神经网络预测

Keras VGG-16 卷积神经网络是针对分类任务而训练的，识别的目标种类有 1000 种。下面使用完成训练的神经网络进行预测。使用图 9.6 中的猕猴作为目标图像。

图 9.6　预测图像

预测代码如下，详细解析见注释部分，可参见代码文件【chapter9\vgg16_preprocess.py】。

```
# 引入 TensorFlow 框架
import tensorflow as tf
# 引入 Keras
from tensorflow import keras
# 引入 Keras 层结构
from tensorflow.keras import layers
# 引入 Numpy 数据处理模块
import numpy as np
# 引入时间模块
import time
# 引入日期模块
from datetime import datetime
# 引入图像绘制模块
import matplotlib.pyplot as plt

def image_read(image_path):
    """图像读取
    参数:
        image_path: 图像路径
    返回:
        img: 图像矩阵数据(0.0~1.0)
    """
    # 读取图像文件
```

```
    img = tf.io.read_file(image_path)
    # 图像Base 64编码
    img = tf.io.encode_base64(img)
    # 图像Base 64解码
    img = tf.io.decode_base64(img)
    # 图像Base 64转矩阵数据
    img = tf.io.decode_image(img)
    # 图像矩阵数据转为0.0~1.0范围
    img = tf.image.convert_image_dtype(img, dtype=tf.float32)
    # 添加数据维度
    img = img[np.newaxis, :]
    return img

def vgg16_prediction(image):
    """预训练VGG-16网络预测
    参数:
        image: 图像矩阵
    返回:
        预测结果
    """
    # 图像预处理
    img = tf.keras.applications.vgg16.preprocess_input(image*255)
    # 调整图像尺寸：标准尺寸为224×224×3
    img = tf.image.resize(img, (224, 224))
    # 加载神经网络权重
    vgg16 = tf.keras.applications.VGG16(include_top=True, weights="imagenet")
    # 预测
    prediction = vgg16(img)
    # 获取排名前五的预测结果
    pre_top_5 = tf.keras.applications.vgg16.decode_predictions(prediction.numpy())[0]
    return pre_top_5

if __name__ == "__main__":
    stamp = datetime.now().strftime("%Y%m%d-%H:%M:%S")
    # 图像路径：图像内容
    image_content_path = "./images/swimming_monkey.jpg"
    # 图像路径：图像风格
    image_style_path = "./images/starry.jpg"
    # 图像内容
    img_contents = image_read(image_content_path)
    # 预测
    pre_top_5 = vgg16_prediction(img_contents)
    print("预测结果:", pre_top_5)
```

预测结果如下。

```
预测结果: [('n02487347', 'macaque', 0.91474324), ('n02486410', 'baboon', 0.060847145),
```

```
('n02486261', 'patas', 0.0065261), ('n02484975', 'guenon', 0.0040506446),
('n02493793', 'spider_monkey', 0.00262623)]
```

由预测结果可知，使用 VGG-16 预训练神经网络进行预测，输出的结果为排名前 5 的预测值，结果数据为：目标编号如 n02487347；目标分类名称如 macaque；目标分类的概率如 0.91474324。图 9.6 的预测结果中，概率最大的为 macaque，即猕猴。

9.4　训练神经网络

使用预训练卷积神经网络提取图像内容特性和风格特征后，接下来需要训练图像变量，使目标图像保留图像内容，并获取另一个图像的风格，实现图像风格的转换，详细训练过程如下。

9.4.1　载入数据

数据集数据处理过程为：读取并处理数据，为卷积神经网络提供标准的数据输入，代码如下，详细解析见注释部分，代码可参见文件【chapter9\normal_trans.py】。

```
# 引入 TensorFlow 框架
import tensorflow as tf
# 引入 Keras
from tensorflow import keras
# 引入 Keras 层结构
from tensorflow.keras import layers
# 引入 Numpy 数据处理模块
import numpy as np

# 风格权重
style_weight=1e-2
# 内容权重
content_weight=1e4
def image_read(image_path):
    """图像读取
    参数:
        image_path: 图像路径
    返回:
        img: 图像矩阵数据(0.0~1.0)
    """
    # 读取图像文件
    img = tf.io.read_file(image_path)
    # 图像 Base 64 编码
    img = tf.io.encode_base64(img)
    # 图像 Base 64 解码
    img = tf.io.decode_base64(img)
    # 图像 Base 64 转矩阵数据
```

```
    img = tf.io.decode_image(img)
    # 图像矩阵数据转为 0.0~1.0 范围
    img = tf.image.convert_image_dtype(img, dtype=tf.float32)
    # 添加数据维度
    img = img[np.newaxis, :]
    return img

if __name__ == "__main__":
    # 图像路径
    image_content_path = "./images/swimming_monkey.jpg"
    image_style_path = "./images/starry.jpg"
    # 读取目标图像
    img_contents = image_read(image_content_path)
    inputs_img = tf.Variable(img_contents)
```

9.4.2 损失计算

图像风格转换的损失是计算原始图像的内容特征与预训练卷积神经网络提取的内容特征和风格图像特征的损失，其中，内容特征和风格特征分别使用不同的权重。为保证图像内容的完整性和改变图像风格，可以自定义各自的权重比例。Keras 实现图像风格转换的计算有三个过程，分别为损失值计算、获取训练变量和优化训练变量，代码可参见文件【chapter9\normal_trans.py】。

1. 损失值计算

构建图像风格转换的损失函数实现代码如下。计算原始图像的特征和预训练网络处理的图像内容特征和风格特征的损失值。由于内容图像是相同的，因此训练初期，内容损失的初始值从 0 开始，详细解析见注释部分。

```
def loss(outputs, style_targets, content_targets, num_style_layers, num_content_
    layers):
    """计算图像风格和内容损失
    参数:
        outputs: 图像风格信息和内容信息
        style_targets: 目标风格信息
        content_targets: 目标内容信息
        num_style_layers: 风格层数量
        num_content_layers: 内容层数量
    返回:
        loss_value: 总体损失
        style_loss: 风格损失
        content_loss: 内容损失
    """
    # 提取图像风格特征
    style_outputs = outputs["style"]
    # 提取图像内容特征
    content_outputs = outputs["content"]
```

```
    # 计算风格损失
    style_loss = tf.add_n(
        [tf.math.reduce_mean((
            style_outputs[name]-style_targets[name])**2)
            for name in style_outputs.keys()])
    # 分配图像风格损失
    style_loss *= style_weight / num_style_layers
    # 计算图像内容损失
    content_loss = tf.add_n(
        [tf.math.reduce_mean((
            content_outputs[name]-content_targets[name])**2)
            for name in content_outputs.keys()])
    # 分配图像内容损失
    content_loss *= content_weight / num_content_layers
    # 总体损失：风格损失和内容损失
    loss_value = style_loss + content_loss
    return loss_value, style_loss, content_loss
```

2. 获取训练变量

图像风格迁移并没有新建神经网络，而是使用图像作为训练变量，实现代码如下，详细解析见注释部分。

```
def grad_loss(inputs, style_targets, content_targets, pre_model, num_style_layers,
    num_content_layers):
    """获取优化变量
    参数:
        inputs: 输入图像矩阵
        style_targets: 目标风格信息
        content_targets: 目标内容信息
        pre_model: 预训练神经网络对象
        num_style_layers: 风格层数量
        num_content_layers: 内容层数量
    返回:
        总体损失
        风格损失
        内容损失
        训练变量对象
    """
    with tf.GradientTape() as tape:
        outputs = pre_model(inputs)
        loss_value, style_loss, content_loss = loss(outputs, style_targets,
            content_targets, num_style_layers, num_content_layers)
    return loss_value, style_loss, content_loss, tape.gradient(
        loss_value,inputs)
```

3. 优化训练变量

图像风格迁移使用图像作为训练变量，因此优化时对输入的图像进行迭代计算，即时输出迭代结果。图像优化过程代码如下，详细解析见注释部分。

```
def optimizer_loss(inputs, style_targets, content_targets, pre_model, num_style_
    layers, num_content_layers):
    """优化训练变量
    参数:
        inputs: 输入图像矩阵
        style_targets: 目标风格信息
        content_targets: 目标内容信息
        pre_model: 预训练神经网络对象
        num_style_layers: 风格层数量
        num_content_layers: 内容层数量
    返回:
        总体损失
        风格损失
        内容损失
        转换后的图像矩阵
    """
    # Adam 优化器，优化训练变量
    optimizer = tf.keras.optimizers.Adam(learning_rate=0.02)
    # 计算损失，获取训练变量
    loss_value, style_loss, content_loss, grads = grad_loss(inputs, style_targets,
        content_targets, pre_model, num_style_layers, num_content_layers)
    # 优化训练变量
    optimizer.apply_gradients([(grads, inputs)])
    # 图像数据处理为 0.0~1.0 范围数据
    inputs.assign(clip_0_1(inputs))
    return loss_value, style_loss, content_loss, inputs
```

9.4.3 训练图像变量

损失函数设计完成后，接下来开始迭代训练图像变量，使目标图像在保存原有内容的基础上，添加风格图像的部分风格特征。训练过程代码如下，详细解析见注释部分。

```
def train(log_path, inputs, style_targets, content_targets, pre_model, num_style_
    layers, num_content_layers):
    """训练变量
    参数:
        inputs: 输入图像矩阵
        style_targets: 目标风格信息
        content_targets: 目标内容信息
        pre_model: 预训练神经网络对象
        num_style_layers: 风格层数量
```

```
    num_content_layers: 内容层数量
返回:
    无
"""
i = 0
# 保存运行日志
summary_writer = tf.summary.create_file_writer(log_path)
# 开始迭代训练
for epoch in range(900):
    # 每轮迭代的开始时间
    time_start = int(time.time())
    # 总体损失均值
    epoch_loss_avg = tf.keras.metrics.Mean()
    # 风格损失均值
    style_loss_avg = tf.keras.metrics.Mean()
    # 内容损失均值
    content_loss_avg = tf.keras.metrics.Mean()
    # 优化损失函数
    loss_value, style_loss, content_loss, style_img = optimizer_loss(
        inputs,
        style_targets,
        content_targets,
        pre_model,
        num_style_layers,
        num_content_layers)
    epoch_loss_avg(loss_value)
    style_loss_avg(style_loss)
    content_loss_avg(content_loss)
    # 每轮训练结束时间
    time_end = int(time.time())
    # 每轮训练耗费的时间
    time_cost = (time_end - time_start)/60
    # 每训练 100 次保存一次训练结果
    if (epoch+1) % 100 == 0:
        i += 1
        print("epoch:",i)
        # 新建绘图区
        plt.figure()
        # 图像写入绘图区
        plt.imshow(style_img.read_value()[0])
        # 保存转化后的图像
        plt.savefig("./images/transed-{}.png".format(i), format="png", dpi=300)
        # 关闭绘图区
        plt.close()
    # 保存风格损失日志
    with summary_writer.as_default():
        tf.summary.scalar("style_loss", style_loss_avg.result(), step=epoch)
```

```
    # 保存内容损失日志
    with summary_writer.as_default():
        tf.summary.scalar("content_loss", content_loss_avg.result(), step=epoch)
    # 保存整体损失日志
    with summary_writer.as_default():
        tf.summary.scalar("total_loss", epoch_loss_avg.result(), step=epoch)
    print("训练次数:{}, 总体损失:{:.3f}, 风格损失:{:.3f},内容损失:{:.3f},训练时间:
        {:.1f}min".format(
        epoch+1,
        epoch_loss_avg.result(),
        style_loss_avg.result(),
        content_loss_avg.result(),
        time_cost))
```

9.4.4 训练过程分析

在图像风格快速迁移训练过程中，有三个损失状态，即图像风格损失(style_loss)、图像内容损失(content_loss)和总体图像损失(loss)。训练过程的日志文件如下。

```
训练次数:1, 总体损失:257332864.000, 风格损失:257332864.000,内容损失:0.000,训练时
    间:0.1min
训练次数:2, 总体损失:235424048.000, 风格损失:234719248.000,内容损失:704806.188,训练时
    间:0.1min
训练次数:3, 总体损失:197084832.000, 风格损失:196150976.000,内容损失:933863.000,训练时
    间:0.1min
训练次数:4, 总体损失:152145840.000, 风格损失:151041200.000,内容损失:1104638.875,训练
    时间:0.1min
训练次数:5, 总体损失:112105560.000, 风格损失:110752712.000,内容损失:1352847.250,训练
    时间:0.1min
训练次数:6, 总体损失:83929424.000, 风格损失:82451080.000,内容损失:1478344.750,训练时
    间:0.1min
训练次数:7, 总体损失:62170156.000, 风格损失:60301216.000,内容损失:1868940.375,训练时
    间:0.1min
训练次数:8, 总体损失:46223360.000, 风格损失:44320660.000,内容损失:1902700.500,训练时
    间:0.1min
训练次数:9, 总体损失:35523456.000, 风格损失:33282398.000,内容损失:2241057.250,训练时
    间:0.1min
训练次数:10, 总体损失:29096654.000, 风格损失:27193368.000,内容损失:1903286.625,训练时
    间:0.1min
训练次数:11, 总体损失:23572140.000, 风格损失:21610494.000,内容损失:1961646.875,训练时
    间:0.1min
训练次数:12, 总体损失:20567930.000, 风格损失:18768690.000,内容损失:1799240.375,训练时
    间:0.1min
…
训练次数:890, 总体损失:6274656.000, 风格损失:5706104.000,内容损失:568551.812,训练时
```

```
    间:0.1min
训练次数:891, 总体损失:1367128.125, 风格损失:978621.562,内容损失:388506.594,训练时
    间:0.1min
训练次数:892, 总体损失:6209749.000, 风格损失:5670600.500,内容损失:539148.375,训练时
    间:0.1min
训练次数:893, 总体损失:1404296.750, 风格损失:1011105.812,内容损失:393190.969,训练时
    间:0.1min
训练次数:894, 总体损失:6079174.500, 风格损失:5545032.500,内容损失:534142.125,训练时
    间:0.1min
训练次数:895, 总体损失:1430670.250, 风格损失:1036793.688,内容损失:393876.500,训练时
    间:0.1min
训练次数:896, 总体损失:5912564.000, 风格损失:5411329.000,内容损失:501234.844,训练时
    间:0.1min
训练次数:897, 总体损失:1457887.000, 风格损失:1068032.125,内容损失:389854.938,训练时
    间:0.1min
训练次数:898, 总体损失:5839001.000, 风格损失:5342992.500,内容损失:496008.500,训练时
    间:0.1min
训练次数:899, 总体损失:1475887.875, 风格损失:1082727.500,内容损失:393160.375,训练时
    间:0.1min
epoch: 9
训练次数:900, 总体损失:5893007.500, 风格损失:5381013.000,内容损失:511994.719,训练时
    间:0.1min
```

由日志文件可知，训练初期总体损失较大，但是随着训练的进行，总体损失呈下降趋势，但是总体损失的波动较大，因为总体损失是由图像风格损失和图像内容损失构成，训练过程中图像内容损失和图像风格损失具有波动性，而不是平滑衰减，说明学习率设置偏大。但是这对于总体的转换结果影响较小，反而可以提高图像的抽象性，少了细腻，多了一些朦胧。

从训练日志可以看出，图像内容的损失是从 0 开始的，这是因为初始训练过程的图像内容特征都是通过预训练卷积神经网络 VGG-16 提取的，因此内容特征初始值相同，但是，训练一轮之后，图像变量参数发生了变化，再使用预训练网络提取内容特征时，特征值同步发生了变化，内容损失值不为 0，经过一段提升的过程；在训练的第 10 次出现转折，损失值开始逐步下降，图像风格损失经过了 Gram 矩阵处理，所以初始值不为 0，并且在训练过程中逐步下降。使用一张图像训练，耗时较少，每次训练仅耗时 6s，总共训练了 900 步。

在训练过程中，使用 tf.summary.create_file_writer()方法保存日志文件，通过 TensorBoard 可视化工具解析训练过程中的损失函数变化趋势。图像风格损失、图像内容损失和图像总体损失分别如图 9.7~9.9 所示。

图 9.7 为图像风格损失，即预训练卷积神经网络提取图像风格与图像变量特征的损失。图像风格损失随着训练的进行逐渐降低，说明图像风格变量逐步收敛，原始图像逐渐拥有了风格图像的风格信息。在训练过程中，如果图像风格损失的波动比较明显，说明学习率步长偏大，影响了更新过程参数的调整幅度，但在图像风格转换中这种情况对图像风格的变换影响较小。

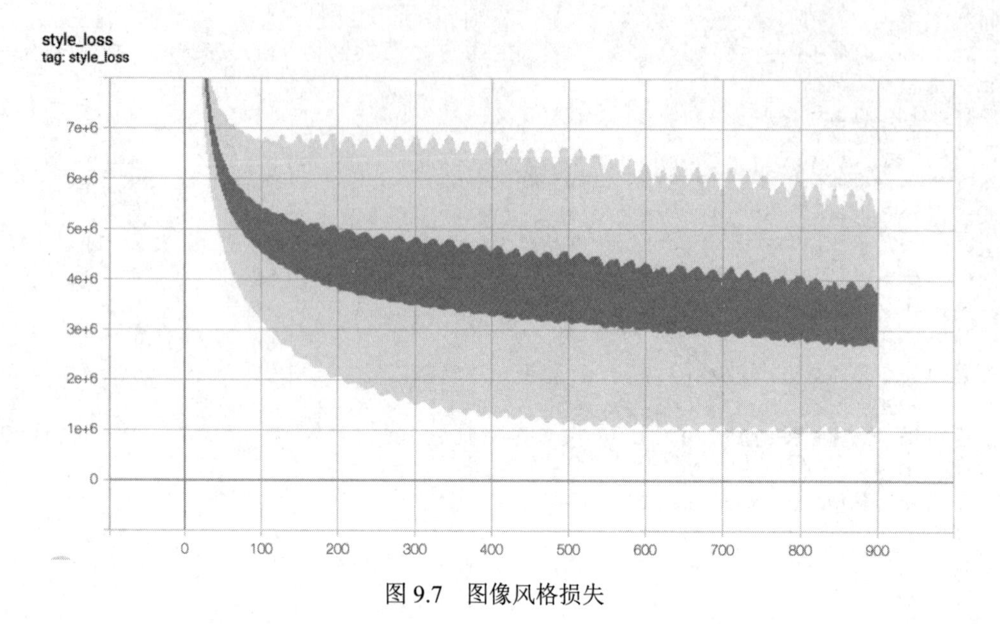

图 9.7　图像风格损失

图 9.8 为图像内容损失，即预训练卷积神经网络提取图像内容与新建卷积神经网络生成图像的损失。图像内容损失随着训练过程逐渐降低，表明图像内容变量逐渐收敛，原始图像保留了原有图像的内容。训练开始时，图像内容的损失为 0，逐渐增大，在一定训练步数后，出现转折点，并从这个转折点开始，内容损失总体呈下降趋势。原始图像在获得图像风格特征的同时，保留了图像的特征信息。

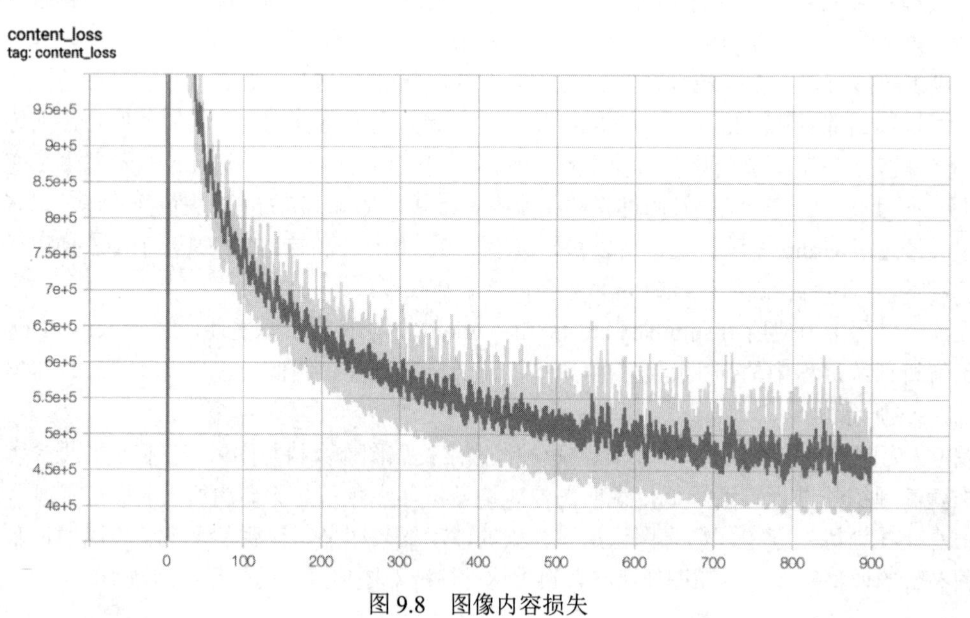

图 9.8　图像内容损失

图 9.9 表示总体损失，即图像风格损失和图像内容损失之和，该损失体现了原始图像同时具备图像 a 风格和图像 b 内容的能力。总体损失随着训练过程的进行持续降低，表明原始图像训练过程逐步收敛，原始图像逐步同时拥有自身的内容和风格。

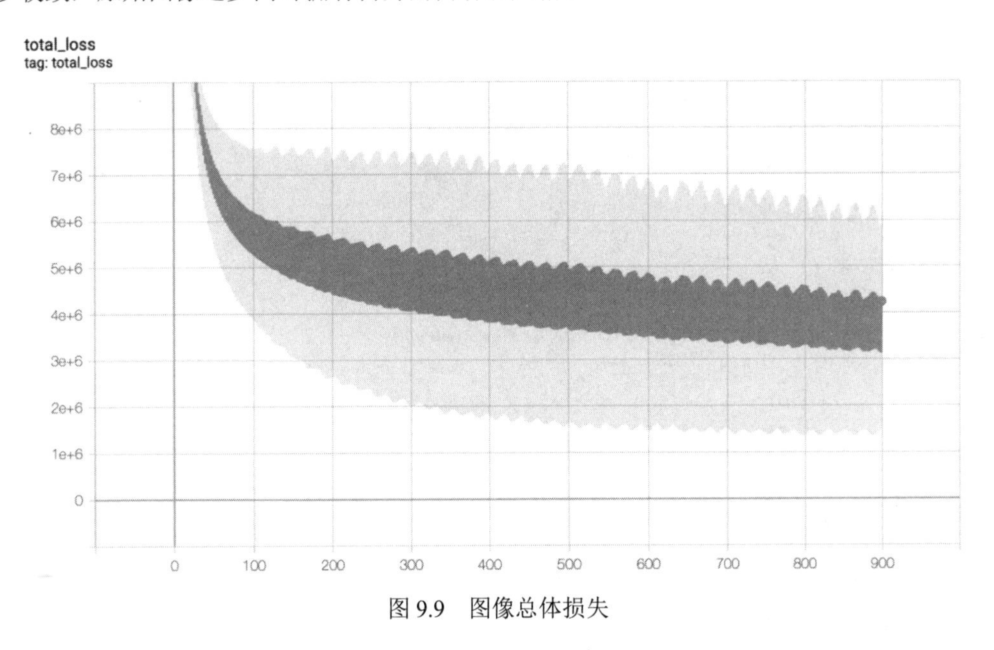

图 9.9　图像总体损失

9.5 风格迁移

9.5.1 风格迁移过程

图像风格迁移没有新建神经网络，无须保存模型和加载模型，因为训练变量是原始图像，在训练过程中保存更新的图像内容就是保存更新的变量，这是另一种保存训练变量的形式，保存更新的变量即是不同训练过程中的预测结果。其实现代码如下，详细解析见注释部分，代码可参见文件【chapter9\prediction.py】。

```
def optimizer_loss(inputs, style_targets, content_targets, pre_model, num_style_
    layers, num_content_layers):
    """优化训练变量
    参数:
        inputs: 输入图像矩阵
        style_targets: 目标风格信息
        content_targets: 目标内容信息
        pre_model: 预训练神经网络对象
        num_style_layers: 风格层数量
```

```
    num_content_layers: 内容层数量
返回:
    总体损失
    风格损失
    内容损失
    转换后的图像矩阵
"""
# Adam 优化器，优化训练变量
optimizer = tf.keras.optimizers.Adam(learning_rate=0.02)
# 计算损失，获取训练变量
loss_value, style_loss, content_loss, grads = grad_loss(inputs, style_targets,
    content_targets, pre_model, num_style_layers, num_content_layers)
# 优化训练变量
optimizer.apply_gradients([(grads, inputs)])
# 图像数据处理为 0.0~1.0 范围数据
inputs.assign(clip_0_1(inputs))
return loss_value, style_loss, content_loss, inputs
```

9.5.2 风格迁移结果

本次实验，采用图 9.10(a)所示的风格进行模型训练，即生成的图像具备图 9.10(a)的风格；使用图 9.10(b)作为内容图像，即需要转换风格的图像，生成图 9.11 所示的效果图，该图既拥有图 9.10(a)的风格，又拥有图 9.10(b)的内容。

(a) 风格图像

(b) 内容图像

图 9.10 原始风格图像与内容图像

从图 9.11 所示的图像风格转换结果可知，风格转换后的图像纹理比较粗糙。从训练过程中损失函数值的变化情况可知，学习率设置得偏大，损失值波动较大，信息提取和融合的过程波动也较大，出现图像纹理略失细腻的现象，但是增加了一丝朦胧美。

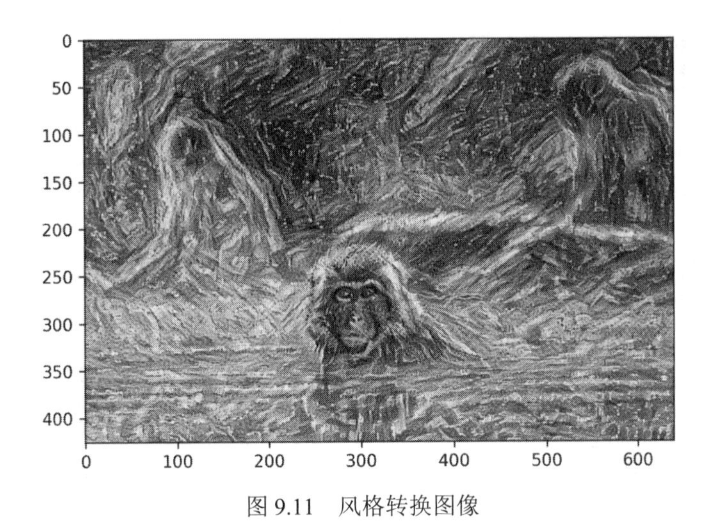

图 9.11　风格转换图像

9.5.3　主程序结构

图像风格转换的完整流程如下，帮助读者从全局掌握图像风格转换的过程，可参见代码文件【chapter9\normal_trans.py】。

```
# 引入 TensorFlow 框架
import tensorflow as tf
# 引入 Keras
from tensorflow import keras
# 引入 Keras 层结构
from tensorflow.keras import layers
# 引入 Numpy 数据处理模块
import numpy as np
# 引入时间模块
import time
# 引入日期模块
from datetime import datetime
# 引入图像绘制模块
import matplotlib.pyplot as plt

# 风格权重
style_weight=1e-2
# 内容权重
content_weight=1e4
def image_read(image_path):
    """图像读取
    参数:
        image_path: 图像路径
```

```
    返回:
        img: 图像矩阵数据(0.0~1.0)
    """
    # 读取图像文件
    img = tf.io.read_file(image_path)
    # 图像 Base 64 编码
    img = tf.io.encode_base64(img)
    # 图像 Base 64 解码
    img = tf.io.decode_base64(img)
    # 图像 Base 64 转矩阵数据
    img = tf.io.decode_image(img)
    # 图像矩阵数据转为 0.0~1.0 范围数据
    img = tf.image.convert_image_dtype(img, dtype=tf.float32)
    # 添加数据维度
    img = img[np.newaxis, :]
    return img

def layers_name():
    """预训练卷积神经网络层
    参数:
        无
    返回:
        提取内容层
        提取风格层
        内容层数量
        风格层数量
    """
    # 提取图像内容层
    pre_contents_layers = ["block5_conv2"]
    # 提取图像风格层
    pre_styles_layers = [
        "block1_conv1",
        "block2_conv1",
        "block3_conv1",
        "block4_conv1",
        "block5_conv1"
    ]
    # 风格层数量
    num_style_layers = len(pre_styles_layers)
    # 内容层数量
    num_content_layers = len(pre_contents_layers)
    # 返回数据
    return pre_contents_layers, pre_styles_layers, num_style_layers, num_content_layers

def pre_vgg16(layers_name):
    """预训练神经网络提取信息
    参数:
```

```
        layers: 神经网络层
    返回:
        Model 对象
    """
    vgg16 = tf.keras.applications.VGG16(include_top=False, weights="imagenet")
    vgg16.trainable = False
    outputs = [vgg16.get_layer(name).output for name in layers_name]
    model = tf.keras.Model([vgg16.input], outputs)
    return model

def gram_matrix(inputs):
    """Gram 矩阵
    参数:
        inputs: 输入图像矩阵
    返回:
        图像风格矩阵信息
    """
    # 特征计算: out[b,c,d] = sum_ij s[b,i,j,c]*t[b,i,j,d]
    res = tf.linalg.einsum("bijc,bijd->bcd", inputs, inputs)
    # 获取数据维度
    inputs_shape = tf.shape(inputs).numpy()
    # 获取数据数量
    num = tf.convert_to_tensor(inputs_shape[1]*inputs_shape[2], dtype=tf.float32)
    return res/num

def clip_0_1(image):
    """图像数据处理为 0.0~1.0 范围数据
    参数:
        image: 图像矩阵数据
    返回:
        0.0~1.0 的图像矩阵数据
    """
    return tf.clip_by_value(image, clip_value_min=0.0, clip_value_max=1.0)

class Vgg16StyleCotentModel(tf.keras.Model):
    """预训练神经网络提取图像特征"""
    def __init__(self, style_layers, content_layers):
        super(Vgg16StyleCotentModel, self).__init__()
        self.vgg16 = pre_vgg16(style_layers+content_layers)
        self.style_layers = style_layers
        self.content_layers = content_layers
        self.num_style_layers = len(style_layers)
        self.vgg16.trainable = False

    def call(self, inputs):
```

```
        """输入图像特征提取
        参数:
            inputs: 输入图像矩阵
        返回:
            图像内容特征字典
            图像风格特征字典
        """
        # 图像矩阵数据转为 0~255
        inputs = inputs*255.0
        # 加载预处理神经网络，预处理图像数据
        preprocessed_input = tf.keras.applications.vgg16.preprocess_input(inputs)
        # 预处理神经网络提取图像特征
        outputs = self.vgg16(preprocessed_input)
        # 依据卷积神经网络层次，提取对应特征值
        # 图像风格特征和内容特征
        style_outputs, content_outputs = (
            outputs[:self.num_style_layers],
            outputs[self.num_style_layers]
        )
        # 图像风格特征 Gram 信息提取
        style_outputs = [
            gram_matrix(style_output)
            for style_output in style_outputs]
        # 图像内容特征
        content_dict = {
            content_name:value
            for content_name, value in zip(self.content_layers, content_outputs)}
        # 图像风格特征
        style_dict = {
            style_name:value
            for style_name, value in zip(self.style_layers, style_outputs)
        }
        return {"content":content_dict, "style":style_dict}

def loss(outputs, style_targets, content_targets, num_style_layers, num_content_layers):
    """计算图像风格和内容损失
    参数:
        outputs: 图像风格信息和内容信息
        style_targets: 目标风格信息
        content_targets: 目标内容信息
        num_style_layers: 风格层数量
        num_content_layers: 内容层数量
    返回:
        loss_value: 总体损失
        style_loss: 风格损失
        content_loss: 内容损失
```

```
    """
    # 提取图像风格特征
    style_outputs = outputs["style"]
    # 提取图像内容特征
    content_outputs = outputs["content"]
    # 计算风格损失
    style_loss = tf.add_n(
        [tf.math.reduce_mean((
            style_outputs[name]-style_targets[name])**2)
            for name in style_outputs.keys()])
    # 分配图像风格损失
    style_loss *= style_weight / num_style_layers
    # 计算图像内容损失
    content_loss = tf.add_n(
        [tf.math.reduce_mean((
            content_outputs[name]-content_targets[name])**2)
            for name in content_outputs.keys()])
    # 分配图像内容损失
    content_loss *= content_weight / num_content_layers
    # 总体损失：风格损失和内容损失
    loss_value = style_loss + content_loss
    return loss_value, style_loss, content_loss

def grad_loss(inputs, style_targets, content_targets, pre_model,
     num_style_layers, num_content_layers):
    """获取优化变量
    参数：
        inputs: 输入图像矩阵
        style_targets: 目标风格信息
        content_targets: 目标内容信息
        pre_model: 预训练神经网络对象
        num_style_layers: 风格层数量
        num_content_layers: 内容层数量
    返回：
        总体损失
        风格损失
        内容损失
        训练变量对象
    """
    with tf.GradientTape() as tape:
        outputs = pre_model(inputs)
        loss_value, style_loss, content_loss = loss(outputs, style_targets,
            content_targets, num_style_layers, num_content_layers)
    return loss_value, style_loss, content_loss, tape.gradient(
        loss_value,inputs)

def optimizer_loss(inputs, style_targets, content_targets, pre_model,
```

```
    num_style_layers, num_content_layers):
    """优化训练变量
    参数:
        inputs: 输入图像矩阵
        style_targets: 目标风格信息
        content_targets: 目标内容信息
        pre_model: 预训练神经网络对象
        num_style_layers: 风格层数量
        num_content_layers: 内容层数量
    返回:
        总体损失
        风格损失
        内容损失
        转换后的图像矩阵
    """
    # Adam 优化器，优化训练变量
    optimizer = tf.keras.optimizers.Adam(learning_rate=0.02)
    # 计算损失，获取训练变量
    loss_value, style_loss, content_loss, grads = grad_loss(inputs, style_targets,
        content_targets, pre_model, num_style_layers, num_content_layers)
    # 优化训练变量
    optimizer.apply_gradients([(grads, inputs)])
    # 图像数据处理为 0.0~1.0 范围数据
    inputs.assign(clip_0_1(inputs))
    return loss_value, style_loss, content_loss, inputs

def train(log_path, inputs, style_targets, content_targets, pre_model,
    num_style_layers, num_content_layers):
    """训练变量
    参数:
        inputs: 输入图像矩阵
        style_targets: 目标风格信息
        content_targets: 目标内容信息
        pre_model: 预训练神经网络对象
        num_style_layers: 风格层数量
        num_content_layers: 内容层数量
    返回:
        无
    """
    i = 0
    # 保存运行日志
    summary_writer = tf.summary.create_file_writer(log_path)
    # 开始迭代训练
    for epoch in range(900):
        # 每轮迭代的开始时间
        time_start = int(time.time())
        # 总体损失均值
```

```
        epoch_loss_avg = tf.keras.metrics.Mean()
        # 风格损失均值
        style_loss_avg = tf.keras.metrics.Mean()
        # 内容损失均值
        content_loss_avg = tf.keras.metrics.Mean()
        # 优化损失函数
        loss_value, style_loss, content_loss, style_img = optimizer_loss(
            inputs,
            style_targets,
            content_targets,
            pre_model,
            num_style_layers,
            num_content_layers)
        epoch_loss_avg(loss_value)
        style_loss_avg(style_loss)
        content_loss_avg(content_loss)
        # 每轮训练结束时间
        time_end = int(time.time())
        # 每轮训练耗费的时间
        time_cost = (time_end - time_start)/60
        # 每训练 100 次保存一次训练结果
        if (epoch+1) % 100 == 0:
            i += 1
            print("epoch:",i)
            # 新建绘图区
            plt.figure()
            # 图像写入绘图区
            plt.imshow(style_img.read_value()[0])
            # 保存转化后的图像
            plt.savefig("./images/transed-{}.png".format(i), format="png", dpi=300)
            # 关闭绘图区
            plt.close()
        # 保存风格损失日志
        with summary_writer.as_default():
            tf.summary.scalar("style_loss", style_loss_avg.result(), step=epoch)
        # 保存内容损失日志
        with summary_writer.as_default():
            tf.summary.scalar("content_loss", content_loss_avg.result(), step=epoch)
        # 保存整体损失日志
        with summary_writer.as_default():
            tf.summary.scalar("total_loss", epoch_loss_avg.result(), step=epoch)
        print("训练次数:{}, 总体损失:{:.3f}, 训练时间:{:.1f}min".format(epoch+1,
              epoch_loss_avg.result(), time_cost))


def pre_res_single(layers_name, outputs):
    """输出预训练神经网络图像特征
    参数:
        layers_name: 网络层
```

```
        outputs: 预训练神经网络特征
    返回:
        无
    """
    for name, output in zip(layers_name, outputs):
        print("网络层:", name)
        print("特征维度:", output.numpy().shape)
        print("特征值:", output.numpy())

def pre_res(outputs):
    for name, output in sorted(outputs.items()):
        print("style datas:")
        print("shape:", output.numpy().shape)
        print("min:", output.numpy().min())
        print("max:", output.numpy().max())
        print("mean:", output.numpy().mean())

if __name__ == "__main__":
    stamp = datetime.now().strftime("%Y%m%d-%H:%M:%S")
    # 图像路径：图像内容
    image_content_path = "./images/swimming_monkey.jpg"
    # 图像路径：图像风格
    image_style_path = "./images/starry.jpg"
    # 图像内容
    img_contents = image_read(image_content_path)
    # 获取图像数据信息
    # print("图像数据维度:", img_contents.shape)
    # [0.0, 1.0]
    # print("图像数据:",img_contents)
    # [0.0, 1.0]
    img_styles = image_read(image_style_path)
    # 获取层结构以及层数量
    pre_contents_layers, pre_styles_layers, num_style_layers, num_content_layers
      = layers_name()
    # 预训练模型数据提取
    pre_model = pre_vgg16(pre_styles_layers)
    pre_styles = pre_model(img_styles*255)
    # 获取图像特征
    # pre_res_single(pre_styles_layers, pre_styles)
    # 预训练网络提取图像风格与内容特征
    vgg16_pre_model = Vgg16StyleCotentModel(pre_styles_layers, pre_contents_layers)
    # 预训练网络提取风格特征
    style_targets = vgg16_pre_model(img_styles)["style"]
    # 预训练网络提取内容特征
    content_targets = vgg16_pre_model(img_contents)["content"]
    # 新建图像变量张量
    inputs_img = tf.Variable(img_contents)
```

```
# 日志文件路径
log_path = "./logs/style-transfer"+stamp
# 训练模型
train(
    log_path,
    inputs_img,
    style_targets,
    content_targets,
    vgg16_pre_model,
    num_style_layers,
    num_content_layers)
```

9.6 小　　结

本章利用预训练卷积神经网络实现图像风格的转换。本工程所用的卷积神经网络是已经使用数据集训练过的，称为预训练网络，该网络具备图像数据特征提取的能力。通过预训练网络提取内容图像与风格图像的特征信息，以内容图像作为训练变量，以预训练卷积神经网络提取的图像内容和风格特征作为目标值，直接训练内容图像，使内容图像在训练过程中保留内容，同时加入风格图像的信息，完成内容图像的风格转换。本章一方面讲解了图像风格转换，另一方面详细讲解了预训练神经网络的使用，如使用预训练网络进行预测、使用预训练网络指定的网络层提取图像特征等。

第 10 章　车 牌 识 别

随着社会的发展，车辆种类逐渐增多，车牌是车辆的“身份证”，不同用途的车辆有不同的车牌。目前国内的车牌如新能源汽车，车牌号为 8 位，车牌号一行排列；大型汽车，车牌号为 7 位，车牌号一行排列；挂车，车牌号为 7 位，车牌号两行排列；小型汽车，车牌号为 7 位，车牌号一行排列；使、领馆汽车，车牌号为 7 位，“使”字开头，一行排列等。本章车牌识别神经网络识别的车辆为小型汽车，车牌号以省份简称开头，剩余 6 位由阿拉伯数字和大写拉丁字母(除 I 和 O)组成。该类小型汽车车牌识别主要用于停车场收费系统、小区出入口、收费站和城市公路等场景，实现车牌号码自动识别，记录车牌颜色、车辆出入时间，节约人力，提高了工作效率，为市民出行带来极大的方便。对于小区出入口的车牌识别，可自动识别进入车辆是否属于本小区，并对外来车辆进行自动计时收费，增加小区管理力度，有利于维护小区车辆秩序。

车牌识别是通用图像处理任务，即提取图像特征，识别图像内容等。车牌识别利用卷积神经网络(CNN)完成处理车牌图像、提取车牌图形特征、获得车牌号信息等任务。

10.1　车牌识别神经网络结构及解析

下面讲解车牌识别的卷积神经网络搭建及神经网络结构解析。车牌识别属于图像识别范畴，优先选择使用卷积神经网络结构。

10.1.1　车牌识别神经网络结构

车牌识别使用通用卷积神经网络(CNN)进行图像处理，其结构如图 10.1 所示。该卷积神经网络有 11 层，分别为卷积层-1~6，池化层-1~3，全连接层-1~2，输入层和输出层为另外的两层，输入层为车牌图像，利用生成的车牌图像进行训练。车牌图像经过卷积计算、池化计算和全连接计算，生成车牌特征信息矩阵，该矩阵维度为 65×1，适用 31 个省份/自治区/直辖市(仅供测试，“京”、“津”、“沪”、“渝”、“冀”、“晋”、“蒙”、“辽”、“吉”、“黑”、“苏”、“浙”、“皖”、“闽”、“赣”、“鲁”、“豫”、“鄂”、“湘”、“粤”、“桂”、“琼”、“川”、“贵”、“云”、“藏”、“陕”、“甘”、“青”、“宁”、“新”)、10(0~9)个阿拉伯数字和 24 个拉丁字母(A~Z，去除 I 和 O)，共有 65 个字符，而小型汽车的车牌为 7 位字符，因此需要 7 个全连接层矩阵，分别对应小型汽车的 7 位车牌号。

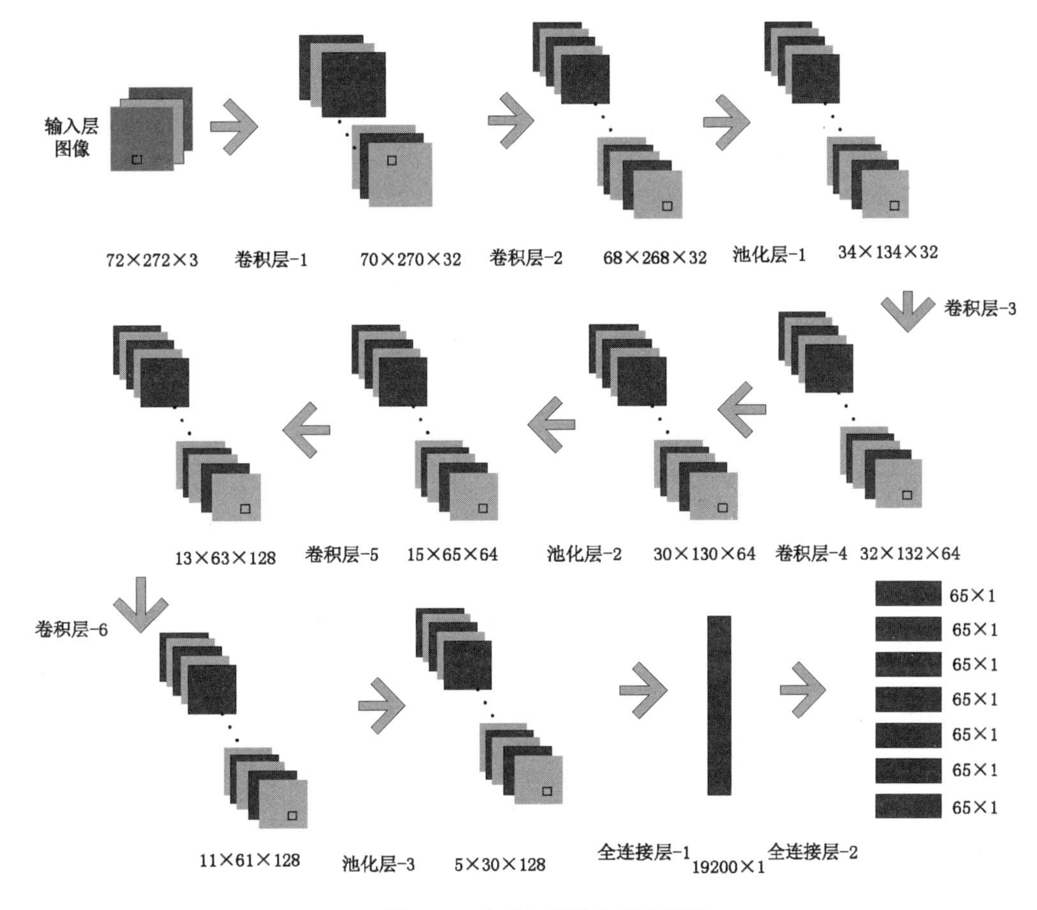

图 10.1　车牌识别卷积神经网络

10.1.2　车牌识别卷积神经网络结构解析

由图 10.1 可知，车牌识别卷积神经网络共有 11 层结构，现规定如下。

输入层(inputs)输入为 RGB 图像，数据维度为 72×272×3，其中，72×272 对应图像高(height,H)和宽(width,W)，3 对应图像通道(channel,C)数。卷积层用于提取图像信息，卷积层-1(conv-1)，未填充图像，卷积核移动步长为 1，卷积核尺寸为 3×3，输出数据维度为 70×270×32，此时图像尺寸减小 2 个单位，层深变为 32，图像信息被分为 32 层；卷积层-2(conv-2)输出数据维度为 68×268×32，未使用图像填充，且卷积核步长为 1，图像尺寸减小两个单位，为 68×268，图像层深为 32；池化层-1(max-pooling-1)使用最大池化层计算，输出数据维度为 34×134×32，池化层计算核尺寸为 2×2，移动步长为 2，不使用图像数据填充，图像尺寸减半，为 34×134，此时图像层深为 32，池化层不改变图像深度，仅改变图像尺寸；卷积层-3(conv-3)输出数据维度为 32×132×64，同样未使用图像填充，卷积核尺寸为 3×3，卷积核移动步长为 1，图像输出尺寸为 32×132，图像层深为 64；卷积层-4(conv-4)输出数据维度为 30×130×64，同样未使用图像填充，卷积核尺寸为 3×3，卷积核移动步长为 1，图像输出尺寸为 30×130，图像层深为 64；池化层-2(max-pooling-2)使用最大池化层计算，输出数据维度为 15×65×64，池化层计算核尺寸为 2×2，移动步长为 2，不使用图像数据填充，图像尺寸减半，为 15×65，此时图像层深为 64，池化层不改变图像深度，仅改变图像尺寸；卷积层-5(conv-5)输出数据维度为 13×63×128，同样未使用图像填充，卷积核尺寸为 3×3，卷积核移动步长为 1，图像输出尺寸为 13×63，图像层深为 128；卷积层-6(conv-6)输出数据维度为 11×61×128，同样未使用图像填充，卷积核尺寸为 3×3，卷积核移动步长为 1，图像输出尺寸为 11×61，图像层深为 128；池化层-3(max-pooling-3)使用最大池化层计算，输出数据维度为 5×30×128，池化层计算核尺寸为 2×2，移动步长为 2，不使用图像数据填充，图像尺寸减半，为 5×30，此时图像层深为 128，池化层不改变图像深度，仅改变图像尺寸；全连接层-1(fullc-1)将图像矩阵拉伸为二维矩阵，输出矩阵尺寸为 19 200×1；全连接层-2(fullc-2)将全连接层-1 拉伸的矩阵继续拉伸为标签(65 种字符)种类的矩阵，尺寸为 65×1，小汽车车牌号共有 7 位，因此使用 7 个全连接层-2 进行优化，分别对应一个车牌字符。卷积神经网络各层详细对应关系如表 10.1 所示。

表 10.1　神经网络参数

网 络 层	参　数	输出数据维度
输入层	inputs	[72,272,3]
卷积层-1	conv-1	[70,270,32]
卷积层-2	conv-2	[68,268,32]
池化层-1	max-pooling-1	[34,134,32]
卷积层-3	conv-3	[32,132,64]
卷积层-4	conv-4	[30,130,64]
池化层-2	max-pooling-2	[15,65,64]
卷积层-5	conv-5	[13,63,128]
卷积层-6	conv-6	[11,61,128]
池化层-3	max-pooling-3	[5, 30,128]
全连接层-1	fullc-1	[19200,1]
全连接层-2	fullc-2	[65,1]
输出层	outputs	[7,65,1]

10.2　图像数据集预处理

车牌识别卷积神经网络搭建之后，需要处理数据集。而车牌识别实验与本书其他实验不同的是，车牌号图像是通过代码模拟生成的，训练过程中使用的为模拟生成的车牌图像。由于实际获取足量的车牌图像比较困难，而使用模拟车牌号既可以满足训练神经网络的数据量需求，又可以验证神经网络模型的正确性。

10.2.1 图像生成

生成图像可有两种方式：①通过设备拍摄，生成指定场景的图像；②通过代码生成指定内容的图像。本章将利用代码生成图像技术，生成包含指定内容的图像，主要用到的图像处理技术有图像畸变、图像颜色调整、图像掩膜处理、图像滤波和图像内容生成等。图像生成代码如下，详细解析见注释部分，代码可参见文件【chapter10\genplate.py】。

```
# 引入图像处理模块 Pillow
import PIL
# 引入 Pillow 图像字体设置模块
from PIL import ImageFont
# 引入 Pillow 图像处理模块 Image
from PIL import Image
# 引入 Pillow 图像绘制模块 ImageDraw
from PIL import ImageDraw
# 引入 OpenCV 图像处理模块
import cv2
# 引入数据处理模块 numpy
import numpy as np
# 引入文件夹处理模块
import os
# 引入数学公式模块
from math import *

def rot(img,angel,shape,max_angel):
    """ 使图像轻微地畸变
    参数:
        img: 输入图像
        factor: 畸变的参数
        size: 图像的目标尺寸
    返回:
        dst: 畸变后的图像数据
"""
# 图像尺寸
    size_o = [shape[1],shape[0]]
    size = (shape[1]+ int(shape[0]*cos((float(max_angel)/180) * 3.14)),shape[0])
    # 通道 0 数据绝对值处理
    interval = abs( int( sin((float(angel) /180) * 3.14)* shape[0]))
    pts1 = np.float32([[0,0],[0,size_o[1]],[size_o[0],0],[size_o[0],size_o[1]]])
    if(angel>0):
        pts2 = np.float32([[interval,0],[0,size[1]],[size[0],0],[size[0]-interval,
          size_o[1]]])
    else:
        pts2 = np.float32([[0,0],[interval,size[1]],[size[0]-interval,0],[size[0],
          size_o[1]]])
```

```
    M  = cv2.getPerspectiveTransform(pts1,pts2)
    dst = cv2.warpPerspective(img,M,size)
    # 返回数据
    return dst

def rotRandom(img, factor, size):
    """随机微调字符图像
    参数:
        img: 输入图像数据
        factor: 微调因子
        size: 图像尺寸
    返回:
        dst: 微调后的图像数据
"""
# 数据尺寸
shape = size
# 生成三个通道数据
pts1 = np.float32([[0, 0], [0, shape[0]], [shape[1], 0], [shape[1], shape[0]]])
# 三通道数据微调
pts2 = np.float32([[r(factor), r(factor)], [ r(factor), shape[0] - r(factor)],
   [shape[1] - r(factor),  r(factor)],[shape[1] - r(factor), shape[0] - r(factor)]])
# 图像数据投影
M = cv2.getPerspectiveTransform(pts1, pts2)
# 图像透视变换，将倾斜的图像处理为平行图像
dst = cv2.warpPerspective(img, M, size)
# 返回数据
    return dst

def tfactor(img):
    """调整图像颜色
    参数:
        img: 图像数据
    返回:
        img: 调整颜色后的图像数据
"""
# 图像颜色转换
hsv = cv2.cvtColor(img,cv2.COLOR_BGR2HSV)
# 提取 B 通道数据，颜色处理系数为 0.2
hsv[:,:,0] = hsv[:,:,0]*(0.8+ np.random.random()*0.2)
# 提取 G 通道数据，颜色处理系数为 0.7
hsv[:,:,1] = hsv[:,:,1]*(0.3+ np.random.random()*0.7)
# 提取 R 通道数据，颜色处理系数为 0.8
    hsv[:,:,2] = hsv[:,:,2]*(0.2+ np.random.random()*0.8)
img = cv2.cvtColor(hsv,cv2.COLOR_HSV2BGR)
# 返回数据
    return img
```

```
def random_envirment(img,data_set):
    """图像掩膜处理，字符边界处理
    参数:
        img: 图像数据
        data_set: 边界图像路径列表
    返回:
        img: 掩膜处理后的图像数据
    """
    index=r(len(data_set))
     # 读取图像
    env = cv2.imread(data_set[index])
     # 调整图像尺寸
    env = cv2.resize(env,(img.shape[1],img.shape[0]))
     # 获取黑色背景图像
    bak = (img==0)
     # 图像数据转换 0~255
    bak = bak.astype(np.uint8)*255
     # 图像位与运算
    inv = cv2.bitwise_and(bak,env)
     # 图像位或运算
    img = cv2.bitwise_or(inv,img)
    return img

def GenCh(f,val):
    """生成中文字符
    参数:
        f: 中文字体
        val: 中文字符
    返回:
        ch: 包含中文字符的
    """
     # 生成图像
    img=Image.new("RGB", (45,70),(255,255,255))
    draw = ImageDraw.Draw(img)
     # 图像添加字符
    draw.text((0, 3),val,(0,0,0),font=f)
     # 调整图像尺寸
    img =  img.resize((23,70))
    ch = np.array(img)

    return ch

def AddGauss(img, level):
    """图像均值滤波
    参数:
        img: 输入图像数据
```

```
        level: 滤波尺寸
    返回:
        滤波后的图像数据
    """
    return cv2.blur(img, (level * 2 + 1, level * 2 + 1))

def r(val):
    """生成随机数
    参数:
        val: 随机数偏移量
    返回:
        随机数
    """
    return int(np.random.random() * val)

def AddNoiseSingleChannel(single):
    """图像单通道添加噪声
    参数:
        single: 输入图像单通道数据
    返回:
        dst: 添加噪声的单通道数据
"""
# 去除图像矩阵数据中的峰值
diff = 255-single.max()
# 添加噪声数据
noise = np.random.normal(0,1+r(6),single.shape)
noise = (noise - noise.min())/(noise.max()-noise.min())
noise= diff*noise
noise= noise.astype(np.uint8)
# 单通道数据添加噪声值
dst = single + noise
# 返回结果
    return dst

def addNoise(img,sdev = 0.5,avg=10):
    """图像添加噪声
    参数:
        img: 输入图像数据
        sdev: 方差
        avg: 均值
    返回:
        img: 添加噪声后的图像数据
"""
# 通道 B 添加噪声
img[:,:,0] =  AddNoiseSingleChannel(img[:,:,0])
# 通道 G 添加噪声
img[:,:,1] =  AddNoiseSingleChannel(img[:,:,1])
```

```
# 通道 R 添加噪声
img[:,:,2] =  AddNoiseSingleChannel(img[:,:,2])
# 返回数据
   return img

class GenPlate:
def __init__(self,fontCh,fontEng,NoPlates):
   """车牌生成初始化
   参数:
      self: 类实例
      fontCh: 中文字体
      fontEng: 英文字体
      NoPlates: 图像内容填充数据路径
   返回:
      无
   """
      self.fontC =  ImageFont.truetype(fontCh,43,0)
      self.fontE =  ImageFont.truetype(fontEng,60,0)
      self.img=np.array(Image.new("RGB", (226,70),(255,255,255)))
      self.bg  = cv2.resize(cv2.imread("./images/template.bmp"),(226,70))
      self.smu = cv2.imread("./images/smu2.jpg")
      self.noplates_path = []
      # 遍历图像填充内容
      for parent,parent_folder,filenames in os.walk(NoPlates):
         for filename in filenames:
            path = parent+"/"+filename
            self.noplates_path.append(path)


   def draw(self,val):
      """绘制图像边框与底纹,放置指定字符
      参数:
         self: 类实例
         val: 字符
      返回:
         self.img: 边框和底纹图像数据
      """
      offset= 2
      self.img[0:70,offset+8:offset+8+23]= GenCh(self.fontC,val[0])
      self.img[0:70,offset+8+23+6:offset+8+23+6+23]= GenCh1(self.fontE,val[1])
      for i in range(5):
         base = offset+8+23+6+23+17 +i*23 + i*6
         self.img[0:70, base : base+23]= GenCh1(self.fontE,val[i+2])
      return self.img
   def generate(self,text):
      """生成包含指定字符的图像
      参数:
         self: 类实例
```

```
            text: 指定字符
        返回:
            com: 包含指定字符的图像
        """
        if len(text) == 7:
            # 添加图像内容
            fg = self.draw(text)
            # 图像数据 not 运算
fg = cv2.bitwise_not(fg)
# 图像数据 or 运算
com = cv2.bitwise_or(fg,self.bg)
# 图像畸变
com = rot(com,r(60)-30,com.shape,30)
# 图像随机畸变
com = rotRandom(com,10,(com.shape[1],com.shape[0]))
# 图像颜色调整
com = tfactor(com)
# 图像掩膜处理
com = random_envirment(com,self.noplates_path)
# 图像滤波处理
com = AddGauss(com, 1+r(4))
# 图像添加噪声
            com = addNoise(com)
            # 返回数据
            return com

    def genPlateString(self,pos,val):
        """生成车牌字符
        参数:
            self: 类实例
            pos: 字符位置
            val: 字符偏移量，生成不同类型的字符
        返回:
            车牌号
        """
        plateStr = ""
        box = [0,0,0,0,0,0,0]
        if(pos!=-1):
            box[pos]=1
        for unit,cpos in zip(box,range(len(box))):
            if unit == 1:
                plateStr += val
            else:
                if cpos == 0:
                    # 生成省份简称
                    plateStr += chars[r(31)]
                elif cpos == 1:
```

```
                # 生成阿拉伯数字
                plateStr += chars[41+r(24)]
            else:
                # 生成拉丁字母
                plateStr += chars[31 + r(34)]

        return plateStr

    def genBatch(self, batchSize, pos, charRange, outputPath, size):
        """保存生成的车牌图像
        参数:
            self: 类实例
            batchSize: 每组图像数量
            pos: 字符种类，0 为省份简称，1 为阿拉伯数字，其他为大写拉丁字母
            charRange: 车牌字符范围，0~30 为省份简称，31~40 为阿拉伯数字，41~64 为大写拉丁字母
            outputPath: 保存图像路径
            size: 生成的图像尺寸
        返回:
            l_plateStr:车牌数据
            l_plateImg:图像数据
        """
        if (not os.path.exists(outputPath)):
            os.mkdir(outputPath)
        l_plateStr = []
        l_plateImg = []
        # 遍历图像数据
        for i in range(batchSize):
            # 生成包含字符图像
            plateStr = G.genPlateString(-1,-1)
            img =  G.generate(plateStr)
            # 图像尺寸调整
            img = cv2.resize(img,size)
            # 指定文件名
            filename = os.path.join(outputPath, str(i).zfill(4) + '.' + plateStr + ".jpg")
            # 图像保存
            cv2.imwrite(filename, img)
            l_plateStr.append(plateStr)
            l_plateImg.append(cv2.cvtColor(img, cv2.COLOR_BGR2RGB))
        # 返回图像数据
        return l_plateStr, l_plateImg
```

上述代码实现了图像生成功能，并在代码最后提供了一个保存生成图像的功能函数 genBatch。该函数将生成的图像持久化到存储介质，如机械硬盘、固态硬盘等，供图像处理使用。在图像数据集中数据量不足的情况下，起到数据补充的作用，因为训练数据量不足，神经网络无法提取足够的数据信息用于更新网络参数。

10.2.2 生成车牌图像数据

本章使用的车牌数据集是通过代码生成的模拟车牌数据。以小型汽车车牌为研究对象，第一个字符为每个省(自治区)简称，第二个字符为大写拉丁字母(不包括 I 和 O)，其他 5 位为阿拉伯数字(0~9)和大写拉丁字母(去除 I 和 O)组成，如黑 A54321，生成车牌代码如下，详细解析见注释部分，代码可参见文件【chapter10\genplate.py】。

```
# 引入图像处理模块 Pillow
import PIL
# 引入 Pillow 图像字体设置模块
from PIL import ImageFont
# 引入 Pillow 图像处理模块 Image
from PIL import Image
# 引入 Pillow 图像绘制模块 ImageDraw
from PIL import ImageDraw
# 引入 OpenCV 图像处理模块
import cv2
# 引入数据处理模块 numpy
import numpy as np
# 引入文件夹处理模块
import os
# 引入数学公式模块
from math import *
# 字体
# font = ImageFont.truetype("Arial-Bold.ttf",14)
# 车牌字符索引
index = {"京": 0, "沪": 1, "津": 2, "渝": 3, "冀": 4, "晋": 5, "蒙": 6, "辽": 7,
    "吉": 8, "黑": 9, "苏": 10, "浙": 11, "皖": 12, "闽": 13, "赣": 14, "鲁": 15,
    "豫": 16, "鄂": 17, "湘": 18, "粤": 19, "桂": 20, "琼": 21, "川": 22, "贵": 23,
    "云": 24, "藏": 25, "陕": 26, "甘": 27, "青": 28, "宁": 29, "新": 30, "0": 31,
    "1": 32, "2": 33, "3": 34, "4": 35, "5": 36, "6": 37, "7": 38, "8": 39, "9":
    40, "A": 41, "B": 42, "C": 43, "D": 44, "E": 45, "F": 46, "G": 47, "H": 48,
    "J": 49, "K": 50, "L": 51, "M": 52, "N": 53, "P": 54, "Q": 55, "R": 56, "S":
    57, "T": 58, "U": 59, "V": 60, "W": 61, "X": 62, "Y": 63, "Z": 64}
# 车牌字符
chars = ["京", "沪", "津", "渝", "冀", "晋", "蒙", "辽", "吉", "黑", "苏", "浙",
    "皖", "闽", "赣", "鲁", "豫", "鄂", "湘", "粤", "桂", "琼", "川", "贵", "云",
    "藏", "陕", "甘", "青", "宁", "新", "0", "1", "2", "3", "4", "5", "6", "7",
    "8", "9", "A", "B", "C", "D", "E", "F", "G", "H", "J", "K", "L", "M", "N",
    "P", "Q", "R", "S", "T", "U", "V", "W", "X", "Y", "Z"
         ]

class GenPlate:
    def __init__(self,fontCh,fontEng,NoPlates):
        """类初始化
```

```
        参数:
            self: 类实例
            fontCh: 中文字体
            fontEng: 英文字体
            NoPlates: 图像内容路径
        返回:
            无
        """
        # 设置中文字体
        self.fontC =  ImageFont.truetype(fontCh,43,0)
        # 设置英文字体
        self.fontE =  ImageFont.truetype(fontEng,60,0)
        # 生成图像数据
        self.img=np.array(Image.new("RGB", (226,70),(255,255,255)))
        # 调整图像背景尺寸
        self.bg  = cv2.resize(cv2.imread("./images/template.bmp"),(226,70))
        # 读取图像内容填充数据
        self.smu = cv2.imread("./images/smu2.jpg")
        self.noplates_path = []
        # 遍历图像填充内容图像数据
        for parent,parent_folder,filenames in os.walk(NoPlates):
            for filename in filenames:
                path = parent+"/"+filename
                self.noplates_path.append(path)

    def draw(self,val):
        """绘制图像边框与底纹，放置指定字符
        参数:
            self: 类实例
            val: 字符
        返回:
            self.img: 边框和底纹图像数据
        """
        offset= 2
        self.img[0:70,offset+8:offset+8+23]= GenCh(self.fontC,val[0])
        self.img[0:70,offset+8+23+6:offset+8+23+6+23]= GenCh1(self.fontE,val[1])
        for i in range(5):
            base = offset+8+23+6+23+17 +i*23 + i*6
            self.img[0:70, base  : base+23]= GenCh1(self.fontE,val[i+2])
        return self.img
    def generate(self,text):
        """生成包含指定字符的图像
        参数:
            self: 类实例
            text: 指定字符
        返回:
            com: 包含指定字符的图像
```

```
        """
        if len(text) == 7:
            # 绘制车牌字符图像
            fg = self.draw(text)
            # 图像数据 not 计算
            fg = cv2.bitwise_not(fg)
            # 图像数据 or 计算
            com = cv2.bitwise_or(fg,self.bg)
            # 图像畸变
            com = rot(com,r(60)-30,com.shape,30)
            # 图像随机畸变
            com = rotRandom(com,10,(com.shape[1],com.shape[0]))
            # 图像颜色调整
            com = tfactor(com)
            # 图像掩膜处理
            com = random_envirment(com,self.noplates_path)
            # 图像滤波处理
            com = AddGauss(com, 1+r(4))
            # 图像添加噪声
            com = addNoise(com)
            # 返回数据
            return com

    def genPlateString(self,pos,val):
        """生成车牌字符
        参数:
            self: 类实例
            pos: 字符位置
            val: 字符偏移量，生成不同类型的字符
        返回:
            车牌号
        """
        plateStr = ""
        box = [0,0,0,0,0,0,0]
        if(pos!=-1):
            box[pos]=1
        for unit,cpos in zip(box,xrange(len(box))):
            if unit == 1:
                plateStr += val
            else:
                if cpos == 0:
                    # 生成省份简称
                    plateStr += chars[r(31)]
                elif cpos == 1:
                    # 生成阿拉伯数字
                    plateStr += chars[41+r(24)]
                else:
```

```
                # 生成拉丁字母
                plateStr += chars[31 + r(34)]

        return plateStr

    def genBatch(self, batchSize, pos, charRange, outputPath, size):
        """保存生成的车牌图像
        参数:
            self: 类实例
            batchSize: 每组图像数量
            pos: 字符种类，0 为省份简称，1 为阿拉伯数字，其他为大写拉丁字母
            charRange: 车牌字符范围，0~30 为省份简称，31~40 为阿拉伯数字，41~64 为大写拉丁字母
            outputPath: 保存图像路径
            size: 生成的图像尺寸
        返回:
            l_plateStr:车牌数据
            l_plateImg:图像数据
        """
        if (not os.path.exists(outputPath)):
            os.mkdir(outputPath)
        l_plateStr = []
        l_plateImg = []
        # 生成批量车牌数据
        for i in range(batchSize):
            # 生成车牌数据
            plateStr = G.genPlateString(-1,-1)
            img =  G.generate(plateStr)
            # 调整图像尺寸
            img = cv2.resize(img,size)
            # 图像保存路径
            filename = os.path.join(outputPath, str(i).zfill(4) + '.' + plateStr + ".jpg")
            # 图像保存
            cv2.imwrite(filename, img)
            l_plateStr.append(plateStr)
            l_plateImg.append(cv2.cvtColor(img, cv2.COLOR_BGR2RGB))
        # 返回图像车牌和图像数据
        return l_plateStr, l_plateImg
if __name__ == "__main__":
    # 生成图像初始化
    G = GenPlate("./font/platech.ttf",'./font/platechar.ttf',"./NoPlates")
    # 生成批量车牌号
    G.genBatch(100,2,range(31,65),"./plate_train",(272,72))
    G.genBatch(100,2,range(31,65),"./plate_test/",(272,72))
```

上述代码实现了车牌号图像的生成，通过指定图像内容生成相应的图像，是通用的图像生成功能，同时可自定义生成图像的数量和尺寸。

10.2.3 生成车牌识别训练数据

车牌图像生成可以生成指定内容的图像，而用于训练的车牌图像需要具有一定的随机性，保证数据的真实性，从而保证神经网络模型的健壮性。随机生成车牌数据的代码如下，详细信息见注释部分，代码可参见文件【chapter10\input_data.py】。

```
# 引入数据处理模块
import numpy as np
# 引入图像处理模块 OpenCV
import cv2
# 引入车牌生成模块
from genplate import *

class OCRIter():
    def __init__(self,batch_size,height,width):
        """初始化
        参数:
            self: 类实例
            batch_size: 每组图像数量
            height: 生成图像高度
            width: 生成图像的宽度
        返回:
            无
        """
        super(OCRIter, self).__init__()
        self.genplate = GenPlate("./font/platech.ttf",'./font/platechar.ttf','./NoPlates')
        self.batch_size = batch_size
        self.height = height
        self.width = width

    def iter(self):
        """
        参数:
            self: 类实例
        返回:
            data_all: 生成图像数据
            label_all: 图像数据标签，即车牌号
        """
        data = []
        label = []
        # 生成批量图像数据和标签数据
        for i in range(self.batch_size):
            num, img = gen_sample(self.genplate, self.width, self.height)
```

```
            data.append(img)
            label.append(num)
        # 车牌图像数据
        data_all = data
        # 车牌号数据
        label_all = label
        # 返回车牌图像数据和车牌号数据
        return data_all,label_all

def rand_range(lo,hi):
    """生成指定偏移量的随机数
    参数:
        lo: 车牌数据类型标签数
        hi: 偏移量随机数
    返回:
        指定偏移量的随机数
    """
    return lo+r(hi-lo)

def gen_rand():
    """随机生成车牌号
    参数:
        无
    返回:
        name: 车牌号名称
        label: 车牌号对应的索引号
    """
    name = ""
    label=[]
    # 生成车牌开头 32 个省的标签
    label.append(rand_range(0,31))
    # 生成车牌第二个字母的标签
    label.append(rand_range(41,65))
    for i in range(5):
        # 生成车牌后续 5 个字母的标签
        label.append(rand_range(31,65))

    name+=chars[label[0]]
    name+=chars[label[1]]
    for i in range(5):
        name+=chars[label[i+2]]
    return name,label

def gen_sample(genplate, width, height):
    """生成车牌标签和图像数据
```

```
    参数:
        genplate: 生成车牌函数
        width: 车牌宽度
        height: 车牌高度
    返回:
        label: 车牌字符对应的标签
        img: 车牌数据
"""
# 车牌标签与车牌号
num,label =gen_rand()
# 生成车牌号图像
img = genplate.generate(num)
# 调整车牌图像尺寸
img = cv2.resize(img,(width,height))
# 车牌数据格式调整为浮点型
    img = np.multiply(img,1/255.0)
    # 返回车牌号和车牌图像数据
    return label,img

if __name__ == "__main__":
    # 生成车牌数据初始化
    get_batch = OCRIter(8, 72, 272)
    # 生成车牌图像数据和车牌号数据
    data, label = get_batch.iter()
    print("data: {} label: {}".format(data, label))
```

上述代码实现了批量车牌训练数据的生成，包括车牌图像数据和车牌标签数据。

10.3 TensorFlow 2.0 搭建卷积神经网络

由神经网络结构分析可知，车牌识别的神经网络为通用卷积神经网络，包括卷积计算、池化计算和全连接计算。与其他图像处理技术不同的是，本项目神经网络全连接层到输出层使用了 7 次全连接层的结果，因为小汽车的车牌号共有 7 位，为识别出所有数据，对全连接层进行 7 次处理，分别对应车牌号的 7 位标签。同时优化这 7 个全连接层的损失值以更新卷积神经网络参数，使预测值逐渐接近标签值，达到车牌识别的效果。

10.3.1 车牌识别神经网络

车牌识别卷积神经网络使用 Keras 搭建，详细实现过程如下。

1. Keras 搭建神经网络结构

Keras 搭建车牌识别卷积神经网络的代码如下，详细解析见注释部分，代码参数详解如表 10.2 所示，代码可参见文件【chapter10\keras_plr.py】。

```
def create_model():
    """使用 Keras 新建神经网络
    参数:
        无
    返回:
        model: 神经网络实例
    """
    # 输入层
    inputs = tf.keras.Input(shape=(72, 272, 3), name="inputs")
    # 卷积层-1
    layer1 = layers.Conv2D(
        32,
        (3,3),
        activation=tf.nn.relu,
        name="conv-1")(inputs)
    # 卷积层-2
    layer2 = layers.Conv2D(
        32,
        (3,3),
        activation=tf.nn.relu,
        name="conv-2")(layer1)
    # 最大池化层-1
    layer3 = layers.MaxPooling2D(
        (2,2),
        name="max-pooling-1")(layer2)
    # 卷积层-3
    layer4 = layers.Conv2D(
        64,
        (3,3),
        activation=tf.nn.relu,
        name="conv-3")(layer3)
    # 卷积层-4
    layer5 = layers.Conv2D(64,(3,3),
        activation=tf.nn.relu,
        name="conv-4")(layer4)
    # 最大池化层-2
    layer6 = layers.MaxPooling2D(
        (2,2),
        name="max-pooling-2")(layer5)
    # 卷积层-5
    layer7 = layers.Conv2D(
        128,
        (3,3),
        activation=tf.nn.relu,
        name="conv-5")(layer6)
    # 卷积层-6
```

```
    layer8 = layers.Conv2D(
        128,
        (3,3),
        activation=tf.nn.relu,
        name="conv-6")(layer7)
    # 最大池化层-3
    layer9 = layers.MaxPooling2D(
        (2,2),
        name="max-pooling-3")(layer8)
    #全连接层-1
    layer10 = layers.Flatten(name="fullc-1")(layer9)
    # 输出，全连接层-21~27
    outputs = [
        layers.Dense(
            65,
            activation=tf.nn.softmax,
            name="fullc-2{}".format(i+1))(layer10) for i in range(7)]
    # 模型实例化
    model = tf.keras.Model(inputs=inputs, outputs=outputs, name="PLR-CNN")
    # 配置优化器和损失函数
    compile_model(model)
    return model
```

表 10.2　卷积层函数参数

神经网络层	参　数	描　述
输入层	tf.keras.Input(shape=(72, 272, 3), name="inputs")	Input：输入层； shape：输入层数据维度； name：输入层名称
卷积层-1	Conv2D(32, (3,3), activation=tf.nn.relu, name="conv-1")(inputs)	Conv2D：卷积计算； 32：输出图像深度； (3,3)：卷积核尺寸； activation：激活函数，relu； name：卷积层名称； inputs：输入层张量
卷积层-2	Conv2D(32, (3,3), activation=tf.nn.relu, name="conv-2")(layer1)	Conv2D：卷积计算； 32：输出图像深度； (3,3)：卷积核尺寸； activation：激活函数，relu； name：卷积层名称； layer1：卷积层-1 输出张量
最大池化层-1	MaxPooling2D((2,2), name="max-pooling-1") (layer2)	MaxPooling2D：最大池化计算； (2,2)：池化计算卷积核尺寸； name：池化层名称； layer2：卷积层-2 输出张量

续表

神经网络层	参 数	描 述
卷积层-3	Conv2D(64, (3,3), activation=tf.nn.relu, name="conv-3")(layer3)	Conv2D：卷积计算； 64：输出图像深度； (3,3)：卷积核尺寸； activation：激活函数，relu； name：卷积层名称； layer3：最大池化层-1 输出张量
卷积层-4	Conv2D(64, (3,3), activation=tf.nn.relu, name="conv-4")(layer4)	Conv2D：卷积计算； 64：输出图像深度； (3,3)：卷积核尺寸； activation：激活函数，relu； name：卷积层名称； layer4：卷积层-3 输出张量
最大池化层-2	MaxPooling2D((2,2), name="max-pooling-2") (layer5)	MaxPooling2D：最大池化计算； (2,2)：池化计算卷积核尺寸； name：池化层名称； layer5：卷积层-4 输出张量
卷积层-5	Conv2D(128, (3,3), activation=tf.nn.relu, name="conv-5")(layer6)	Conv2D：卷积计算； 128：输出图像深度； (3,3)：卷积核尺寸； activation：激活函数，relu； name：卷积层名称； layer6：最大池化层-2 输出张量
卷积层-6	Conv2D(128, (3,3), activation=tf.nn.relu, name="conv-6")(layer7)	Conv2D：卷积计算； 128：输出图像深度； (3,3)：卷积核尺寸； activation：激活函数，relu； name：卷积层名称； layer7：卷积层-5 输出张量
最大池化层-3	MaxPooling2D((2,2), name="max-pooling-3") (layer8)	MaxPooling2D：最大池化计算； (2,2)：池化计算卷积核尺寸； name：池化层名称； layer8：卷积层-6 输出张量

续表

神经网络层	参　数	描　述
全连接层-1	Flatten(name="fullc-1") (layer9)	Flatten：矩阵拉伸，全连接处理； name：计算名称； layer9：最大池化层-3 输出张量
全连接层-2	[layers.Dense(65, activation=tf.nn.softmax, name="fullc-2{}" .format(i+1))(layer10) for i in range(7)]	Dense：矩阵计算； 65：输出权重数量； activation：激活函数，relu； name：全连接名称； layer10：全连接层-1 输出张量

2．卷积神经网络结构与参数

Keras 搭建车牌识别卷积神经网络是通过 summary()方法获取卷积神经网络参数的，其实现代码如下，详细解析见注释部分，可参见代码文件【chapter10\keras_plr.py】。

```
def display_nn_structure(model, nn_structure_path):
    """展示神经网络结构
    参数:
        model: 神经网络对象
        nn_structure_path: 神经网络结构保存路径
    返回:
        无
    """
    model.summary()
```

运行结果如下。

```
Model: "PLR-CNN"
______________________________________________________________________________
Layer (type)                     Output Shape          Param #    Connected to
==============================================================================
inputs (InputLayer)               [(None, 72, 272, 3)] 0
______________________________________________________________________________
conv-1 (Conv2D)                  (None, 70, 270, 32)  896         inputs[0][0]
______________________________________________________________________________
conv-2 (Conv2D)                  (None, 68, 268, 32)  9248        conv-1[0][0]
______________________________________________________________________________
max-pooling-1 (MaxPooling2D)       (None, 34, 134, 32)  0           conv-2[0][0]
______________________________________________________________________________
conv-3 (Conv2D)                  (None, 32, 132, 64)  18496      max-pooling-1[0][0]
______________________________________________________________________________
conv-4 (Conv2D)                  (None, 30, 130, 64)  36928       conv-3[0][0]
______________________________________________________________________________
```

```
max-pooling-2 (MaxPooling2D)    (None, 15, 65, 64)   0         conv-4[0][0]
________________________________________________________________________________
conv-5 (Conv2D)                (None, 13, 63, 128)  73856      max-pooling-2[0][0]
________________________________________________________________________________
conv-6 (Conv2D)                (None, 11, 61, 128)  147584      conv-5[0][0]
________________________________________________________________________________
max-pooling-3 (MaxPooling2D)    (None, 5, 30, 128)   0         conv-6[0][0]
________________________________________________________________________________
fullc-1 (Flatten)              (None, 19200)         0        max-pooling-3[0][0]
________________________________________________________________________________
fullc-21 (Dense)               (None, 65)          1248065    fullc-1[0][0]
________________________________________________________________________________
fullc-22 (Dense)               (None, 65)          1248065    fullc-1[0][0]
________________________________________________________________________________
fullc-23 (Dense)               (None, 65)          1248065    fullc-1[0][0]
________________________________________________________________________________
fullc-24 (Dense)               (None, 65)          1248065    fullc-1[0][0]
________________________________________________________________________________
fullc-25 (Dense)               (None, 65)          1248065    fullc-1[0][0]
________________________________________________________________________________
fullc-26 (Dense)               (None, 65)          1248065    fullc-1[0][0]
________________________________________________________________________________
fullc-27 (Dense)               (None, 65)          1248065    fullc-1[0][0]
================================================================================
Total params: 9,023,463
Trainable params: 9,023,463
Non-trainable params: 0
________________________________________________________________________________
```

由运行结果可知，车牌识别卷积神经网络模型名称为“PLR-CNN”，共有 9 023 463 个参数，与训练参数个数相同。神经网络由输入层、卷积层、最大池化层和全连接层组成，其中，全连接层-2 共有 7 个分支，共用全连接层-1 的输出。车牌识别中小型汽车的车牌共有 7 位，因此可以搭建 7 个卷积神经网络，每个神经网络对应一个车牌的字符。由于 Keras 的 Model 类提供了模型层次横向叠加的功能，可以搭建一个卷积神经网络，与全连接层共用，实现多个神经网络的搭建。

3．卷积神经网络工作流程

车牌识别卷积神经网络的数据流向如图 10.2 所示，该图是 TensorBoard 存储的车牌识别卷积神经网络图(GRAPHS)。车牌识别卷积神经网络输入(inputs)图像数据，经过卷积计算、池化计算和全连接层计算，当数据流传输到全连接层-1(fullc-1)时，分出了 7 个全连接层，这 7 个全连接层共用全连接层-1 的输出；全连接层-2 的 7 个输出分别与原始数据集标签数据进行损失计算，如图 10.2 中的 loss，loss 使用了 7 份标签数据与 7 份全连接层数据；预测精度计算如图 10.2 中的 metrics，同样使用了 7 份标签数据和 7 份全连接层-2 的数据。

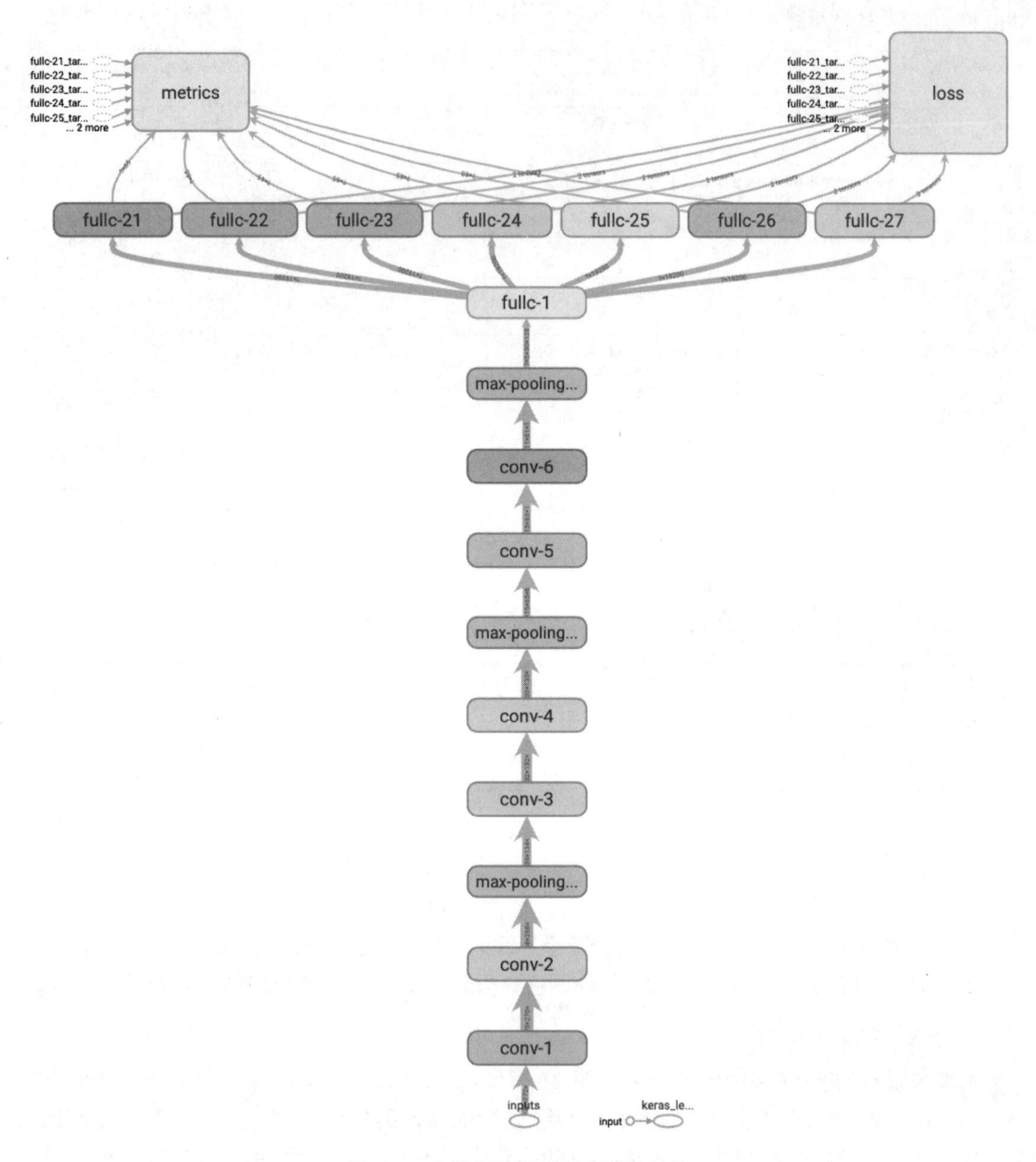

图 10.2　车牌识别卷积神经网络结构

10.3.2　损失计算

经过车牌识别卷积神经网络前向计算，获取了车牌号每位符号的信息，为更新神经网络参数，需要使用卷积神经网络前向通道计算的结果与标签值进行计算，形成输入与输出的反馈，反馈的输出数据为输入与输出的差值，即损失值，当神经网络参数改变时，损失值及时发生改变，优化该损失值，即可更新卷积神经网络参数。损失值计算代码如下，详细解析见注释部分，使用的函数计算参数解析如表 10.3 所示，代码可参见文件【chapter10\keras_plr.py】。

```
def compile_model(model):
    """神经网络参数配置
    参数:
        model: 神经网络实例
    返回:
        无
    """
    model.compile(
        optimizer=tf.keras.optimizers.Adam(learning_rate=0.001),
        loss=tf.keras.losses.CategoricalCrossentropy(from_logits=True),
        metrics=["accuracy"]
    )
```

表 10.3　损失函数参数

参　数	描　述
optimizer	损失函数优化器，选择 Adam 优化器：tf.keras.optimizers.Adam； learning_rate：学习率
loss	损失函数，计算神经网络输出值和标签值的损失，选择交叉熵函数，tf.keras.losses.CategoricalCrossentropy
metrics	测量值，一般为 accuracy

10.4　训练神经网络

神经网络训练过程是神经网络参数更新的过程，车牌识别卷积神经网络训练包括数据准备、训练神经网络和持久化神经网络，其中，数据准备是通过代码生成车牌号数据及车牌号数据的读取；训练神经网络是最核心的步骤，用于更新神经网络参数；持久化神经网络是将更新的神经网络参数保存到硬盘中，方便神经网络数据读取，提高识别效率。训练结束后，通过 TensorBoard 将训练过程数据，如损失函数值、预测精度值，可视化，通过这些图像数据即可初步判断神经网络模型的车牌号识别能力。

10.4.1　载入数据

训练车牌识别卷积神经网络前，需要载入(读取)车牌图像数据。结合实际情况，车牌识别的数据是通过代码生成的，因此在训练中，从内存中读取车牌号数据集，既节约存储空间，又可提高训练速度。生成批量车牌数据过程代码如下所示，详细解析见注释部分，代码可参见文件【chapter10\keras_plr.py】。

```
def get_batch(batch_size):
    """生成批量训练数据
    参数:
        batch_size: 每批量图像个数
    返回:
        image_batch_: 批量图像数据列表
        labels: 批量标签列表，7×batch×65
    """
    data_batch = OCRIter(batch_size, image_h, image_w)
    image_batch, label_batch = data_batch.iter()
    image_batch_ = np.array(image_batch)
    label_batch_ = np.array(label_batch)
    # 保存车牌图像
    for i in range(batch_size):
        pl = ""
        labels = label_batch_[i]
        for j in labels:
            pl += chars[j]
        # 图像数据转为 0~255
        img = np.multiply(image_batch_[i],255)
        cv2.imwrite("./train_images/"+pl+".jpg", img)
    # 生成标签数据，7 组标签
    labels = np.zeros([7, batch_size, 65])
    # 生成标签，车牌号位置置 1
    for i in range(batch_size):
        for j in range(7):
            labels[j,i,label_batch_[i][j]] = 1

    return image_batch_, [label for label in labels]
```

上述代码生成了批量用于训练的车牌数据，通过指定批量数据大小 batch_size，控制每次训练从内存中读取的数据量。内存中的数据包括车牌图像数据和车牌标签数据，开发者可依据内存容量，调节批量数据的数量。由于使用了 7 个全连接层，因此标签数据应该设计为 7 份，所以返回的标签为[label for label in labels]。

10.4.2 训练神经网络

车牌识别卷积神经网络训练的目的是更新卷积神经网络参数，使卷积神经网络“学习”图像特征，具备识别图像内容信息的能力，从而识别出车牌图像中的车牌号。车牌识别神经网络训练需要准备的数据包括卷积神经网络全连接层数据、损失函数数据、优化损失函数数据、预测精度数据和车牌图像数据等，当这些数据准备好之后，就可以开始迭代训练卷积神经网络，更新卷积神经网络参数。训练代码如下，详细解析见注释，参数解析如表 10.4 所示，代码可参见文件【chapter10\keras_plr.py】。

```
def train_model(model, inputs, outputs, model_path, log_path):
    """训练神经网络
    参数:
        model: 神经网络实例
        inputs: 输入数据
        outputs: 输出数据
        model_path: 模型文件路径
        log_path: 日志文件路径
    返回:
        无
    """
    # 回调函数
    ckpt_callback = callback_only_params(model_path)
    # TensorBoard 回调
    tensorboard_callback = tb_callback(log_path)
    # 保存参数
    model.save_weights(model_path.format(epoch=0))
    # 训练模型，并使用最新模型参数
    history = model.fit(
            inputs,
            outputs,
            epochs=30,
            callbacks=[ckpt_callback, tensorboard_callback],
            verbose=1
            )
```

表 10.4　函数解析

函　数	功　能	描　述
callback_only_params (model_path)	保存模型参数回调	Keras 保存模型参数通过调用回调函数配置保存参数
tb_callback(log_path)	训练数据保存到 TensorBoard 回调函数	Keras 保存训练过程数据，如损失函数值、预测准确度值，通过调用 TensorBoard 回调函数进行配置
model.save_weights(model_path.format(epoch=0))	保存模型参数	配置模型保存回调函数后，通过 save_weights 实现模型参数的保存
model.fit(inputs,outputs, epochs=30,callbacks=[ckpt_callback, tensorboard_callback], verbose=0)	训练神经网络	Keras 训练神经网络通过 fit 方法实现，参数如下。 inputs：输入数据； outputs：输出数据； epochs：训练次数； callbacks：回调函数列表； verbose：冗余项

10.4.3 持久化神经网络模型

训练神经网络的过程是一个动态的过程，在训练过程中即进行实时预测，但是工程中需要将训练的模型进行部署，因此需要将动态训练的神经网络模型持久化(保存)，供持久使用，避免每次使用网络都要重新训练一次。车牌识别的持久化神经网络代码如下，在保存神经网络的同时，将训练的过程数据保存到 TensorBoard 中，供分析训练模型时使用。

1. 持久化神经网络参数回调函数

Keras 持久化车牌识别的训练参数通过回调函数实现，在训练神经网络的过程中，调用模型保存的回调函数，实现训练参数的提取，借助 save_weights 保存提取的训练参数，其实现代码如下，详细解析见注释部分，参数解析如表 10.5 所示，代码可参见文件【chapter10\keras_plr.py】。

```
def callback_only_params(model_path):
    """保存模型回调函数
    参数:
        model_path: 模型文件路径
    返回:
        ckpt_callback: 回调函数
    """
    ckpt_callback = tf.keras.callbacks.ModelCheckpoint(
        filepath=model_path,
        verbose=1,
        save_weights_only=True,
        save_freq='epoch'
    )
    return ckpt_callback
```

表 10.5　持久化神经网络解析

函数/参数	描　述
tf.keras.callbacks.ModelCheckpoint	保存模型的类，用于持久化训练的神经网络模型
filepath	模型保存路径
verbose	冗余项，若为 0，训练过程中日志为每个 epoch 输出一次，若为 1，训练日志每训练 batch_size 数据量，再输出一次
save_weights_only	只保存权重标志位
save_freq	保存频率，若为 epoch，则每完成一次训练，保存一次参数，若为其他，则训练指定数据量，再保存一次模型参数

2. 保存运行参数到 TensorBoard 回调函数

Keras 可视化车牌识别训练参数通过回调函数保存到 TensorBoard，在训练神经网络的过程中，调用模型保存的回调函数，提取训练参数，并保存到运行日志文件中，通过 TensorBoard 读取日志。其实现代码如下，详细解析见注释部分，参数解析如表 10.6 所示，代码可参见文件【chapter10\keras_plr.py】。

```
def tb_callback(model_path):
    """保存 TensorBoard 日志回调函数
    参数:
        model_path: 模型文件路径
    返回:
        tensorboard_callback: 回调函数
    """
    tensorboard_callback = tf.keras.callbacks.TensorBoard(
        log_dir=model_path,
        histogram_freq=1)
    return tensorboard_callback
```

表 10.6 参数解析

函数/参数	描 述
tf.keras.callbacks.TensorBoard	保存运行数据到 TensorBoard 类，实现运行数据的保存及可视化
log_dir	日志存储路径
histogram	数据保存频率

10.4.4 训练过程分析

车牌识别训练过程中生成的参数，如损失函数值和预测精度值对分析模型预测效果有很大的帮助，TensorFlow 2.0 可将这些数据保存成训练日志，使用 TensorBoard 可解析数据日志文件，使用 Keras 可以实时获取训练过程日志文件。车牌识别的训练输出日志如下。

```
Train on 100 samples
Epoch 1/30
2020-03-19 11:18:54.452598: I tensorflow/core/profiler/lib/profiler_session.cc:
184] Profiler session started.
100/100 [==============================] - 7s 75ms/sample - loss: 28.7925 -
fullc-21_loss: 4.2372 - fullc-22_loss: 3.7173 - fullc-23_loss: 4.0948 - fullc-
24_loss: 4.0394 - fullc-25_loss: 4.1424 - fullc-26_loss: 4.1446 - fullc-27_loss:
4.0660 - fullc-21_accuracy: 0.0000e+00 - fullc-22_accuracy: 0.0400 - fullc-
23_accuracy: 0.0500 - fullc-24_accuracy: 0.0000e+00 - fullc-25_accuracy: 0.0200
- fullc-26_accuracy: 0.0300 - fullc-27_accuracy: 0.0000e+00
Epoch 2/30
100/100 [==============================] - 6s 56ms/sample - loss: 25.5387 -
```

```
fullc-21_loss: 3.5740 - fullc-22_loss: 3.5080 - fullc-23_loss: 3.7624 - fullc-24_loss: 3.7340 - fullc-25_loss: 3.6071 - fullc-26_loss: 3.6843 - fullc-27_loss: 3.5957 - fullc-21_accuracy: 0.0500 - fullc-22_accuracy: 0.0900 - fullc-23_accuracy: 0.0800 - fullc-24_accuracy: 0.0200 - fullc-25_accuracy: 0.0800 - fullc-26_accuracy: 0.0600 - fullc-27_accuracy: 0.0600
…
Epoch 29/30
100/100 [==============================] - 6s 56ms/sample - loss: 0.0197 - fullc-21_loss: 2.3399e-04 - fullc-22_loss: 2.4887e-04 - fullc-23_loss: 0.0136 - fullc-24_loss: 5.2279e-04 - fullc-25_loss: 3.4190e-04 - fullc-26_loss: 4.3551e-04 - fullc-27_loss: 1.9057e-04 - fullc-21_accuracy: 1.0000 - fullc-22_accuracy: 1.0000 - fullc-23_accuracy: 0.9900 - fullc-24_accuracy: 1.0000 - fullc-25_accuracy: 1.0000 - fullc-26_accuracy: 1.0000 - fullc-27_accuracy: 1.0000
Epoch 30/30
100/100 [==============================] - 6s 56ms/sample - loss: 0.0018 - fullc-21_loss: 1.2777e-04 - fullc-22_loss: 8.3057e-05 - fullc-23_loss: 7.0773e-04 - fullc-24_loss: 1.3332e-04 - fullc-25_loss: 1.4247e-04 - fullc-26_loss: 2.0071e-04 - fullc-27_loss: 1.0777e-04 - fullc-21_accuracy: 1.0000 - fullc-22_accuracy: 1.0000 - fullc-23_accuracy: 1.0000 - fullc-24_accuracy: 1.0000 - fullc-25_accuracy: 1.0000 - fullc-26_accuracy: 1.0000 - fullc-27_accuracy: 1.0000
```

由上述日志可知，车牌识别任务共训练 30 轮，训练的图像数据为 100 张生成的车牌图像，神经网络每训练 100 张图像，就输出一次损失值与预测精度的数据。开始训练时，每个车牌号的损失值与预测精度值比较高，随着训练的进行逐步降低，在神经网络训练到 100 次的时候，预测精度达到了 100%，这是由于数据集的样本较少，但是从输出的日志可以看出车牌识别任务的模型在一定的误差允许范围内，可以进行车牌识别。

TensorBoard 记录了车牌识别损失值的变化曲线，如图 10.3 所示，图 10.3(a)~(g)分别为车牌识别模型训练过程中生成的 7 个车牌字符的损失函数值，由损失值变化趋势可知，随着训练过程的进行，车牌识别的损失值逐渐降低并趋于 0 附近，说明模型逐渐收敛，预测值与理论值的偏差逐渐减小。

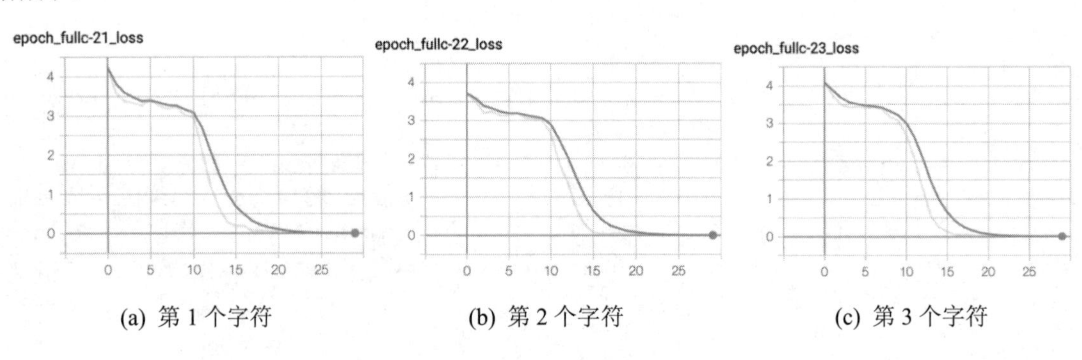

(a) 第 1 个字符　(b) 第 2 个字符　(c) 第 3 个字符

图 10.3　车牌号损失值

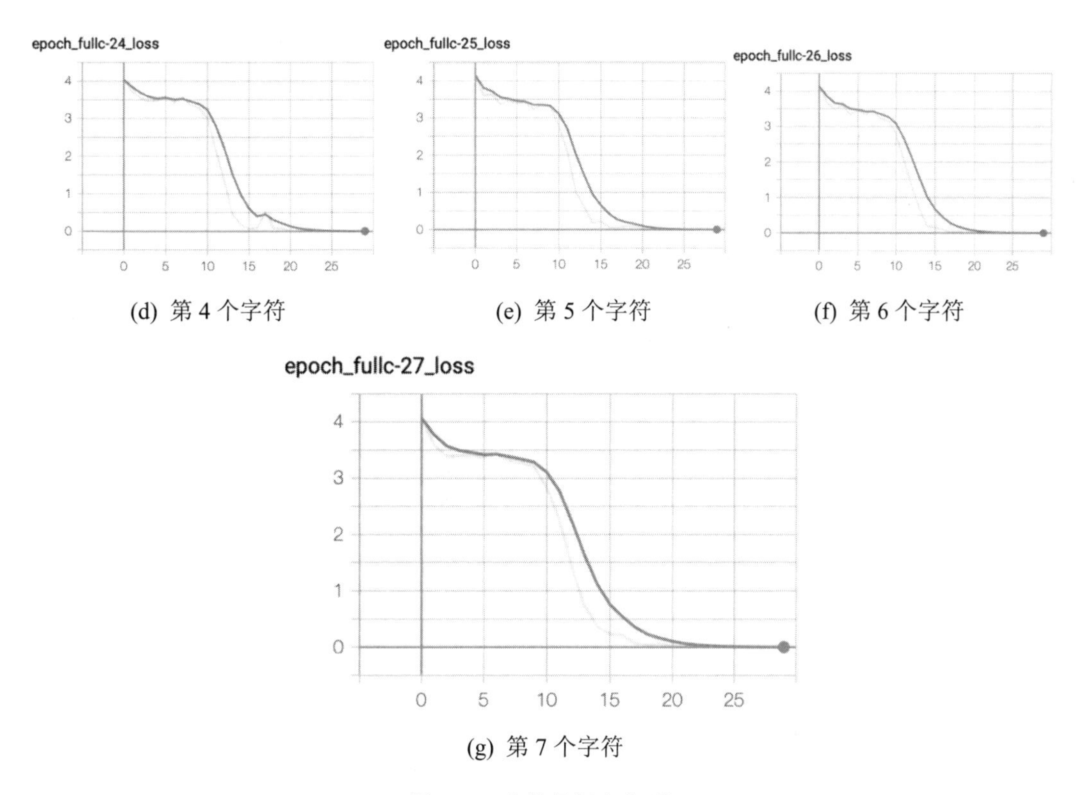

(d) 第 4 个字符　(e) 第 5 个字符　(f) 第 6 个字符

(g) 第 7 个字符

图 10.3　车牌号损失值(续)

车牌识别神经网络模型的另一个评估指标可以使用模型预测精确度，同样模型精确度数据可以保存到日志文件中，通过 TensorBoard 解析日志文件，获得图 10.4 所示的车牌识别预测精确度曲线。图 10.4(a)~(g)分别表示 7 个车牌的预测精确度，随着训练过程的进行，训练参数的更新，模型预测车牌的精确度逐渐提升，并最终稳定在 90%~100%之间，说明车牌识别卷积神经网络充分“学习”到了车牌号图像的特征，在一定误差范围内可以有效地识别出指定图像中的车牌号。

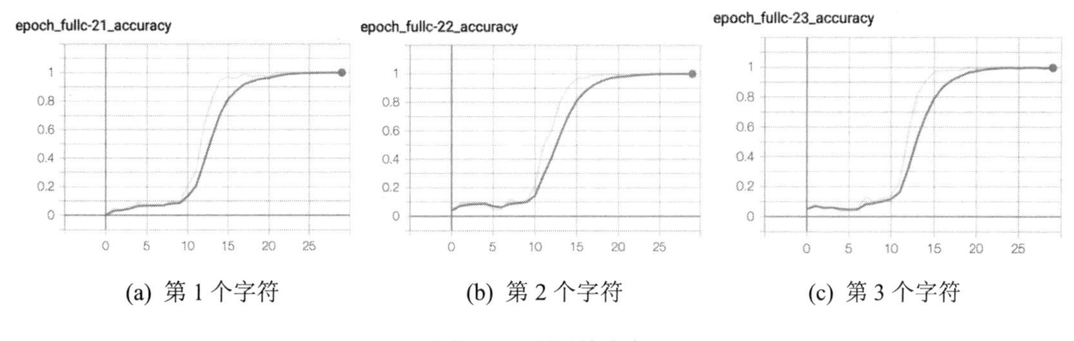

(a) 第 1 个字符　(b) 第 2 个字符　(c) 第 3 个字符

图 10.4　预测精确度

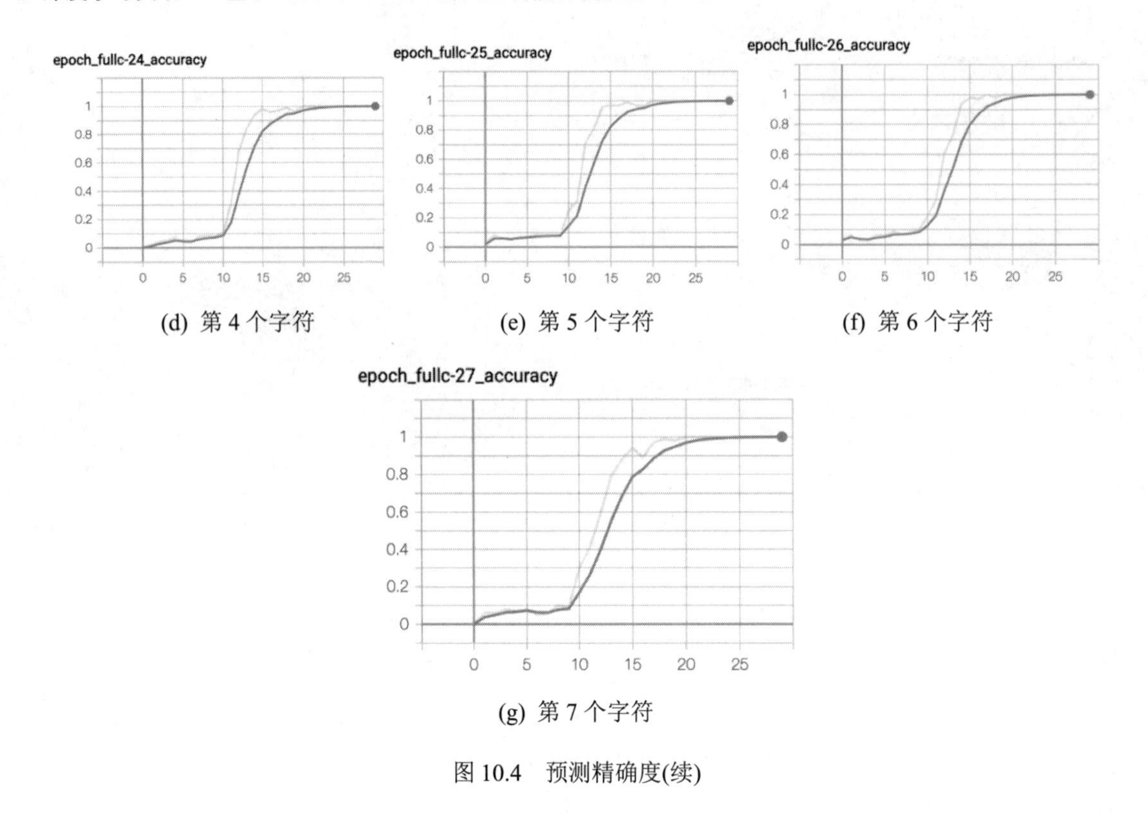

(d) 第 4 个字符　(e) 第 5 个字符　(f) 第 6 个字符

(g) 第 7 个字符

图 10.4　预测精确度(续)

10.5　神经网络预测

车牌识别卷积神经网络模型持久化后，通过读取保存模型即可完成车牌号识别。车牌识别测试时，需要准备一张使用代码生成的车牌号图片，载入模型后，通过神经网络提取图像特征，可预测并输出该图片中的车牌号码。

10.5.1　载入模型及预测

使用持久化的车牌号识别卷积神经网络模型预测车牌号，需先利用 OpenCV 读取车牌图像，因为在生成图像的过程中，使用了 OpenCV，所以在预测车牌号时仍旧使用 OpenCV。虽然 TensorFlow 提供了图像读取功能，但是与 OpenCV 不同的是，TensorFlow 默认将图像处理为[R,G,B]的图像矩阵，而 OpenCV 默认将图像处理为[B,G,R]的图像矩阵，为简单起见，直接使用 OpenCV 读取图像。图像预处理之后，载入持久化的神经网络模型，即可提取车牌图像特征，生成图像内容的标签信息。Keras 载入模型及预测分为三个过程，下面分别介绍，详细解析见注释部分，代码可参见文件【chapter10\keras_plr.py】。

1. 载入模型

车牌识别卷积神经网络载入模型参数后首先检查是否是最新模型版本，如果不是则载入最新版本模型的参数，其实现代码如下，详细解析见注释部分。

```
def load_model(model, model_path):
    """载入模型
    参数:
        model: 神经网络实例
        model_path: 模型文件路径
    返回:
        无
    """
    # 检查最新模型
    latest = tf.train.latest_checkpoint(model_path)
    print("latest:{}".format(latest))
    # 载入模型
    model.load_weights(latest)
```

2. 预测

载入最新版本模型参数后，此时的神经网络便具备了预测功能。将图像数据输入到神经网络中，即可获取车牌的预测数据矩阵，其实现代码如下，详细解析见注释部分。

```
def prediction(model, model_path, inputs):
    """神经网络预测
    参数:
        model: 神经网络实例
        model_path: 模型文件路径
        inputs: 输入数据
    返回:
        pres: 预测值
    """
    # 载入模型
    load_model(model, model_path)
    # 预测值
    pres = model.predict(inputs)
    # print("prediction:{}".format(pres))
    # 返回预测值
    return pres
```

3. 预测结果

车牌识别预测结果是车牌号及车牌号索引，其中车牌号索引用于计算混淆矩阵及绘制混淆矩阵图像，其实现代码如下，详细解析见注释部分。

```
def plate_license(prediction):
    """依据预测标签生成车牌号
    参数:
        prediction: 车牌号预测标签
    返回:
        pl: 车牌号
        max_index: 车牌号索引
    """
    pre = np.reshape(prediction, (-1, 65))
    max_index = np.argmax(pre, axis=1)
    pl = ""
    for i in range(pre.shape[0]):
        if i == 0:
            result = np.argmax(pre[i][0:31])
        if i == 1:
            result = np.argmax(pre[i][41:65])+41
        if i > 1:
            result = np.argmax(pre[i][31:65])+31
        pl += chars[result]
    return pl, max_index
```

10.5.2 预测结果分析

车牌预测使用的车牌号为赣 A・EZG8V，如图 10.5 所示，该图由代码生成，添加了轻微畸变和模糊处理，接近真实场景拍摄的车牌图像。车牌预测结果从两个方面展示：①混淆矩阵，判断预测结果是否准确；②车牌号，更加直观地观测预测结果。

图 10.5 测试车牌

1. 混淆矩阵预测结果

由 3.5.1 节混淆矩阵可知，车牌识别的混淆矩阵为 65×65 的方阵，因为车牌字符分类共有 65 个。预测车牌及绘制车牌识别的混淆矩阵代码如下，详细解析见注释部分，可参见代码文件【chapter10\keras_plr.py】。

```
def confusion_matrix(model, model_path, inputs, evals):
    """混淆矩阵可视化
    参数:
```

```
        model: 神经网络实例
        inputs: 输入数据
        evals: 车牌号(标签值)
        model_path: 模型文件路径
    返回:
        pres: 预测值
        confusion_mat: 混淆矩阵
    """
    # 预测值
    pres = prediction(model, model_path, inputs)
    pres = np.reshape(pres, (-1, 65))
    pres = tf.math.argmax(pres, 1)
    # 车牌号标签值索引
    index_code = []
    datas = [data for data in evals.strip()]
    # 生成标签值索引
    for data in datas:
        index_code.append(index.get(data))
    labels = np.array(index_code,dtype=np.uint8)
    # 生成混淆矩阵
    confusion_mat = tf.math.confusion_matrix(labels, pres)
    # 获取矩阵维度
    num = tf.shape(confusion_mat)[0]
    # 图像写入绘图区
    # plt.imshow(confusion_mat, cmap=plt.cm.Blues)
    plt.matshow(confusion_mat, cmap="viridis")
    # 添加标题
    plt.title("车牌识别混淆矩阵",fontproperties=font)
    # 保存图像
    plt.savefig("./images/confusion_matrix.png", format="png", dpi=300)
    # 展示图像
    plt.show()
    return pres, confusion_mat
```

运行结果如下。

```
车牌识别混淆矩阵
混淆矩阵维度: (65, 65)
[[0 0 0 ... 0 0 0]
 [0 0 0 ... 0 0 0]
 [0 0 0 ... 0 0 0]
 ...
 [0 0 0 ... 0 0 0]
```

```
[0 0 0 ... 0 0 0]
[0 0 0 ... 0 0 1]]
```

由运行结果可知，65×65 的二维混淆矩阵图像如图 10.6 所示，图中方块为车牌号索引坐标，是主对角线部分，共有 7 个，因此，预测值与标签值吻合，预测准确。

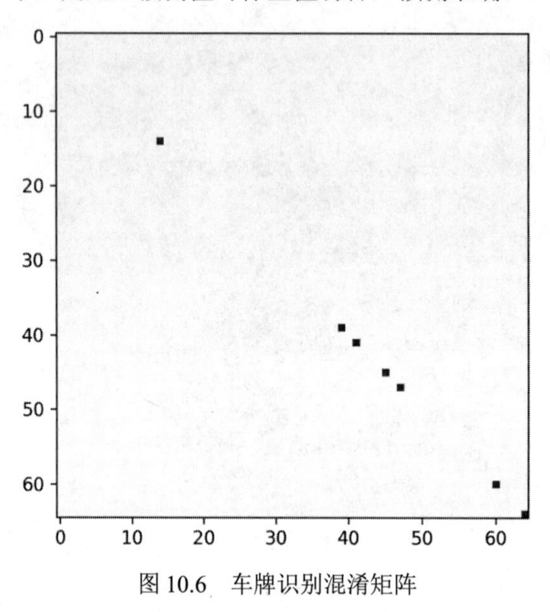

图 10.6 车牌识别混淆矩阵

2. 车牌号结果

将图 10.5 载入预测程序，处理结果如下。

```
====车牌号预测结果====
车牌标签: [14 41 45 64 47 39 60]
车牌号: 赣AEZG8V
```

由预测结果可知，预测的 7 位车牌标签分别为 14、41、45、64、47、39 和 60，通过标签索引即可获得对应的车牌号，预测的车牌号为：赣 A • EZG8V，与实际车牌号一致，说明此次训练的车牌号神经网络模型可实现车牌号的预测。

当使用该模型进行真实场景拍摄的车牌图像预测时，其预测结果与车牌号实际内容却差别较大，预测准确度较低。因为本次车牌号识别使用的图像是代码自动生成的，在实验室环境下验证了卷积神经网络结构的正确性，当需要进行实际生活场景的车牌识别时，可通过实地拍摄车牌号，使用本次设计的网络结构进行训练，即可达到与实验室场景一致的识别效果。

10.5.3 主程序结构

前面介绍的车牌识别是对详细功能的分解，虽然很详细，但是却很分散，不易于读者理解。下面将主程序展示如下，有助于理解完整的车牌识别过程，可参见代码文件【chapter10\

keras_lpr.py】。

```
import tensorflow as tf
from tensorflow import keras
from tensorflow.keras import layers
import matplotlib.pyplot as plt
from input_data import OCRIter
from datetime import datetime
import numpy as np
from genplate import GenPlate
import cv2
from matplotlib.font_manager import FontProperties
font = FontProperties(fname="/Library/Fonts/Songti.ttc",size=8)

batch_size = 8
image_h = 72
image_w = 272
num_label = 7
channels = 3

chars = ["京", "沪", "津", "渝", "冀", "晋", "蒙", "辽", "吉", "黑", "苏", "浙",
    "皖", "闽", "赣", "鲁", "豫", "鄂", "湘", "粤", "桂", "琼", "川", "贵", "云",
    "藏", "陕", "甘", "青", "宁", "新", "0", "1", "2", "3", "4", "5", "6", "7",
    "8", "9", "A", "B", "C", "D", "E", "F", "G", "H","J", "K", "L", "M", "N",
    "P", "Q", "R", "S", "T", "U", "V", "W", "X", "Y", "Z"]

index = {"京": 0, "沪": 1, "津": 2, "渝": 3, "冀": 4, "晋": 5, "蒙": 6, "辽": 7,
    "吉": 8, "黑": 9, "苏": 10, "浙": 11, "皖": 12, "闽": 13, "赣": 14, "鲁": 15,
    "豫": 16, "鄂": 17, "湘": 18, "粤": 19, "桂": 20, "琼": 21, "川": 22, "贵": 23,
    "云": 24, "藏": 25, "陕": 26, "甘": 27, "青": 28, "宁": 29, "新": 30, "0": 31,
    "1": 32, "2": 33, "3": 34, "4": 35, "5": 36, "6": 37, "7": 38, "8": 39, "9":
    40, "A": 41, "B": 42, "C": 43, "D": 44, "E": 45, "F": 46, "G": 47, "H": 48,
    "J": 49, "K": 50, "L": 51, "M": 52, "N": 53, "P": 54, "Q": 55, "R": 56, "S":
    57, "T": 58, "U": 59, "V": 60, "W": 61, "X": 62, "Y": 63, "Z": 64}

def get_batch(batch_size):
    """生成批量训练数据
    参数:
        batch_size: 每批量图像个数
    返回:
        image_batch_: 批量图像数据列表
        labels: 批量标签列表，7×batch×65
    """
```

```
    data_batch = OCRIter(batch_size, image_h, image_w)
    image_batch, label_batch = data_batch.iter()
    image_batch_ = np.array(image_batch)
    label_batch_ = np.array(label_batch)
    # 保存车牌图像
    for i in range(batch_size):
        pl = ""
        labels = label_batch_[i]
        for j in labels:
            pl += chars[j]
        # 图像数据转为 0~255
        img = np.multiply(image_batch_[i],255)
        cv2.imwrite("./train_images/"+pl+".jpg", img)
    # 生成标签数据，7 组标签
    labels = np.zeros([7, batch_size, 65])
    # 生成标签，车牌号位置置 1
    for i in range(batch_size):
        for j in range(7):
            labels[j,i,label_batch_[i][j]] = 1

    return image_batch_, [label for label in labels]

def compile_model(model):
    """神经网络参数配置
    参数:
        model: 神经网络实例
    返回:
        无
    """
    model.compile(
        optimizer=tf.keras.optimizers.Adam(learning_rate=0.001),
        loss=tf.keras.losses.CategoricalCrossentropy(),
        metrics=["accuracy"]
    )

def create_model():
    """使用 Keras 新建神经网络
    参数:
        无
    返回:
        model: 神经网络实例
    """
    # 输入层
```

```
inputs = tf.keras.Input(shape=(72, 272, 3), name="inputs")
# 卷积层-1
layer1 = layers.Conv2D(
    32,
    (3,3),
    activation=tf.nn.relu,
    name="conv-1")(inputs)
# 卷积层-2
layer2 = layers.Conv2D(
    32,
    (3,3),
    activation=tf.nn.relu,
    name="conv-2")(layer1)
# 最大池化层-1
layer3 = layers.MaxPooling2D(
    (2,2),
    name="max-pooling-1")(layer2)
# 卷积层-3
layer4 = layers.Conv2D(
    64,
    (3,3),
    activation=tf.nn.relu,
    name="conv-3")(layer3)
# 卷积层-4
layer5 = layers.Conv2D(64,(3,3),
    activation=tf.nn.relu,
    name="conv-4")(layer4)
# 最大池化层-2
layer6 = layers.MaxPooling2D(
    (2,2),
    name="max-pooling-2")(layer5)
# 卷积层-5
layer7 = layers.Conv2D(
    128,
    (3,3),
    activation=tf.nn.relu,
    name="conv-5")(layer6)
# 卷积层-6
layer8 = layers.Conv2D(
    128,
    (3,3),
    activation=tf.nn.relu,
    name="conv-6")(layer7)
```

```
    # 最大池化层-3
    layer9 = layers.MaxPooling2D(
        (2,2),
        name="max-pooling-3")(layer8)
    # 全连接层-1
    layer10 = layers.Flatten(name="fullc-1")(layer9)
    # 输出，全连接层-21~27
    outputs = [
        layers.Dense(
            65,
            activation=tf.nn.softmax,
            name="fullc-2{}".format(i+1))(layer10) for i in range(7)]
    # 模型实例化
    model = tf.keras.Model(inputs=inputs, outputs=outputs, name="PLR-CNN")
    # 配置优化器和损失函数
    compile_model(model)
    return model

def display_nn_structure(model, nn_structure_path):
    """展示神经网络结构
    参数:
        model: 神经网络对象
        nn_structure_path: 神经网络结构保存路径
    返回:
        无
    """
    model.summary()
    keras.utils.plot_model(model, nn_structure_path, show_shapes=True)

def callback_only_params(model_path):
    """保存模型回调函数
    参数:
        model_path: 模型文件路径
    返回:
        ckpt_callback: 回调函数
    """
    ckpt_callback = tf.keras.callbacks.ModelCheckpoint(
        filepath=model_path,
        verbose=0,
        save_weights_only=True,
        save_freq='epoch'
    )
    return ckpt_callback
```

```
def tb_callback(model_path):
    """保存 TensorBoard 日志回调函数
    参数:
        model_path: 模型文件路径
    返回:
        tensorboard_callback: 回调函数
    """
    tensorboard_callback = tf.keras.callbacks.TensorBoard(
        log_dir=model_path,
        histogram_freq=1,
        write_images=True)
    return tensorboard_callback

def train_model(model, inputs, outputs, model_path, log_path):
    """训练神经网络
    参数:
        model: 神经网络实例
        inputs: 输入数据
        outputs: 输出数据
        model_path: 模型文件路径
        log_path: 日志文件路径
    返回:
        无
    """
    # 回调函数
    ckpt_callback = callback_only_params(model_path)
    # TensorBoard 回调
    tensorboard_callback = tb_callback(log_path)
    # 保存参数
    model.save_weights(model_path.format(epoch=0))
    # 训练模型，并使用最新模型参数
    history = model.fit(
            inputs,
            outputs,
            epochs=30,
            callbacks=[ckpt_callback, tensorboard_callback],
            verbose=1
            )

def load_model(model, model_path):
    """载入模型
    参数:
```

```
        model: 神经网络实例
        model_path: 模型文件路径
    返回:
        无
    """
    # 检查最新模型
    latest = tf.train.latest_checkpoint(model_path)
    print("latest:{}".format(latest))
    # 载入模型
    model.load_weights(latest)

def prediction(model, model_path, inputs):
    """神经网络预测
    参数:
        model: 神经网络实例
        model_path: 模型文件路径
        inputs: 输入数据
    返回:
        pres: 预测值
    """
    # 载入模型
    load_model(model, model_path)
    # 预测值
    pres = model.predict(inputs)
    # print("prediction:{}".format(pres))
    # 返回预测值
    return pres

def read_image(image_path):
    """读取图像
    参数:
        image_path: 图像路径
    返回:
        image_datas: 图像 BGR 矩阵数据
    """
    # 读取图像，BGR 格式
    image = cv2.imread(image_path)
    # image = cv2.cvtColor(image, cv2.COLOR_BGR2RGB)
    # 0~255 转为 0~1 数据
    img = np.multiply(image,1/255.0)
    # 添加数据维度，四维数据[batch, height, width, channels]
    image_datas = np.array([img])
```

```
    return image_datas

def plate_license(prediction):
    """依据预测标签生成车牌号
    参数:
        prediction: 车牌号预测标签
    返回:
        pl: 车牌号
        max_index: 车牌号索引
    """
    pre = np.reshape(prediction, (-1, 65))
    max_index = np.argmax(pre, axis=1)
    pl = ""
    for i in range(pre.shape[0]):
        if i == 0:
            result = np.argmax(pre[i][0:31])
        if i == 1:
            result = np.argmax(pre[i][41:65])+41
        if i > 1:
            result = np.argmax(pre[i][31:65])+31
        pl += chars[result]
    return pl, max_index

def confusion_matrix(model, model_path, inputs, evals):
    """混淆矩阵可视化
    参数:
        model: 神经网络实例
        inputs: 输入数据
        evals: 车牌号(标签值)
        model_path: 模型文件路径
    返回:
        pres: 预测值
        confusion_mat: 混淆矩阵
    """
    # 预测值
    pres = prediction(model, model_path, inputs)
    pres = np.reshape(pres, (-1, 65))
    pres = tf.math.argmax(pres, 1)
    # 车牌号标签值索引
    index_code = []
    datas = [data for data in evals.strip()]
    # 生成标签值索引
    for data in datas:
```

```
        index_code.append(index.get(data))
    labels = np.array(index_code,dtype=np.uint8)
    # 生成混淆矩阵
    confusion_mat = tf.math.confusion_matrix(labels, pres)
    # 获取矩阵维度
    num = tf.shape(confusion_mat)[0]
    # 图像写入绘图区
    plt.imshow(confusion_mat, cmap=plt.cm.Blues)
    # plt.matshow(confusion_mat, cmap="viridis")
    # 添加标题
    plt.title("车牌识别混淆矩阵",fontproperties=font)
    # 保存图像
    plt.savefig("./images/confusion_matrix.png", format="png", dpi=300)
    # 展示图像
    plt.show()
    return pres, confusion_mat

if __name__ == "__main__":
    stamp = datetime.now().strftime("%Y%m%d-%H:%M:%S")
    model_path = "./models/lpr-cnn"+stamp
    log_path = "./logs/lpr-cnn"+stamp
    model = create_model()
    model.summary()
    cnn_image_path = "./images/plr-cnn.png"
    # display_nn_structure(model, cnn_image_path)
    inputs, outputs = get_batch(100)
    # 训练
    train_model(
            model,
            inputs,
            outputs,
            model_path,
            log_path)
    # 预测
    model_path = "./models/"
    image_path = "./testImage/赣AEZG8V.jpg"
    images_datas = np.array(read_image(image_path))
    evals = "赣AEZG8V"
    pre = prediction(model, model_path, images_datas)
    pl,max_index = plate_license(pre)
    print("====车牌号预测结果====")
    print("车牌标签:",max_index)
    print("车牌号:", pl)
```

```
# 混淆矩阵
pres, confusion_mat = confusion_matrix(model, model_path, images_datas,
    evals)
print("车牌识别混淆矩阵")
print("混淆矩阵维度:",confusion_mat.shape)
# np.set_printoptions(threshold=np.inf)
print(confusion_mat.numpy())
```

10.6 小　　结

本章讲解了车牌识别的实现过程。车牌识别包括 5 个部分，分别为实验数据准备、卷积神经网络搭建、训练神经网络、保存训练模型和车牌识别预测，其中，车牌识别的实验数据是通过代码生成的，在实验室条件下，验证了卷积神经网络的有效性，使用真实数据也可以达到较高的识别率。

第 11 章　智能中文对话机器人

智能对话机器人是聊天机器人的一种，聊天机器人是通过语音或文本进行对话的计算机程序或人工智能。聊天机器人的起源可追溯到 20 世纪五六十年代，该研究起源于图灵于 1950 年在 Mind 上发表的文章 *Computing Machinery and Intelligence* (计算机与智能)。文章提出了“机器能思考吗？”的问题，并且通过让机器参与一个模仿游戏(Imitation Game)来验证“机器”能否思考，进而提出了经典的图灵测试(Turing test)。图灵测试被认为是人工智能的终极目标，图灵本人因此被称作人工智能之父。聊天机器人可分为两个时代，即前人工智能时代和人工智能时代。20 世纪的聊天机器人是前人工智能时代，共分为三个时期，第一个时期，麻省理工学院约瑟夫·魏泽鲍姆(Joseph Weizenbaum)开发的聊天机器人 ELIZA 用于临床治疗，作为心理医生为病人提供心理疏导服务，此时的 ELIZA 通过关键词匹配和特定的回复规则完成对话。第二个时期，加州大学伯克利分校的罗伯特·韦林斯基(Robert Wilensky)等人开发了 UC(UNIX Consultant，UC)聊天机器人系统，此系统具有一定的专业辅导性质，帮助用户学习及使用 UNIX 操作系统，具备分析用户语言、指导用户操作及规划的功能，并可以根据用户对 UNIX 系统的熟悉程度进行建模。第三个时期，理查德·华勒斯(Richard S. Wallace)博士在 ELIZA 聊天机器人的启发下，开发了 ALICE(Artificial Linguistic Internet Computer Entity)系统，该系统采用启发式模板匹配策略，是同类型聊天机器人中性能最好的系统之一。21 世纪是人工智能迅猛发展的时代，聊天机器人技术同样发展迅速。其中，效果较好、使用较广泛的聊天机器人采用机器学习技术，如检索式聊天机器人，通过用户输入的信息，机器人在已有的对话语料库中使用排序学习和深度匹配技术找到适合当前问题的最佳回复；生成式聊天机器人则是利用编码-解码技术生成回复内容，若语料库丰富，则机器人的回复较接近人类的回复。

聊天机器人主要应用于在线客服、娱乐、教育、智能问答和个人助理等。其中，在线客服机器人主要用于自动回复用户的问题和具有固定答案的重复性问题，如产品功能、门店地址等；娱乐型机器人实现对用户的精神陪伴、情感慰藉和心理疏导；教育类机器人对用户进行知识辅导；智能问答类机器人则是比较高级的机器人，完成智能对话、辅助决策等任务。本章的聊天机器人利用适量的语料，通过人工智能的自动生成技术，训练了一个智能问答文本机器人。

11.1　神经网络结构及解析

智能问答机器人使用的神经网络与图像处理神经网络有所不同，数据源不同，提取信息的网络结构也不同，智能问答机器人使用的是循环神经网络。

11.1.1　循环神经网络结构解析

循环神经网络是神经网络的一种，此类神经网络主要用于挖掘数据中的时序信息和语义信息的深度表达，应用领域主要有语音识别、语音模型和机器翻译等，因此智能应答的文本机器人使用循环神经网络。经典循环神经网络单层结构如图 11.1 所示。

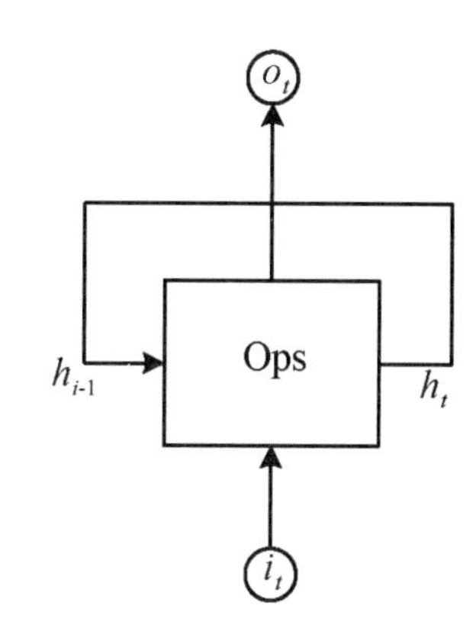

图 11.1　经典循环神经网络单层结构

由图 11.1 可知，循环神经网络中的参数都有一个时间标志，输入数据、输出数据、隐藏层数据均是某一时刻的值，可以很好地解决有关时间序列的问题。循环神经网络某一时刻的输出值由当前时刻的输入数据、上一时刻的隐藏层数据经过计算规则 Ops 计算获取的，并作为下一层隐藏层的数据，如此循环计算，构成一个循环计算的神经网络“链条”，如图 11.2 所示。图 11.2 中的每个循环神经网络单元可以解析一个字符，刚好可以处理对话语料的多字符输入与输出，其中，问题语料构成输入，答案语料构成输出，形成了序列到序列的字符对应机制。

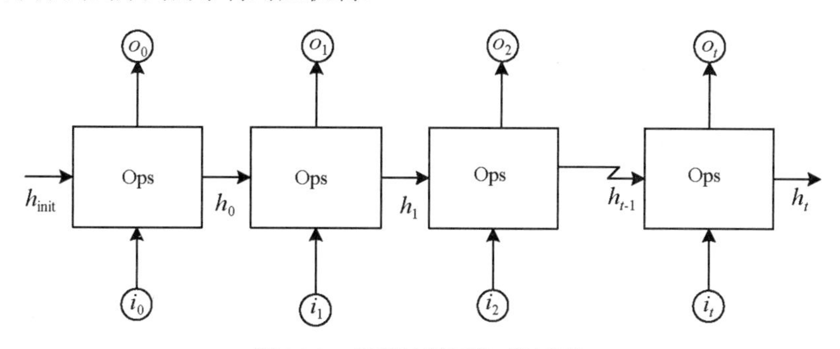

图 11.2　循环神经网络“链条”

11.1.2　序列到序列及注意力机制解析

序列到序列方法是 Google 工程师在英语翻译法语的任务中提出并成功应用的。翻译任务与对话任务相似，均是一问一答形式，翻译使用的是两种语言，单纯的对话使用同一种语言，因此，智能对话机器人同样可以使用序列到序列方式进行模型训练。序列到序列结构如图 11.3 所示。其数据处理由两部分组成，即编码网络和解码网络，其中编码网络是一个独立的循环神经网络，解码网络也是一个独立的循环神经网络，编码网络与解码网络之间通过公隐藏层和最后一个时刻的输出进行信息传递。其中，c 为编码网络最后一个时刻的输出，作为解码网络第一时刻的输入；c 作为编码网络的隐藏层数据，也作为解码网络的第一时刻的隐藏层输入，解码网络其他时刻的输入为前一时刻的输出。

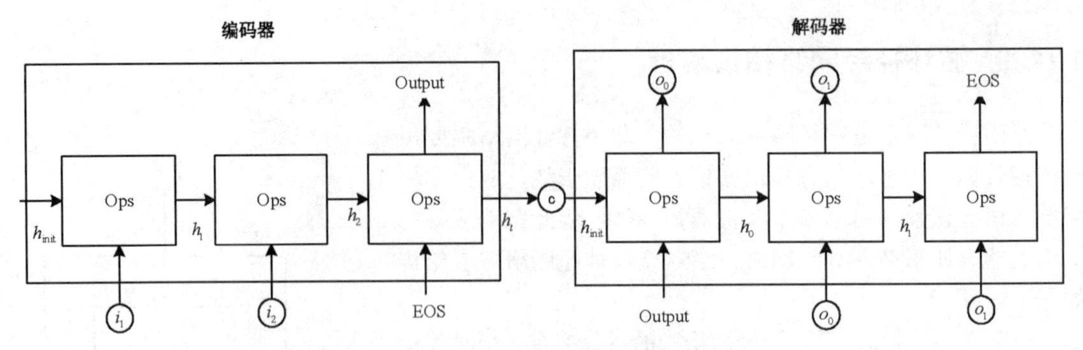

图 11.3　序列到序列编码-解码网络

由于使用了序列到序列机制，语料中的每个词对输出结果都有影响，在序列到序列编码和解码的过程中，每个词的影响因子都是相同的，而实际的语料会出现无效的词，虽然序列到序列可以高效解析每个词的信息，但是无效信息同样会夹杂到隐藏层信息中，降低解码的准确度。因此需要对语料进行进一步加工，处理原理比较容易理解，即给不同的词赋予权重，权重在训练过程中不断调整，有利于提高解码准确度，该方法称为注意力模型(Attention Model)。注意力模型公式如下：

$$c_i = \sum_{j=1}^{T_x} \alpha_{ij} h_j \tag{11-1}$$

其中，i 为问题序号，j 为问题中的词向量序号，T_x 为词向量长度。

由式(11-1)可知，注意力模型对隐藏层输出做了加权求和计算，每个隐藏层输出引入了权重系数，以调节隐藏层输出的比重。注意力模型结构如图 11.4 所示，每个嵌入的词向量设置了不同的权重，在训练过程中，不断更新权重，对输出结果重要的词，权重较大，反之较小。引入注意力模型的词向量编码过程，将隐藏层输出进行权重计算后，将结果作为解码器的隐藏层初始值，训练的循环网络模型将“注意力”放在了权重更大的参数上，提高了模型生成正确答案的概率。

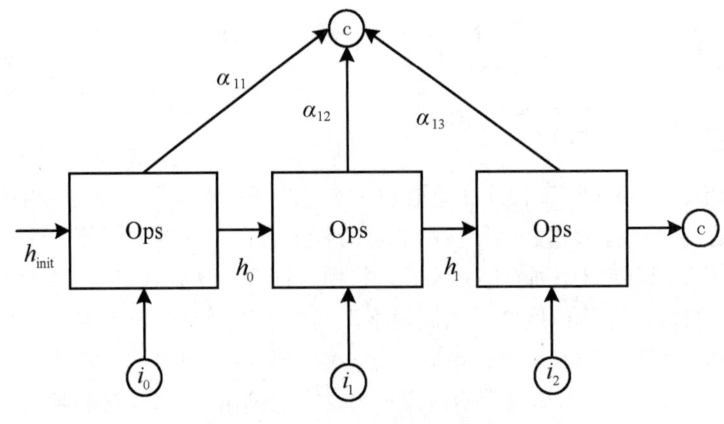

图 11.4　注意力模型

11.2　对话数据集预处理

本章使用的对话数据集是网上公开的“小黄鸡”对话语料，该语料有自身的统计规则，为了使这些语料符合训练使用的数据格式，需要对这些语料进行进一步处理，生成训练所需的标准对话语料。

11.2.1　提取问答语料

问答语料提取是从对话语料数据集中提取有效的问答语料。原始问答语料与目标对话语料格式如表 11.1 所示。

表 11.1　原始语料与目标语料格式

原始语料格式	目标语料格式
E	
M 呵呵	呵呵
M 是王若猫的。	是王若猫的。
E	
M 不是	不是
M 那是什么？	那是什么？
E	
M 怎么了	怎么了
M 我很难过，安慰我~	我很难过，安慰我~

需要将原始对话语料中的 E 和 M 剔除，留下有效的问答对话语料，代码处理如下，详细解析见注释部分，代码可参见文件【chapter11\dialog_cut.py】。

```
import re

def process_cut(source_path, cut_path):
    '''提取完整对话集
    参数：
        source_path：原始语料路径
        cut_path：保存剪切后的数据路径
    返回：
        conv：标准问答语料集
    '''
    # 完整对话集
    convs = []
    with open(source_path, 'r', encoding='utf8') as f:
        # 读取原始语料数据集，获取所有文件
        # 完整对话集，包含问题和答案
```

```
        complete_dialog = []
        # 遍历所有数据
        for line in f:
            '''删除换行符: \n'''
            line = line.strip('\n')
            line = re.sub("[\s+\.\!\/_,$%?^*(+\"\']+|[+——!,。?、~@#￥%……&*()
                ""]+", "",line)
            # 若为空则不保存
            if line == "":
                continue
            # 若为E，则保存
            if line[0] == "E":
                if complete_dialog:
                    '''若判断为E标志，将问答语句填充到语料库convs.'''
                    convs.append(complete_dialog)
                    '''存储一组对话后，清空当前对话，为下一组对话存储准备'''
                    complete_dialog = []
            # 若为M，则保存
            if line[0] == 'M':
                #若为M则提取对话内容，存储到单独对话库complete_dialog
                complete_dialog.append(line[1:])
    # 返回问答语料集
    return convs

if __name__ == "__main__":
    # 原始语料路径
    source_path = "./data/source_data.conv"
    convs = process_cut(source_path, None)
    print("convs:",convs)
```

运行结果如下。

```
问题答案对话集: [[' 呵呵', ' 是王若猫的。'], [' 不是', ' 那是什么？'], [' 怎么了', ' 我很难过，安慰我~'], [' 开心点哈,一切都会好起来', ' 嗯 会的'], [' 我还喜欢她,怎么办', ' 我帮你告诉她？发短信还是打电话？'], [' 短信', ' 嗯嗯。我也相信'], [' 你知道谁吗', ' 肯定不是我，是阮德培'], [' 许兵是谁', ' 吴院四班小帅哥'], [' 许兵是傻瓜', ' 被你发现了。'], [' 许兵是谁', ' 是我善良可爱的主人的老公啊'], [' 许兵是谁', ' 是穆森的老婆啊'], [' 许兵是谁', ' 奇葩']]
```

由运行结果可知，上述代码完成了问答语料初步筛选，将有效的问题和答案提取出来，并整理成一个问题对应一个答案的形式。

11.2.2 生成问题和答案语料数据集

上面介绍了从原始对话语料中提取有效的问题和答案语料。在获取有效的对话语料后，需要将问题和答案分开，形成问题语料和答案语料，详细格式如表 11.2 所示。

表 11.2 问题语料和答案语料格式

问题语料格式	答案语料格式
不是	那是什么
怎么了	我很难过安慰我
开心点哈一切都会好起来	嗯会的
短信	嗯嗯我也相信
你知道谁吗	肯定不是我是阮德培

处理代码如下，详细解析见注释部分，代码可参见文件【chapter11\question_answer.py】。

```
def question_answer(convs):
    """提取问题和答案，整理为问题数据集和答案数据集
    参数:
        convs: 问题和答案数据集，问答形式
    返回:
        questions: 问题数据集
        answers: 答案数据集
    """
    # 问题数据集
    questions = []
    # 答案数据集
    answers = []
    # 遍历问题答案数据集
    for conv in convs:
        # 判断问答对话是否有数据
        if len(conv) == 1:
            continue
        # 判断问答数据对是否为一问一答形式
        if len(conv) % 2 != 0:
            # 若问答语句不是一问一答形式，丢弃最后一个问题
            conv = conv[:-1]
        for i in range(len(conv)):
            if i % 2 == 0:
                questions.append("<start> "+" ".join(conv[i])+" <end>")
            else:
                answers.append("<start> "+" ".join(conv[i])+" <end>")
    # 返回问题和答案数据集
    return questions, answers
if __name__ == "__main__":
    # 语料数据集
    source_path = "./data/source_data.conv"
    # 数据集提取
    convs = process_cut(source_path, None)
    questions, answers = question_answer(convs)
```

运行结果如下。

```
questions: [' 呵呵', ' 不是', ' 怎么了', ' 开心点哈,一切都会好起来', ' 我还喜欢她,怎么办
', ' 短信', ' 你知道谁吗', ' 许兵是谁', ' 这么假', ' 许兵是傻瓜', ' 许兵是谁', ' 许兵是谁
', ' 许兵是谁']
 answers: [' 是王若猫的。', ' 那是什么？', ' 我很难过，安慰我~', ' 嗯 会的', ' 我帮你告诉
她？发短信还是打电话？', ' 嗯嗯。我也相信', ' 肯定不是我，是阮德培', ' 吴院四班小帅哥',
' 被你发现了。', ' 是我善良可爱的主人的老公啊', ' 是穆森的老婆啊', ' 奇葩']
```

由运行结果可知，上述代码问题和答案语料数据集的生成，将有效的问题和答案数据集分别整理为问题数据集和答案数据集。

11.2.3 生成问题和答案词向量与字典

将问题和答案字典转化为词向量作为循环神经网络的输入，词向量的规则是使对话中出现的字符与字典的行号相对应，生成阿拉伯数字编号形式的问题和答案向量语料。问题语料以及形式如表 11.3 所示，答案形式如表 11.4 所示。问题和答案的完成形式为：<start> 呵 呵 <end>，其中，每个字间有一个空格，以<start>开头，以<end>结尾，形成向量时，以最长的语句为标准，即问题或答案的向量长度是相同的，且为最长的那句中包含的字个数，其他小于最长语句的问题或答案词向量以 post 填充，用 0 表示。

表 11.3 问题向量与字典

问题语料	问题词向量	问题字典
呵呵 不是 怎么了	1 8 8 ... 0 0 0 1 7 4 ... 0 0 0 1 18 6 ... 0 0 0	1: '<start>', 2: '<end>', 3: '你', 4: '是', 5: '我', 6: '么', 7: '不', 8: '呵', 9: '的', 10: '了', 11: '谁', 12: '有', 13: '小', 14: '鸡',…}

表 11.4 答案向量与字典

答案语料	答案词向量	答案字典
是王若猫的 那是什么 我很难过安慰我	1 6 87 ... 0 0 0 1 30 6 ... 0 0 0 1 3 31 ... 0 0 0	1: '<start>', 2: '<end>', 3: '我', 4: '你', 5: '的', 6: '是', 7: '不', 8: '了', 9: '人', 10: '在', 11: '啊', 12: '大', 13: '有', 14: '么',…}

问题和答案的语料处理为问题和答案词向量以及生成问题和答案的字典索引，实现代码如下，详细解析见注释部分，代码可参见文件【chapter11\chat_keras.py】。

```
def tokenize(datas):
    """数据集处理为向量和字典
    参数:
        datas: 数据集列表
    返回:
        voc_li: 数据集向量
```

```
        tokenizer: 数据集字典
    """
    # 数据序列化为向量实例化
    tokenizer = keras.preprocessing.text.Tokenizer(filters="")
    tokenizer.fit_on_texts(datas)
    # 数据系列化为向量
    voc_li = tokenizer.texts_to_sequences(datas)
    # 数据向量填充
    voc_li = keras.preprocessing.sequence.pad_sequences(
        voc_li, padding="post"
    )
    # 返回数据
    return voc_li, tokenizer
```

上述代码完成了问答语料的向量表示，用词向量的方式表示训练语料，具有通用性，既可以用于中文对话机器人，也可以用于英文对话机器人，只要将对话语料转换成词向量输入到循环神经网络中，即可学习对话功能。

11.3　TensorFlow 2.0 搭建循环神经网络

由对话机器人循环神经网络结构分析可知，其神经网络有两个部分：编码神经网络和解码神经网络。本次实验使用的编码和解码神经网络均为循环神经网络，为提高数据的利用率与预测准确率，引入了注意力机制。

11.3.1　编码器

编码器用于处理问题数据，将提取的信息传递给解码器。编码器代码如下，详细解析见注释部分，代码可参见文件【chapter11\chat_keras.py】。

```
class Encoder(tf.keras.Model):
    """编码器"""
    def __init__(self, vocab_size, embedding_dim, enc_units, batch_sz):
        super(Encoder, self).__init__()
        # 批数据量
        self.batch_sz = batch_sz
        # 编码单元
        self.enc_units = enc_units
        # 词向量嵌入对象
        self.embedding = keras.layers.Embedding(
            vocab_size, embedding_dim
        )
        # GRU 模型
        self.gru = keras.layers.GRU(
            self.enc_units,
```

```
            return_sequences=True,
            return_state=True,
            recurrent_initializer="glorot_uniform"
        )
    @tf.function
    def call(self, x, hidden):
        """编码器输出"""
        x = self.embedding(x)
        output, state = self.gru(x, initial_state=hidden)
        return output, state
    def initialize_hidden_state(self):
        """初始化隐藏层状态"""
        return tf.zeros((self.batch_sz, self.enc_units))
```

编码器结构如图 11.5 所示，编码器循环神经网络将读取的问题数据进行词向量嵌入(embedding)，获取每个问题词的词向量，然后将词向量输入到 GRU(Gated Recurrent Unit)循环网络中，GRU 循环网络采用了 stateful 用于记忆问题与问题之间的信息，充分利用问题间的时序特征、句子与句子间的联系及规律，避免了句子与句子之间时序特征的丢失，提高了问题回复的精度与通顺性。问题数据经过 GRU 循环神经网络处理后，生成隐藏值与输出值，其中，隐藏值作为 GRU 间的信息传递，最后一个 GRU 单元将隐藏层输出数据流和输出值数据流交给注意力机制处理，将处理后的注意力向量数据流传入解码器。

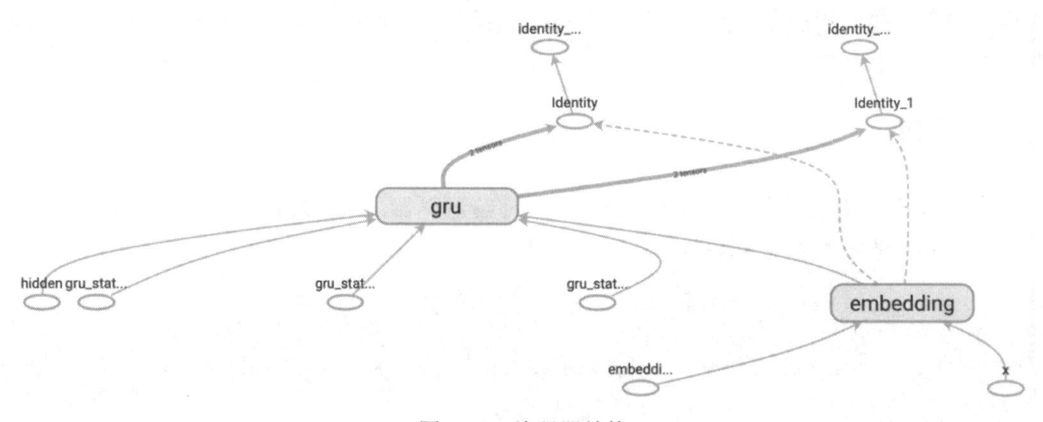

图 11.5　编码器结构

GRU 是 LSTM 的一种变体，有两个门，即更新门和重置门。GRU 结构如图 11.6 所示，重置门为 r_t，见式(11-2)；更新门为 z_t，见式(11-3)；获取当前记忆内容 $\tilde{h}_t$，如式(11-4)所示；隐藏层输出 h_t，如式(11-5)所示，σ 表示哈达玛积，$\tan h$ 为反正切，$\oplus$ 表示加法，$\otimes$ 为乘法。

$$r_t = \sigma(W_r \cdot [h_{t-1}, x_t]) \tag{11-2}$$

$$z_t = \sigma(W_z \cdot [h_{t-1}, x_t]) \tag{11-3}$$

$$\tilde{h}_t = \tan h(W \cdot [r_t \times h_{t-1}, x_t]) \tag{11-4}$$

$$h_t = (1 - z_t) \times h_{t-1} + z_t \times \tilde{h}_t \tag{11-5}$$

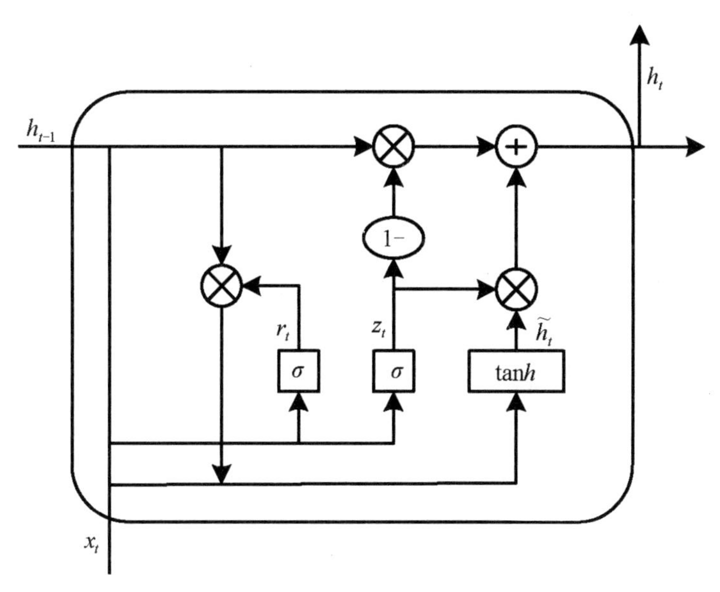

图 11.6　GRU 结构

11.3.2　注意力机制

注意力机制用于处理编码器的隐藏层输出，生成上下文向量权重和注意力权重。基于注意力机制的实现代码如下，详细解析见注释部分，代码可参见文件【chapter11\chat_keras.py】。

```
class BahdanauAttentionMechanism(tf.keras.layers.Layer):
    """Bahdanau 注意力机制"""
    def __init__(self, units):
        super(BahdanauAttentionMechanism, self).__init__()
        # 隐藏层 1
        self.W1 = layers.Dense(units)
        # 隐藏层 2
        self.W2 = layers.Dense(units)
        # 输出层
        self.V = layers.Dense(1)
    @tf.function
    def call(self, query, values):
        """权重计算
        参数:
            query: 向量
            values: 隐藏层值
        返回:
            词向量
            词向量权重
        """
        hidden_with_time_axis = tf.expand_dims(query, 1)
```

```
    # 词权重分数
    score = self.V(
        tf.nn.tanh(
            self.W1(values)+self.W2(hidden_with_time_axis)
        )
    )
    # 注意力权重
    attention_weights = tf.nn.softmax(score, axis=1)
    # 词向量权重
    context_vector = attention_weights * values
    context_vector = tf.math.reduce_sum(context_vector, axis=1)
    return context_vector, attention_weights
```

注意力机制的计算结构如图 11.7 所示。注意力机制处理编码器隐藏层的输出 dense、dense_1 和 dense_2 获取输入单元，生成相应的矩阵信息，通过 dense 处理编码器隐藏层状态，dense_1 处理编码器输出，将 dense 和 dense_1 处理的数据送入 dense_2 进行处理，生成注意力权重，注意力权重与编码器隐藏层状态进行结合，生成词向量，并将生成的注意力权重与词向量数据流传入解码器。

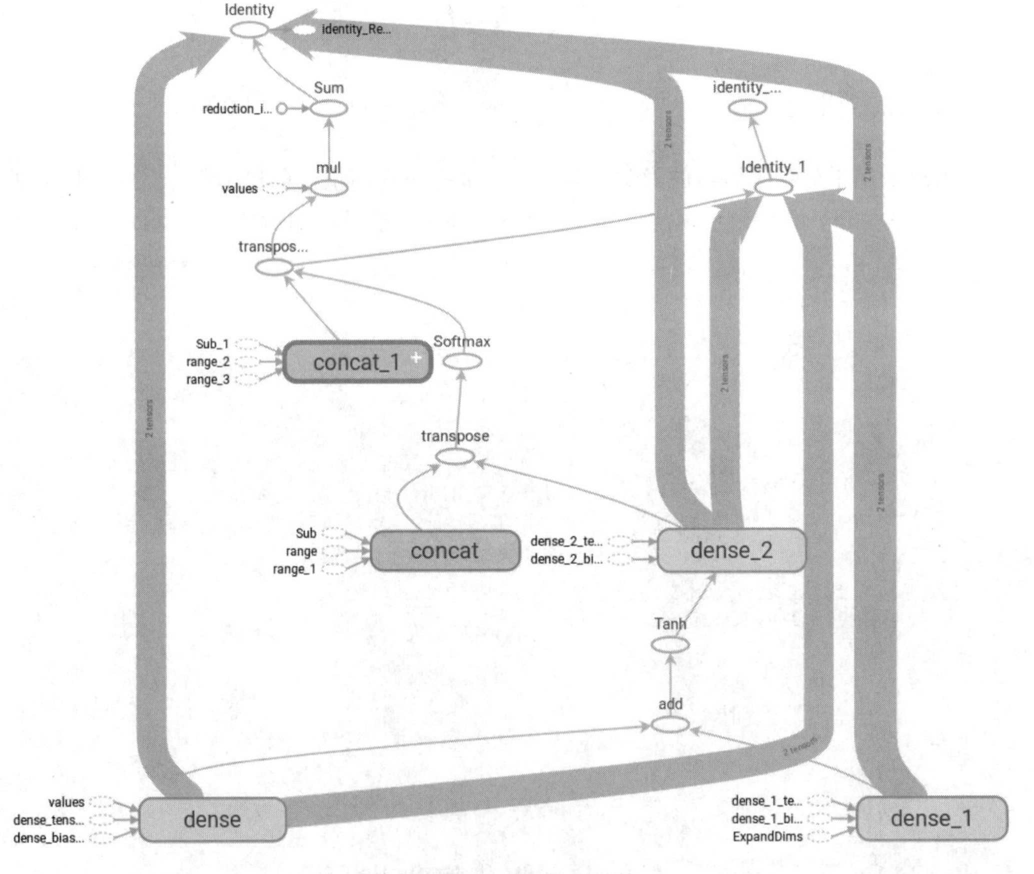

图 11.7　注意力机制结构

11.3.3　解码器

智能对话机器人循环神经网络前向计算是语料词向量解码，将编码的问题词向量解码为答案词向量，其实现代码如下，详细解析见注释部分，代码可参见文件【chapter11\chat_keras.py】。

```
class Decoder(tf.keras.Model):
    """解码器"""
    def __init__(self, vocab_size, embedding_dim, dec_units, batch_sz):
        super(Decoder, self).__init__()
        # 批量尺寸
        self.batch_sz = batch_sz
        # 解码单元
        self.dec_units = dec_units
        # 词嵌入
        self.embedding = layers.Embedding(
            vocab_size, embedding_dim
        )
        # GRU 模块
        self.gru = layers.GRU(
            self.dec_units,
            return_sequences=True,
            return_state=True,
            recurrent_initializer="glorot_uniform"
        )
        # 全连接层
        self.fc = layers.Dense(vocab_size)
        # 注意力计算
        self.attention = BahdanauAttentionMechanism(self.dec_units)
    @tf.function
    def call(self, x, hidden, enc_output):
        """解码计算
        参数:
            x: 隐藏层输入
            hidden: 隐藏层状态
            enc_output: 编码器输出
        返回:
            x: 解码器输出
            state: 隐藏层状态
            attention_weights: 注意力权重
        """
        # 词向量与注意力权重
        context_vector, attention_weights = self.attention(
            hidden,
            enc_output)
        # 词嵌入
```

```
        x = self.embedding(x)
        x = tf.concat([tf.expand_dims(context_vector, 1), x],axis=-1)
        # GRU 计算
        output, state = self.gru(x)
        # 输出
        output = tf.reshape(output, (-1, output.shape[2]))
        x = self.fc(output)
        return x, state, attention_weights
```

解码器计算结构如图 11.8 所示。解码器以注意力机制(bahdanau_attention_ mechanism_1)生成的隐藏层状态作为初始的隐藏层状态，以答案数据作为输入数据，并通过词嵌入(embedding)将答案进行词向量处理，隐藏层状态和词嵌入数据送入 gru_1，通过 GRU 循环神经网络处理，生成预测值 x 和解码器的隐藏层状态 state。

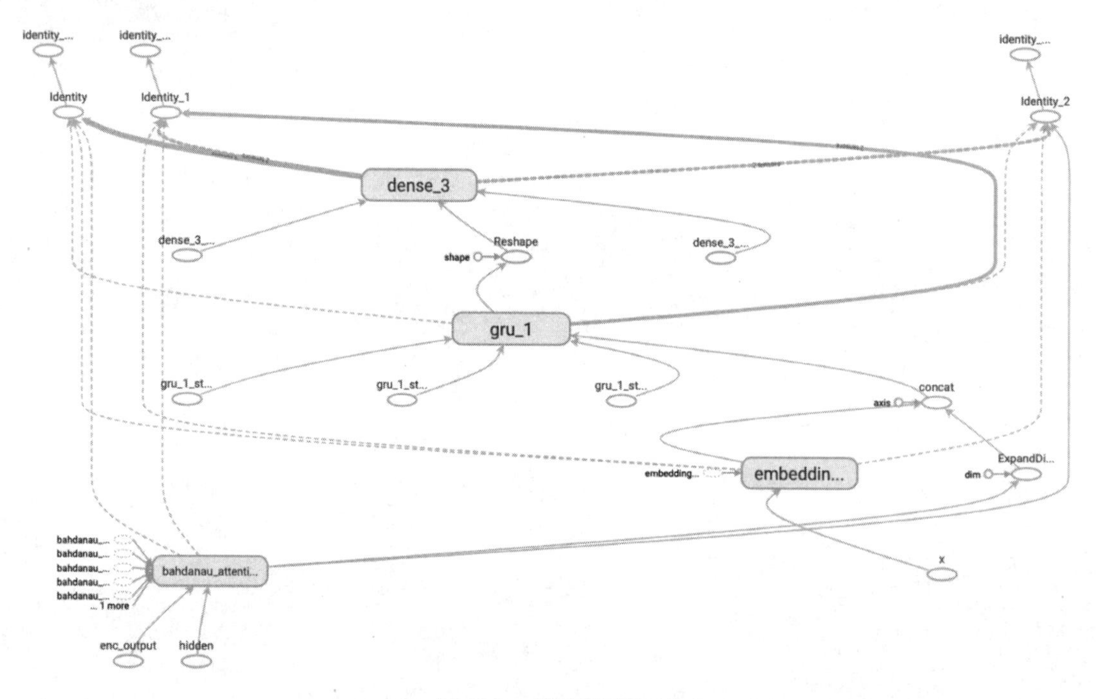

图 11.8　解码器结构

11.3.4　损失计算

当神经网络参数尚未充分“学习”对话内容时，问题词向量解码为答案词向量的准确度是无法满足正常的对话的，需要对神经网络参数进行更新，优化神经网络的预测功能，通过神经网络预测的答案词向量与标签答案词向量拟合计算，使预测值充分“靠近”标签值。优化计算分为三个模块，代码可参见文件【chapter11\chat_keras.py】，下面分模块进行讲解。

1. 损失值计算

损失值计算与前面章节一样，计算神经网络预测值与原始数据集标签数据的交叉熵。对话机器人的损失计算实现代码如下，详细解析见注释部分。

```
def loss(real, pred):
    """损失值计算
    参数:
        real: 标签值(对话语料答案)
        pred: 预测值(解码器输出答案)
    返回:
        损失值
    """
    # 逻辑计算
    mask = tf.math.logical_not(
        tf.math.equal(real, 0)
    )
    # 损失函数对象
    loss_obj = tf.keras.losses.SparseCategoricalCrossentropy(
        from_logits=True, reduction="none"
    )
    # 计算损失值
    loss_value = loss_obj(real, pred)
    mask = tf.cast(mask, dtype=loss_value.dtype)
    loss_value *= mask
    # 返回损失值均值
    return tf.math.reduce_mean(loss_value)
```

2. 获取训练变量

Keras 训练神经网络的核心是更新神经网络中定义的可用于训练的变量，因此获取训练变量对训练神经网络模型至关重要。对话机器人获取训练变量的实现代码如下，详细解析见注释部分。

```
def grad_loss(q,a,q_hidden, encoder, decoder, q_index, BATCH_SIZE):
    """计算损失函数值并获取梯度优化对象
    参数:
        q: 问题
        a: 答案
        q_hidden: 编码器隐藏层输出
        encoder: 编码器对象
        decoder: 解码器对象
        q_index: 问题字典
        BATCH_SIZE: 批量数据尺寸
    返回:
        批量数据损失值
        梯度优化对象
```

```
    """
    loss_value = 0
    with tf.GradientTape() as tape:
        q_output, q_hidden = encoder(q, q_hidden)
        a_hidden = q_hidden
        a_input = tf.expand_dims(
            [a_index.word_index["<start>"]]*BATCH_SIZE,1)
        for vector in range(1, a.shape[1]):
            predictions, a_hidden, _ = decoder(a_input, a_hidden, q_output)
            loss_value += loss(a[:,vector], predictions)
            a_input = tf.expand_dims(a[:, vector],1)
        batch_loss = (loss_value / int(a.shape[1]))
        variables = encoder.trainable_variables + decoder.trainable_variables
        return batch_loss, tape.gradient(loss_value, variables)
```

3. 优化训练变量

获取训练变量之后，需要优化损失函数，并更新训练变量的权重与偏置。对话机器人的优化过程代码如下，详细解析见注释部分。

```
def optimizer_loss(q,a,q_hidden, encoder, decoder, q_index, BATCH_SIZE, optimizer):
    """优化损失函数
    参数:
        q: 问题
        a: 答案
        q_hidden: 编码器隐藏层输出
        encoder: 编码器对象
        decoder: 解码器对象
        q_index: 问题字典
        BATCH_SIZE: 批量数据尺寸
        optimizer: 优化器
    返回:
        批量数据损失值
    """
    # optimizer = tf.keras.optimizers.Adam()
    batch_loss, grads = grad_loss(q,a,q_hidden, encoder, decoder, q_index, BATCH_SIZE)
    variables = encoder.trainable_variables + decoder.trainable_variables
    optimizer.apply_gradients(zip(grads, variables))
    return batch_loss
```

11.4 训练神经网络

神经网络的训练过程是神经网络参数更新的过程，当计算词向量解码预测值和标注词向量理论值的损失时，可以通过损失值的大小判断预测值与理论值的偏离量，通过优化计算更新神经网络参数，减小偏离量。然而神经网络参数的更新是一个持续的过程，需要不断地使用数据更新参数。

11.4.1　载入数据

前面完成了原始问答语料数据集的处理，将问答数据整理为问答词向量。循环神经网络的输入数据即为编码词向量和解码词向量(标签数据)，数据载入代码如下，详细解析见注释部分，代码可参见文件【chapter11\chat_keras.py】。

1. 生成对话语料

对话语料生成是为训练编码与解码循环神经网络提供训练数据集。由于原始语料数据集不满足训练要求，因此需要对原始语料数据集进行标准化处理，生成标准的对话语料，其实现代码如下，详细解析见注释部分。

```
def source_data(source_path):
    """生成对话数据
    参数:
    source_path: 原始对话语料路径
    返回:
        questions: 问题数据集
        answers: 答案数据集
    """
    # 获取完整对话
    convs = process_cut(source_path, None)
    # 获取问题和答案对话集
    questions, answers = question_answer(convs)
    return questions, answers
```

2. 对话语料生成词向量与字典

将对话语料整理为标准对话集之后，还需要将对话语料整理为词向量，其实现代码如下，详细解析见注释部分。

```
def tokenize(datas):
    """数据集处理为向量和字典
    参数:
        datas: 数据集列表
    返回:
        voc_li: 数据集向量
        tokenizer: 数据集字典
    """
    # 数据序列化为向量实例化
    tokenizer = keras.preprocessing.text.Tokenizer(filters="")
    tokenizer.fit_on_texts(datas)
    # 数据系列化为向量
    voc_li = tokenizer.texts_to_sequences(datas)
```

```
    # 数据向量填充
    voc_li = keras.preprocessing.sequence.pad_sequences(
        voc_li, padding="post"
    )
    # 返回数据
    return voc_li, tokenizer
```

11.4.2 训练神经网络

训练对话机器人循环神经网络需要更新循环神经网络参数，使输入问题词向量的解码词向量逐步向输入的答案词向量“靠近”，使对话机器人可以按照训练语料规则生成合适的回复对话，训练代码如下，详细解析见注释，代码可参见文件【chapter11\chat_keras.py】。

```
def train_model(q_hidden, encoder, decoder, q_index, BATCH_SIZE, dataset, steps_
    per_epoch, optimizer, checkpoint, checkpoint_prefix,summary_writer):
    """训练模型
    参数:
        q_hidden: 编码器隐藏层输出
        encoder: 编码器对象
        decoder: 解码器对象
        q_index: 问题字典
        BATCH_SIZE: 批量数据尺寸
        dataset: 问答语料数据集
        steps_per_epoch: 每轮训练迭代次数
        optimizer: 优化器
        checkpoint: 模型保存类对象
        checkpoint_prefix: 模型保存路径
        summary_writer: 日志保存对象
    返回:
        无
    """
    # 保存模型标志位
    i = 0
    # 训练次数
    EPOCHS = 200
    # 迭代训练
    for epoch in range(EPOCHS):
        # 起始时间
        start = time.time()
        # 隐藏层初始化
        a_hidden = encoder.initialize_hidden_state()
        # 总损失
        total_loss = 0
        # 问答数据集解析
        for (batch, (q, a)) in enumerate(dataset.take(steps_per_epoch)):
```

```
        # 批量损失值
        batch_loss = optimizer_loss(q,a,q_hidden, encoder, decoder, q_index,
            BATCH_SIZE, optimizer)
        # 总损失值
        total_loss += batch_loss
        with summary_writer.as_default():
            tf.summary.scalar("batch loss", batch_loss.numpy(), step=epoch)
        # 每训练 100 组对话输出一次结果
        if batch % 100 == 0:
            print("第{}次训练,第{}批数据损失值:{:.4f}".format(
                epoch+1,
                batch+1,
                batch_loss.numpy()
            ))
    # 训练 100 轮保存一次模型
    with summary_writer.as_default():
        tf.summary.scalar("total loss", total_loss/steps_per_epoch,step=epoch)
    if(epoch+1) % 100 == 0:
        i += 1
        print("====第{}次保存训练模型====".format(i))
        checkpoint.save(file_prefix=checkpoint_prefix)
    print("第{}次训练,总损失值:{:.4f}".format(epoch+1, total_loss/steps_
        per_epoch))
    print("训练耗时:{:.1f}秒".format(time.time()-start))
```

11.4.3　持久化神经网络模型

持久化循环神经网络是将对话循环神经网络参数保存到存储介质中，进行对话时直接从存储介质中读取模型完成人机对话。保存代码如下，详细解析见注释，代码可参见文件【chapter11\chat_keras.py】。

```
# 模型路径
checkpoint_dir = "./models"
# 模型名称
checkpoint_prefix = os.path.join(checkpoint_dir, "ckpt")
# 模型保存类
checkpoint = tf.train.Checkpoint(
    optimizer=optimizer,
    encoder=encoder,
    decoder=decoder)
# 保存模型
checkpoint.save(file_prefix=checkpoint_prefix)
```

11.4.4 训练过程分析

对话机器人循环神经网络进行训练时实时输出日志如下。

```
第 1 次训练,第 1 批数据损失值:1.3320
第 1 次训练,总损失值:1.3697
训练耗时:19.2 秒
第 2 次训练,第 1 批数据损失值:1.2096
第 2 次训练,总损失值:1.5037
训练耗时:17.9 秒
第 3 次训练,第 1 批数据损失值:1.2457
第 3 次训练,总损失值:1.2212
训练耗时:17.5 秒
...
第 98 次训练,第 1 批数据损失值:0.2430
第 98 次训练,总损失值:0.2227
训练耗时:17.1 秒
第 99 次训练,第 1 批数据损失值:0.2246
第 99 次训练,总损失值:0.2244
训练耗时:16.3 秒
第 100 次训练,第 1 批数据损失值:0.2080
====第 1 次保存训练模型====
第 100 次训练,总损失值:0.2158
训练耗时:17.9 秒
…
第 198 次训练,第 1 批数据损失值:0.0483
第 198 次训练,总损失值:0.0683
训练耗时:21.0 秒
第 199 次训练,第 1 批数据损失值:0.0746
第 199 次训练,总损失值:0.0772
训练耗时:17.5 秒
第 200 次训练,第 1 批数据损失值:0.0666
====第 2 次保存训练模型====
第 200 次训练,总损失值:0.0765
训练耗时:19.4 秒
```

由训练日志可知，对话机器人共训练了 200 次，随着训练的进行，批数据损失值和总损失值均逐步降低，说明循环神经网络逐步收敛，并且每训练 100 次保存一次模型参数。

训练结束后，可以通过 TensorBoard 查看循环神经网络的损失值变化情况。对话机器人的损失值曲线如图 11.9 所示，批数据的损失值和总损失值均随着训练逐步降低，并最终在 0 附近波动，说明循环神经网络的预测值与标签值拟合程度较好。

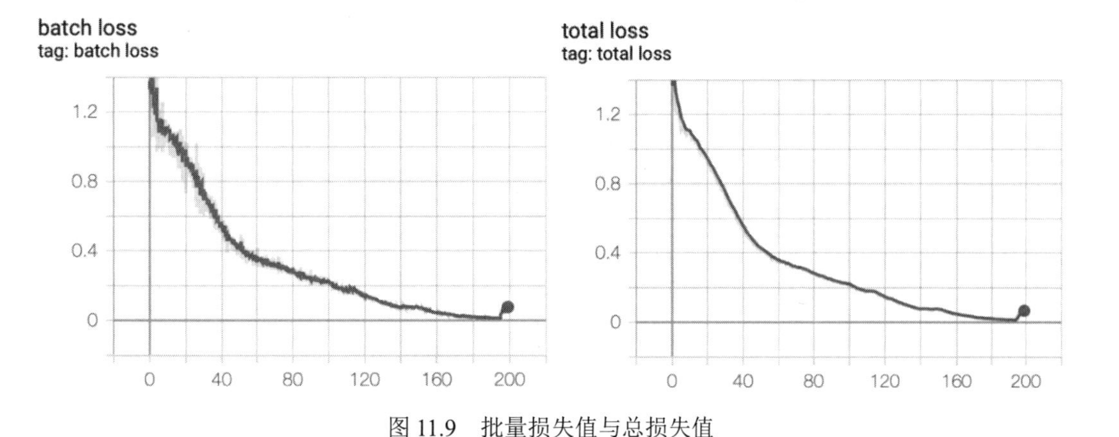

图 11.9　批量损失值与总损失值

11.5　神经网络预测

对话机器人循环神经网络训练完成后，需要实际验证其对话功能。由于机器人使用了对话生成，因此在预测准确度较高的情况下，也会出现机器人回复的答案不满足实际的情况，因为，语料是多变的，在语料库中拼接出预测结果，其语序也会出现词不达意的情况，下面使用训练 200 次的模型进行模拟会话。

11.5.1　载入模型及预测

使用机器人进行对话时，需要先载入保存的对话模型，通过预测模型获取模型的预测结果，预测代码如下，详细解析见注释部分，代码可参见文件【chapter11\chat_keras.py】。

```
checkpoint.restore(tf.train.latest_checkpoint(checkpoint_dir))
```

由于机器人的回复与普通的图像处理任务不同，不是简单地通过获取最大值就能获取答案的，因为机器人的回复是一串词向量，答案的词向量需要使用答案对应的索引进行解析，实现代码如下，详细解析见注释部分。

```
def answer_vector(question, a_max_len, q_max_len, q_index, a_index, encoder,
    decoder):
    """答案向量解码
    参数
    question: 问题
    a_max_len: 答案最大长度
    q_max_len: 问题最大长度
    q_index: 问题字典
    a_index: 答案索引
    encoder: 编码器对象
```

```
    decoder: 解码器对象
    返回
        result: 答案向量解码后的答案
        question: 问题
        attention_plot: 词向量权重
    """
    # 词向量权重初始化
    attention_plot = np.zeros((a_max_len, q_max_len))
    # 问题预处理
    question = preprocess_question(question)
    # 问题转词向量
    inputs = [q_index.word_index[i] for i in question.split(" ")]
    # 问题序列化
    inputs = keras.preprocessing.sequence.pad_sequences(
        [inputs],
        maxlen=q_max_len,
        padding="post"
    )
    # 问题字符转张量
    inputs = tf.convert_to_tensor(inputs)
    result = ""
    # 隐藏层状态
    hidden = [tf.zeros((1, units))]
    # 编码器输出和隐藏层状态
    q_out, q_hidden = encoder(inputs, hidden)
    a_hidden = q_hidden
    # 解码器输入扩充维度
    a_input = tf.expand_dims([a_index.word_index["<start>"]], 0)
    # 词向量解码
    for t in range(a_max_len):
        predictions, a_hidden, attention_weights = decoder(
            a_input,
            a_hidden,
            q_out
        )
        # 词向量权重
        attention_weights = tf.reshape(attention_weights, (-1,))
        attention_plot[t] = attention_weights.numpy()
        # 预测值索引
        predicted_id = tf.argmax(predictions[0]).numpy()
        # 预测值处理，去除<end>
        result += a_index.index_word[predicted_id]
        if a_index.index_word[predicted_id] != "<end>":
            result += a_index.index_word[predicted_id]
        else:
            return result, question, attention_plot
        # 问题答案作为解码器输入
```

```
    a_input = tf.expand_dims([predicted_id], 0)
  # 返回数据
  return result, question, attention_plot
```

11.5.2　预测结果

智能对话机器人自动对话预测结果如下。

```
====机器人 1 号为您服务====
用户:为什么
机器人：因为爱情喽
用户:不行
机器人：爱的深沉
用户:好难过
机器人：不要难过
用户:什么意思
机器人：你猜啊，猜对了就告诉你
用户:继续
机器人：没有继续了
```

由对话结果可知，机器人的回复效果并不好，因为本文仅使用了 500 条对话语料训练循环神经网络，在一定程度上影响了模型预测效果，但是从理论上验证了模型的有效性，同时对话语料的质量也直接影响训练效果，开发者可自行筛选语料，针对不同的对话场景进行训练，使机器人完成不同的对话任务。

11.5.3　主程序结构

前面介绍了聊天机器人详细的功能分解，但是比较分散，不易于理解，现将主程序展示如下，有助于理解完整的对话机器人过程，可参见代码文件【chapter11\chat_ keras.py】

```
import tensorflow as tf
from tensorflow import keras
from tensorflow.keras import layers
from dialog_cut import process_cut
from question_answer import question_answer
import os
from datetime import datetime
import time
import numpy as np
import matplotlib.pyplot as plt
import matplotlib.ticker as ticker
import io
import unicodedata
import re
from matplotlib.font_manager import FontProperties
```

```
font = FontProperties(fname="/Library/Fonts/Songti.ttc",size=8)

def source_data(source_path):
    """生成对话数据
    参数:
    source_path:
    返回:
        questions: 问题数据集
        answers: 答案数据集
    """
    # 获取完整对话
    convs = process_cut(source_path, None)
    # 获取问题和答案对话集
    questions, answers = question_answer(convs)
    return questions, answers
def tokenize(datas):
    """数据集处理为向量和字典
    参数:
        datas: 数据集列表
    返回:
        voc_li: 数据集向量
        tokenizer: 数据集字典
    """
    # 数据序列化为向量实例化
    tokenizer = keras.preprocessing.text.Tokenizer(filters="")
    tokenizer.fit_on_texts(datas)
    # 数据系列化为向量
    voc_li = tokenizer.texts_to_sequences(datas)
    # 数据向量填充
    voc_li = keras.preprocessing.sequence.pad_sequences(
        voc_li, padding="post"
    )
    # 返回数据
    return voc_li, tokenizer

def max_length(vectors):
    """获取数据集最长对话
    参数:
        vectors: 词向量
    返回:
        最长对话单字量
    """
    return max(len(vector) for vector in vectors)
def convert(index, vectors):
    """向量与单字对应关系
    参数
        index:字典
```

```
        vectors:词向量
    返回:
        无
    """
    for vector in vectors:
        if vector != 0:
            print("{}-->{}".format(vector, index.index_word[vector]))

class Encoder(tf.keras.Model):
    """编码器"""
    def __init__(self, vocab_size, embedding_dim, enc_units, batch_sz):
        super(Encoder, self).__init__()
        # 批数据量
        self.batch_sz = batch_sz
        # 编码单元
        self.enc_units = enc_units
        # 词向量嵌入对象
        self.embedding = keras.layers.Embedding(
            vocab_size, embedding_dim
        )
        # GRU 模型
        self.gru = keras.layers.GRU(
            self.enc_units,
            return_sequences=True,
            return_state=True,
            recurrent_initializer="glorot_uniform"
        )
    @tf.function
    def call(self, x, hidden):
        """编码器输出"""
        x = self.embedding(x)
        output, state = self.gru(x, initial_state=hidden)
        return output, state
    def initialize_hidden_state(self):
        """初始化隐藏层状态"""
        return tf.zeros((self.batch_sz, self.enc_units))

class BahdanauAttentionMechanism(tf.keras.layers.Layer):
    """Bahdanau 注意力机制"""
    def __init__(self, units):
        super(BahdanauAttentionMechanism, self).__init__()
        # 隐藏层 1
        self.W1 = layers.Dense(units)
        # 隐藏层 2
        self.W2 = layers.Dense(units)
        # 输出层
        self.V = layers.Dense(1)
```

```
    @tf.function
    def call(self, query, values):
        """权重计算
        参数:
            query: 向量
            values: 隐藏层值
        返回:
            词向量
            词向量权重
        """
        hidden_with_time_axis = tf.expand_dims(query, 1)
        # 词权重分数
        score = self.V(
            tf.nn.tanh(
                self.W1(values)+self.W2(hidden_with_time_axis)
            )
        )
        # 注意力权重
        attention_weights = tf.nn.softmax(score, axis=1)
        # 词向量权重
        context_vector = attention_weights * values
        context_vector = tf.math.reduce_sum(context_vector, axis=1)
        return context_vector, attention_weights

class Decoder(tf.keras.Model):
    """解码器"""
    def __init__(self, vocab_size, embedding_dim, dec_units, batch_sz):
        super(Decoder, self).__init__()
        # 批量尺寸
        self.batch_sz = batch_sz
        # 解码单元
        self.dec_units = dec_units
        # 词嵌入
        self.embedding = layers.Embedding(
            vocab_size, embedding_dim
        )
        # GRU 模块
        self.gru = layers.GRU(
            self.dec_units,
            return_sequences=True,
            return_state=True,
            recurrent_initializer="glorot_uniform"
        )
        # 全连接层
        self.fc = layers.Dense(vocab_size)
        # 注意力计算
        self.attention = BahdanauAttentionMechanism(self.dec_units)
```

```
    @tf.function
    def call(self, x, hidden, enc_output):
        """解码计算
        参数:
            x: 隐藏层输入
            hidden: 隐藏层状态
            enc_output: 编码器输出
        返回:
            x: 解码器输出
            state: 隐藏层状态
            attention_weights: 注意力权重
        """
        # 词向量与注意力权重
        context_vector, attention_weights = self.attention(
            hidden,
            enc_output)
        # 词嵌入
        x = self.embedding(x)
        x = tf.concat([tf.expand_dims(context_vector, 1), x],axis=-1)
        # GRU 计算
        output, state = self.gru(x)
        # 输出
        output = tf.reshape(output, (-1, output.shape[2]))
        x = self.fc(output)
        return x, state, attention_weights

def loss(real, pred):
    """损失值计算
    参数:
        标签值(对话语料答案)
        预测值(解码器输出答案)
    返回:
        损失值
    """
    # 逻辑计算
    mask = tf.math.logical_not(
        tf.math.equal(real, 0)
    )
    # 损失函数对象
    loss_obj = tf.keras.losses.SparseCategoricalCrossentropy(
        from_logits=True, reduction="none"
    )
    # 计算损失值
    loss_value = loss_obj(real, pred)
    mask = tf.cast(mask, dtype=loss_value.dtype)
    loss_value *= mask
    # 返回损失值均值
```

```
    return tf.math.reduce_mean(loss_value)

def grad_loss(q,a,q_hidden, encoder, decoder, q_index, BATCH_SIZE):
    """计算损失函数值并获取梯度优化对象
    参数:
        q: 问题
        a: 答案
        q_hidden: 编码器隐藏层输出
        encoder: 编码器对象
        decoder: 解码器对象
        q_index: 问题字典
        BATCH_SIZE: 批量数据尺寸
    返回:
        批量数据损失值
        梯度优化对象
    """
    loss_value = 0
    with tf.GradientTape() as tape:
        q_output, q_hidden = encoder(q, q_hidden)
        a_hidden = q_hidden
        a_input = tf.expand_dims(
            [a_index.word_index["<start>"]]*BATCH_SIZE,1)
        for vector in range(1, a.shape[1]):
            predictions, a_hidden, _ = decoder(a_input, a_hidden, q_output)
            loss_value += loss(a[:,vector], predictions)
            a_input = tf.expand_dims(a[:, vector],1)
        batch_loss = (loss_value / int(a.shape[1]))
        variables = encoder.trainable_variables + decoder.trainable_variables
        return batch_loss, tape.gradient(loss_value, variables)

def optimizer_loss(q,a,q_hidden, encoder, decoder, q_index, BATCH_SIZE, optimizer):
    """优化损失函数
    参数:
        q: 问题
        a: 答案
        q_hidden: 编码器隐藏层输出
        encoder: 编码器对象
        decoder: 解码器对象
        q_index: 问题字典
        BATCH_SIZE: 批量数据尺寸
        optimizer: 优化器
    返回:
        批量数据损失值
    """
    # optimizer = tf.keras.optimizers.Adam()
    batch_loss, grads = grad_loss(q,a,q_hidden, encoder, decoder, q_index,
        BATCH_SIZE)
```

```
    variables = encoder.trainable_variables + decoder.trainable_variables
    optimizer.apply_gradients(zip(grads, variables))
    return batch_loss

def train_model(q_hidden, encoder, decoder, q_index, BATCH_SIZE, dataset, steps_
    per_epoch, optimizer, checkpoint, checkpoint_prefix,summary_writer):
    """训练模型
    参数:
        q_hidden: 编码器隐藏层输出
        encoder: 编码器对象
        decoder: 解码器对象
        q_index: 问题字典
        BATCH_SIZE: 批量数据尺寸
        dataset: 问答语料数据集
        steps_per_epoch: 每轮训练迭代次数
        optimizer: 优化器
        checkpoint: 模型保存类对象
        checkpoint_prefix: 模型保存路径
        summary_writer: 日志保存对象
    返回:
        无
    """
    # 保存模型标志位
    i = 0
    # 训练次数
    EPOCHS = 200
    # 迭代训练
    for epoch in range(EPOCHS):
        # 起始时间
        start = time.time()
        # 隐藏层初始化
        a_hidden = encoder.initialize_hidden_state()
        # 总损失
        total_loss = 0
        # 问答数据集解析
        for (batch, (q, a)) in enumerate(dataset.take(steps_per_epoch)):
            # 批量损失值
            batch_loss = optimizer_loss(q,a,q_hidden, encoder, decoder, q_index,
                BATCH_SIZE, optimizer)
            # 总损失值
            total_loss += batch_loss
            with summary_writer.as_default():
                tf.summary.scalar("batch loss", batch_loss.numpy(), step=epoch)
            # 每训练 100 组对话输出一次结果
            if batch % 100 == 0:
                print("第{}次训练,第{}批数据损失值:{:.4f}".format(
                    epoch+1,
```

```
                batch+1,
                batch_loss.numpy()
            ))
        # 训练 100 轮保存一次模型
        with summary_writer.as_default():
            tf.summary.scalar("total loss", total_loss/steps_per_epoch,step=epoch)
        if(epoch+1) % 100 == 0:
            i += 1
            print("====第{}次保存训练模型====".format(i))
            checkpoint.save(file_prefix=checkpoint_prefix)
        print("第{}次训练,总损失值:{:.4f}".format(epoch+1, total_loss/steps_per_
            epoch))
        print("训练耗时:{:.1f}秒".format(time.time()-start))

def preprocess_question(question):
    """问题数据集处理，添加开始和结束标志
    参数:
        question: 问题
    返回:
        处理后的问题
    """
    question = "<start> " + " ".join(question) + " <end>"
    return question

def answer_vector(question, a_max_len, q_max_len, q_index, a_index, encoder,
    decoder):
    """答案向量解码
    参数
    question: 问题
    a_max_len: 答案最大长度
    q_max_len: 问题最大长度
    q_index: 问题字典
    a_index: 答案索引
    encoder: 编码器对象
    decoder: 解码器对象
    返回
        result: 答案向量解码后的答案
        question: 问题
        attention_plot: 词向量权重
    """
    # 词向量权重初始化
    attention_plot = np.zeros((a_max_len, q_max_len))
    # 问题预处理
    question = preprocess_question(question)
    # 问题转词向量
    inputs = [q_index.word_index[i] for i in question.split(" ")]
    # 问题序列化
```

```
    inputs = keras.preprocessing.sequence.pad_sequences(
        [inputs],
        maxlen=q_max_len,
        padding="post"
    )
    # 问题字符转张量
    inputs = tf.convert_to_tensor(inputs)
    result = ""
    # 隐藏层状态
    hidden = [tf.zeros((1, units))]
    # 编码器输出和隐藏层状态
    q_out, q_hidden = encoder(inputs, hidden)
    a_hidden = q_hidden
    # 解码器输入扩充维度
    a_input = tf.expand_dims([a_index.word_index["<start>"]], 0)
    # 词向量解码
    for t in range(a_max_len):
        predictions, a_hidden, attention_weights = decoder(
            a_input,
            a_hidden,
            q_out
        )
        # 词向量权重
        attention_weights = tf.reshape(attention_weights, (-1,))
        attention_plot[t] = attention_weights.numpy()
        # 预测值索引
        predicted_id = tf.argmax(predictions[0]).numpy()
        # 预测值处理，去除<end>
        result += a_index.index_word[predicted_id]
        if a_index.index_word[predicted_id] != "<end>":
            result += a_index.index_word[predicted_id]
        else:
            return result, question, attention_plot
        # 问题答案作为解码器输入
        a_input = tf.expand_dims([predicted_id], 0)
    # 返回数据
    return result, question, attention_plot

def chat(question, a_max_len, q_max_len, q_index, a_index, encoder, decoder):
    """对话
    参数
    question: 问题
    a_max_len: 答案最大长度
    q_max_len: 问题最大长度
    q_index: 问题字典
    a_index: 答案索引
    encoder: 编码器对象
```

```
    decoder: 解码器对象
    返回
        无
    """
    result, question, attention_plot = answer_vector(question, a_max_len, q_max_len,
        q_index, a_index, encoder, decoder)
    print("机器人:", result)

if __name__ == "__main__":
    stamp = datetime.now().strftime("%Y%m%d-%H:%M:%S")
    source_path = "./data/source_data.conv"
    # 下载文件
    path_to_zip = tf.keras.utils.get_file(
    'spa-eng.zip', origin='http://storage.googleapis.com/download.tensorflow.org/
        data/spa-eng.zip',
        extract=True)
    path_to_file = os.path.dirname(path_to_zip)+"/spa-eng/spa.txt"
    # answers, questions  = create_dataset(path_to_file, 24000)
    questions, answers = source_data(source_path)
    q_vec, q_index = tokenize(questions)
    a_vec, a_index = tokenize(answers)
    q_max_len = max_length(q_vec)
    a_max_len = max_length(a_vec)
    convert(q_index, q_vec[0])
    BUFFER_SIZE = len(q_vec)
    print("buffer size:", BUFFER_SIZE)
    BATCH_SIZE = 64
    steps_per_epoch = len(q_vec)//BATCH_SIZE
    embedding_dim = 256
    units = 1024
    q_vocab_size = len(q_index.word_index)+1
    a_vocab_size = len(a_index.word_index)+1
    dataset = tf.data.Dataset.from_tensor_slices(
        (q_vec, a_vec)
        ).shuffle(BUFFER_SIZE)
    dataset = dataset.batch(BATCH_SIZE, drop_remainder=True)
    q_batch, a_batch = next(iter(dataset))
    print("question batch:",q_batch.shape)
    print("answer batch:", a_batch.shape)
    log_path = "./logs/chat"+stamp
    summary_writer = tf.summary.create_file_writer(log_path)
    tf.summary.trace_on(graph=True, profiler=True)
    encoder = Encoder(
        q_vocab_size,
        embedding_dim,
        units,
        BATCH_SIZE)
```

```
    q_hidden = encoder.initialize_hidden_state()
    q_output, q_hidden = encoder(q_batch, q_hidden)
    with summary_writer.as_default():
        tf.summary.trace_export(name="chat-en", step=0, profiler_outdir=log_path)

        tf.summary.trace_on(graph=True, profiler=True)
        attention_layer = BahdanauAttentionMechanism(10)
        attention_result, attention_weights = attention_layer(
        q_hidden, q_output
        )
    with summary_writer.as_default():
        tf.summary.trace_export(name="chat-atten", step=0, profiler_outdir=log_path)

        tf.summary.trace_on(graph=True, profiler=True)
        decoder = Decoder(
            a_vocab_size,
            embedding_dim,
            units,
            BATCH_SIZE
        )
        a_output, _, _ = decoder(
        tf.random.uniform((64,1)),
        q_hidden,
        q_output
    )
    with summary_writer.as_default():
        tf.summary.trace_export(name="chat-dec", step=0, profiler_outdir=log_path)
        optimizer = tf.keras.optimizers.Adam()
        checkpoint_dir = "./models"
        checkpoint_prefix = os.path.join(checkpoint_dir, "ckpt")
        checkpoint = tf.train.Checkpoint(
            optimizer=optimizer,
            encoder=encoder,
            decoder=decoder
        )
    train_model(q_hidden, encoder, decoder, q_index, BATCH_SIZE, dataset, steps_
        per_epoch, optimizer, checkpoint, checkpoint_prefix,summary_writer)
    # checkpoint.restore(tf.train.latest_checkpoint(checkpoint_dir))
    print("====机器人 1 号为您服务====")
    while True:
        inputs = input("用户:")
        if inputs == "q":
            exit()
        chat(inputs,a_max_len, q_max_len, q_index, a_index, encoder, decoder)
        # chat_image(inputs,a_max_len, q_max_len, q_index, a_index, encoder, decoder)
```

11.6 小　　结

本章讲解了智能对话机器人的实现过程。使用循环神经网络和注意力机制训练对话机器人模型，使对话机器人完成了基本的自动应答。影响机器人回复效果的因素有多种，其中，影响最大的是语料数量与质量，对话机器人从对话语料中学习应答规律，只有数据源质量优良、数量充足，才能保证机器人最基本的逐条 1∶1 回复。本章使用 200 条对话语料训练对话模型，使用对话语料集中的对话与机器人进行对话，回答效果较好，验证了模型的正确性，若有充足的高质量的对话语料，聊天机器人会有更好的回答效果。

第 12 章　模型评估及模型优化

模型评估是模型迭代结束，不再更新观测参数时进行的，目的是检测模型的预测准确率。若模型的预测准确率满足误差要求，则该模型可投入生产，若模型的预测准确率不满足实际生产的误差要求，则需要重新调节模型参数，训练模型。如模型的预测准确率为 95%，而实际要求的预测准确率为 90%，则该模型达到标准，可进行实际的预测，无须更新模型参数；若实际要求的预测准确率为 98%，则该模型需要重新训练。评估模型准确率的指标有一级指标、二级指标、三级指标以及可视化的指标——混淆矩阵。若模型不满足实际预测的要求，则需要优化模型。模型优化常用的方法有梯度下降法，以及针对过拟合与欠拟合的优化方法，如正则化、Dropout 等。

12.1　模 型 评 估

模型评估是人工智能任务中必须进行的一个步骤，通过模型评估，获得模型准确率、召回率等参数，为开发人员提供进一步处理模型的依据。若模型评估获得的指标满足实际生产需求，则模型可以部署使用，若评估指标不满足实际生产需求，则需要调整模型参数，重新训练或优化模型。

12.1.1　一级指标

一级指标是描述预测结果与真实值匹配度的，共有 4 种，其中，真实值使用真、假描述，预测值用正、负描述，对应关系如表 12.1 所示。

表 12.1　一级指标说明

一级指标	理论值(真实值)	预 测 值	描　述
真正(TP)	真(True)	正(Positive)	理论值与预测值一致，模型预测正确
真负(TN)	真(True)	负(Negative)	理论值与预测值一致，模型预测正确
假负(FN)	假(False)	负(Negative)	理论值与预测值不一致，模型预测错误
假正(FP)	假(False)	正(Positive)	理论值与预测值不一致，模型预测错误

12.1.2　二级指标

二级指标是评估模型效果的单层面指标，即用某一个参数来评估模型某一方面的性能，如灵敏度(召回率)评估模型的查全率，精确率是预测结果中预测正确的比例，二级指标如表 12.2 所示。

表 12.2　二级指标说明

二级指标	计算公式	描　述
准确率(ACC)	$\frac{TP+TN}{TP+TN+FP+FN}$	模型预测结果中，预测正确的数量占所有预测结果的比重
精确率(PPV)	$\frac{TP}{TP+FP}$	模型预测为正(Positive)的所有结果中，预测正确的比例
灵敏度(TPR)	$\frac{TP}{TP+FN}$	真实数据为正(Positive)的所有数据，预测为真正的比例，又称为召回率(查全的概率)
特异度(TNR)	$\frac{TN}{TN+FP}$	真实数据为负(Negative)的所有数据，预测为真负的比例

为更好地理解二级指标，下面以实例计算二级指标的各个参数，详细描述如表 12.3 所示。

表 12.3　二级指标计算实例

样本数据		二级指标	计算结果
真实数据	+，+，−，−，+	准确率	4/5
		精确率	3/4
预测数据	+，+，−，+，+	灵敏度(召回率)	3/3
		特异度	1/2

12.1.3　三级指标

三级指标为 F_1 分数，使用精度和召回率的调和平均数衡量模型，由式(12-1)可知，当精度和召回率都较高时，F_1 分数才会高，是更加严格的评价模型指标。

$$F_1 = \frac{2}{\frac{1}{P}+\frac{1}{R}} = \frac{2PR}{P+R} \tag{12-1}$$

12.1.4　混淆矩阵

混淆矩阵是有监督学习中模型评价结果的可视化工具，该指标比较预测结果和实际数据的匹配度，即实际数据与预测结果一致，记为真正或真负，不一致则记为假负或假正。混淆矩阵的数据组成为预测值和真实值对应的个数，数据结构如表 12.4 所示。

表 12.4　混淆矩阵数据结构

混淆矩阵结构		真 实 值	
		真(True)	假(False)
预测值	正(Positive)	真正(TP)个数	假正(FP)个数
	负(Negative)	真负(TN)个数	假负(FN)个数

以第 8 章手写字体识别的测试结果为例，共 12 张输入图像，即 12 个数据，分为 8 类，如表 12.5 所示。

表 12.5　手写字体识别预测结果

序　号	预测图像结果	个数/个
1	7	1
2	2	1
3	1	2
4	0	2
5	4	2
6	9	2
7	5	1
8	6	1
总计	8 类	12

依据表 12.5 可得出手写字体识别的混淆矩阵数据结构，如表 12.6 所示。手写字体识别的混淆矩阵数据结构的有效值均分布于主对角线上，其余部分数据均为 0，说明本次预测的真实值与预测值完全一致，混淆矩阵可视化结果沿主对角线分布。

表 12.6　手写字体混淆矩阵数据结构

手写字体混淆矩阵结构		真 实 值							
		0	1	2	4	5	6	7	9
预测值	0	2 个	0 个	0 个	0 个	0 个	0 个	0 个	0 个
	1	0 个	2 个	0 个	0 个	0 个	0 个	0 个	0 个
	2	0 个	0 个	1 个	0 个	0 个	0 个	0 个	0 个
	4	0 个	0 个	0 个	2 个	0 个	0 个	0 个	0 个
	5	0 个	0 个	0 个	0 个	1 个	0 个	0 个	0 个
	6	0 个	0 个	0 个	0 个	0 个	1 个	0 个	0 个
	7	0 个	0 个	0 个	0 个	0 个	0 个	1 个	0 个
	9	0 个	0 个	0 个	0 个	0 个	0 个	0 个	2 个

混淆矩阵显示的结果如图 12.1 所示，对角线部分表示预测值和真实值的匹配度。若混淆矩阵的所有数据都沿着对角线分布，说明预测值和真实值完全一致。图 12.1 中的混淆矩阵沿对角线分布，对角线其余部分均为黑色，说明该部分没有预测错误的数据。

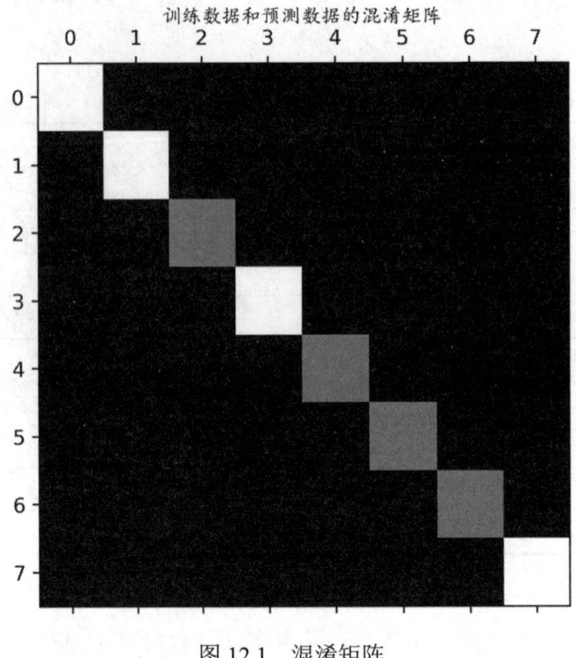

图 12.1　混淆矩阵

12.2　模 型 优 化

本节主要讲解图像数据处理的四个功能，分别为图像压缩、图像裁剪、图像色彩调整和图像旋转，开发者依据训练数据需求，对数据集进行预处理。

12.2.1　梯度下降法

图像压缩是保留图像原始内容，将其压缩为指定比例的图像，原始图像见第 5 章的图 5.5，TensorFlow 提供的图像压缩函数如下。

1．方向导数

函数 $f(x,y,z)$ 在 $P(x,y,z)$ 处沿方向 l（方向角为 α,β,γ），其方向导数为

$$\begin{aligned}\frac{\partial f}{\partial l}&=\lim_{\rho\to 0}\frac{\Delta f}{\Delta \rho}\\&=\lim_{\rho\to 0}\frac{f(x+\Delta x,y+\Delta y,z+\Delta z)-f(x,y,z)}{\rho}\\&=\frac{\partial f}{\partial x}\cos\alpha+\frac{\partial f}{\partial y}\cos\beta+\frac{\partial f}{\partial z}\cos\gamma\end{aligned}\tag{12-2}$$

其中，

$$\begin{cases}\rho=\sqrt{(\Delta x)^2+(\Delta y)^2+(\Delta z)^2}\\ \Delta x=\rho\cos\alpha\\ \Delta y=\rho\cos\beta\\ \Delta z=\rho\cos\gamma\end{cases}\tag{12-3}$$

推导过程如下。

由式(12-3)可知：

$$\begin{aligned}\Delta f&=\frac{\partial f}{\partial x}\Delta x+\frac{\partial f}{\partial y}\Delta y+\frac{\partial f}{\partial z}\Delta z\\&=\rho\left(\frac{\partial f}{\partial x}\cos\alpha+\frac{\partial f}{\partial x}\cos\beta+\frac{\partial f}{\partial x}\cos\gamma\right)\end{aligned}\tag{12-4}$$

由式(12-4)可知：

$$\begin{aligned}\frac{\partial f}{\partial l}&=\lim_{\rho\to 0}\frac{\Delta f}{\Delta\rho}\\&=\frac{\partial f}{\partial x}\cos\alpha+\frac{\partial f}{\partial x}\cos\beta+\frac{\partial f}{\partial x}\cos\gamma\end{aligned}\tag{12-5}$$

2．梯度

假设向量 $\vec{G}$ 为函数 $f(P)$ 在点 P 处的梯度(gradient)，记为 f_{grad}，将式(12-5)使用梯度及方向表示为

$$\begin{aligned}\frac{\partial f}{\partial l}&=\frac{\partial f}{\partial x}\cos\alpha+\frac{\partial f}{\partial y}\cos\beta+\frac{\partial f}{\partial z}\cos\gamma\\&=\vec{G}\cdot\vec{l}\end{aligned}\tag{12-6}$$

其中，

$$\begin{cases}\vec{G}=\left(\dfrac{\partial f}{\partial x},\dfrac{\partial f}{\partial y},\dfrac{\partial f}{\partial z}\right)=\dfrac{\partial f}{\partial x}\vec{i}+\dfrac{\partial f}{\partial y}\vec{j}+\dfrac{\partial f}{\partial z}\vec{k}\\ \vec{l}=(\cos\alpha,\cos\beta,\cos\gamma)\end{cases}\tag{12-7}$$

式(12-7)中，$\vec{i},\vec{j},\vec{k}$ 记为坐标轴 x,y,z 方向上的单位向量，$\vec{l}$ 记为沿方向 l 的单位向量，方向导数可进一步表示为

$$\begin{aligned}\frac{\partial f}{\partial l}&=\frac{\partial f}{\partial x}\cos\alpha+\frac{\partial f}{\partial y}\cos\beta+\frac{\partial f}{\partial z}\cos\gamma\\&=\vec{G}\cdot\vec{l}\\&=\left|\vec{G}\cdot\vec{l}\right|\cos(\vec{G},\vec{l})\end{aligned}\tag{12-8}$$

由式(12-8)可知，方向导数为梯度在该方向上的投影，当梯度 $\vec{G}$ 方向和曲线 $\vec{l}$ 方向一致时，方向导数取最大值，因此函数某一点沿梯度方向变化率最大，最大值为梯度的模。

3．梯度下降法工作流程

梯度下降法又称为最速下降法。求函数极值时，沿梯度方向搜索，可最快到达极大值点，沿负梯度方向搜索，可最快到达极小值点。梯度下降法采用沿负梯度方向搜索，寻找函数极小值点。人工智能算法损失函数的优化中，最常采用的方法就是梯度下降法，将损失函数(loss function)作为目标函数，沿负梯度方向搜索损失函数的极小值，达到优化训练模型，更新观测参数的目的。梯度下降法算法流程如表 12.7 所示。

表 12.7　梯度下降法算法流程

步　骤	描　述
1	确定目标函数，如损失函数 $f(x)$
2	选择目标函数自变量起点 x_0，给定允许误差 $\alpha>0$、$\beta>0$，记迭代次数 $k=0$
3	计算梯度 $s^k=-\nabla f(x_k)$，梯度单位向量记为 $\hat{s}^k=-\dfrac{\nabla f(x_k)}{\lVert\nabla f(x_k)\rVert}$
4	检查梯度模是否满足误差条件：$\lVert s^k\rVert\leqslant\alpha$，若满足转步骤 9，否则继续
5	设定自变量更新的最佳步长 ρ_k^*，机器学习中的学习率
6	更新自变量：$x_{k+1}=x_k+\rho_k^* s^k=x_k-\rho_k^*\nabla f(x_k)$
7	计算并验证函数结果是否满足目标误差，若 $f(x_{k+1})-f(x_k)\leqslant\beta$，则转步骤 9，否则继续
8	更新迭代步长：$k=k+1$，转步骤 3
9	输出结果，停止迭代

函数 $f(x)$ 在某点 x_k 的梯度记为 $\nabla f(x_k)$，其梯度方向是函数 $f(x)$ 增长最快的方向，负梯度方向是函数 $f(x)$ 值减小最快的方向。以二次曲线为例，解析梯度下降法工作过程如图 12.2 所示。

图 12.2 中，假定优化函数的初始点为 P，从 P 点沿着负梯度方向搜索，箭头方向代表负梯度方向，通过学习率和梯度更新自变量 x，搜索目标函数 $f(x)$ 的极小值点 Q。在实际计算过程中，极小值点 Q 不一定是目标函数的最小值点，如图 12.2 中的极小值，并未达到目标函数的最底部，这是因为在自变量更新过程中学习率和梯度的步长直接影响迭代结果。学习率有两种特殊情况，即过大或过小，若学习率设置得过大，会使搜索过程提前结束并且丢失极小值，如图 12.2 所示，若移动步长过大，搜索会直接跳过极小值点，转向对称轴另一侧搜索，极小值点产生丢失现象。若学习率设置得过小，虽然最终会搜索到极小值点，但是搜索时间复杂度会增加，降低了计算效率，因此学习率的设置会直接影响计算结果，合理的学习率一方面可提高计算效率，另一方面可以提高计算结果的准确率。

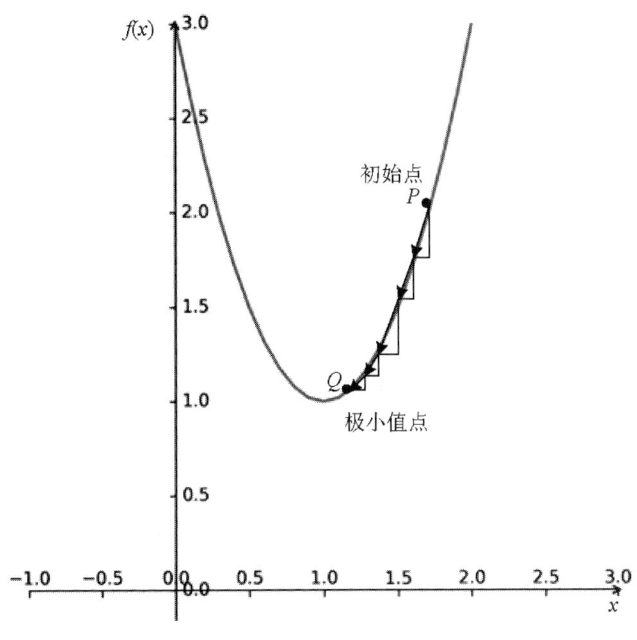

图 12.2　梯度下降法示意图

12.2.2　过拟合与欠拟合优化

拟合就是用自变量经过映射关系计算(如神经网络的权重和偏置计算，这些参数称为观测参数)得到的因变量来优化映射关系中的观测参数，使因变量无限接近真实输出值的过程。正常情况下称为拟合，异常时则有两种情况，即过拟合和欠拟合，其中，过拟合是观测参数“完全学习”了自变量数据集的所有特征，包括有效数据特征和无效数据特征(异常数据/噪声数据)，在训练数据集上具有较好的拟合效果，而在测试数据集上的拟合效果较差，即观测参数的泛化能力较弱；而欠拟合则是观测参数未能充分提取数据集特征，训练过程即是欠拟合优化的过程，每次参数更新都是欠拟合参数，直到观测参数可有效提取数据集数据特征时，观测参数才具备拟合能力，欠拟合转向拟合，所以一般不讨论欠拟合。模型训练过程中过拟合是不可避免的，欠拟合和过拟合的产生各有原因，其中，欠拟合产生原因如表 12.8 所示，过拟合产生原因如表 12.9 所示。

表 12.8　欠拟合产生原因

序　号	原　因
1	模型(观测参数)复杂度过低，不足以提取数据集完整的数据特征，模型预测效果较差
2	训练集数据量过少，模型不能从数据中获取足够的信息用于更新观测参数，此时模型预测能力较低

表 12.9　过拟合产生原因

序　号	原　因
1	训练数据集数量较少，数据抽样方法错误，样本标签标注错误，此时训练数据集不足以提供真实的特征，使观测参数不能完成数据特征的正确提取
2	训练数据集无效数据(噪声数据)过多，训练过程中观测参数将无效数据识别为有效数据，模型数据特征提取迁移能力变差
3	模型设计的假设条件不符合实际情况，如逻辑回归需要自变量独立，而图像分割任务中，有数据交叉，变量独立不成立
4	模型观测参数过多，模型过于复杂，此时的模型提取了过多的数据特征
5	决策树模型如果对叶节点没有进行合理剪枝，分类阈值无法满足测试数据，模型泛化能力较弱
6	神经网络训练过程中，训练数据集可能存在不唯一的决策面，神经网络的权重和偏置可能会收敛于某一个决策面，模型泛化能力变弱

虽然训练过程中的过拟合或欠拟合不可避免，但是可以降低过拟合或欠拟合程度，保证模型在一定误差范围内是正常预测的。针对过拟合和欠拟合情况需要各自处理，欠拟合是模型不能充分提取数据集数据特征，针对这种情况，需要提高模型提取数据特征的能力，处理方法如表 12.10 所示。

表 12.10　欠拟合处理方法

序　号	解决方案
1	增加数据集分析维度，使训练模型的观测参数可充分提取数据特征
2	减少正则化参数，正则化用于防止过拟合，若模型出现欠拟合，说明观测参数量过少，需要降低正则化程度
3	增加观测参数数量，使模型具有足够的参数存储数据特征
4	使用非线性模型，如支持向量机、决策树，充分利用数据集数据

过拟合是模型过量提取数据特征，处理过拟合问题需要降低模型提取无效数据特征的能力，提高提取有效数据特征的能力，降低过拟合的方法有正则化、增加数据集数据量、Dropout 和 Early Stopping 等几种。

1. 正则化方法

损失函数记为 $\text{Loss}(\theta)$，优化模型时引入正则化处理观测参数，此时的目标函数为

$$\text{Loss}(\theta) + \lambda R(w) \tag{12-9}$$

式(12-9)中的参数描述如表 12.11 所示。

表 12.11　目标函数参数描述

参　数	描　述
$\text{Loss}(\theta)$	模型损失函数，在有监督训练中，该函数为训练过程中模型的预测值与标签值的差
θ	模型中所有的参数，如普通神经网络中隐藏层的权重和偏置

续表

参　数	描　述
λ	正则优化中权重损失在总损失中的比例
$R(w)$	正则化函数
w	模型权重

正则化可有效抑制无效数据(噪声)特征的提取，主要有两种正则方法，分别为 L_1 和 L_2，主要用于稀疏化观测参数，降低过拟合程度，其中：

$$L_1 = R(w) = \|w\|_1 = \sum_i |w_i| \tag{12-10}$$

L_1 正则化使观测参数更加稀疏，将小于 0 的数据置为 0，实现过滤参数的功能，功能示意如图 12.3 所示。

$$L_2 = R(w) = \|w\|_2 = \sum_i |w_i^2| \tag{12-11}$$

L_2 正则化不会将小于 0 的数据置 0，这样观测参数不会变得稀疏，而是当权重参数很小时，该参数的平方可忽略不计，功能示意如图 12.4 所示。

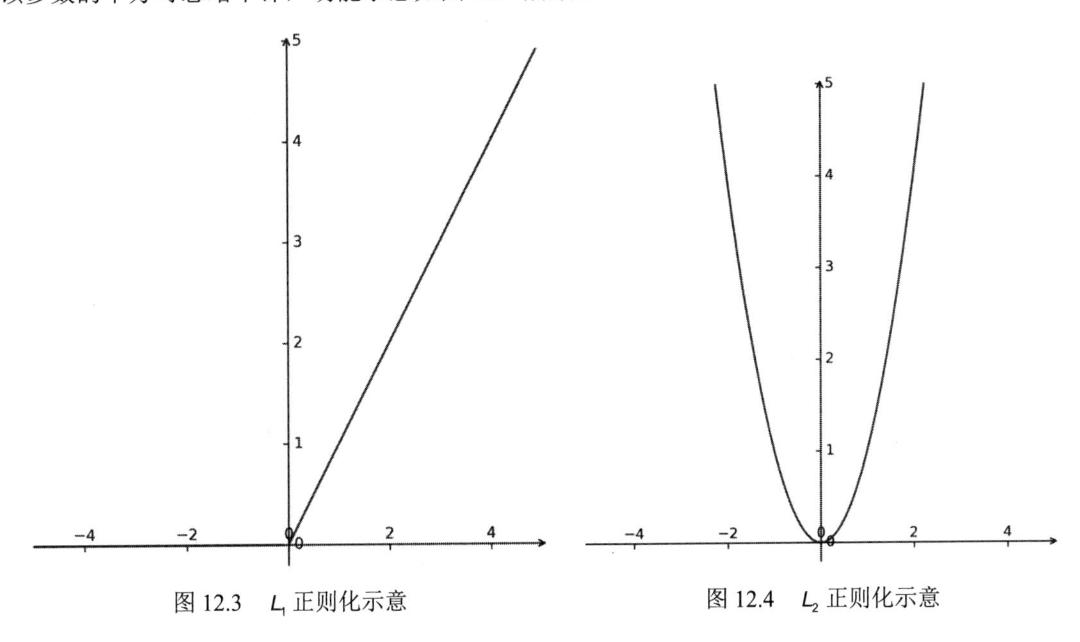

图 12.3　L_1 正则化示意　　图 12.4　L_2 正则化示意

2．Dropout 方法

Dropout 核心是按照一定概率(如 50%)“去除”神经网络某一隐藏的某些节点。这里的“去除”不是删除，而是在当前训练过程中，不更新这些观测参数，维持原状，更新其他观测参数，降低数据特征提取能力，以降低模型过拟合程度，同时利用训练次数弥补提取数据特征能力的降低。Dropout 工作过程示意如图 12.5 所示。

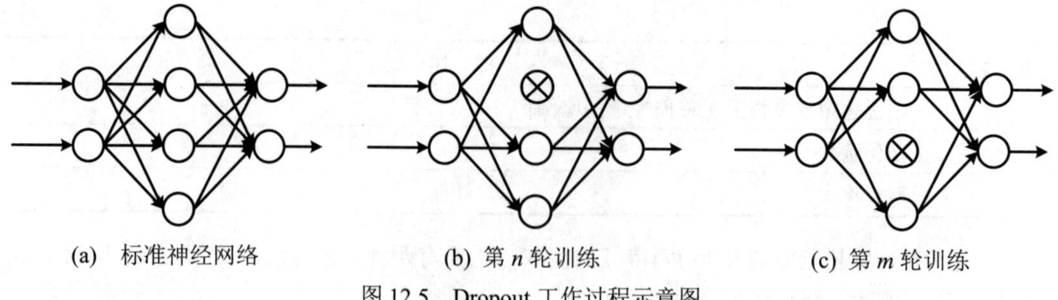

图 12.5 Dropout 工作过程示意图

3．Early Stopping 方法

Early Stopping 通过控制训练过程，即控制迭代次数，降低模型过拟合程度，例如在训练过程中，每个 epoch 结束时，计算模型在验证数据集上的精度，当精度不再提高时，即停止训练过程。

12.3 小　结

本章讲解了人工智能模型的评估指标及优化方法。模型评估指标主要有 4 个，即一级指标、二级指标、三级指标和混淆矩阵。模型优化方法从最直接的梯度下降法优化损失函数讲解，针对过拟合和欠拟合使用对应的方法进行优化，保证模型在一定误差范围内满足实际要求。

部署上线篇

本篇主要讲解了 TensorFlow 2.0 的模型部署，通过互联网访问模型，实现预测。TensorFlow 2.0 模型部署上线是人工智能任务完整链条中的最后一步，本篇使用两种方法将 TensorFlow 2.0 模型升级为网络应用，即使用 TensorFlow 原生网络服务 TensorFlow Serving 和使用 Python 网络应用框架 Flask。模型网络化后，用户即可通过 API 接口访问模型的预测功能，从而形成完全生命周期的人工智能服务。

第 13 章　TensorFlow Serving 部署模型

本章讲解 TensorFlow 模型的线上部署及通过接口调用模型。TensorFlow 训练模型有两种使用方式，一种是本地使用，另一种是接入互联网使用。其中，本地使用是在本地机器上调用模型，实现相关的预测任务；而接入互联网使用是通过接口调用模型。这两种方式都可以实现模型的预测功能，但接入互联网使用模型更方便并可对外形成人工智能服务，应用也更加广泛。Google 为模型的线上部署提供了原生的平台支持，即 TensorFlow Serving 平台，通过 TensorFlow Serving 平台即可将 TensorFlow 模型部署至生产环境，对外提供灵活、高性能的人工智能接口服务。

13.1　TensorFlow Serving 环境部署

TensorFlow Serving 环境有三种部署 TensorFlow 模型的方式，即 Docker 部署、二进制安装(APT)和源码编译部署。实际应用中，以 Docker 部署最为常用，因为该方法比较方便，可提高调试效率。本章以 Docker 部署 TensorFlow Serving 为例，测试模型部署及调用。

13.1.1　简介

TensorFlow Serving 是 TensorFlow 的网络应用程序开发平台，用于 TensorFlow 模型的部署，实现互联网访问人工智能模型。TensorFlow Serving 部署模型，可构建模型的 REST 风格 API。TensorFlow Serving 特性如表 13.1 所示。

表 13.1　TensorFlow Serving 特性

序　号	特　性
1	支持模型版本控制和回滚
2	支持并发和高吞吐量
3	支持多模型服务及模型分布式部署
4	支持批处理和热更新
5	支持 REST 风格的 API 端口为 8501，gRPC 接口调用端口为 8500

13.1.2　环境部署

使用 Docker 部署前，需要先部署 Docker 环境，Docker 环境部署完成后，可使用 Docker 部署 TensorFlow Serving 环境，并通过 Docker 运行 TensorFlow Serving 的模型服务。

1. 部署 Docker 环境

Docker 是类似虚拟机的软件，在其中安装操作系统后，就可运行相应的程序，使用 TensorFlow Serving 部署模型。采用 Docker 方式部署环境，可以 Ubuntu 系统为基础，详细部署如表 13.2 所示。

表 13.2　Ubuntu 部署 Docker 环境

步　骤	描　述	命　令
1	卸载旧版 Docker	sudo apt-get remove docker docker-engine docker.io containerd runc
2	更新系统仓库	sudo apt-get update
3	安装 Docker 仓库源	sudo apt-get install \ apt-transport-https \ ca-certificates \ curl \ gnupg-agent \ software-properties-common
4	添加认证(使用国内仓库源)	curl -fsSL https://mirrors.ustc.edu.cn/docker-ce/linux/ubuntu/gpg | sudo apt-key add -
5	设置稳定仓库源(国内仓库源)	sudo add-apt-repository \ "deb [arch=amd64] https://mirrors.ustc.edu.cn/docker-ce/linux/ubuntu \ $(lsb_release -cs) \ stable"
6	安装 vim(若系统已安装可跳过该步骤)	Sudo apt-get install vim
7	添加国内源地址	sudo vim /etc/apt/sources.list 进入编辑模式：i 添加如下信息： deb http://mirrors.aliyun.com/ubuntu/trusty main multiverse restricted universe deb http://mirrors.aliyun.com/ubuntu/trusty-backports main multiverse restricted universe deb http://mirrors.aliyun.com/ubuntu/trusty-proposed main multiverse restricted universe deb http://mirrors.aliyun.com/ubuntu/trusty-security main multiverse restricted universe deb http://mirrors.aliyun.com/ubuntu/trusty-updates main multiverse restricted universe deb-src http://mirrors.aliyun.com/ubuntu/trusty main multiverse restricted universe deb-src http://mirrors.aliyun.com/ubuntu/trusty-backports main multiverse restricted universe deb-src http://mirrors.aliyun.com/ubuntu/trusty-proposed main multiverse restricted universe deb-src http://mirrors.aliyun.com/ubuntu/trusty-security main multiverse restricted universe deb-src http://mirrors.aliyun.com/ubuntu/trusty-updates main multiverse restricted universe

续表

步 骤	描 述	命 令
8	保存源配置文件	:wq
9	查看 Docker 可用版本	apt-cache madison docker-ce 结果如下： docker-ce | 5:18.09.4~3-0~ubuntu-xenial | https://download.docker.com/linux/ubuntu xenial/stable amd64 Packages docker-ce | 5:18.09.3~3-0~ubuntu-xenial | https://download.docker.com/linux/ubuntu xenial/stable amd64 Packages ... docker-ce | 18.06.3~ce~3-0~ubuntu | https://download.docker.com/linux/ubuntu xenial/stable amd64 Packages ... docker-ce | 18.03.1~ce-0~ubuntu | https://download.docker.com/linux/ubuntu xenial/stable amd64
10	安装指定版本 Docker (如 18.03.1)	sudo apt-get install docker-ce=18.03.1~ce-0~ubuntu
11	启动 Docker	sudo systemctl enable docker
12	运行样例镜像	sudo docker run hello-world

2. 部署 TensorFlow Serving 环境

TensorFlow Serving 分为两大阵营，即 CPU 阵营和 GPU 阵营，本章以 CPU 方式部署 TensorFlow Serving，安装方式如表 13.3 所示。

表 13.3 安装 TensorFlow Serving

安装方式	Docker命令
CPU	docker pull tensorflow/serving
GPU	docker pull tensorflow/serving:latest-gpu

13.2 模型部署

实际开发过程中，会遇到单个和多个模型同时部署到服务器的场景，单个模型部署比较简单，直接将模型挂载到对应路径即可，而多个模型部署则需要对多个模型进行管理， TensorFlow Serving 能友好地支持多个模型同时部署。

13.2.1 单模型部署

安装 TensorFlow Serving 后，即可部署模型。本章以曲线拟合模型为例，使用 TensorFlow Serving 部署曲线拟合模型。

1. 保存 TensorFlow Serving 使用的 pb 模型

将第 7 章曲线拟合 ckpt 模型转换为 TensorFlow Serving 的 pb 模型代码如下，详细解析见注释部分，代码可参见文件【chapter12\ckpt_pb.py】。

```
import tensorflow as tf
from tensorflow import keras
import numpy as np
import pandas as pd
import matplotlib.pyplot as plt
from datetime import datetime
from matplotlib.font_manager import FontProperties
font = FontProperties(fname="/Library/Fonts/Songti.ttc",size=8)

def gen_datas():
    """生成数据
    参数:
        无
    返回:
        inputs: 输入数据(自变量)
        outputs: 输出数据(因变量)
    """
    # 输入数据
    inputs = np.linspace(-1, 1, 250, dtype=np.float32)[:,np.newaxis]
    # 噪声数据
    noise = np.random.normal(0, 0.05, inputs.shape).astype(np.float32)
    # 输出数据
    outputs = np.square(inputs) - 0.5*inputs + noise
    # 返回数据
    return inputs, outputs

def compile_model(model):
    """神经网络参数配置
    参数:
        model: 神经网络实例
    返回:
        无
    """
    # 设置优化器，损失函数，观测值
    model.compile(optimizer=tf.keras.optimizers.Adam(learning_rate=0.001),
    loss="mse",
    metrics=["mae","mse"])

def create_model():
    """使用 Keras 新建神经网络
    参数:
        无
```

```
    返回:
        model: 神经网络实例
    """
    # 新建神经网络
    # 输入数据:250×1
    # 输入层-隐藏层:1×10
    # 隐藏层-输出层:10×1
    # 输出数据:250×1
    model = tf.keras.Sequential([
        tf.keras.layers.Dense(10,   activation=tf.nn.relu,   input_shape=(1,),
          "layer1"),tf.keras.layers.Dense(1, name="outputs")
    ])
    compile_model(model)
    # 返回数据
    return model
def display_nn_structure(model, nn_structure_path):
    """展示神经网络结构
    参数:
        model: 神经网络对象
        nn_structure_path: 神经网络结构保存路径
    返回:
        无
    """
    model.summary()
    keras.utils.plot_model(model, nn_structure_path, show_shapes=True)

def train_model_server(model, inputs, outputs, model_path):
    """训练神经网络
    参数:
        model: 神经网络实例
        inputs: 输入数据
        outputs: 输出数据
        model_path: 模型文件路径
        log_path: 日志文件路径
    返回:
        无
    """
    # 保存参数
    # 训练模型,并使用最新模型参数
    history = model.fit(
          inputs,
          outputs,
          epochs=300,
          verbose=0
          )
```

```
    # 保存TensorFlow Serving使用的pb模型
    tf.keras.models.save_model(
        model,
        model_path,
        overwrite=True,
        include_optimizer=True,
        save_format=None,
        signatures=None,
        options=None
    )

if __name__ == "__main__":
    stamp = datetime.now().strftime("%Y%m%d-%H:%M:%S")
    model_path = "./tfserving/0001"
    inputs, outputs = gen_datas()
    model = create_model()
    train_model_server(model, inputs, outputs, model_path)
```

在新建的 tfserving 文件夹中添加模型版本文件夹，如“0001”，将模型转换生成的文件保存到该文件夹下，最终的文件结构如下，文件描述如表 13.4 所示。

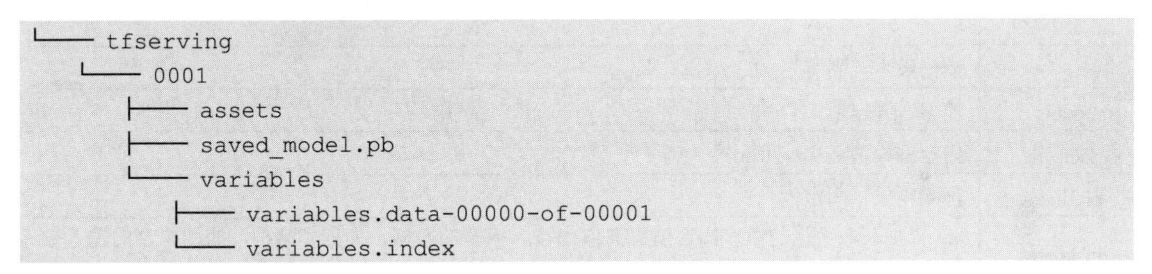

```
└── tfserving
    └── 0001
        ├── assets
        ├── saved_model.pb
        └── variables
            ├── variables.data-00000-of-00001
            └── variables.index
```

表 13.4　模型转换生成文件描述

文件名称	描　述
saved_model.pb	pb 模型
variables.data-00000-of-00001	模型张量值
variables.index	模型结构和张量值的对应关系

TensorFlow Serving 模型资源准备好之后，运行 TensorFlow Serving，命令如下，Docker 启动参数解析如表 13.5 所示。

```
docker run -t --rm -p 8501:8501 \
    -v "/Users/xindaqi/xinPrj/chapter13/tfserving:/models/tfserving" \
    -e MODEL_NAME=tfserving \
    tensorflow/serving
```

表 13.5 Docker 启动参数

参 数	描 述
-t	指定挂载到某一个容器
-rm	调试过程中，退出容器时，清除容器内文件系统，不保留用户数据，即前台运行模式
-p	Docker 运行的端口，REST 规则的接口为 8501，若使用其他接口，提示信息如下： curl: (3) Port number out of range 表示端口超出范围
-e	环境变量，MODEL_NAME 为模型名称，调用接口时指定的模型名称
-v	Docker 数据卷，本次为 pb 模型路径

2. 使用终端远程调用测试

```
curl -d '{"instances":[[-1.0]]}' -X POST http://localhost:8501/v1/models/
   tfserving:predict
```

接口为 POST 方法，接口参数描述如表 13.6 所示。

表 13.6 TensorFlow Serving 接口参数

参 数	描 述
v1	模型版本，固定为 v1
models	模型，固定值
tfserving	指定的模型名称，可配置
predict	预测结果，固定值
instances	pb 模型获取数据的键，固定值，其值为输入模型的数据，为列表结构，曲线拟合的输入数据为矩阵形式，如[-1.0]，完整的输入数据结构为[[-1.0]]

测试结果如下：

```
{
   "predictions": [[1.42834902]
   ]
}
```

由测试结果可知，通过接口成功地调用了服务器部署的模型，输入参数“-1”，输出结果参照第 7 章，返回结果 predictions 为设计模型时的输出标签。

3. 使用 Postman 测试接口

使用 Postman 测试接口结果如图 13.1 所示，使用 POST 方法添加请求体 Body，数据格式选择 raw，数据类型为 JSON 格式。

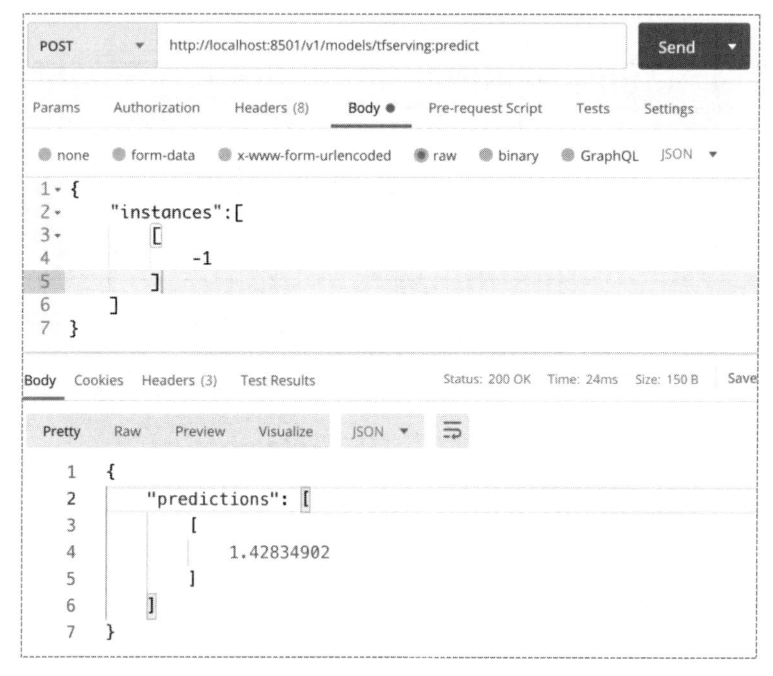

图 13.1　Postman 测试 TensorFlow Serving 接口

13.2.2　多模型部署

部署多个模型时需要逐一将模型和配置文件进行挂载，配置文件内容如下。多模型配置文件解析如表 13.7 所示，代码可参见文件【chapter13\multiple_model.config】。

```
model_config_list:{
   config:{
      name:"model_1",
      base_path:"/models/model_1",
      model_platform:"tensorflow",
   },
   config:{
      name:"model_2",
      base_path:"/models/model_2",
      model_platform:"tensorflow",
   },
   config:{
      name:"model_3",
      base_path:"/models/model_3",
      model_platform:"tensorflow",
   }
}
```

表 13.7　多模型配置文件解析

参　数	描　述
name	模型名称，用于资源定位
base_path	模型基本路径，即挂载的模型路径
mode_platform	模型训练平台
model_version_policy	配置加载的模型版本，默认加载最新版本模型

多模型运行时需要加载模型配置文件，访问时，在 URL 地址中填写对应的模型名称即可。

1．多模型运行结果

```
docker run -t --rm -p 8501:8501 \
    -v "/Users/xindaqi/xinPrj/chapter13/tfserving:/models/tfserving" \
    tensorflow/serving \
    --model_config_file=/models/multi_model.config
```

2．访问不同的模型地址

```
http://localhost:8501/v1/models/model_1:predict
http://localhost:8501/v1/models/model_2:predict
http://localhost:8501/v1/models/model_3:predict
```

访问 URL 的方式和单模型部署一致，参照上面的部署访问即可。

13.3　小　　结

本章讲解了 TensorFlow 的模型部署平台 TensorFlow Serving 在模型部署中的应用。具体讲解了 Docker 的部署，以及在 Docker 中部署和运行 TensorFlow Serving。运行 TensorFlow Serving 最重要的步骤是将保存的 ckpt 模型转换为 pb 模型，运行服务后，通过符合 REST 规则的接口调用对应的模型。

第 14 章　Flask 部署模型

本章讲解 Flask 网络服务框架部署人工智能模型，实现通过互联网获取人工智能的相关功能。Flask 是轻量级网络应用服务开发框架，利用 Flask 即可高效地开发遵循 REST 规则的接口。并详细介绍了最常用的 GET 和 POST 两种接口的开发以及参数的传输和获取方式，使用接口测试工具 Postman 进行接口功能测试。最后，利用 Flask 开发具有人工智能功能的接口，即把人工智能模型放到网络服务程序中，通过互联网访问人工智能服务。

14.1　Flask 开发 RESTful 风格接口

人工智能模型线上部署是遵循 RESTful 风格开发的网络应用接口，把人工智能任务接入互联网，实现通过互联网使用人工智能的功能，使人工智能更加深入人们的生活。

14.1.1　REST 简介

REST(Representational State Transfer)表述性状态转移，是 Roy Thomas Fielding 在 2000 年的博士论文中提出的，主要阐述了在符合架构原理的前提下，理解和评估以网络为基础的应用软件的架构设计，得到一个功能强、性能好、适宜通信的架构。如果一个架构符合 REST 原则，就称之为 RESTful 架构，RESTful 架构是一种网络应用程序的设计风格和开发方式，其中，REST 原则如表 14.1 所示。

表 14.1　REST 原则

序　号	原　则
1	网络上的所有内容抽象为资源，使用 URI 指向实体资源，即 URI 是每一份资源的地址或独一无二的标识，如 POST 接口预测曲线值的 URI 为： /forecast/value
2	资源的表现形式多样，如 xml、json、file 等
3	客户端对服务端资源的操作遵循 HTTP 协议，操作资源的方式如下。 GET：获取资源； POST：新建资源或更新资源； PUT：更新资源； DELETE：删除资源
4	对资源的不同操作不会改变资源标识，且所有操作是无状态的

本文设计的 API(Application Interface)应用程序接口遵循 REST 原则，称之为 RESTful API。

14.1.2 Flask 简介与部署

Flask 是使用 Python 编写的 Web 应用程序框架，可快速地构建符合 RESTful 风格的 API，该框架是 Armin Ronacher 带领的 Pocco 国际 Python 爱好者团队开发的。Flask 基于 Werkzeug WSGI 工具包和 Jinja2 模板引擎，可实现完整网络应用程序(前端+后端)的开发，同时原生支持 Python，使应用 Python 开发的人工智能模型快速地部署到网络，实现远程调用人工智能应用。

Flask 部署非常方便，第 2 章已部署了基础环境，使用 pip 部署 Flask 如表 14.2 所示。

表 14.2 部署 Flask 开发环境

指 令	说 明
sudo pip install flask	Python 2.x 环境安装 Flask
sudo pip3 install flask	Python 3.x 环境安装 Flask

使用 Flask 搭建基础 Web 应用，代码如下，详细解析见注释部分。该部分代码展示了 Flask 搭建 Web 应用的基础框架，当需要复杂功能时，修改逻辑处理函数部分即可，代码可参见文件【chapter14\simple_example.py】。

```
'''引入 Flask 和 jsonify
Flask:flask 框架的应用类
jsonify:flask 框架数据转 JSON 格式的对象
'''
from flask import Flask, jsonify

# Flask 类实例化
app = Flask(__name__)

# 新建路由，即 URI，统一资源标识符
@app.route("/connection")
# 逻辑处理函数
def functionTest():
    # 返回结果
    return jsonify({"code":200, "infos":"接口测试"})

if __name__ == "__main__":
    '''运行 Flask Web 服务
    host:服务端 host 配置，设置为 0.0.0.0 表示允许所有客户端连接
    port:设置服务端的开放端口
    debug:设置程序热更新，即更新代码后，服务即时更新
    '''
    app.run(host="0.0.0.0", port=8090, debug=True)
```

上述代码保存的文件名为 simple_example.py，代码可参见文件【chapter14\simple_example.py】，打开终端窗口，命令行启动 Python 程序：

```
python3.6 simple_example.py
```

Flask 网络服务成功启动后终端提示如下。

```
* Serving Flask app "simple_example" (lazy loading)
 * Environment: production
   WARNING: This is a development server. Do not use it in a production deployment.
   Use a production WSGI server instead.
 * Debug mode: on
 * Running on http://0.0.0.0:8090/ (Press CTRL+C to quit)
 * Restarting with stat
 * Debugger is active!
 * Debugger PIN: 140-940-937
```

由运行提示信息可知，Flask 网络服务运行成功了，共有 7 个提示信息，分别记录了 Flask 网络服务的启动信息，详细解析如表 14.3 所示。

表 14.3　Flask 提示信息解析

提 示 语	描　述
Serving Flask app "simple_example" (lazy loading)	Flask 网络服务采用懒加载模式，即对象在调用时实例化，可节约内存资源
Environment: production	Flask 运行环境，当前为生产环境
Debug mode: on	调试模式：开启。当调试模式开启时，程序修改并保存后，Flask 服务会实时更新，无须手动重启服务
Running on http://0.0.0.0:8090/(Press CTRL+C to quit)	Flask 网络程序运行的服务端主机信息。 协议：http； 主机：0.0.0.0(允许所有客户端连接)； 8090：服务端主机开放的端口
Restarting with stat	重新启动网络服务
Debugger is active!	调试模式处于活动状态
Debugger PIN: 140-940-937	调试模式 PIN 码。当接口功能发生错误时自动返回一个可以获得错误上下文及可执行代码的调试界面。WerkZeug 为了安全性，在启动时会随机生成一个随机 PIN 认证码，当第一次启动调试器进入错误堆栈时会强制输入 PIN 码，随后 WerkZeug 将 PIN 码存入 COOKIE，有效时间为 8 小时

14.1.3　POST 与 GET 请求

在网络应用程序中，客户端向服务端请求资源通过统一资源定位符(Uniform Resource Locator，URL)实现。而 URL 由 4 部分组成：协议、主机、端口、资源标识符。一般形式如下，详细解析如表 14.4 所示。

```
protocol://hostname[:port]/URI
```

表 14.4　URL 组成解析

组　成	描　述
protocol	协议，指定使用的客户端与服务端的通信协议，如 HTTP 协议、HTTPS 协议、FTP 协议
hostname	主机名，指存放资源的服务器的域名系统主机名或 IP 地址
port	端口号，隔离资源，传输协议都有默认的端口号，如 http 的 80 端口，可省略
URI	统一资源标识，获取指定标识及操作逻辑的资源

本文采用的传输协议为 HTTP 协议，HTTP 协议常用的请求方法为 POST 方法和 GET 方法。其中，GET 请求的过滤条件或数据直接在 URI 中传输，POST 请求的过滤条件和数据在请求体(body)中传输。POST 和 GET 两种请求形式代码如表 14.5 所示。

表 14.5　POST 和 GET 请求参数

请求方法	资源定位符(协议+hostname+port)	资源标识符URI	请求体参数
GET	http://127.0.0.1:8090	/connection?name=xiaohei	/

POST	http://127.0.0.1:8090	/post/data	{
			"name":"xiaohei",
			"address":"Earth"
			}

Flask 针对不用请求方法携带的参数，设计了不同的获取方式，常用的数据格式为 form-data、JSON、File 和 URL 参数 Params。使用 Flask 获取这 4 种格式数据的方式如表 14.6 所示。

表 14.6　Flask 获取传输数据的方式

数据格式	获取方式	注　意
form-data	request.form["data-name"] request.form.get("data-name")	使用[]获取数据时，若数据名称错误，会抛出异常； 使用()获取数据时，若数据名称错误，该数据返回 null，而不抛出异常； 建议使用[]获取数据
JSON	request.json["data-name"] request.json.get("data-name")	
File	request.file["data-name"] request.file.get("data-name")	
Params	request.args["data-name"] request.args.get("data-name")	

14.2　接口测试

使用 Flask 完成 RESTful 风格接口开发后，需要测试接口功能，验证接口功能是否满足需求，下面采用常用的接口测试工具 Postman 进行接口测试。

14.2.1　GET 接口测试

GET 请求中传递的参数在 URI 中携带，通过 request.args["name"]获取 name 值。GET 请求的代码如下，具体解析见注释部分。该部分代码实现传入参数的获取，若需要将该参数进行逻辑处理，可在操作函数中进行，代码可参见文件【chapter14\rest_api_test.py】。

```
'''引入 Flask、request 和 jsonify
Flask:flask 框架的应用类
request:flask 框架中获取参数的对象
jsonify:flask 框架数据转 JSON 格式的对象
'''
from flask import Flask, request, jsonify

# Flask 类实例化
app = Flask(__name__)
# 路由：即 RESTful 中的 URI，用于定位服务器资源
# /connection URI 可接受 GET 和 POST 请求，本次测试使用 GET 方法
@app.route("/connection",methods=["GET", "POST"])
# URI 执行函数，即资源操作逻辑
def connectionTest():
    try:
        # 判断当前请求的方法：若为 GET 则返回连接成功，否则抛出错误提示
        if request.method == "GET":
            # 获取 URI 中的参数
            name = request.args["name"]
            return jsonify({"code":200,"infos":name})
        else:
            return jsonify({"code":400, "infos":"调用方法错误，请使用 GET 方法"})
    except BaseException:
        # URI 参数错误，抛出错误提示
        return jsonify({"code":400, "infos":"参数错误，请检查"})
    else:
        return jsonify({"code":400, "infos":"参数错误，请检查"})

if __name__ == "__main__":
    '''运行 Flask Web 服务
    host:服务端 host 配置，设置为 0.0.0.0，表示允许所有客户端连接
    port:设置服务端的开放端口
```

```
    debug:设置程序热更新，即更新代码后，服务即时更新
    '''
    app.run(host="0.0.0.0", port=8090, debug=True)
```

使用 Postman 测试 GET 请求接口，如图 14.1 所示。使用 GET 请求方法，参数传输使用 Params 的键-值对，当把 key-value 填入对应位置后，Postman 会自动将数据添加到 URL 中，使用问号(?)连接，完整 URL 为 http://127.0.0.1:8090/connection?name=xiaohei；单击 Send 按钮即可获取服务器返回结果。本接口执行流程为：客户端(Postman)发送 GET 请求，服务器获取请求及请求数据，在处理函数中处理请求数据，将处理结果返回到客户端。

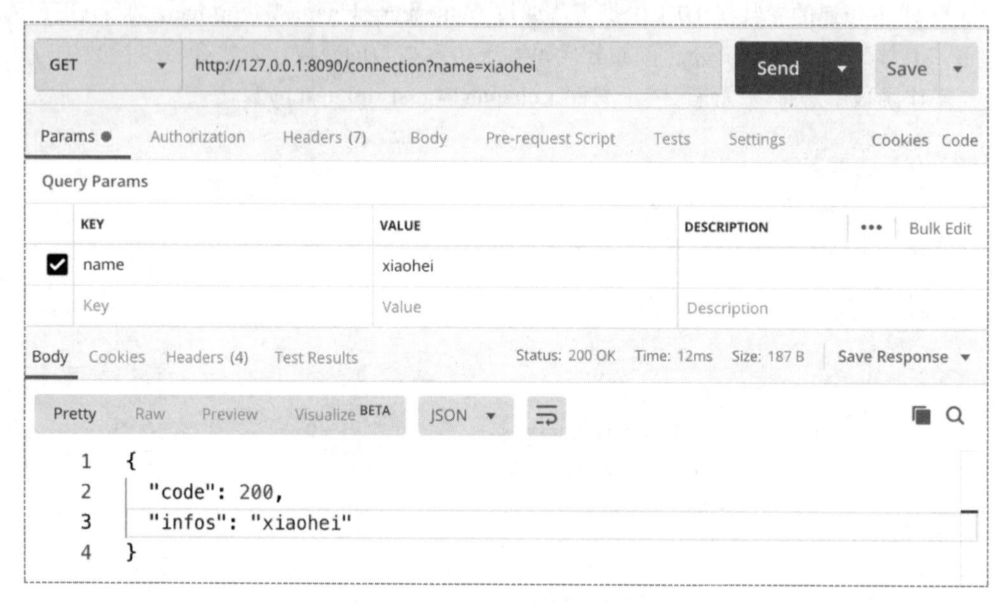

图 14.1 GET 请求接口测试结果

GET 请求结果如图 14.1 所示，URI 中的参数 name 传输的数据为 xiaohei，通过接口获取传输的数据 xiaohei，并在返回的 JSON 结果中显示，说明成功从 URI 中获取数据，数据处理逻辑可以在函数 connectionTest()中设计，完成数据处理。

14.2.2 POST 接口测试

POST 请求参数在请求体中进行传输，本次传输的参数为 JSON 格式的数据，通过 request.json["name"]获取 name，通过 request.json["address"]获取 address 值。POST 请求代码如下，详细解析见注释部分，该部分代码实现请求体数据的获取，代码可参见文件【chapter14\rest_api_test.py】。

```
'''引入 Flask 框架、request 和 jsonify
Flask:flask 框架的应用类
request:flask 框架中获取参数的对象
```

```
jsonify:flask 框架数据转 JSON 格式的对象
'''
from flask import Flask, request, jsonify

# Flask 实例化
app = Flask(__name__)

# 路由：即 RESTful 中的 URI，用于定位服务器资源
# /post/data URI 可接受 GET 和 POST 请求，本次测试使用 POST 方法
@app.route("/post/data", methods=["POST", "GET"])
def getDataFromJson():
    try:
        # 若当前请求方法为 POST 方法，获取 POST 请求体中携带的 JSON 参数，否则抛出错误提示
        if request.method == "POST":
            # 获取请求体的 JSON 参数 name
            name  = request.json["name"]
            # 获取请求体的 JSON 参数 address
            address = request.json["address"]
            return jsonify({"code":200,"infos":{"name":name, "address":address}})
        else:
            return jsonify({"code":400, "infos":"调用方法错误，请使用 POST 方法"})
    except BaseException:
        # 若请求体中的参数错误，抛出错误提示
        return jsonify({"code":400, "infos":"参数错误，请检查"})
    else:
        return jsonify({"code":400, "infos":"参数错误，请检查"})


if __name__ == "__main__":
    '''运行 Flask Web 服务
    host:服务端 host 配置，设置为 0.0.0.0，表示允许所有客户端连接
     port:设置服务端的开放端口
     debug:设置程序热更新，即更新代码后，服务即时更新
    '''
    app.run(host="0.0.0.0", port=8090, debug=True)
```

使用 Postman 测试 Post 接口的结果如图 14.2 所示。请求方法为 POST，URL 为 http://127.0.0.1:8090/post/data；传送数据通过请求体实现，切换到 Body 选项卡；设置传送数据为 JSON 格式，在 Body 选项卡中选中 raw 单选按钮，在 raw 中选择 JSON 格式数据，JSON 数据对应 Python 中的字典数据；单击 Send 按钮，获取服务端响应的结果。

POST 请求结果如图 14.2 所示，请求体中的数据 name 和 address 通过接口传送到服务端，并由服务端重组后返回到客户端，完成请求体数据获取，数据处理逻辑在函数 getDataFromJson()中设计，完成数据处理。

图 14.2 POST 请求接口测试结果

14.3 模型部署与上线测试

本书中的所有案例均是基于 Python 开发完成的，而 Flask 也是基于 Python 开发的网络服务框架，具备原生模型对原生服务的优势。本章以第 7 章曲线拟合模型线上部署为例，讲解如何使用 Flask 将人工智能任务训练完成的模型部署到互联网，使用户可通过网络访问人工智能功能。

14.3.1 模型部署

根据前面章节的介绍，如需对客户端的传输数据进一步处理，设计路由下面的逻辑处理函数即可。人工智能模型的部署同样是将模型的载入及预测功能在逻辑处理函数中进行设计，Flask 载入人工智能模型需要使用 TensorFlow 2.0 中的 h5 格式的模型，部署曲线拟合模型，即通过加载模型预测二次曲线的输出结果，实现曲线拟合模型通过互联网访问，实现人工智能对应的功能。下面分别讲解曲线拟合保存 h5 格式的模型和使用 Flask 载入 h5 模型进行预测。

1. 保存 h5 模型

TensorFlow 2.0 将神经网络参数与结构保存到 h5 格式的文件中，可以随时调用。在 Flask 中，若使用只保存模型参数而没有保存模型结构的 ckpt 模型文件，将不能成功加载模型，也不能通过网络接口访问模型，因此必须使用 h5 格式的模型文件。将曲线拟合模型保存为 h5 格式的代码如下，详细解析见注释部分，可参见代码文件【chapter14\save_model.py】。

```
import tensorflow as tf
from tensorflow import keras
import numpy as np
import pandas as pd
import matplotlib.pyplot as plt
from datetime import datetime
from matplotlib.font_manager import FontProperties
font = FontProperties(fname="/Library/Fonts/Songti.ttc",size=8)

def gen_datas():
    """生成数据
    参数:
        无
    返回:
        inputs: 输入数据(自变量)
        outputs: 输出数据(因变量)
    """
    # 输入数据
    inputs = np.linspace(-1, 1, 250, dtype=np.float32)[:,np.newaxis]
    # 噪声数据
    noise = np.random.normal(0, 0.05, inputs.shape).astype(np.float32)
    # 输出数据
    outputs = np.square(inputs) - 0.5*inputs + noise
    # 返回数据
    return inputs, outputs

def compile_model(model):
    """神经网络参数配置
    参数:
        model: 神经网络实例
    返回:
        无
    """
    # 设置优化器，损失函数，观测值
    model.compile(optimizer=tf.keras.optimizers.Adam(learning_rate=0.001),
    loss="mse",
    metrics=["mae","mse"])

def create_model():
    """使用 Keras 新建神经网络
```

```
    参数:
        无
    返回:
        model: 神经网络实例
    """
    # 新建神经网络
    # 输入数据:250×1
    # 输入层-隐藏层:1×10
    # 隐藏层-输出层:10×1
    # 输出数据:250×1
    model = tf.keras.Sequential([
        tf.keras.layers.Dense(10, activation=tf.nn.relu, input_shape=(1,),
            name= "layer1"),
        tf.keras.layers.Dense(1, name="outputs")
    ])
    compile_model(model)
    # 返回数据
    return model

def train_model_global(model, inputs, outputs, model_path):
    """训练神经网络
    参数:
        model: 神经网络实例
        inputs: 输入数据
        outputs: 输出数据
        model_path: 模型文件路径
    返回:
        无
    """

    # 训练模型，并使用最新模型参数
    history = model.fit(
            inputs,
            outputs,
            epochs=300,
            verbose=1
            )
    model.save(model_path)

if __name__ == "__main__":
    # 生成数据
    inputs, outputs = gen_datas()
    # 新建网络结构
    model = create_model()
    # 全局模型保存路径
```

```
    model_path_global = "./models/high-global.h5"
    # 训练模型并保存模型
    train_model_global(model, inputs, outputs, model_path_global)
```

2．开启 Flask 网络服务

搭建具有人工智能功能的 Web 服务与 Flask 搭建普通的 Web 服务一样，需要实例化、搭建路由以及编写业务逻辑，不同的是在业务逻辑中，需要加载模型文件，将接口传输的数据转化为模型需要的标准数据，最后将模型输出的数据转化为 JSON 数据，返回给客户端。曲线拟合模型的 Web 服务实现代码如下，详细解析见注释部分，代码可参见文件【chapter14\rest_ai_test.py】。

```
'''引入 Flask、request 和 jsonify
Flask:flask 框架的应用类
request:flask 框架中获取参数的对象
jsonify:flask 框架数据转 JSON 格式的对象
'''
from flask import Flask, request, jsonify
import tensorflow as tf
import numpy as np

# Flask 类实例化
app = Flask(__name__)

@app.route("/line-fit/prediction", methods=["POST", "GET"])
def load_meta_model():
    try:
        if request.method == "POST":
            # 获取输入数据
            x = request.json["input"]
            # 输入数据转为 ndarray 类型，并增加一个维度，满足 TensorFlow 输入数据的格式
            x_data = np.array([[x]])
            # 载入模型
            model = tf.keras.models.load_model("./models/high-global.h5")
            # 模型预测
            pre = model.predict(x_data)
            # 模型预测值转换为普通数据
            pre = format(pre)
            # 返回预测结果
            return jsonify({"code":200, "infos":{"result":pre}})
        else:
            return jsonify({"code":400, "infos":"请求方法错误，请使用 POST 方法"})
    except BaseException:
        return jsonify({"code":400, "infos":"检查参数"})

if __name__ == "__main__":
```

```
'''运行 Flask Web 服务
host:服务端 host 配置，设置为 0.0.0.0，表示允许所有客户端连接
port:设置服务端的开放端口
debug:设置程序热更新，即更新代码后，服务即时更新
'''
app.run(host="0.0.0.0", port=8090, debug=True)
```

14.3.2 上线测试

使用 Flask 框架完成曲线拟合的网络应用程序开发后，即可进行线上部署(服务器运行网络服务)，直接使用命令行运行该程序：

```
python3.6 restAITest.py
```

网络应用程序运行后，可使用 Postman 进行测试。本次接口使用的是 POST 请求方法，数据传输在请求体中使用 JSON 格式的数据，操作同 14.2.2 节。

预测结果如图 14.3 所示。输入数据为-1，曲线上对应的值为 1.39，而输入数据-1 对应的理论结果在 1.50，预测值与理论值在一定误差范围内是有效的，完成对输入数据线上预测。曲线拟合的结果如图 14.4 所示，图中散点是模型预测的数据。验证了线上部署人工智能模型同样可调用模型的预测功能。

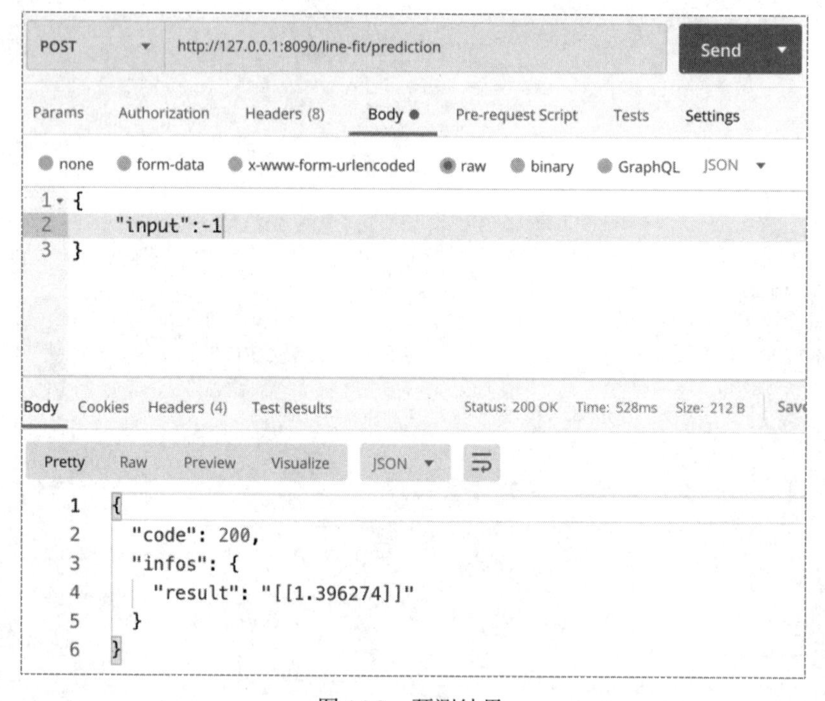

图 14.3 预测结果

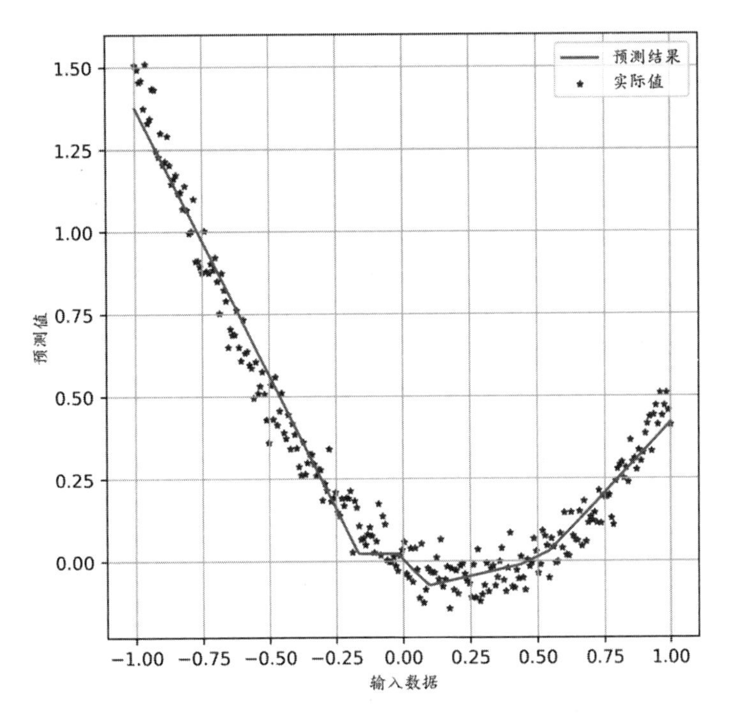

图 14.4　曲线拟合预测结果

14.4　小　　结

本章讲解了 Flask 建立网络应用服务，使用两种基本请求方法 GET 和 POST 开发遵循 RESTful 规则的接口，利用 Flask 网络服务框架实现了人工智能模型的线上部署，依据模型功能设计输入和输出，达到通过互联网使用人工智能模型的目的。

参考文献

[1] Russell, Stuart J. Artificial Intelligence: A Modern Approach[M]. 2002.

[2] Rauff J V. Multi-Agent Systems: An Introduction to Distributed Artificial Intelligence[M]. 1999.

[3] https://tensorflow.google.cn/versions/r1.15/api_docs/python/tf.

[4] 王永庆. 人工智能原理与方法[M]. 西安：西安交通大学出版社，1998.

[5] LeCun, Y., Boser, B., Denker, J.S., Henderson, D., Howard, R.E., Hubbard, W. and Jackel, L.D., 1989. Backpropagation applied to handwritten zip code recognition. Neural computation, 1(4), pp.541-551.

[6] 郭玉东，王非非. Linux 操作系统结构分析[M]. 西安：西安电子科技大学出版社，2002.

[7] 朱小燕，王昱，徐伟. 基于循环神经网络的语音识别模型[J]. 计算机学报(2):102-107.

[8] Johnson J , Alahi A , Fei-Fei L . Perceptual Losses for Real-Time Style Transfer and Super-Resolution[J]. 2016.

[9] Simonyan K , Zisserman A . Very Deep Convolutional Networks for Large-Scale Image Recognition[J]. Computer Science, 2014.

[10] Y. Lecun, L. Bottou, Y. Bengio and P. Haffner, "Gradient-based learning applied to document recognition," in Proceedings of the IEEE, vol. 86, no. 11, pp. 2278-2324, Nov. 1998.

[11] Sutskever I , Vinyals O , Le Q V . Sequence to Sequence Learning with Neural Networks[J]. Advances in neural information processing systems, 2014.

[12] Deng, L. The MNIST Database of Handwritten Digit Images for Machine Learning Research [Best of the Web][J]. IEEE Signal Processing Magazine, 29(6):p.141-142.

[13] Gatys L A , Ecker A S , Bethge M . A Neural Algorithm of Artistic Style[J]. Journal of Vision, 2015.

[14] Jyrki Kivinen M K W. Exponentiated Gradient Versus Gradient Descent for Linear Predictors[M]. 1997.

[15] Sak, Haşim, Senior, Andrew, Beaufays, Françoise. Long Short-Term Memory Based Recurrent Neural Network Architectures for Large Vocabulary Speech Recognition[J]. Computer Science, 2014.

[16] Libovický, Jindřich, Helcl, Jindřich. Attention Strategies for Multi-Source Sequence-to-Sequence Learning[J].

[17] Alan Agresti. Logistic Regression Models Using Cumulative Logits[M]. John Wiley & Sons, Inc. 2012.

[18] Ekachai Phaisangittisagul. An Analysis of the Regularization Between L2 and Dropout in Single Hidden Layer Neural Network[C]// 2016 7th International Conference on Intelligent Systems, Modelling and Simulation (ISMS). IEEE, 2016.

[19] Chen Y N, Jeng B S, Fan K C, et al. The Application of a Convolution Neural Network on Face and License Plate Detection[M]. 2006.

[20] Richardson L, Ruby S. RESTful Web Services[J]. 2007.

[21] Pautasso C. RESTful Web service composition with BPEL for REST[M]. 2009.

[22] 何明. 大学计算机基础[M]. 南京：东南大学出版社，2015.

[23] 夏定纯，徐涛. 人工智能技术与方法[M]. 武汉：华中科技大学出版社，2004.

[24] 李太福，熊隽迪. 基于梯度下降法的自适应模糊控制系统研究[J].

[25] LeCun, Y. and Bengio, Y., 1995. Convolutional networks for images, speech, and time series. The handbook of brain theory and neural networks, 3361(10), 1995.